나합격
수질환경기사
실기 X 무료특강

나만의 합격비법
나합격은 다르다!

나합격 독자만을 위한
무료 동영상강의

공부가 어려우신가요?
합격을 위한 모든 동영상 강의를 무료로 시청할 수 있습니다.
지금 바로 나합격 쌤을 만나보세요.

오리엔테이션 > 이론 특강 > 기출 특강

모든 시험정보가 한곳에!
나합격 수험생지원센터

이제 혼자서 공부하지 마세요.
합격후기, 시험정보, Q&A 등 나합격 독자분들을 위한
다양한 서비스를 네이버 카페를 통해 지원받을 수 있습니다.

시험자료 > 질의응답 > 합격후기

본서의 정오사항은 상시 업데이트 해드리고 있습니다.
정오표 확인 및 오류문의는 네이버 카페를 이용해 주세요.

나합격 교재인증 & 무료 동영상 수강방법

나합격 카페 가입하기
공부하는 자격증에 해당하는 카페에 가입합니다.

바로가기

https://cafe.naver.com/napass4   search

교재인증페이지에 닉네임 작성
교재 맨 뒤페이지의 교재인증페이지에
가입하신 카페 닉네임을 지워지지 않는 펜으로 작성합니다.

교재인증페이지 촬영하기
교재인증페이지 전체가 나오게 촬영합니다.
중고도서 및 보정의 여지가 보일 경우 등업이 불가합니다.

나합격 카페에 게시물 작성하기
등업게시판에 촬영한 이미지를 업로드합니다.
평일 1일 3회(오전 9시 ~ 오후 6시 사이) 등업을 진행됩니다.

무료 동영상 시청하기
카페 등업이 완료된 후 해당 카페에서 무료 동영상 시청이 가능합니다.

NOTICE

교재인증 및 무료 강의 수강 방법에 대한 자세한 설명을
QR코드를 찍어 영상으로 확인해보세요!

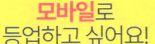
모바일로
등업하고 싶어요!

PC로
등업하고 싶어요!

시험접수부터 자격증발급까지 응시절차

01
시험일정 & 응시자격조건 확인

- 큐넷 **시험일정안내**에서 응시종목의 접수기간과 시험일을 확인합니다.
- 큐넷 **자격정보**에서 응시종목의 자격조건을 확인합니다(기능사 제외).

04
필기시험 합격자 발표

- 인터넷, ARS 또는 접수한 지사에서 공고됩니다.
- CBT의 경우 큐넷 **합격자 발표조회**에서 바로 확인이 가능합니다.

www.Q-net.or.kr 큐넷은 한국산업인력공단에서 운영하는 국가 자격증 포털 사이트입니다.

02 필기시험 원서접수

- 큐넷 www.Q-net.or.kr 에 로그인 합니다.
  (회원가입 시 반명함판 사진 등록 필수)
- 큐넷 원서접수에서 신청순서에 따라 접수하면 됩니다.
- 시험일자 및 장소는 현재접수 가능인원을 반드시 확인 후 선택해야 합니다.
- 결제하기에서 검정수수료 확인 후 결제를 진행합니다.

03 필기시험 응시 및 유의사항

- 신분증은 반드시 지참해야 하며, 기타 준비물은 큐넷 수험자준비물에서 확인하시면 됩니다.
- 시험시간 20분 전부터 입실이 가능합니다.
  (시험시간 미준수 시 시험응시 불가)

05 실기시험 원서접수

- 인터넷 접수 www.Q-net.or.kr만 가능하며, 필기시험 합격자에 한하여 실기접수기간에 접수합니다.
- 최종합격여부는 큐넷 홈페이지를 통해 확인 가능합니다.

06 자격증 신청 및 수령

- 큐넷 자격증 발급 신청에서 상장형, 수첩형 자격증 선택
- 상장형 - 무료 / 수첩형 수수료 - 6,110원

콕!집어~ 꼭!필요한 수질환경기사 오리엔테이션

수질 분야에 측정망을 설치하고 그 지역의 수질오염상태를 측정하여 다각적인 실험분석을 통해 수질오염에 대한 대책을 강구하며 수질오염물질을 제거하기 위한 오염방지시설을 설계, 시공, 운영하는 업무 등의 직무 수행

시험과목 : 수질오염방지 실무
검정방법 : 필답형(3시간)
합격기준 : 100점을 만점으로 하여 60점 이상 득점 시

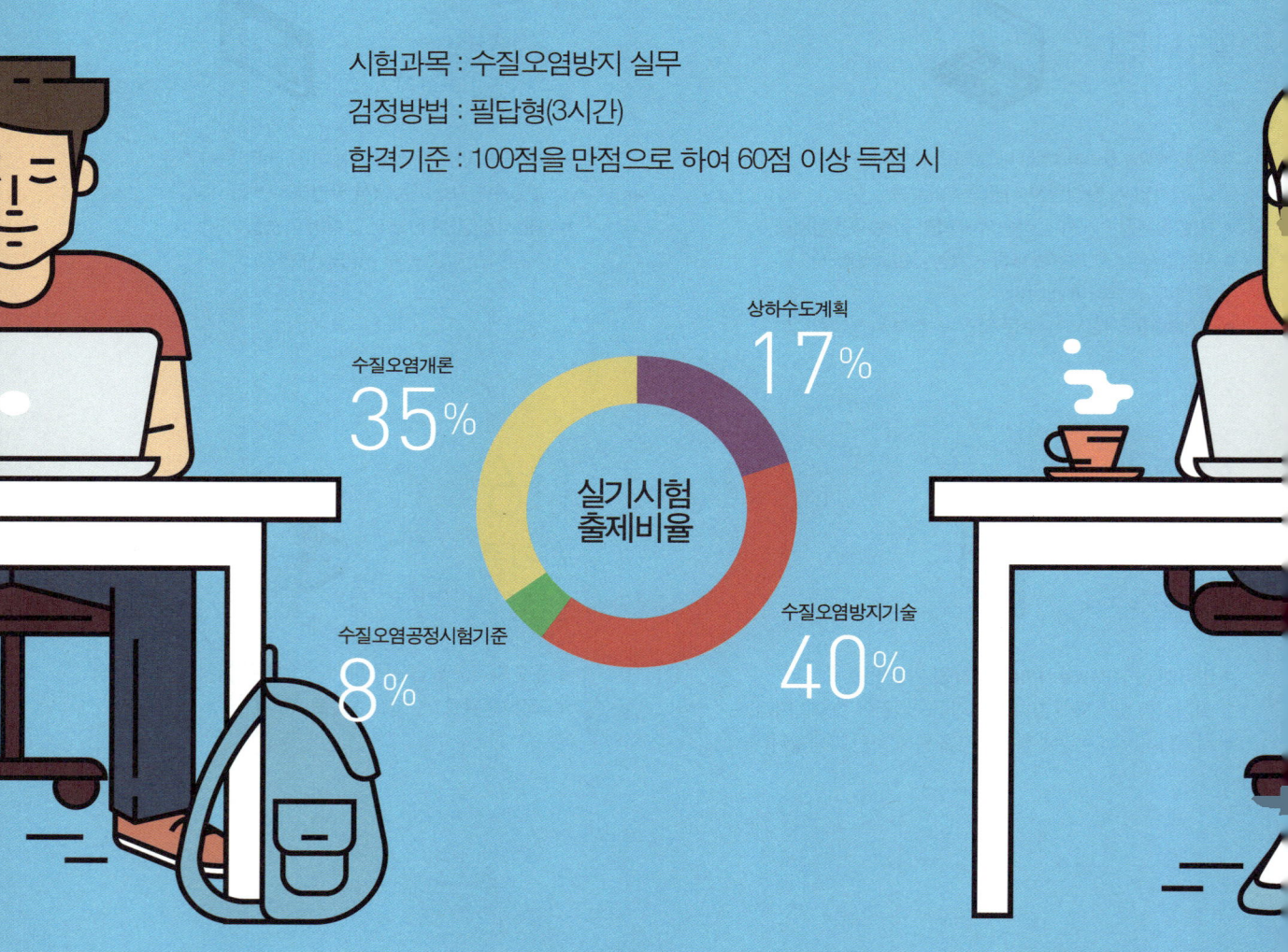

실기시험 출제비율

- 수질오염개론 35%
- 상하수도계획 17%
- 수질오염방지기술 40%
- 수질오염공정시험기준 8%

수질환경기사 실기(필답형)

18문제가 출제되며 1과목 35%, 2과목 17%, 3과목 40%의 비중으로 출제되며 4과목은 1 ~ 2문제 정도 출제되고 있습니다. 그러므로 4과목은 기출문제에서 나왔던 부분만 체크하고 1 ~ 3과목에 집중하여 공부하도록 합니다. 기출문제를 단순하게 암기하는 것이 아닌 공식을 활용하는 방법을 터득하도록 하며, 문제 풀이 작성 시 식(생략 가능), 풀이, 답 순으로 적고 알맞은 단위로 적어야 합니다.

여러분들의 합격을 응원합니다 :)

개념잡는 핵심이론
나합격만의 본문구성

NEW DESIGN

나합격만의 아이덴티티를 강조한
새로운 디자인과 함께 최신 출제경향을
완벽히 반영한 최신 개정판입니다.

본문의 이론을 유기적인 보충설명을 통해
지루하지 않고 탄탄하게 흡수하도록 구성했습니다.

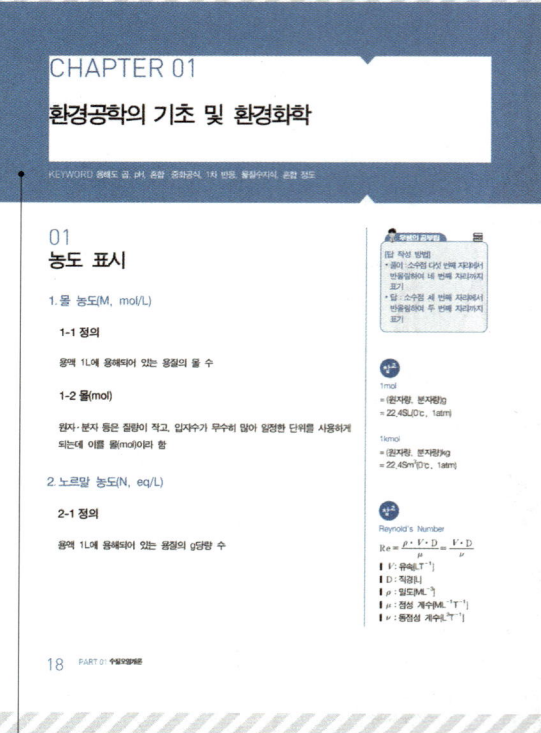

KEYWORD

빅데이터 키워드를 통해
시험에 중요한 키워드를
확인하세요.

수질환경기사 실기 공부에
필요한 핵심키 이론과
우쌤의 공부팁을 만나보세요.

핵심 KEY

용어정리부터 핵심KEY까지
다양한 보충 설명과 정보로
학습에 도움을 드립니다.

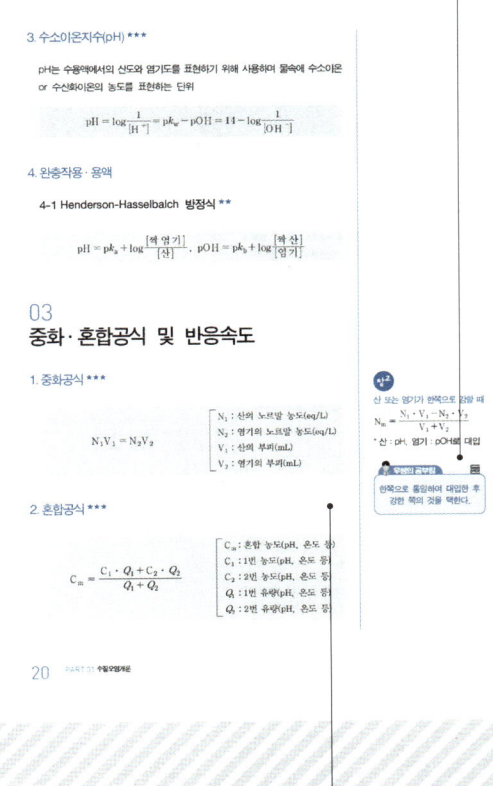

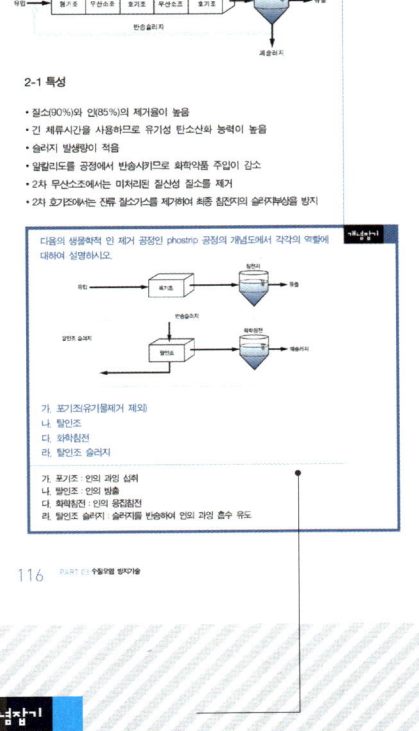

★★★

출제되는 정도에 따라
중요도를 별표로
표기하였습니다.

개념잡기

지루한 본문의 흐름을 피하고
문제의 개념잡기를 위해 바로바로
예제를 배치했습니다.

20개년 연도별 필답형 기출문제

2005년~2024년까지 20개년 기출을 구성하여
문제의 유형을 익히고 실력을 다지세요.

인강 시청 횟수 또는 문제 회독 횟수를 체크하고
문제만 보고 풀었다면 O, 해설을 봐야 풀린다면 △,
전혀 모르겠다면 X를 표기하세요.

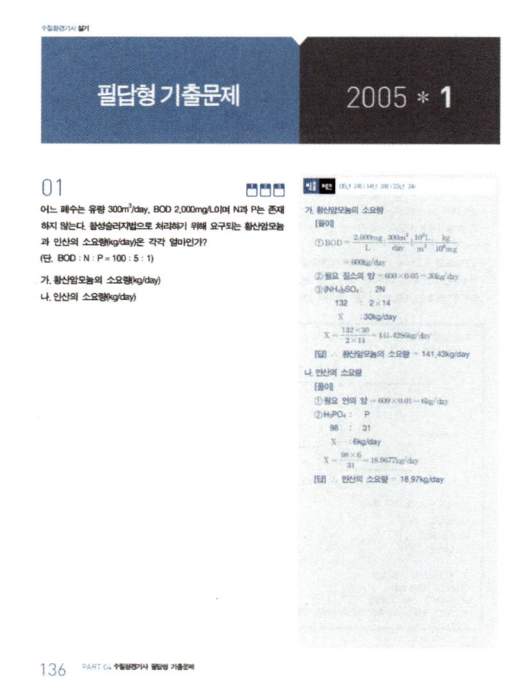

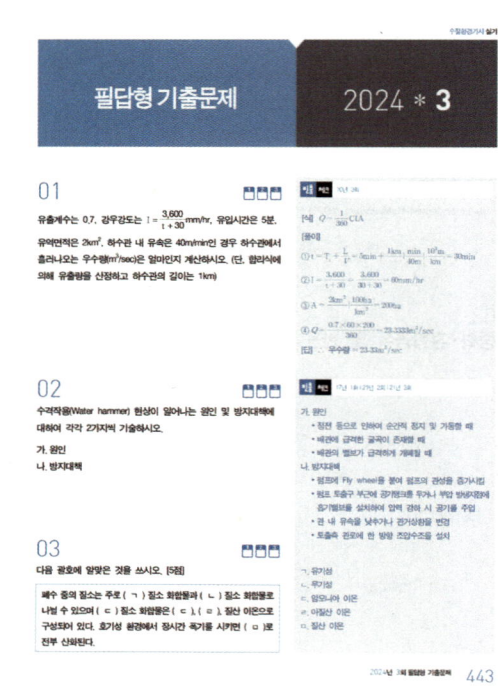

필답형 기출문제 구성

문제와 해설이 함께 있지만 한손으로 충분히 가릴 수 있어
스스로 문제를 풀어 볼 수 있습니다. 상세한 해설로 문제의
유형을 익히고 나아가 실전에 대비해 보세요.

시험의 흐름을 잡는 나합격만의 합격도우미

빈출 체크

동일한 문제의 출제 빈도를 체크하여
자주 출제되는 문제를 확인할 수 있어
실전에 대비할 수 있도록 하였습니다.

시험 당일까지 공부일정 및 계획을 짜는 것은
매우 중요합니다. 셀프스터디 합격플래너를 통해
스스로의 합격을 만들어 보세요.

나만의 합격플래너

스스로 공부한 날이나 시험일을 적어 공부 진척도를
한 눈에 확인할 수 있고, 체크 박스를 통해 공부의 완성도를
파악할 수 있도록 하였습니다.

SELF-STUDY PLANNER

시험 당일까지 공부일정 및 계획을 짜는 것은 매우 중요합니다.
셀프스터디 합격플래너를 통해 스스로의 합격을 만들어 보세요.

나의 목표		시험일
		/

				Study Day	Check
PART 01 수질오염개론	01	환경공학의 기초 및 환경화학	18	/	
	02	수질오염 및 오염물질 배출원	27	/	
	03	수중 생물학 및 수자원 관리	39	/	

				Study Day	Check
PART 02 상하수도계획	01	상하수도 기본계획	52	/	
	02	상·수도시설	55	/	
	03	펌프 및 펌프장	64	/	

PART 03 수질오염 방지기술				Study Day	Check
	01	물리적 처리	72	/	
	02	화학적 처리	81	/	
	03	생물학적 처리	92	/	
	04	고도 처리	110	/	
	05	슬러지 처리	123	/	

PART 04 필답형기출문제			Study Day	Check
	2005년 1회 필답형기출문제	136	/	
	2005년 2회 필답형기출문제	141	/	
	2005년 3회 필답형기출문제	145	/	
	2006년 1회 필답형기출문제	149	/	
	2006년 2회 필답형기출문제	153	/	
	2006년 3회 필답형기출문제	158	/	
	2007년 1회 필답형기출문제	162	/	
	2007년 2회 필답형기출문제	167	/	
	2007년 3회 필답형기출문제	171	/	
	2008년 1회 필답형기출문제	177	/	
	2008년 2회 필답형기출문제	182	/	
	2008년 3회 필답형기출문제	187	/	
	2009년 1회 필답형기출문제	192	/	
	2009년 2회 필답형기출문제	197	/	
	2009년 3회 필답형기출문제	202	/	

			Study Day	Check
PART 04 **필답형기출문제**	2010년 1회 필답형기출문제	207	/	
	2010년 2회 필답형기출문제	212	/	
	2010년 3회 필답형기출문제	218	/	
	2011년 1회 필답형기출문제	222	/	
	2011년 2회 필답형기출문제	226	/	
	2011년 3회 필답형기출문제	231	/	
	2012년 1회 필답형기출문제	236	/	
	2012년 2회 필답형기출문제	240	/	
	2012년 3회 필답형기출문제	245	/	
	2013년 1회 필답형기출문제	250	/	
	2013년 2회 필답형기출문제	255	/	
	2013년 3회 필답형기출문제	260	/	
	2014년 1회 필답형기출문제	265	/	
	2014년 2회 필답형기출문제	269	/	
	2014년 3회 필답형기출문제	274	/	
	2015년 1회 필답형기출문제	280	/	
	2015년 2회 필답형기출문제	285	/	
	2015년 3회 필답형기출문제	289	/	
	2016년 1회 필답형기출문제	294	/	
	2016년 2회 필답형기출문제	299	/	
	2016년 3회 필답형기출문제	304	/	
	2017년 1회 필답형기출문제	308	/	
	2017년 2회 필답형기출문제	311	/	
	2017년 3회 필답형기출문제	316	/	

		Study Day	Check
2018년 1회 필답형기출문제	320	/	
2018년 2회 필답형기출문제	324	/	
2018년 3회 필답형기출문제	328	/	
2019년 1회 필답형기출문제	331	/	
2019년 2회 필답형기출문제	335	/	
2019년 3회 필답형기출문제	338	/	
2020년 1회 필답형기출문제	342	/	
2020년 2회 필답형기출문제	348	/	
2020년 3회 필답형기출문제	353	/	
2020년 4·5회 필답형기출문제	359	/	
2021년 1회 필답형기출문제	365	/	
2021년 2회 필답형기출문제	371	/	
2021년 3회 필답형기출문제	376	/	
2022년 1회 필답형기출문제	382	/	
2022년 2회 필답형기출문제	389	/	
2022년 3회 필답형기출문제	396	/	
2023년 1회 필답형기출문제	403	/	
2023년 2회 필답형기출문제	411	/	
2023년 3회 필답형기출문제	419	/	
2024년 1회 필답형기출문제	428	/	
2024년 2회 필답형기출문제	435	/	
2024년 3회 필답형기출문제	443	/	

PART 04 필답형기출문제

PART 01

수질오염개론

01 환경공학의 기초 및 환경화학
02 수질오염 및 오염물질 배출원
03 수중 생물학 및 수자원 관리

CHAPTER 01
환경공학의 기초 및 환경화학

KEYWORD 용해도 곱, pH, 혼합·중화공식, 1차 반응, 물질수지식, 혼합 정도

01 농도 표시

1. 몰 농도(M, mol/L)

1-1 정의

용액 1L에 용해되어 있는 용질의 몰 수

1-2 몰(mol)

원자·분자 등은 질량이 작고, 입자수가 무수히 많아 일정한 단위를 사용하게 되는데 이를 몰(mol)이라 함

2. 노르말 농도(N, eq/L)

2-1 정의

용액 1L에 용해되어 있는 용질의 g당량 수

 **우쌤의 공부팁**

[답 작성 방법]
- 풀이 : 소수점 다섯 번째 자리에서 반올림하여 네 번째 자리까지 표기
- 답 : 소수점 세 번째 자리에서 반올림하여 두 번째 자리까지 표기

 참고

1mol
= (원자량, 분자량)g
= 22.4SL(0℃, 1atm)

1kmol
= (원자량, 분자량)kg
= 22.4Sm³(0℃, 1atm)

 참고

Reynold's Number
$$Re = \frac{\rho \cdot V \cdot D}{\mu} = \frac{V \cdot D}{\nu}$$

- V : 유속[LT^{-1}]
- D : 직경[L]
- ρ : 밀도[ML^{-3}]
- μ : 점성 계수[$ML^{-1}T^{-1}$]
- ν : 동점성 계수[L^2T^{-1}]

2-2 g당량 구하기

- 원자 및 이온 g당량 = 원자량/원자가
  - 예) Ca^{2+}의 g당량 = 40/2 = 20g/eq
- 분자의 g당량 = 분자량/양이온의 가수
  - 예) $CaCO_3$의 g당량 = 100/2 = 50g/eq
- 산의 g당량 = 분자량/H^+의 개수
  - 예) H_2SO_4의 g당량 = 98/2 = 49g/eq
- 염기의 g당량 = 분자량/OH^-의 개수
  - 예) NaOH의 g당량 = 40/1 = 40g/eq
- 산화제, 환원제의 g당량 = 분자량/주고 받은 전자수
  - 예) $KMnO_4$ = 158/5 = 31.6g/eq
    $K_2Cr_2O_7$ = 294/6 = 49g/eq

핵심 KEY

$KMnO_4$의 주고 받은 전자수가 5인 이유

$KMnO_4$ 중 Mn의 산화수
→ K : (+1), O : (-2)
(+1) + Mn의 산화수 + (-2)×4 = 0
∴ Mn의 산화수 = +7이며
   Mn은 일반적으로 +2로 존재하므로 $KMnO_4$의 주고 받은 전자수는 5이다.

02 이온평형

1. 물의 이온곱 상수

$$H_2O \rightleftharpoons H^+ + OH^-$$
$$k_w(\text{물의 이온곱 상수}) = [H^+][OH^-] = k_a \cdot k_b = 1.0 \times 10^{-14}(25℃)$$

2. 용해도 곱 ★★

용해도 곱 상수란 물속에서 난용성(녹지 않거나 조금 녹는) 화합물의 평형에서의 평형상수

$$MA \rightleftharpoons M^+ + A^-$$
$$k_{sp}(\text{용해도 곱 상수}) = [M^+][A^-]$$

핵심 KEY

난용성 화합물의 활성도는 1이기 때문에 평형상수에 포함시키지 않는다.

참고

- $Q < k_{sp}$: 침전이 일어나지 않으며 정반응으로 진행한다.
- $Q = k_{sp}$: 포화된 상태로 평형상태이다.
- $Q > k_{sp}$: 침전 반응이 일어나며 역반응으로 진행한다.

3. 수소이온지수(pH) ★★★

pH는 수용액에서의 산도와 염기도를 표현하기 위해 사용하며 물속에 수소이온 or 수산화이온의 농도를 표현하는 단위

$$pH = \log\frac{1}{[H^+]} = pk_w - pOH = 14 - \log\frac{1}{[OH^-]}$$

4. 완충작용·용액

4-1 Henderson-Hasselbalch 방정식 ★★

$$pH = pk_a + \log\frac{[짝 염기]}{[산]}, \quad pOH = pk_b + \log\frac{[짝 산]}{[염기]}$$

03
중화·혼합공식 및 반응속도

1. 중화공식 ★★★

$$N_1 V_1 = N_2 V_2$$

- N_1 : 산의 노르말 농도(eq/L)
- N_2 : 염기의 노르말 농도(eq/L)
- V_1 : 산의 부피(mL)
- V_2 : 염기의 부피(mL)

산 또는 염기가 한쪽으로 강할 때

$$N_m = \frac{N_1 \cdot V_1 - N_2 \cdot V_2}{V_1 + V_2}$$

* 산 : pH, 염기 : pOH로 대입

한쪽으로 통일하여 대입한 후 강한 쪽의 것을 택한다.

2. 혼합공식 ★★★

$$C_m = \frac{C_1 \cdot Q_1 + C_2 \cdot Q_2}{Q_1 + Q_2}$$

- C_m : 혼합 농도(pH, 온도 등)
- C_1 : 1번 농도(pH, 온도 등)
- C_2 : 2번 농도(pH, 온도 등)
- Q_1 : 1번 유량(pH, 온도 등)
- Q_2 : 2번 유량(pH, 온도 등)

3. 반응차수

3-1 0차 반응(A → 생성물)

$\dfrac{dC}{dt} = -k \cdot C^0 = -k$ [농도는 시간에 따라 감소되므로 (-)를 붙인다] ···· ㉠

㉠의 식을 적분

$\displaystyle\int_{C_o}^{C_t} dC = -k \int_0^t dt$

$\Rightarrow C_t - C_o = -k \cdot t$

- C_t : t시간이 지난 후 물질의 농도
- C_o : 초기 농도
- k : 반응속도상수
- t : 반응시간

참고

반응속도상수(Arrhenius)

$k_T = k_{20℃} \times \theta^{(T-20)}$

- k_T : T℃에서의 반응속도상수[T^{-1}]
- $k_{20℃}$: 20℃에서의 반응속도상수[T^{-1}]
- θ : 계수
- T : 온도(℃)

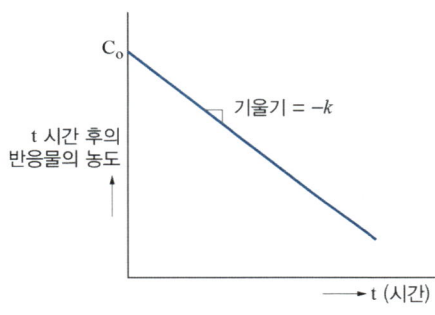

3-2 1차 반응(A → B + C) ★★★

$\dfrac{dC}{dt} = -k \cdot C^1$ ································ ㉠

㉠의 식을 적분

$\displaystyle\int_{C_o}^{C_t} \dfrac{1}{C} dC = -k \int_0^t dt$

$\Rightarrow \ln\dfrac{C_t}{C_o} = -k \cdot t$

- C_t : t시간이 지난 후 물질의 농도
- C_o : 초기 농도
- k : 반응속도상수
- t : 반응시간

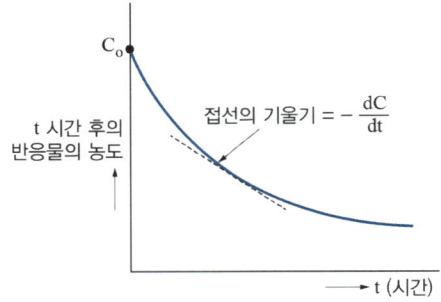

3-3 2차 반응(A + B → C + D)

$$\frac{dC}{dt} = -k \cdot C^2 \quad \cdots\cdots\cdots ㉠$$

㉠의 식을 적분

$$\int_{C_o}^{C_t} \frac{1}{C^2} dC = -k \int_0^t dt$$
$$\Rightarrow \frac{1}{C_t} - \frac{1}{C_o} = k \cdot t$$

- C_t : t시간이 지난 후 물질의 농도
- C_o : 초기 농도
- k : 반응속도상수
- t : 반응시간

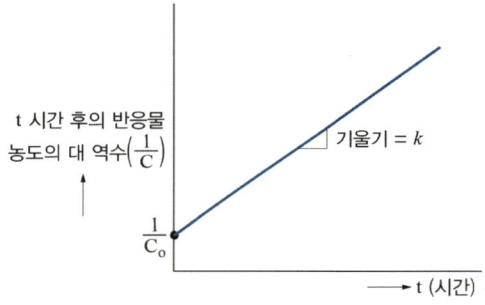

4. 반응조의 종류와 특성

4-1 회분식 반응조(Batch Reactor)

소규모 운전으로 연속 흐름이나 배출없이 일정 시간 반응시킨 후 처리하는 방법으로 고가의 생성물, 새로운 공정의 시험에 적용

4-2 완전혼합 반응조(CFSTR, Continuous Flow Stirred Tank Reactor)

연속적인 교반이 이루어져 유입과 유출이 동시에 발생하며, 완전한 처리 후 유출을 하기 위해서는 교반시간을 늘려 줌

물질수지식 ★★★

축적 = 유입 - 유출 - 반응

$$V \frac{dC}{dt} = Q \cdot C_o - Q \cdot C_t - k \cdot C_t^n \cdot V$$

- Q : 유입유량
- V : 반응조 부피
- C_t : t시간이 지난 후 물질의 농도(유출 농도)
- C_o : 초기 농도(유입 농도)
- k : 반응속도상수
- n : 반응차수

핵심 KEY

㉠ 식에서 정상상태로 가정
$$\left(\frac{dC}{dt} = 0\right)$$
$$0 = Q \cdot C_o - Q \cdot C_t - k \cdot C_t^n \cdot V$$

→ 반응조 부피에 대하여 정리
$$V = \frac{Q \cdot (C_o - C_t)}{k \cdot C_t^n}$$

→ 유출농도에 대하여 정리(1차)
$$C_t = \frac{C_o}{1 + k \cdot (V/Q)}$$

4-3 연속흐름 반응조(PFR, Plug Flow Reactor)

유입하는 유량만큼 유출되며 상하 혼합은 있으나 좌우 혼합은 무시하고 길이가 긴 반응조

핵심 KEY

PFR, CFSTR의 혼합 정도

구분	PFR	CFSTR
분산	0	1
분산수	0	∞
모릴지수	1	∞
지체시간	이론 체류시간	0

개념잡기

폭은 10m, 수심은 3.2m, 유속은 0.1m/sec, 동점성 계수(ν)는 $1.25 \times 10^{-6} \text{m}^2/\text{sec}$일 때 레이놀드 수를 구하시오.

[식] $Re = \dfrac{V \cdot D}{\nu}$

[풀이] ① $R = \dfrac{A}{S} = \dfrac{3.2 \times 10}{3.2 \times 2 + 10} = 1.9512 \text{m}$

② $D = 4R = 4 \times 1.9512 = 7.8048 \text{m}$

③ $Re = \dfrac{0.1\text{m}}{\text{sec}} \Big| \dfrac{7.8048\text{m}}{} \Big| \dfrac{\text{sec}}{1.25 \times 10^{-6} \text{m}^2} = 624,384$

[답] ∴ $Re = 624,384$

개념잡기

추적물질을 농도가 90mg/L, 유량이 1.5L/min로 수심이 얕은 개울에 주입하였다. 이 수심이 얕은 개울의 하류에서 추적물질의 농도가 5.3mg/L로 측정되었다면 수심이 얕은 개울의 유량(m^3/sec)은 얼마인가? (단, 추적물질은 수심이 얕은 개울에 존재하지 않음)

[식] $C_m = \dfrac{C_1 \cdot Q_1 + C_2 \cdot Q_2}{Q_1 + Q_2}$ (1 : 추적물질, 2 : 수심이 얕은 개울)

[풀이] ① $5.3 = \dfrac{90 \times 1.5 + 0 \times Q_2}{1.5 + Q_2}$

② $5.3 \times (Q_2 + 1.5) = 135$

③ $Q_2 = \dfrac{135}{5.3} - 1.5 = 23.9717 \text{L/min}$

$= \dfrac{23.9717\text{L}}{\text{min}} \Big| \dfrac{\text{m}^3}{10^3 \text{L}} \Big| \dfrac{\text{min}}{60\text{sec}} = 3.9953 \times 10^{-4} \text{m}^3/\text{sec}$

[답] ∴ 수심이 얕은 개울의 유량 $= 4.00 \times 10^{-4} \text{m}^3/\text{sec}$

염소 소독으로 박테리아를 사멸시키는 정수공정에서 속도 1차 반응식을 따르고, 잔류염소 0.1mg/L이 2분 만에 80%의 박테리아를 사멸시켰다면 90% 사멸에 소요되는 시간(min)을 계산하시오.

[식] $\ln \dfrac{C_t}{C_o} = -k \cdot t$

[풀이] ① $\ln \dfrac{20}{100} = -k \cdot 2\min \rightarrow k = 0.8047 \min^{-1}$

② $t = \dfrac{\ln \dfrac{C_t}{C_o}}{-k} = \dfrac{\ln \dfrac{10}{100}}{-0.8047} = 2.8614 \min$

[답] ∴ t = 2.86min

다음 조건에 따라 저수량 $3 \times 10^5 m^3$의 저수지에 유해물질의 농도가 20mg/L에서 1mg/L로 변할 때까지 걸리는 시간(year)을 계산하시오.

[조건]
- 유해물질이 투입되기 전 저수지 내의 유해물질 농도는 0
- 저수지가 완전 혼합되었다고 가정
- 저수지의 유역면적은 $10^5 m^2$
- 유역의 연평균 강우량은 1,200mm/yr
- 저수지의 유입, 유출량은 강우량에만 의존

[식] $V \dfrac{dC}{dt} = Q \cdot C_o - Q \cdot C_t - k \cdot C_t^n \cdot V$

[풀이] ① $Q = \dfrac{1,200 \mathrm{mm}}{\mathrm{yr}} \Big| \dfrac{10^5 \mathrm{m}^2}{} \Big| \dfrac{\mathrm{m}}{10^3 \mathrm{mm}} = 1.2 \times 10^5 \mathrm{m}^3/\mathrm{yr}$

② 유입농도와 반응=0

$\displaystyle \int_{C_o}^{C_t} \dfrac{1}{C} dC = -\dfrac{Q}{V} \int_0^t dt \rightarrow \ln \dfrac{C_t}{C_o} = -\dfrac{Q}{V} \times t$

③ $t = \dfrac{\ln(1/20)}{-(1.2 \times 10^5 / 3 \times 10^5)} = 7.4893 \mathrm{yr}$

[답] ∴ 걸리는 시간 = 7.49yr

개념잡기

알칼리를 가해 Cd^{2+}을 $Cd(OH)_2$로 제거하고자 한다. $Cd(OH)_2$의 k_{sp}가 4×10^{-14}, pH = 11일 때 Cd^{2+}의 이론적 농도(mg/L)는? (단, Cd 원자량 112.4)

[풀이] ① $Cd(OH)_2 \rightarrow Cd^{2+} + 2OH^-$

$k_{sp} = [Cd^{2+}][OH^-]^2$

$[Cd^{2+}] = \dfrac{k_{sp}}{[OH^-]^2} = \dfrac{4\times10^{-14}}{(10^{-3})^2} = 4\times10^{-8} M$

② 카드뮴의 농도 = $\dfrac{4\times10^{-8}\,mol}{L} \Big| \dfrac{112.4\,g}{mol} \Big| \dfrac{10^3\,mg}{g} = 4.496\times10^{-3}\,mg/L$

[답] ∴ 카드뮴의 농도 = $4.50\times10^{-3}\,mg/L$

개념잡기

0.1M NaOH(100mL)를 2M H_2SO_4로 중화적정 시 소비되는 황산의 양(mL)을 계산하시오.

[식] $N \cdot V = N' \cdot V'$

[풀이] ① NaOH 노르말 농도 = $\dfrac{0.1\,mol}{L} \Big| \dfrac{40\,g}{mol} \Big| \dfrac{eq}{(40/1)\,g} = 0.1\,eq/L$

② H_2SO_4 노르말 농도 = $\dfrac{2\,mol}{L} \Big| \dfrac{98\,g}{mol} \Big| \dfrac{eq}{(98/2)\,g} = 4\,eq/L$

③ $0.1 \times 100 = 4 \times X$, $X = 2.5\,mL$

[답] ∴ 황산 소비량 = 2.5mL

개념잡기

$Ca(HCO_3)_2$, CO_2의 g당량을 구하시오.

가. $Ca(HCO_3)_2$ g당량(반응식 포함)
나. CO_2 g당량(반응식 포함)

가. $Ca(HCO_3)_2 \rightarrow Ca^{2+} + 2HCO_3^-$

$Ca(HCO_3)_2$의 g당량 = $\dfrac{162\,g}{2\,eq} = 81\,g/eq$

나. $CO_2 + H_2O \rightarrow CO_3^{2-} + 2H^+$

CO_2의 g당량 = $\dfrac{44\,g}{2\,eq} = 22\,g/eq$

개념잡기

폐수에 3.4g의 CH_3COOH와 0.63g의 CH_3COONa를 용해시켰을 때 pH를 구하시오.
(단, CH_3COOH의 $k_a = 1.8 \times 10^{-5}$)

[식] $pH = pk_a + \log \dfrac{염}{약산}$

[풀이] ① 염(CH_3COONa) $= \dfrac{0.63g}{82g} \Big| \dfrac{mol}{} = 0.0077 mol$

② 약산(CH_3COOH) $= \dfrac{3.4g}{60g} \Big| \dfrac{mol}{} = 0.0567 mol$

③ $pH = \log \dfrac{1}{1.8 \times 10^{-5}} + \log \dfrac{0.0077}{0.0567} = 3.8776$

[답] ∴ pH = 3.88

개념잡기

NaOH 0.2g을 물에 녹여 400mL 용액을 만들었을 때 NaOH의 농도(mg/L) 및 NaOH의 노르말 농도(eq/L)를 계산하시오.

가. NaOH의 농도(mg/L)
나. NaOH의 노르말 농도(eq/L) (단, 소수점 네 번째 자리까지 계산)

가. NaOH의 농도

[풀이] NaOH의 농도 $= \dfrac{0.2g}{400mL} \Big| \dfrac{10^3 mL}{L} \Big| \dfrac{10^3 mg}{g} = 500 mg/L$

[답] ∴ NaOH의 농도 = 500mg/L

나. NaOH의 노르말 농도

[풀이] NaOH의 노르말 농도 $= \dfrac{0.2g}{400mL} \Big| \dfrac{10^3 mL}{L} \Big| \dfrac{eq}{40g} = 0.0125 eq/L$

[답] ∴ NaOH의 노르말 농도 = 0.0125eq/L

개념잡기

정상상태에서의 CFSTR의 체류시간을 유도하시오.

① $V \dfrac{dC}{dt} = Q \cdot C_o - Q \cdot C_t - k \cdot C_t^n \cdot V$

② 정상상태로 가정 $\left(\dfrac{dC}{dt} = 0 \right)$ → $0 = Q \cdot C_o - Q \cdot C_t - k \cdot C_t^n \cdot V$

③ 양변을 유량(Q)로 나눈다. → $0 = C_o - C_t - k \cdot C_t^n \cdot t$

④ $k \cdot C_t^n \cdot t = C_o - C_t$ → $t = \dfrac{C_o - C_t}{k \cdot C_t^n}$

CHAPTER 02
수질오염 및 오염물질 배출원

KEYWORD BOD소모식, DO 부족량, 경도, TOC

01 수질오염의 지표

1. BOD(Biochemical Oxygen Demand)

1-1 BOD 곡선

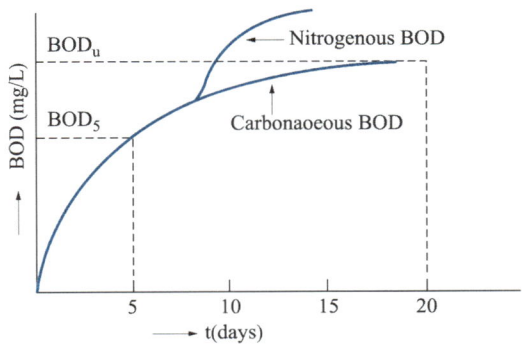

1단계는 주로 탄소화합물에 의하여 반응이 진행되며, 2단계는 질산화합물에 의하여 질산화 반응이 진행된다. 이때 7일 이후에는 질산화가 발생하여 BOD 수치가 높게 측정되므로 BOD_5를 기준으로 하며, BOD_5는 BOD_u의 60~70% 정도의 수치를 나타낸다.

BOD_5
5일간 측정한 BOD 값

BOD_u
최종 BOD 값

1-2 관련 공식

BOD 잔류식

$BOD_t = BOD_u \times 10^{-k_1 \cdot t}$ ·············· 상용대수 적용

$BOD_t = BOD_u \times e^{-k_1 \cdot t}$ ·············· 자연대수 적용

BOD 소모식 ★★★

$BOD_t = BOD_u(1 - 10^{-k_1 \cdot t})$ ·············· 상용대수 적용

$BOD_t = BOD_u(1 - e^{-k_1 \cdot t})$ ·············· 자연대수 적용

식종하지 않은 시료

$BOD(mg/L) = (D_1 - D_2) \times P$

- D_1 : 15분간 방치된 후의 희석한 시료의 DO(mg/L)
- D_2 : 5일간 배양한 다음의 희석한 시료의 DO(mg/L)
- P : 희석시료 중 시료의 희석배수 (희석시료량/시료량)

식종희석수를 사용한 시료

$BOD(mg/L) = [(D_1 - D_2) - (B_1 - B_2) \times f] \times P$

- D_1 : 15분간 방치된 후의 희석한 시료의 DO(mg/L)
- D_2 : 5일간 배양한 다음의 희석한 시료의 DO(mg/L)
- B_1 : 식종액의 BOD를 측정할 때 희석된 식종액의 배양 전 DO(mg/L)
- B_2 : 식종액의 BOD를 측정할 때 희석된 식종액의 배양 후 DO(mg/L)
- f : 희석시료 중의 식종액 함유율과 희석한 식종액 중의 식종액 함유율의 비
- P : 희석시료 중 시료의 희석배수(희석시료량/시료량)

BOD와 COD와의 관계
- BOD ≫ COD
  - BOD 실험 중 5일 이내 질산화가 발생할 때
  - COD 시험 방해물질인 방향족 혼합물 등이 존재할 때
- COD ≫ BOD
  - BOD 실험 시 독성 물질을 포함할 때
  - 시료가 생물학적 분해 불가 유기물질일 때

2. COD(Chemical Oxygen Demand)

2-1 분류

- COD = BDCOD(BOD_u) + NBDCOD = SCOD + ICOD
- BOD_u = $SBOD_u$ + $IBOD_u$

3. DO(Dissolved Oxygen)

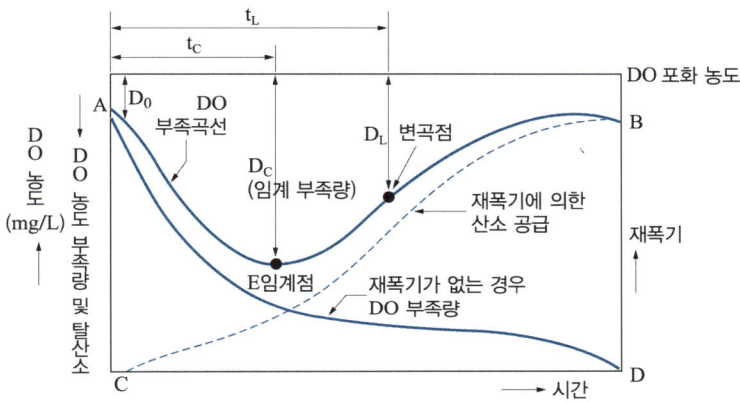

BD
생물학적으로 분해 가능한

NBD
생물학적으로 분해 불가능한

S
용해성

I
비용해성

3-1 관련 공식 ★★★

DO 부족량

$$D_t = \frac{k_1}{k_2 - k_1} L_o (10^{-k_1 \cdot t} - 10^{-k_2 \cdot t}) + D_o \times 10^{-k_2 \cdot t}$$

- D_t : t일 후의 DO 부족농도 [ML^{-3}]
- k_1 : 탈산소계수 [T^{-1}]
- k_2 : 재포기계수 [T^{-1}]
- L_o : 최종 BOD(= BOD_u) [ML^{-3}]
- D_o : 초기 DO 부족농도 [ML^{-3}]

임계시간

$$t_c = \frac{1}{k_1(f-1)} \log \left[f \left(1 - (f-1) \frac{D_o}{L_o} \right) \right]$$

임계부족량

$$D_c = \frac{L_o}{f} \times 10^{-k_1 \cdot t_c}$$

$$f = \frac{k_2}{k_1}$$

- f : 자정계수
- k_1 : 탈산소 계수$[T^{-1}]$
- k_2 : 재포기 계수$[T^{-1}]$

4. SS(Suspended Solids)

4-1 분류

```
TS  =  VS   +  FS
‖      ‖       ‖
SS  =  VSS  +  FSS
+      +       +
DS  =  VDS  +  FDS
       ↓       ↓
      105℃   550±50℃
      증발건조  가열
```

GF/C 여과지를 통과하면 DS
통과하지 못한다면 SS

5. 콜로이드(Colloid)

5-1 특성

- 일부 콜로이드 입자들은 가시광선의 파장(0.4 ~ 0.7㎛)보다 커서 빛의 투과를 간섭한다.
- 대부분의 콜로이드는 전하를 띠고 있어 반발력이 발생한다.
- 입자들이 작아 질량에 비하여 표면적이 크며, 거름종이는 통과하지만 반투막은 통과할 수 없다.
- 콜로이드의 안정도는 척력(Zeta Potential)과 인력(Van Der Waals), 중력의 상대적 크기에 의하여 결정되며, 안정도를 작게 해야 콜로이드를 제거할 수 있다.
- 콜로이드 입자들이 전기장에 놓이게 되면 입자들은 그 전하의 반대쪽 극으로 이동하게 되는데 이러한 현상을 전기 영동이라고 한다.
- 제타전위가 0에 가까워질수록 급속히 응결이 일어난다.
- 콜로이드 입자는 질량에 비해서 표면적이 크므로 용액 속에 있는 다른 입자를 흡착하는 힘이 크다.

Zeta potential
콜로이드 입자의 전하와 전하의 효력이 미치는 분산매의 거리를 측정하는 것이다($\zeta = 4\pi\delta q/D$).

틴달(Tyndall) 효과
콜로이드 분산계에 입사한 광선이 미립자에 의해 산란되면서 그 통로가 빛나게 보여 눈으로 빛의 경로를 확인할 수 있는 것이다.

5-2 응집 메커니즘

- 침전물에 의한 포착 - 금속 수산화물 침전
- 입자 간의 가교 형성 - 고분자 전해질 첨가
- 전하의 중화 - 반대되는 이온 주입
- 이중층의 압축 - 전해질 및 반대되는 이온 주입

6. 경도

6-1 계산식

$$\text{HD mg/L as CaCO}_3 = \sum_{i=1}^{n}\left(C_i \times \frac{(100/2)}{(Mw_i/2)}\right)$$

C_i : 경도유발물질의 농도(mg/L)
Mw_i : 경도유발물질의 원자량

CaCO₃ 양에 따른 분류
- 0 ~ 75   : 연수
- 75 ~ 150   : 약한 경수
- 150 ~ 300 : 경수
- 300 ↑   : 강한 경수

6-2 연수화 방법

이온교환법, 제올라이트법, 석회소다법, 자비법

핵심 KEY

- 총경도 > 알칼리도 = 탄산경도
- 알칼리도 > 총경도 = 탄산경도

6-3 종류

탄산경도(일시경도)

끓여서 제거되며, 경도유발물질과 알칼리도(OH^-, HCO_3^-, CO_3^{2-})가 결합한 물질

비탄산경도(영구경도)

끓여서 제거되지 않으며, 경도유발물질과 산이온(SO_4^{2-}, NO_3^-, Cl^-)이 결합한 물질

가경도(유사경도)

Na^+, K^+ 등의 물질로 소량일 때에는 영향이 없지만, 함량이 높아지면 공통이온 효과에 의하여 쉽게 용해되지 못하게 함

$$SAR = \frac{Na^+}{\sqrt{\frac{Ca^{2+} + Mg^{2+}}{2}}}$$

SAR	영향
0 ~ 10	영향이 적음
10 ~ 18	중간 정도 영향
18 ~ 26	영향이 높음
26 ↑	영향이 매우 높음

7. 알칼리도

7-1 계산방법

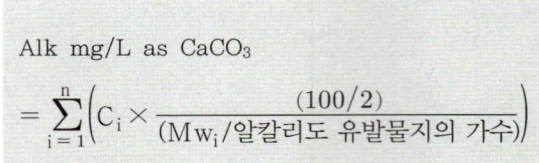

$$\text{Alk mg/L as CaCO}_3 = \sum_{i=1}^{n}\left(C_i \times \frac{(100/2)}{(Mw_i/\text{알칼리도 유발물지의 가수})}\right)$$

- C_i : 알칼리도 유발물질의 농도 (mg/L)
- Mw_i : 알칼리도 유발물질의 분자량

P-Alk
페놀프탈레인(Phenolphthalein) 지시약을 이용한 알칼리도

M-Alk
메틸오렌지(Methyl Orange) 지시약을 이용한 알칼리도

7-2 측정방법

시료에 산을 주입하여 pH 8.3까지 낮추는 데 소모된 산의 양을 $CaCO_3$의 농도로 전환한 값을 P-Alk라 하고, pH 4.5까지 낮추는 것은 M-Alk이며 이것은 총 알칼리도를 뜻함

$$\text{Alk mg/L as CaCO}_3 = \frac{a \cdot N \cdot 50}{V} \times 1{,}000$$

- a : 소비된 산의 부피(mL)
- N : 산의 노르말 농도
- V : 시료의 부피(mL)

8. 총 유기탄소(TOC)

8-1 관련용어

총 유기탄소(TOC, Total Organic Carbon)
수중에서 유기적으로 결합된 탄소의 합

총 탄소(TC, Total Carbon)
수중에서 존재하는 유기적 또는 무기적으로 결합된 탄소의 합

무기성 탄소(IC, Inorganic Carbon)
수중에 탄산염, 중탄산염, 용존 이산화탄소 등 무기적으로 결합된 탄소의 합

용존성 유기탄소(DOC, Dissolved Organic Carbon)
총 유기탄소 중 공극 0.45㎛의 여과지를 통과하는 유기탄소

비정화성 유기탄소(NPOC, Nonpurgeable Organic Carbon)
총 탄소 중 pH 2 이하에서 포기에 의해 정화되지 않는 탄소

분석법을 COD에서 TOC로 바꾸는 이유
COD는 전체 유기물 측정에 한계가 있으며 총 유기탄소를 30~60% 정도 분석 가능한 반면 TOC는 90% 분석이 가능하여 정확한 측정이 가능하기 때문이다.

개념잡기

TS = 300mg/L, FS = 210mg/L, VSS = 60mg/L, TSS = 125mg/L일 때 TDS, VS, FSS, VDS, FDS를 구하시오.

- TS = TDS + TSS
  TDS = TS - TSS = 300 - 125 = 175mg/L
- TS = VS + FS
  VS = TS - FS = 300 - 210 = 90mg/L
- TSS = VSS + FSS
  FSS = TSS - VSS = 125 - 60 = 65mg/L
- VS = VDS + VSS
  VDS = VS - VSS = 90 - 60 = 30mg/L
- TDS = VDS + FDS
  FDS = TDS - VDS = 175 - 30 = 145mg/L

개념잡기

박테리아($C_5H_7O_2N$)에 대한 이론적인 BOD_5/COD, BOD_5/TOC, TOC/COD의 비를 구하시오. (단, 반응은 1차 반응, 속도상수는 $0.1day^{-1}$, base 상용대수, 화합물은 100% 산화, 박테리아는 분해되어 CO_2, H_2O, NH_3, BOD_u = COD)

가. BOD_5/COD
나. BOD_5/TOC
다. TOC/COD

가. BOD_5/COD

[식] $BOD_t = BOD_u(1 - 10^{-k_1 \cdot t})$

[풀이] $\dfrac{BOD_5}{BOD_u} = \dfrac{BOD_5}{COD} = 1 - 10^{-0.1 \times 5} = 0.6838$

[답] $\therefore \dfrac{BOD_5}{COD} = 0.68$

나. BOD_5/TOC

[식] $BOD_t = BOD_u(1 - 10^{-k_1 \cdot t})$

[풀이] ① $C_5H_7O_2N + 5O_2 \rightarrow 5CO_2 + 2H_2O + NH_3$
  $\qquad\qquad 5 \times 32 \ : \ 5 \times 12$

② $BOD_u = 5 \times 32 = 160$

③ $BOD_5 = 160 \times (1 - 10^{-0.1 \times 5}) = 109.4036$

④ $\dfrac{BOD_5}{TOC} = \dfrac{109.4036}{5 \times 12} = 1.8234$

[답] $\therefore \dfrac{BOD_5}{TOC} = 1.82$

다. TOC/COD

[풀이] ① $C_5H_7O_2N + 5O_2 \rightarrow 5CO_2 + 2H_2O + NH_3$
  $\quad\quad\quad\quad 5\times32 : 5\times12$

② $\dfrac{TOC}{COD} = \dfrac{5\times12}{5\times32} = 0.375$

[답] ∴ $\dfrac{TOC}{COD} = 0.38$

하천의 어느 지점 DO 농도가 5.0mg/L, 탈산소계수는 0.1day⁻¹, 재포기계수는 0.2day⁻¹, BOD_u는 10mg/L일 때 36시간 흐른 뒤의 하류에서의 DO 농도(mg/L)를 계산하시오.
(단, 포화 용존산소농도는 9.0mg/L, 소수점 첫 번째까지 구하시오. base 10)

[식] $D_t = \dfrac{k_1}{k_2 - k_1} L_o (10^{-k_1 \cdot t} - 10^{-k_2 \cdot t}) + D_o \times 10^{-k_2 \cdot t}$

[풀이] ① $t = \dfrac{36hr}{} \bigg| \dfrac{day}{24hr} = 1.5 day$

② $D_o = D_s - D = 9 - 5 = 4 mg/L$

③ $D_t = \dfrac{0.1}{0.2 - 0.1} \times 10 \times (10^{-0.1\times1.5} - 10^{-0.2\times1.5}) + 4 \times 10^{-0.2\times1.5}$
$\quad\quad = 4.0723 mg/L$

④ $DO = 9 - 4.0723 = 4.9277 mg/L$

[답] ∴ 하류에서의 DO 농도 = 4.9mg/L

폐수의 30℃의 BOD_u가 214mg/L일 때, 30℃의 BOD_5는?
(단, 20℃의 $k_1 = 0.1/day$, $\theta = 1.05$)

[식] $BOD_t = BOD_u (1 - 10^{-k_1 \cdot t})$

[풀이] ① $k_T = k_{20℃} \times \theta^{(T-20)}$
$\quad\quad k_{30℃} = 0.1 \times 1.05^{(30-20)} = 0.1629 day^{-1}$

② $BOD_5 = 214 \times (1 - 10^{-0.1629\times5}) = 181.1970 mg/L$

[답] ∴ 30℃의 $BOD_5 = 181.20 mg/L$

개념잡기

CH$_3$COOH의 BOD$_u$가 30mg/L일 때 TOC(mg/L)는?

[풀이] CH$_3$COOH + 2O$_2$ → 2CO$_2$ + 2H$_2$O
　　　　　　2×32　: 2×12
　　　　　　30mg/L :　X

$$X = \frac{2 \times 12 \times 30}{2 \times 32} = 11.25 \, mg/L$$

[답] ∴ TOC=11.25mg/L

개념잡기

이상적인 완전혼합흐름과 이상적인 관형흐름을 나타내는 지표 중 빈칸에 알맞게 적으시오.

구분	PFR	CMFR
분산		
분산수		

구분	PFR	CMFR
분산	0	1
분산수	0	∞

아래 그림과 조건을 이용하여 물음에 답하시오.

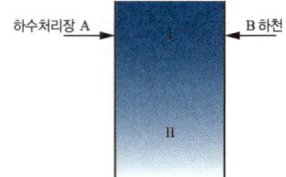

[조건]
- 하수처리장 유량 : 4m³/sec
- 하수처리장 DO : 2mg/L
- 하천 BOD_5 : 10mg/L
- 합류 전 I 유량 : 50m³/sec
- 합류 전 I BOD_5 : 2mg/L
- 합류 전 I DO : 9mg/L(I 지점 이후 혼합)
- k_1 : 0.15day^{-1}
- 길이 : 20km
- 하수처리장 BOD_5 : 150mg/L
- 하천 유량 : 2m³/sec
- 하천 DO : 7mg/L
- k_2 : 0.2day^{-1}
- 유속 : 0.8m/sec
- I, II 구간 포화 DO = 9.5mg/L, k_1, k_2 동일
- DO 계산은 Streeter-phelps 식 이용(단, 자연대수)

가. BOD_5를 3mg/L를 만족시키는 하수처리장의 BOD_5의 최소 제거효율(%)
나. 가항의 기준을 만족할 때 II지점의 DO농도(mg/L)

가. 최소 제거효율

[식] $\eta(\%) = \left(1 - \dfrac{C_o}{C_i}\right) \times 100$

[풀이] ① $C_m = \dfrac{C_1 \cdot Q_1 + C_2 \cdot Q_2 + C_3 \cdot Q_3}{Q_1 + Q_2 + Q_3}$

$3 = \dfrac{2 \times 50 + 10 \times 2 + C_3 \times 4}{50 + 2 + 4} \rightarrow C_3 = 12\,\mathrm{mg/L}$

② $\eta(\%) = \left(1 - \dfrac{12}{150}\right) \times 100 = 92\%$

[답] ∴ 최소 제거효율 = 92%

나. II지점의 DO 농도

[식] $D_t = \dfrac{k_1}{k_2 - k_1} L_o (e^{-k_1 \cdot t} - e^{-k_2 \cdot t}) + D_o \times e^{-k_2 \cdot t}$

[풀이] ① $L_o = \dfrac{BOD_t}{1 - e^{-k_1 \cdot t}} = \dfrac{3}{1 - e^{-0.15 \times 5}} = 5.6858 \mathrm{mg/L}$

② $t = \dfrac{20{,}000\mathrm{m}}{} \Big| \dfrac{\sec}{0.8\mathrm{m}} \Big| \dfrac{\mathrm{hr}}{3{,}600\sec} \Big| \dfrac{\mathrm{day}}{24\mathrm{hr}} = 0.2894 \mathrm{day}$

③ $D_m = \dfrac{9 \times 50 + 7 \times 2 + 2 \times 4}{50 + 2 + 4} = 8.4286 \mathrm{mg/L}$

④ $D_o = 9.5 - 8.4286 = 1.0714 \mathrm{mg/L}$

⑤ $D_t = \dfrac{0.15}{0.2 - 0.15} \times 5.6858 \times (e^{-0.15 \times 0.2894} - e^{-0.2 \times 0.2894})$
$\qquad + 1.0714 \times e^{-0.2 \times 0.2894} = 1.2458 \mathrm{mg/L}$

⑥ DO 농도 = $9.5 - 1.2458 = 8.2542 \mathrm{mg/L}$

[답] ∴ II지점의 DO 농도 = $8.25 \mathrm{mg/L}$

SAR(Sodium Adsorpotion Ratio)에 대해 설명하시오.

농업용수의 나트륨 흡착비를 나타내는 것으로 물의 투수성을 평가하는 척도

$$SAR = \dfrac{Na^+}{\sqrt{\dfrac{Ca^{2+} + Mg^{2+}}{2}}}$$

SAR	영향
0 ~ 10	영향이 적음
10 ~ 18	중간 정도 영향
18 ~ 26	영향이 높음
26 ↑	영향이 매우 높음

1차원 정상상태의 수질모델링 실시 후 계산된 BOD 농도를 그림과 같은 결과를 얻었다. 구간 II, III에서의 농도곡선의 변화현상을 간략히 설명하시오.

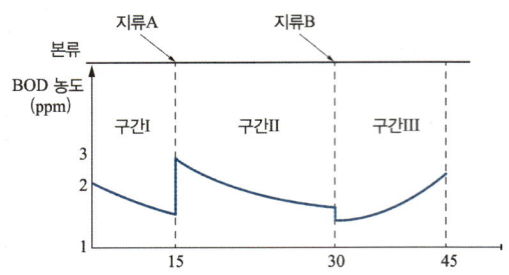

- 구간II : 오염도가 심한 지류A와 합류하여 BOD가 증가하고 하천의 하부로 흐르면서 자정
- 구간III : 일시적 희석으로 BOD가 낮아지고 하천의 하부로 흐르면서 난분해성 유기물이 생분해성 유기물로 바뀌어 BOD가 증가

다음의 성분을 이용하여 총 경도(mg/L)를 계산하시오.

[성분표]
- Ca^{2+} : 180mg/L
- Cl^- : 80mg/L
- Mg^{2+} : 144mg/L
- SO_4^{2-} : 120mg/L
- Na^+ : 85mg/L
- HCO_3^- : 70mg/L

[식] HD mg/L as $CaCO_3 = \sum_{i=1}^{n}\left(C_i \times \dfrac{(100/2)}{(Mw_i/2)}\right)$

[풀이] ① $Ca^{2+} = \dfrac{180mg}{L} | \dfrac{meq}{(40/2)mg} | \dfrac{(100/2)mg}{meq} = 450 mg/L\ as\ CaCO_3$

② $Mg^{2+} = \dfrac{144mg}{L} | \dfrac{meq}{(24/2)mg} | \dfrac{(100/2)mg}{meq} = 600 mg/L\ as\ CaCO_3$

③ HD mg/L as $CaCO_3 = 450 + 600 = 1,050 mg/L\ as\ CaCO_3$

[답] ∴ 총 경도 = 1,050mg/L as $CaCO_3$

CHAPTER 03

수중 생물학 및 수자원 관리

KEYWORD 질산화, 탈질화, 성층현상, 전도현상, 부영양화

01 수중 물질 순환 및 미생물의 증식곡선

1. 수중 물질 순환

1-1 질소

질산화(Nitrification) ★★★

$NH_4^+ + 1.5O_2 \rightarrow NO_2^- + H_2O + 2H^+$ ·················· 아질산화
　　Nitrosomonas (35℃)

$NO_2^- + 0.5O_2 \rightarrow NO_3^-$ ·················· 질산화
　　Nitrobacter (35~42℃)

$NH_4^+ + 2O_2 \rightarrow NO_3^- + H_2O + 2H^+$ ·················· Total

- 질산화 반응 시 용존산소는 2mg/L 이상
- 알칼리도가 소모되어 pH가 낮아짐
- 질산균은 호기성, 독립영양미생물
- 적정 pH는 7~9 정도
- *Nitrosomonas*의 증식속도는 0.21~1.08/day

탈질화(Denitrification) ★★★

$2NO_3^- + 5H_2 \rightarrow N_2\uparrow + 2OH^- + 4H_2O$

　　　탈질화 미생물 : *Pseudomonas*, *Achromobacter*, *Micrococcus*, *Bacillus*

- 탈질화 반응 시 용존산소는 0mg/L
- 알칼리도가 생성되어 pH가 높아짐
- 탈질균은 혐기성, 종속영양미생물

02 수중 미생물의 분류

1. 대사특성에 따른 분류

분류		탄소원	에너지원	종류
독립영양계 (Autotrophic)	광합성(Photo)	CO_2	빛	조류
	화학합성(Chemo)		무기물 산화/환원	질산화균
종속영양계 (Heterotrophic)	광합성(Photo)	유기탄소	빛	일부 세균
	화학합성(Chemo)		무기물 산화/환원	균류, 탈질균

핵심 KEY

메탄올을 탄소원으로 하는 탈질화 반응

- 1단계 : $6NO_3^- + 2CH_3OH$
  $\rightarrow 6NO_2^- + 4H_2O + 2CO_2$
- 2단계 : $6NO_2^- + 3CH_3OH$
  $\rightarrow 3N_2 + 3H_2O + 3CO_2 + 6OH^-$
- Total : $6NO_3^- + 5CH_3OH$
  $\rightarrow 3N_2 + 7H_2O + 5CO_2 + 6OH^-$

우쌤의 공부팁

6 : 5의 비율로 계산하는 문제가 많이 나오므로 비율은 반드시 암기하도록 한다.

03 유기물의 생물학적 변화 및 비증식속도

1. 호기성 분해(Aerobic Decomposition)

유기물(CHONS) + O_2 + 호기성 미생물 → CO_2, H_2O, SO_4^{2-}, NO_3^-

> **우쌤의 공부팁**
> Glycine($C_2H_5O_2N$), Glucose($C_6H_{12}O_6$)의 분자식은 문제에 자주 출제되므로 암기

2. 혐기성 분해(Anaerobic Decomposition)

유기물(CHONS) + 혐기성 미생물 → CO_2, CH_4, H_2S, NH_3^-

3. 비증식속도(Monod equation)

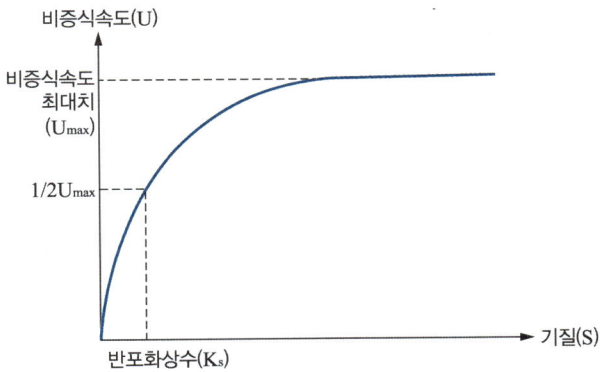

3-1 Monod equation

$$\mu = \mu_{max} \times \frac{S}{K_s + S}$$

- μ : 비생장률[T^{-1}]
- μ_{max} : 최대 비생장률[T^{-1}]
- S : 기질의 농도[ML^{-3}]
- K_s : 기질의 반포화 농도[ML^{-3}]

04 하천의 수질관리

1. 하천의 정화단계

1-1 Whipple의 4지대

분류	특성
분해지대 (Zone of degradation)	• 호기성 미생물의 활동에 의한 BOD 감소 • Fungi가 심하게 번식하며 DO와 pH 감소 (DO 포화도 45%) • CO_2가 증가하며 실지렁이 및 박테리아가 급증
활발한 분해지대 (Zone of Active degradation)	• DO가 임계점까지 낮아지며 혐기성 상태가 되어 흑갈색을 띰 • 악취가스인 H_2S, NH_3가 발생 • 호기성균이 혐기성균으로 교체되며, Fungi가 사라짐
회복지대 (Zone of Recovery)	• 혐기성 상태에서 호기성 상태로 변화되며 DO가 증가 • DO가 풍부해져 NH_3가 NO_2^{-N}, NO_3^{-N}으로 전환 • 세균이 감소하며 원생동물, 조류가 증가
정수지대 (Zone of Clear Water)	• pH가 정상 범위로 변하며 DO 풍부 • 이취미 및 병원균이 사라지지만 음용수로 사용 시 소독

05 호수, 저수지의 수질관리

1. 성층현상(Stratification) ★★★

1-1 정의

수심이 5m 이상인 곳에서 여름과 겨울에 발생하며, 온도 변화에 따른 물의 밀도 차이에 의하여 층이 형성되는 것

1-2 층의 구분

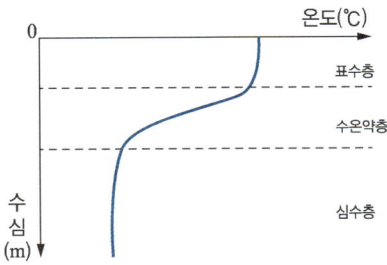

표수층(Epilimnion)
성층의 상부층으로 조류의 번식에 따른 부영양화가 발생하기도 함

수온약층(Thermocline)
1m당 약 1℃씩 낮아지며 수심에 따른 수온의 변화가 큼

심수층(Hypolimnion)
표수층의 조류의 사체가 쌓이며 혐기성 미생물에 의하여 수질이 악화되어 H_2S 등이 발생

2. 전도현상(Turnover)

2-1 정의

여름과 겨울에 발생한 성층현상에 따라 봄과 가을에 표수층의 온도변화에 따른 밀도가 심수층의 밀도보다 크거나 같아지므로 성층이 파괴되며 혼합되는 현상

3. 부영양화(Eutrophication)

3-1 정의

수계로 들어오는 화학비료 및 오수로 인하여 영양염류(N, P)의 양이 급증하게 되어 조류가 과도하게 번식하는 현상으로, 조류의 급격한 번식으로 용존산소가 부족하여 조류 및 어패류가 폐사하게 되는데 이 사체가 분해되면서 영양물질이 발생하여 지속적인 부영양화 발생

3-2 영향

- 용존산소의 감소로 인한 수중 생물의 폐사
- 표수층의 조류가 과도하게 번식하여 수계로 들어오는 햇빛을 차단
- 급증한 조류가 어패류의 아가미에 부착하여 폐사
- 조류에서 발생하는 독성에 의하여 폐사
- 탁도가 높고 이취미가 발생하여 수질의 가치 하락

3-3 대책

- 조류가 급증하기 전인 봄철에 황산구리($CuSO_4$)를 투여
- 수계로 들어오는 화학비료 및 오수를 처리할 수 있는 처리장을 설치
- 철 또는 알루미늄 염을 투여하여 인산염을 침전
- 영양염류가 적은 물을 섞어 교환율을 높임
- 차광막을 이용한 빛의 차단으로 조류의 증식을 막음
- 심층폭기나 순환을 시켜 저질토로부터 인이 방출되는 것을 막음

전도현상 발생 과정
- 봄 : 겨울에 표수층의 온도가 내려감에 따라 발생한 성층현상이 봄이 되면서 온도가 높아져 심수층의 밀도보다 크거나 같아지므로 성층이 파괴되며 혼합
- 가을 : 여름에 표수층의 온도가 올라감에 따라 발생한 성층현상이 가을이 되면서 온도가 낮아져 심수층의 밀도보다 크거나 같아지므로 성층이 파괴되며 혼합

부영양화 평가지표(TSI)
Carlson 지수라고 하며 투명도, Chlorophyll-a, T-P를 사용

06 연안의 수질관리

1. 적조현상

1-1 정의

식물성 플랑크톤의 이상 증식으로 바다의 색이 붉게 변하는 현상

1-2 원인

- 수온의 상승 및 염분농도의 감소
- upwelling 현상으로 인하여 영양염류가 표수층으로 상승
- 정체된 해류 및 수괴의 연직안정도가 클 때

1-3 영향

- 용존산소의 감소로 인한 수중 생물의 폐사
- 급증한 조류가 어패류의 아가미에 부착하여 폐사
- 조류에서 발생하는 독성에 의하여 폐사

1-4 대책

- 황토를 살포하여 적조 생물과 흡착시켜 처리
- 연안오염 저감정책 강화
- 수계로 들어오는 화학비료 및 오수를 처리할 수 있는 처리장을 설치
- 영양염류가 적은 물을 섞어 교환율을 높임

적조현상 영양조건
인, 질소, 탄소, 규소

개념잡기

1g의 박테리아가 하루에 폐수를 20g을 분해하는 것으로 밝혀졌다. 실제 폐수 농도가 15mg/L일 때 같은 양의 박테리아가 10g/day의 속도로 폐수를 분해한다면, 폐수의 농도가 5mg/L일 때, 2g의 박테리아에 의한 폐수 분해속도(g/day)를 구하시오. (Michaelis-Menten 식 이용)

[식] $r = R_{max} \times \dfrac{S}{K_m + S}$

[풀이] ① $r = 20 \times \dfrac{5}{15+5} = 5\,g_{폐수}/g_{박테리아} \cdot day$

② 폐수 분해속도 $= 5 \times 2 = 10\,g/day$

[답] ∴ 폐수 분해속도 = 10g/day

개념잡기

질산화는 질산화를 일으키는 Autotrophic bacteria에 의해 NH_4^+가 2단계를 거쳐 NO_3로 변하는데 각 단계 반응식(관련 미생물 포함)과 전체 반응식을 기술하시오.

- 아질산화 : $NH_4^+ + 1.5O_2 \rightarrow NO_2^- + H_2O + 2H^+$ [*Nitrosomonas*]
- 질산화 : $NO_2^- + 0.5O_2 \rightarrow NO_3^-$ [*Nitrobacter*]
- Total : $NH_4^+ + 2O_2 \rightarrow NO_3^- + H_2O + 2H^+$

개념잡기

탈질화 과정에서 메탄올을 탄소원으로 공급할 경우 두 단계로 일어나는데 단계별 일어나는 반응식 및 전체 반응식을 적으시오.

가. 1단계 반응식
나. 2단계 반응식
다. 전체 반응식

가. $6NO_3^- + 2CH_3OH \rightarrow 6NO_2^- + 4H_2O + 2CO_2$
나. $6NO_2^- + 3CH_3OH \rightarrow 3N_2 + 3H_2O + 3CO_2 + 6OH^-$
다. $6NO_3^- + 5CH_3OH \rightarrow 3N_2 + 7H_2O + 5CO_2 + 6OH^-$

개념잡기

탈질산화세균은 에너지원 및 세포합성을 위한 탄소원으로서 유기물질을 필요로 하는데 유기물질을 얻을 수 있는 방법, 형태를 3가지 적으시오.

- 메탄올, 에탄올 등과 같은 외부탄소원을 공급
- 하수처리장으로 유입되는 하수 내부의 유기물질
- 미생물의 내생호흡조건에서 발생하는 내생탄소원

부영양화 평가지표인 TSI에 적용하는 변수 3가지를 적으시오.

투명도, Chlorophyll-a, T-P

다음 빈칸에 알맞은 말을 쓰시오.

미생물이 새로운 미생물을 형성하기 위하여 유기탄소를 이용하는 생물을 (㉠)이라 하고, 세포합성에 필요한 에너지원으로 빛을 이용하는 생물을 (㉡)이라 부른다. 아질산염이나 질산염을 전자수용체로 사용하는 조건을 (㉢)이라 한다.

㉠ 종속영양계미생물(Heterotrophic)
㉡ 광합성미생물(Phototrophic)
㉢ 무산소조건

전도현상은 저수지 바닥에 침전된 유기물을 부상시켜서 저수지의 수질을 악화시키는데 발생하는 이유를 봄과 가을로 나누어서 서술하시오.

- 봄 : 겨울에 표수층의 온도가 내려감에 따라 발생한 성층현상이 봄이 되면서 온도가 높아져 심수층의 밀도보다 크거나 같아지므로 성층이 파괴되며 혼합된다.
- 가을 : 여름에 표수층의 온도가 올라감에 따라 발생한 성층현상이 가을이 되면서 온도가 낮아져 심수층의 밀도보다 크거나 같아지므로 성층이 파괴되며 혼합된다.

호수의 부영양화 억제 방법 중 호수 내에서 가능한 통제 대책을 3가지 기술하시오.

- 영양염류 높은 심층수 방류
- 영양염류가 적은 물을 섞어 교환율을 높임
- 차광막을 이용한 빛의 차단으로 조류의 증식을 막음
- 심층폭기나 순환을 시켜 저질토로부터 인이 방출되는 것을 막음
- 수초 및 조류 제거

적조 현상의 원인이 되는 환경조건 2개와 영양조건(원소명) 3가지를 적으시오.

가. 환경조건

나. 영양조건

가. 환경조건
- 수온의 상승 및 염분농도의 감소
- upwelling 현상으로 인하여 영양염류가 표수층으로 상승
- 정체된 해류 및 수괴의 연직안정도가 클 때

나. 영양조건
  인, 질소, 탄소, 규소

PART 02

상하수도계획

01　상하수도 기본계획
02　상·하수도시설
03　펌프 및 펌프장

CHAPTER 01
상하수도 기본계획

KEYWORD 상수도 계통, 수원의 구비요건

01 상수도설계 일반사항

1. 상수도 계통

수원 → 취수 → 도수 → 정수 → 송수 → 배수 → 급수

2. 기본사항의 결정

계획(목표)년도

기본계획에서 대상이 되는 기간으로 계획수립 시부터 15~20년간을 표준으로 함

계획급수구역

계획년도까지 배수관을 매설하여 급수하고자 하는 계획급수구역의 결정에는 여러가지 상황들을 종합적으로 고려

계획급수인구

계획급수인구는 계획급수구역 내의 인구에 계획급수보급률을 곱하여 결정(계획급수보급률은 과거의 실적이나 장래의 수도시설계획 등이 종합적으로 검토되어 결정)

계획급수량

원칙적으로 용도별 사용수량을 기초로 하여 결정

수원의 구비요건
- 수량이 풍부
- 수질이 좋아야 함
- 가능한 한 높은 곳에 위치
- 가능한 한 수돗물 소비지에서 가까운 곳에 위치

3. 계획급수인구

3-1 등차급수방법

$$P_n = P + na$$

- P_n : n년 후 계획년도의 인구
- P : 현재 인구
- n : 계획년도까지 경과 년수
- a : 연평균 인구 증가수

3-2 등비급수방법

$$P_n = P(1+r)^n$$

- P_n : n년 후 계획년도의 인구
- P : 현재 인구
- n : 계획년도까지 경과 년수
- r : 연평균 인구 증가율

개념잡기

상수도 계통을 나열하시오.

수원 → 취수 → 도수 → 정수 → 송수 → 배수 → 급수

개념잡기

수원의 구비요건을 적으시오.

- 수량이 풍부
- 수질이 좋아야 함
- 가능한 한 높은 곳에 위치
- 가능한 한 수돗물 소비지에서 가까운 곳에 위치

개념잡기

등비증가법에 따라서 도시인구가 10년간 3.25배 증가했을 때 연평균 인구 증가율(%)은?

[식] $P_n = P(1+r)^n$

[풀이] ① $\dfrac{P_n}{P} = (1+r)^n$

② $\left(\dfrac{P_n}{P}\right)^{1/n} = 1+r$

③ $r = (3.25)^{1/10} - 1 = 0.1251$

[답] ∴ 인구 증가율 = 12.51%

전염소처리와 중간염소처리의 염소제 주입 지점은?

가. 전염소처리 염소제 주입지점
나. 중간염소처리 염소제 주입지점

가. 착수정, 혼화지 사이
나. 응집침전지, 여과지 사이

지하수가 4개의 대수층을 통과할 때 수평방향과 수직방향의 평균투수계수 K_x와 K_y를 구하시오.

K_1	10cm/day	20cm
K_2	50cm/day	5cm
K_3	1cm/day	10cm
K_4	5cm/day	10cm

가. 수평방향 평균투수계수
나. 수직방향 평균투수계수

가. 수평방향 평균투수계수

[식] $K_X = \dfrac{\sum_{i=1}^{n}(K_i \cdot H_i)}{\sum_{i=1}^{n}(H_i)}$

[풀이] $K_X = \dfrac{K_1 \cdot H_1 + K_2 \cdot H_2 + K_3 \cdot H_3 + K_4 \cdot H_4}{H_1 + H_2 + H_3 + H_4}$

$= \dfrac{10 \times 20 + 50 \times 5 + 1 \times 10 + 5 \times 10}{20 + 5 + 10 + 10} = 11.3333 \text{cm/day}$

[답] ∴ 수평방향 평균투수계수 = 11.33cm/day

나. 수직방향 평균투수계수

[식] $K_Y = \dfrac{\sum_{i=1}^{n}(H_i)}{\sum_{i=1}^{n}\left(\dfrac{H_i}{K_i}\right)}$

[풀이] $K_Y = \dfrac{H_1 + H_2 + H_3 + H_4}{\dfrac{H_1}{K_1} + \dfrac{H_2}{K_2} + \dfrac{H_3}{K_3} + \dfrac{H_4}{K_4}} = \dfrac{20 + 5 + 10 + 10}{\dfrac{20}{10} + \dfrac{5}{50} + \dfrac{10}{1} + \dfrac{10}{5}}$

$= 3.1915 \text{cm/day}$

[답] ∴ 수직방향 평균투수계수 = 3.19cm/day

CHAPTER 02

상·하수도시설

KEYWORD 합리식, Manning 유속 공식, 하수관거 황화수소 부식, 3각 위어

01 관련 공식

1. 유입우수량의 산정

1-1 합리식(Rational Method) ★★

$$Q = \frac{1}{360} CIA$$

- Q : 유량(m^3/sec)
- C : 유출계수
- I : 강우강도(mm/hr)
- A : 배수면적(ha)

핵심 KEY

강우지속시간(유달시간)은 유입시간과 유하시간의 합

$$t = T_i + \frac{L}{V}(min)$$

- T_i : 유입시간(min)
- L : 관의 길이(m)
- V : 관 내 평균유속(m/min)

1-2 총괄유출계수 산정식

$$C = \frac{\sum_{i=1}^{m} C_i \cdot A_i}{\sum_{i=1}^{m} A_i}$$

- C : 총괄유출계수
- C_i : i번째 토지이용도별 기초유출계수
- A_i : i번째 토지이용도별 총면적
- m : 토지이용도의 수

2. 관거의 유량 및 유속공식

2-1 Manning의 유속공식

$$V = \frac{1}{n} \cdot I^{1/2} \cdot R^{2/3}$$

- V : 유속(m/sec)
- n : 조도계수
- I : 동수경사
- R : 경심(m)

2-2 Chezy의 유속공식

$$V = C\sqrt{R \cdot I}$$

- V : 유속(m/sec)
- C : 유속계수
- I : 동수경사
- R : 경심(m)

2-3 Hazen-Williams의 유속공식

$$V = 0.84935 \cdot C \cdot R^{0.63} \cdot I^{0.54}$$

- V : 유속(m/sec)
- C : 유속계수
- I : 동수경사
- R : 경심(m)

핵심 KEY

경심(R)은 단면적을 윤변으로 나눈 것으로 이때 윤변이란 물에 닿는 길이를 표현한 것

$$R = \frac{A}{S}$$

- A : 단면적
- S : 윤변

참고

- 장방형(R) = $\dfrac{\text{수심} \times \text{폭}}{2 \times \text{수심} + \text{폭}}$

- 원형(R) = $\dfrac{\frac{\pi D^2}{4}}{\pi D} = \dfrac{D}{4}$

  (만관 및 절반)

02 관거

1. 관(Pipe) 내의 유량측정방법

1-1 적용범위

장치	공장폐수 원수	1차 처리수	2차 처리수	1차 슬러지	반송 슬러지	농축 슬러지	포기액	공정수
벤튜리미터	○	○	○	○	○	○	○	
유량측정용 노즐	○	○	○	○	○	○	○	○
오리피스								○
피토우관								○
자기식 유량측정기	○	○	○	○	○	○		○

2. 합류식, 분류식의 특성

검토사항		합류식	분류식
	관로계획	우수를 신속하게 배수하기 위해서 지형조건에 적합한 관거가 된다.	우수와 오수를 별개의 관거에 배제하기 때문에 오수배제계획이 합리적이다.
건설면	시공	대구경관거가 되면 좁은 도로에서의 매설에 어려움이 있다.	오수관거와 우수관거의 2계통을 동일도로에 매설하는 것은 매우 곤란하다. 오수관거에서는 소구경 관거를 매설하므로 시공이 용이하지만, 관거의 경사가 급하면 매설깊이가 크게 된다.
	건설비	대구경 관거가 되면 1계통으로 건설되어 오수관거와 우수관거의 2계통을 건설하는 것보다는 저렴하지만 오수관거만을 건설하는 것보다는 비싸다.	오수관거와 우수관거의 2계통을 건설하는 경우는 비싸지만 오수관거만을 건설하는 경우는 가장 저렴하다.

검토사항		합류식	분류식
유지관리면	관거 오접 ★	없음	철저한 감시가 필요하다.
	관거 내 퇴적 ★	청천 시에 수위가 낮고 유속이 적어 오물이 침전하기 쉽다. 그러나 우천 시에 수세효과가 있기 때문에 관거 내의 청소 빈도가 적을 수 있다.	관거 내의 퇴적이 적다. 수세효과는 기대할 수 없다.
	처리장 으로의 토사유입 ★	우천 시에 처리장으로 다량의 토사가 유입하여 장기간에 걸쳐 수로바닥, 침전지 및 슬러지 소화조 등에 퇴적한다.	토사의 유입이 있지만 합류식 정도는 아니다.
	관거 내의 보수	폐쇄의 염려가 없다. 검사 및 수리가 비교적 용이하다. 청소에 시간이 걸린다.	오수관거에서는 소구경관거에 의한 폐쇄의 우려가 있으나 청소는 비교적 용이하다. 측구가 있는 경우는 관리에 시간이 걸리고 불충분한 경우가 많다.
	기존수로 의 관리	관리자가 불명확한 수로를 통폐합하고 우수배제계통을 하수도 관리자가 총괄하여 관리할 수 있다.	기존의 측구를 존속할 경우는 관리자를 명확하게 할 필요가 있다. 수로부의 관리 및 미관상에 문제가 있다.
수질 보전면	우천 시 월류	일정량 이상이 되면 우천 시 오수가 월류한다.	없음
	청천 시 월류	없음	없음
	강우초기 의 노면 세정수	시설의 일부를 개선 또는 개량하면 강우초기의 오염된 우수를 수용해서 처리할 수 있다.	노면의 오염물질이 포함된 세정수가 직접 하천 등으로 유입된다.
환경면	쓰레기 등의 투기	없음	측구가 있는 경우나 우수관거에 개거가 있을 때는 쓰레기 등이 불법투기되는 일이 있다.
	토지이용	기존의 측구를 폐지할 경우는 도로폭을 유효하게 이용할 수 있다.	기존의 측구를 존속할 경우는 뚜껑의 보수가 필요하다.

3. 하수관거 황화수소 부식 ★★

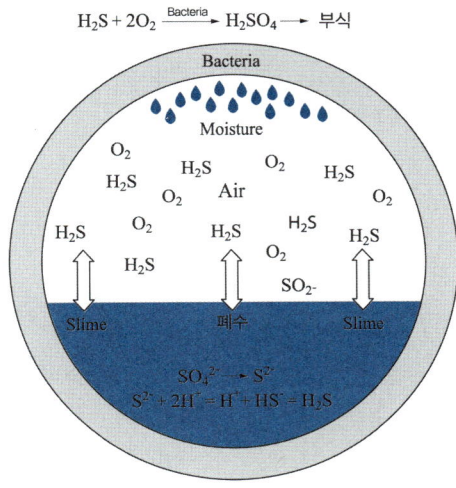

황화수소 부식 방지대책
- 호기성 상태로 유지하여 황화수소의 생성을 방지
- 관거를 청소하고 미생물의 생식장소 제거
- 환기를 통한 황화수소 희석
- 기상 중으로의 확산 방지
- 황산염 환원 세균의 활동 억제
- 유황산화 세균의 활동 억제
- 방식 재료를 사용하여 관을 방호

3-1 부식 메커니즘

- 하수가 체류하는 개소에서 혐기상태가 되면 하수 중에 포함되는 황산염(SO_4^{2-})이 황산염 환원세균에 의해 환원되어 황화수소(H_2S)가 생성

$$SO_4^{2-} + 2C + 2H_2O \rightarrow H_2S + 2HCO_3^-$$

- 환기가 충분히 되지 않는 관거 내에서 황화수소는 외부로 확산되지 않고 기상 중에 농축되어 콘크리트 벽면의 결로 중에 재용해하고 거기서 호기상태로 유황산화 세균에 의해 산화되고 황산이 생성

$$H_2S + 2O_2 \rightarrow H_2SO_4 \quad (Thiobacillus, \text{ 유황산화 세균})$$

- 이와 같이 2단계 생물 반응이 진행되고 콘크리트 표면에서 황산이 농축되고 pH가 1~2로 저하되면 콘크리트의 주성분인 수산화칼슘이 황산과 반응하여 황산칼슘이 생성

$$Ca(OH)_2 + H_2SO_4 \rightarrow CaSO_4 \cdot 2H_2O$$

- 황산칼슘($CaSO_4 \cdot 2H_2O$)은 다시 시멘트 경화체중의 알민산 3칼슘($3CaO \cdot Al_2O_3$)과 반응하여 에트린가이트($3CaO \cdot Al_2O_3 \cdot 3CaSO_4 \cdot 32H_2O$)를 생성한다. 에트린가이트는 생성 시 결합수를 받아들이고 크게 팽창하며, 이 팽화에 의해 콘크리트가 부식하고 붕괴됨

03 유량계의 종류 및 특성

1. 위어의 종류

1-1 직각 3각 위어(Weir)

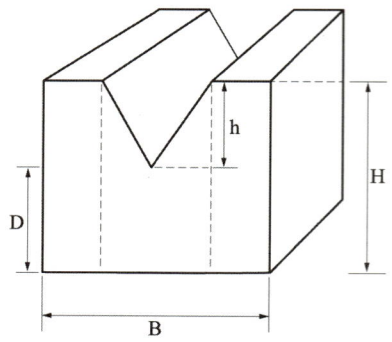

$$Q = K \cdot h^{5/2}$$

$\begin{bmatrix} Q : \text{유량}(m^3/min) \\ K : \text{유량계수} \\ h : \text{위어의 수두}(m) \end{bmatrix}$

1-2 직각 4각 위어(Weir)

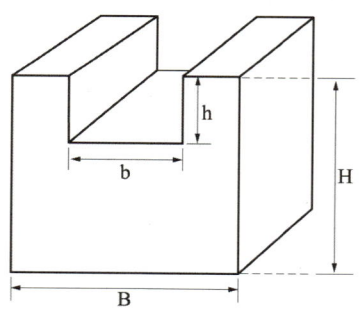

$$Q = K \cdot b \cdot h^{3/2}$$

$\begin{bmatrix} Q : \text{유량}(m^3/min) \\ K : \text{유량계수} \\ b : \text{절단의 폭}(m) \\ h : \text{위어의 수두}(m) \end{bmatrix}$

 참고

$$K = 81.2 + \frac{0.24}{h} + \left(8.4 + \frac{12}{\sqrt{D}}\right) \times \left(\frac{h}{B} - 0.09\right)^2$$

- B : 폭(m)
- D : 수로의 밑면으로부터 절단 하부점까지의 높이(m)

 우쌤의 공부팁

유량계수와 식은 주어지므로 각각 인자들이 어떤 것을 의미하는지 파악

원형 관에 유속 0.6m/sec로 절반으로 흐르는 주철관 직경 D(cm)를 구하시오.
(단, 조도계수는 0.013, 관 구배는 40‰, Manning공식 적용)

[식] $V = \dfrac{1}{n} \cdot I^{1/2} \cdot R^{2/3}$

[풀이] ① $R = \dfrac{D}{4}$ (절반 채워진 원형 관)

② $V = \dfrac{1}{n} \cdot I^{1/2} \cdot \left(\dfrac{D}{4}\right)^{2/3}$ 의 식을 D에 대한 식으로 변경

③ $\left(\dfrac{D}{4}\right)^{2/3} = \dfrac{n \cdot V}{I^{1/2}}$, $D = 4 \cdot \left(\dfrac{n \cdot V}{I^{1/2}}\right)^{3/2}$

④ $D = 4 \times \left(\dfrac{0.013 \times 0.6}{0.04^{1/2}}\right)^{3/2} = 0.0308\text{m}$

$= \dfrac{0.0308\text{m}}{} \Big| \dfrac{100\text{cm}}{\text{m}} = 3.08\text{cm}$

[답] ∴ D = 3.08cm

유출계수는 0.7, 강우강도는 $I = \dfrac{3{,}600}{t+30}$ mm/hr, 유입시간은 5분, 유역면적은 2km², 하수관 내 유속은 40m/min인 경우 하수관에서 흘러나오는 우수량(m³/sec)은 얼마인지 계산하시오. (단, 합리식에 의해 유출량 산정하고 하수관의 길이는 1km)

[식] $Q = \dfrac{1}{360} C I A$

[풀이] ① $t = T_i + \dfrac{L}{V} = 5\text{min} + \dfrac{1\text{km}}{} \Big| \dfrac{\text{min}}{40\text{m}} \Big| \dfrac{10^3 \text{m}}{\text{km}} = 30\text{min}$

② $I = \dfrac{3{,}600}{t+30} = \dfrac{3{,}600}{30+30} = 60\text{mm/hr}$

③ $A = \dfrac{2\text{km}^2}{} \Big| \dfrac{100\text{ha}}{\text{km}^2} = 200\text{ha}$

④ $Q = \dfrac{0.7 \times 60 \times 200}{360} = 23.3333\text{m}^3/\text{sec}$

[답] ∴ 우수량 = 23.33m³/sec

개념잡기

수로의 폭이 1m 수로의 밑면으로부터 절단 하부점까지의 높이가 0.8m, 위어의 수두가 0.25m인 직각삼각위어의 유량(m^3/hr)을 계산하시오.

단, 유량계수 $\left[K = 81.2 + \dfrac{0.24}{H} + \left(8.4 + \dfrac{12}{\sqrt{D}}\right) \times \left(\dfrac{H}{B} - 0.09\right)^2 \right]$

[식] $Q = K \cdot h^{5/2}$

[풀이] ① $K = 81.2 + \dfrac{0.24}{0.25} + \left(8.4 + \dfrac{12}{\sqrt{0.8}}\right) \times \left(\dfrac{0.25}{1} - 0.09\right)^2 = 82.7185$

② $Q = 82.7185 \times 0.25^{5/2} = 2.5850 \, m^3/min$

$= \dfrac{2.5850 \, m^3}{min} \Big| \dfrac{60 \, min}{hr} = 155.1 \, m^3/hr$

[답] ∴ 직각삼각위어의 유량 = 155.1m^3/hr

개념잡기

유량 27.8m^3/sec로 사각 개수로(폭 3m, 수심 1m)에 폐수가 흐를 때 수로의 경사(I)를 계산하시오. (단, Manning 공식 적용, 조도계수 = 0.016, 소수점 세 번째 자리까지)

[식] $V = \dfrac{1}{n} \cdot I^{1/2} \cdot R^{2/3}$

[풀이] ① $R = \dfrac{HW}{2H+W} = \dfrac{1 \times 3}{2 \times 1 + 3} = 0.6 \, m$

② $V = \dfrac{Q}{A} = \dfrac{27.8 \, m^3}{sec} \Big| \dfrac{1}{3m \times 1m} = 9.2667 \, m/sec$

③ $V = \dfrac{1}{n} \cdot I^{1/2} \cdot R^{2/3}$의 식을 I에 대한 식으로 변경

④ $I = \left(\dfrac{V \cdot n}{R^{2/3}}\right)^2 = \left(\dfrac{9.2667 \times 0.016}{0.6^{2/3}}\right)^2 = 0.0434$

[답] ∴ I = 0.043

개념잡기

관수로에서의 유량측정방법 3가지를 적으시오.

벤튜리미터, 오리피스, 노즐, 피토우관, 자기식 유량측정기

하수관에서의 H_2S에 의한 관정부식을 방지하는 방법을 3가지 적으시오.
(단, 관거청소, 퇴적물 제거는 정답에서 제외)

황화수소 부식(관정부식) 방지대책
- 호기성 상태로 유지하여 황화수소의 생성을 방지
- 환기를 통한 황화수소 희석
- 기상 중으로의 확산 방지
- 황산염 환원 세균의 활동 억제
- 유황산화 세균의 활동 억제
- 방식 재료를 사용하여 관을 방호

분류식과 합류식의 특성을 알맞게 작성하시오.

구분	분류식	합류식	보기
시설비	( )	( )	저렴, 고가
토사유입	( )	( )	많다, 적다
관거오접 감시	( )	( )	해당없음, 요망
슬러지 함량 내 중금속	( )	( )	큼, 적음
관거 폐쇄	( )	( )	큼, 적음

구분	분류식	합류식	보기
시설비	(고가)	(저렴)	저렴, 고가
토사유입	(적다)	(많다)	많다, 적다
관거오접 감시	(요망)	(해당없음)	해당없음, 요망
슬러지 함량 내 중금속	(적음)	(큼)	큼, 적음
관거 폐쇄	(큼)	(적음)	큼, 적음

도수관로의 기능을 저하시키는 요인 4가지를 기술하시오.

- 관재질, 수질, 미세전류 등으로 인한 부식이 발생
- 도수노선이 동수경사선보다 위쪽으로 되어 있는 경우
- 수압 및 온도변화
- 조류 번식에 의한 스케일 형성
- 퇴적물의 누적
- 공동현상 및 수격작용에 의해

CHAPTER 03
펌프 및 펌프장

KEYWORD 마찰손실수두, 축동력, 공동현상, 수격현상

01 관련 공식

1. 펌프구경

$$D(mm) = 146\sqrt{\frac{Q}{V}}$$

- D : 펌프의 흡입구경(mm)
- Q : 펌프의 토출량(m^3/min)
- V : 흡입구의 유속(m/sec)

> **우쌤의 공부팁**
> 펌프구경은 $Q = A \cdot V$의 식과 $A = \dfrac{\pi D^2}{4}$의 식에서 단위환산을 하여 나타낸 것

2. 전양정

$$H = h_a + h_o + h_f$$

- H : 전양정(m)
- h_a : 실양정(m)
- h_o : 관말단 잔류속도수두(m)
- h_f : 관로 전체의 손실수두 합(m)

핵심 KEY

원형단면의 마찰손실수두

$$h_f = f \cdot \frac{L}{D} \cdot \frac{V^2}{2g}$$

- f : 마찰계수
- L : 관의 길이(m)
- D : 관의 직경(m)
- V : 관의 유속(m/sec)

3. 축동력 ★★

$$P = \frac{\rho \cdot g \cdot Q \cdot H}{\eta}$$

- P : 축동력(W)
- ρ : 물의 밀도(kg/m^3)
- Q : 유량(m^3/sec)
- H : 전양정(m)
- η : 효율

참고
- 1HP(마력) = 0.746kW
- 1PS = 0.7355kW

02 펌프 사용 시 발생하는 현상

1. 공동현상(Cavitation) ★★★

1-1 정의

펌프 회전차나 동체 속에 흐르는 압력이 국소적으로 저하하여 그 액체의 포화증기압 이하로 떨어져 발생하는 현상

1-2 원인

- 펌프의 과속으로 유량이 급증할 때
- 펌프와 흡수면 사이의 수직거리가 길 때
- 관 내의 수온이 증가할 때
- 펌프의 흡입양정이 높을 때
- 고속회전으로 임펠러 끝단에서 속도가 고속일 때

1-3 방지대책

- 펌프의 회전수를 감소시켜 필요유효 흡인수두를 작게 함
- 흡입측의 손실을 가능한 한 작게 하여 가용유효 흡입수두를 크게 함
- 펌프의 설치위치를 가능한 한 낮추어 가용유효 흡입수두를 크게 함
- 흡입측 밸브를 완전히 개방하고 펌프를 운전함
- 동일한 회전수와 토출양에서는 양흡입펌프가 유리
- 임펠러를 수중에 잠기게 함

펌프의 특성곡선
펌프의 성능을 표시하는 수단으로 규정 회전수에서의 전양정, 펌프 효율 등의 관계를 나타내어 펌프의 사용범위를 알 수 있음

2. 수격작용(Water Hammer) ★★★

2-1 정의

유체의 움직임이 변화함에 따라 순간적 압력으로 관의 소음과 충격을 발생시키는 현상

필요유효 흡입수두(NPSHr)
공동현상을 발생시키지 않는 기준으로 펌프설계에 의해 결정

가용유효 흡입수두(NPSHa)
펌프에 관계없이 배관시스템에 의해 결정

2-2 원인

- 정전 등으로 인하여 순간적으로 정지 및 가동할 때
- 배관의 급격한 굴곡이 존재할 때
- 배관의 밸브가 급격하게 개폐될 때

2-3 방지대책

- 펌프에 Fly wheel을 붙여 펌프의 관성을 증가
- 펌프 토출구 부근에 공기탱크를 두거나 부압 발생지점에 흡기밸브를 설치하여 압력 강하 시 공기를 주입
- 관로 내 유속을 낮추거나 관거 상황을 변경
- 토출관측 관로에 한 방향 조압수조를 설치

3. 맥동현상(Surging)

3-1 정의

펌프운전 시 발생할 수 있는 비정상현상 중 펌프운전 중에 토출량과 토출압이 주기적으로 숨이 찬 것처럼 변동하는 상태를 일으키는 현상

3-2 원인

- 토출관이 길고, 공기가 차있을 때
- 수량조절 밸브가 수조의 끝단에서 행할 때

3-3 방지대책

- 양수량 및 회전수를 조절
- 관로 내의 공기를 제거

다음과 같은 시설의 관로(①지점~②지점)에서 발생할 수 있는 손실수두 명칭 5가지를 기술하시오.

마찰·굴곡·밸브·확대·축소 손실수두

수직고도 30m 위에 있는 곳으로 관의 직경은 20cm, 총 연장은 200m의 배수관을 통해 유량 0.1m³/sec의 물을 양수하고자 한다. 다음을 구하시오.

가. 관로의 마찰손실수두를 고려할 때 펌프의 총 양정(m) (단, f = 0.03)
나. 70%의 효율을 갖는 펌프의 소요동력(kW) (단, 물의 밀도는 1g/cm³)

가. 펌프의 총 양정

[식] $H = h + f \times \dfrac{L}{D} \times \dfrac{V^2}{2g} + \dfrac{V^2}{2g}$

[풀이] ① $V = \dfrac{Q}{A} = \dfrac{0.1\text{m}^3}{\sec} \Big| \dfrac{4}{\pi \times (0.2\text{m})^2} = 3.1831 \text{m/sec}$

② $H = 30 + 0.03 \times \dfrac{200}{0.2} \times \dfrac{(3.1831)^2}{2 \times 9.8} + \dfrac{(3.1831)^2}{2 \times 9.8} = 46.0253\text{m}$

[답] ∴ 펌프의 총 양정 = 46.03m

나. 펌프의 소요동력

[식] $P = \dfrac{\rho \cdot g \cdot Q \cdot H}{\eta}$

[풀이] ① $P = \dfrac{1,000\text{kg}}{\text{m}^3} \Big| \dfrac{9.8\text{m}}{\sec^2} \Big| \dfrac{0.1\text{m}^3}{\sec} \Big| \dfrac{46.03\text{m}}{\Big|} \dfrac{}{0.7}$
    $= 64,442\text{W}(\text{kg} \cdot \text{m}^2/\sec^3)$

② $P = \dfrac{64,442\text{W}}{\Big|} \dfrac{\text{kW}}{10^3\text{W}} = 64.442\text{kW}$

[답] ∴ 펌프의 소요동력 = 64.44kW

펌프의 특성곡선과 필요유효 흡입수두에 대해서 간략하게 서술하시오.

- 펌프의 특성곡선 : 펌프의 성능을 표시하는 수단으로 규정 회전수에서의 전양정, 펌프 효율 등의 관계를 나타내어 펌프의 사용범위를 알 수 있다.
- 필요유효 흡입수두 : 공동현상을 발생시키지 않는 기준으로 펌프설계에 의해 결정된다.

공동현상과 수격작용의 원인 한 가지와 방지대책 두 가지를 적으시오.

가. 공동현상
- 원인
    - 펌프의 과속으로 유량 급증
    - 펌프와 흡수면 사이의 수직거리가 길 때
    - 관 내의 수온 증가
    - 펌프의 흡입양정이 높을 때
- 방지대책
    - 펌프의 회전수를 감소시켜 필요유효 흡입수두를 작게 함
    - 흡입측의 손실을 가능한 한 작게 하여 가용유효 흡입수두를 크게 함
    - 펌프의 설치위치를 가능한 한 낮추어 가용유효 흡입수두를 크게 함
    - 흡입측 밸브를 완전히 개방하고 펌프를 운전함

나. 수격작용
- 원인
    - 정전 등으로 인하여 순간적 정지 및 가동할 때
    - 배관의 급격한 굴곡이 존재할 때
    - 배관의 밸브가 급격하게 개폐될 때
- 방지대책
    - 펌프에 Fly wheel을 붙여 펌프의 관성을 증가시킴
    - 펌프 토출구 부근에 공기탱크를 두거나 부압 발생지점에 흡기밸브를 설치하여 압력 강하 시 공기를 주입
    - 관 내 유속을 낮추거나 관거상황을 변경
    - 토출측 관로에 한 방향 조압수조를 설치

PART 03

# 수질오염 방지기술

01 물리적 처리
02 화학적 처리
03 생물학적 처리
04 고도 처리
05 슬러지 처리

CHAPTER 01
물리적 처리

KEYWORD 표면부하율, 침강속도, 침전형태, A/S비

01 예비 처리시설

1. 관련 공식

1-1 봉 통과 시 손실수두

$$h_L = \frac{(V_i^2 - V_o^2)}{2g} \times \frac{1}{0.7}$$

V_i : 봉 통과 시의 유속(m/sec)
V_o : 봉 통과 전, 후의 유속(m/sec)

1-2 월류부하

$$월류부하(m^3/m \cdot day) = \frac{Q}{L} = \frac{Q}{\pi D}$$

Q : 유량(m^3/day)
L : 직사각형의 위어 길이(m)
D : 원형의 위어 직경 길이(m)

1-3 표면부하율 ★★★

$$표면부하율(m^3/m^2 \cdot day) = \frac{Q}{A}$$

Q : 유량(m^3/day)
A : 단면적(m^2)

> **참고**
> 제거효율
> $$\eta = \frac{V_g}{V_o}$$
> V_g : 침강속도
> V_o : 표면부하율

1-4 침강속도(Stokes 법칙) ★★★

$$V_g = \frac{d_p^2(\rho_p - \rho)g}{18\mu}$$

- d_p : 입자의 직경[L]
- ρ_p : 입자의 밀도[ML^{-3}]
- ρ : 유체의 밀도[ML^{-3}]
- μ : 유체의 점성계수[ML^{-1}T^{-1}]

2. 침전 형태

2-1 Ⅰ형 침전(독립, 자유 침전)

입자들이 상호 간의 방해없이 침전하며 침사지, 보통침전지에서 적용하고, Stokes 법칙이 적용되는 침전형태

2-2 Ⅱ형 침전(응집 침전)

입자들이 응결, 응집하여 침전 속도가 증가하며 약품침전지에서 적용

2-3 Ⅲ형 침전(지역, 간섭 침전)

입자 간에 작용하는 힘에 의해 주변입자들의 침전을 방해하여 입자 서로 간의 상대적 위치를 변경시키려 하지 않고 침전하며 생물학적 2차 침전지에서 적용

2-4 Ⅳ형 침전(압밀, 압축 침전)

입자들이 뭉쳐 생긴 floc 사이의 물이 빠져 나가는 압밀 작용이 발생하며 농축시설에서 작용

02 주 처리시설

1. 부상분리(Flotation)

1-1 관련 공식

A/S비 ★★

$$A/S = \frac{1.3 \times S_a(f \cdot P - 1)}{SS} \times R$$

- S_a : 공기의 용해도(cm^3/L)
- f : 포화상태 공기의 용해비
- P : 압축탱크의 압력(atm)
- SS : 고형물의 농도(mg/L)
- R : 반송률

 반송률(R)은 조건이 있을 때만 사용하며 재순환(반송)유량 ÷ 기존유량으로 구할 수 있음

부상속도

$$V_f = \frac{d_p^2(\rho - \rho_p)g}{18\mu}$$

- d_p : 입자의 직경[L]
- ρ_p : 입자의 밀도[ML^{-3}]
- ρ : 유체의 밀도[ML^{-3}]
- μ : 유체의 점성계수[$ML^{-1}T^{-1}$]

2. 흡착

2-1 종류

구분	물리적 흡착	화학적 흡착
가역성	가역적	비가역적
층의 두께	다층	단층
흡착열	낮음	높음
발열량	적음	큼
흡착원리	Van der Waals	화학결합
흡착속도	빠름	느림
피흡착질	비선택성	선택성
흡착능 ↑	용질의 분자량, 분압 ↑	
	온도 ↓	

2-2 흡착공식

Freundlich 등온 흡착식

$$\frac{X}{M} = k \cdot C^{1/n}$$

- X : 흡착된 유기물의 양(mg/L)
- M : 필요한 활성탄의 양(mg/L)
- C : 흡착되고 남은 유기물의 양(mg/L)
- k, n : 상수

Langmuir 등온 흡착식

$$\frac{X}{M} = \frac{abC}{1+aC}$$

- X : 흡착된 유기물의 양(mg/L)
- M : 필요한 활성탄의 양(mg/L)
- C : 흡착되고 남은 유기물의 양(mg/L)
- a, b : 상수

2-3 활성탄의 종류

구분	특징
분말활성탄 (PAC)	• 흡착속도가 빠름 • 사용 시 복잡한 장치가 필요하지 않음 • 분말의 비산이 있어 취급이 어려움 • 재생이 불가능 • 슬러지 발생량이 많은 편 • 고액분리가 어려움
입상활성탄 (GAC)	• 흡착속도가 느림 • 초기 투자비용이 많이 들지만 운영비는 적게 듦 • 취급이 용이 • 열적, 화학적 방법 등을 이용하여 재생이 가능 • 슬러지가 발생하지 않음 • 고액분리가 용이
생물활성탄 (BAC)	• 활성탄이 서로 부착·응집되어 수두손실이 증가될 수 있음 • 정상상태까지의 시간이 오래 걸림 • 미생물 부착으로 일반 활성탄보다 사용기간이 긺 • 활성탄에 병원균이 자랐을 때 문제가 야기될 수 있음 • 난분해성, 용존성물질 흡착능이 높음 • 암모니아성 질소 제거가 가능

침전의 4가지 형태를 구분하고 간략히 설명하시오.

- I형 침전(독립, 자유 침전) : 입자들이 상호 간의 방해없이 침전하며 침사지, 보통 침전지에서 적용하고, Stokes 법칙이 적용되는 침전형태이다.
- II형 침전(응집 침전) : 입자들이 응결, 응집하여 침전 속도가 증가하며 약품침전지에서 적용한다.
- III형 침전(지역, 간섭 침전) : 입자 간에 작용하는 힘에 의해 주변입자들의 침전을 방해하여 입자 서로 간의 상대적 위치를 변경시키려 하지 않으며 침전하며 생물학적 2차 침전지에서 적용한다.
- IV형 침전(압밀, 압축 침전) : 입자들이 뭉쳐 생긴 floc 사이의 물이 빠져 나가는 압밀 작용이 발생하며 농축시설에서 적용한다.

입자(비중 2.6, 직경 0.015mm)가 수중에서 자연침전할 때 속도가 0.56m/hr이었다. 침전속도가 Stokes 법칙에 따를 때 동일조건에서 비중 1.2, 직경 0.03mm인 입자의 침전속도(m/hr)를 구하시오.

[식] $V_g = \dfrac{d_p^2(\rho_p - \rho)g}{18\mu}$

[풀이] ① $0.56 = \dfrac{0.015^2 \times (2.6-1) \times g}{18\mu}$

$\dfrac{g}{\mu} = \dfrac{0.56 \times 18}{0.015^2 \times (2.6-1)} = 28,000$

② $V_g = \dfrac{0.03^2 \times (1.2-1)}{18} \times 28,000 = 0.28 \mathrm{m/hr}$

[답] ∴ 입자의 침전속도 = 0.28m/hr

개념잡기

평균유량 7,570m³/day인 하수처리장의 1차 침전지를 설계하고자 한다. 1차 침전지에 대한 권장 설계기준은 다음과 같으며 원주 위어의 최대 위어 월류 부하가 적절한가에 대하여 판단하고 그 근거를 설명하시오. (단, 원형침전지 기준)

[설계기준]
- 최대 월류율 : 89.6m³/day·m²
- 평균 월류율 : 36.7m³/day·m²
- 최소 수면깊이 : 3m
- 최대 위어 월류 부하 : 389m³/day·m
- 최대 유량/평균 유량 : 2.75

[식] 최대 위어 월류 부하 $= \dfrac{Q_{\max}}{\pi D}$

[풀이] ① 평균 월류율 표면적 $= \dfrac{day \cdot m^2}{36.7m^3} \Big| \dfrac{7,570m^3}{day} = 206.2670m^2$

② 최대 월류율 표면적 $= \dfrac{day \cdot m^2}{89.6m^3} \Big| \dfrac{7,570 \times 2.75m^3}{day} = 232.3382m^2$

③ 둘 중 큰 면적인 232.3382m²을 기준으로 함

④ $D = \sqrt{\dfrac{4A}{\pi}} = \sqrt{\dfrac{4 \times 232.3382}{\pi}} = 17.1995m$

⑤ 최대 위어 월류 부하 $= \dfrac{7,570 \times 2.75m^3}{day} \Big| \dfrac{1}{\pi \times 17.1995m}$
$= 385.2679m^3/m \cdot day$

[답] ∴ 최대 위어 월류 부하의 권장기준보다 낮아 적절함

개념잡기

고형물 농도 30,000mg/L의 슬러지를 농축시키기 위한 농축조를 설계하기 위하여 다음과 같은 결과를 얻었다. 농축 슬러지의 고형물 농도가 75,000mg/L가 되기 위하여 소요되는 농축시간(hr)을 계산하시오. (단, 상등수의 고형물 농도는 0이라고 가정, 농축전후의 슬러지의 비중은 모두 1이라고 가정)

정치시간(농축시간)(hr)	0	2	4	6	8	10	12	14
계면높이(cm)	100	60	40	30	25	24	22	20

[식] $h_t = h_o \times \dfrac{C_o}{C_t}$

[풀이] $h_t = 100 \times \dfrac{30,000}{75,000} = 40cm$ 이므로 4시간

[답] ∴ 농축시간 = 4hr

유량은 200m³/day, SS농도는 300mg/L인 폐수를 공기부상실험에서 최적 A/S비는 0.05mgAir/mg Solid, 실험온도는 20℃, 이 온도에서 공기의 용해도는 18.7mL/L, 공기의 포화분율은 0.6, 표면부하율은 8L/m²·min, 운전압력이 4atm일 때 반송률을 계산하시오.

[식] $A/S = \dfrac{1.3 \times S_a(f \cdot P - 1)}{SS} \times R$

[풀이] $R = \dfrac{A/S \cdot SS}{1.3 \times S_a(f \cdot P - 1)} = \dfrac{0.05 \times 300}{1.3 \times 18.7 \times (0.6 \times 4 - 1)} = 0.4407$

[답] ∴ 반송률 = 44.07%

10,000m³/day인 평균 유량이 1차 침전지에 유입될 때 권장 설계기준은 최대표면부하율은 80m³/m²·day, 평균표면부하율은 30m³/m²·day, 최대유량/평균유량은 2.8이라면 침전조의 직경을 구하시오. (단, 표준규격 직경은 10m, 15m, 20m, 25m, 30m, 35m)

[식] $A = \dfrac{Q}{V_o}$

[풀이] ① 평균면적 $= \dfrac{10,000\text{m}^3}{\text{day}} \Big| \dfrac{\text{m}^2 \cdot \text{day}}{30\text{m}^3} = 333.3333\text{m}^2$

② 최대면적 $= \dfrac{10,000 \times 2.8\text{m}^3}{\text{day}} \Big| \dfrac{\text{m}^2 \cdot \text{day}}{80\text{m}^3} = 350\text{m}^2$

③ $D = \sqrt{\dfrac{4A}{\pi}} = \sqrt{\dfrac{4 \times 350}{\pi}} = 21.1100\text{m}$

[답] ∴ 직경이 21.1100m이므로 25m의 규격을 선택

흡착처리공정으로 오염물질이 33μg/L만큼 유입되었다. 흡착하고 남은 양이 0.005mg/L라면 필요한 활성탄의 주입량(mg/L)을 계산하시오.
(단, Freundlich의 공식 $\dfrac{X}{M} = k \cdot C^{1/n}$ 이용, k = 28, n = 1.61)

[식] $\dfrac{X}{M} = k \cdot C^{1/n}$

[풀이] ① 유입농도 $= \dfrac{33\mu g}{L} \Big| \dfrac{\text{mg}}{10^3 \mu g} = 0.033\text{mg/L}$

④ $M = \dfrac{X}{k \cdot C^{1/n}} = \dfrac{(0.033 - 0.005)}{28 \times 0.005^{1/1.61}} = 0.0269\text{mg/L}$

[답] ∴ $M = 0.03\text{mg/L}$

유분함유폐수 1,000m³/day를 부상분리 공정으로 처리할 때, 처리대상의 직경이 0.012cm, 기름의 밀도는 0.8g/cm³, 물의 밀도는 1g/cm³, 물의 점성계수는 0.01g/cm·sec일 때 다음을 계산하시오.

가. 부상속도(m/hr)
나. 최소면적(m²)

가. 부상속도

[식] $V_f = \dfrac{d_p^2 \cdot (\rho - \rho_s) \cdot g}{18\mu}$

[풀이] ① $V_f = \dfrac{0.012^2 \times (1-0.8) \times 980}{18 \times 0.01} = 0.1568 \text{cm/sec}$

② $V_f = \dfrac{0.1568\text{cm}}{\text{sec}} \Big| \dfrac{\text{m}}{100\text{cm}} \Big| \dfrac{3{,}600\text{sec}}{\text{hr}} = 5.6448 \text{m/hr}$

[답] ∴ 부상속도 = 5.64m/hr

나. 최소면적

[식] $A = \dfrac{Q}{V}$

[풀이] $A = \dfrac{1{,}000\text{m}^3}{\text{day}} \Big| \dfrac{\text{hr}}{5.64\text{m}} \Big| \dfrac{\text{day}}{24\text{hr}} = 7.3877\text{m}^2$

[답] ∴ 최소면적 = 7.39m²

흡착에 사용하는 활성탄의 종류인 GAC와 PAC의 특성을 2가지씩 기술하시오.

- 입상활성탄(GAC)
  - 흡착속도가 느림
  - 초기 투자비용이 많이 들지만 운영비는 적게 듦
  - 취급이 용이
  - 열적, 화학적 방법 등을 이용하여 재생이 가능
  - 슬러지가 발생하지 않음
  - 고액분리가 용이
- 분말활성탄(PAC)
  - 흡착속도가 빠름
  - 사용 시 복잡한 장치가 필요하지 않음
  - 분말의 비산이 있어 취급이 어려움
  - 재생이 불가능
  - 슬러지 발생량이 많은 편
  - 고액분리가 용이하지 않음

기계식 봉스크린에 유속 0.64m/sec인 폐수가 들어올 때 봉의 두께는 10mm, 봉 사이 간격이 30mm일 때 다음 물음에 답하시오. (단, 손실수두계수는 1.43이고, A_1 = WD, A_2 = 0.75WD이다)

가. 통과유속(m/sec)
나. 손실수두(m)

가. 통과유속
 [식] $Q = A_1 V_1 = A_2 V_2$
 [풀이] $V_2 = \dfrac{A_1 \cdot V_1}{A_2} = \dfrac{A_1 \times 0.64}{0.75 A_1} = 0.8533 \mathrm{m/sec}$
 [답] ∴ 통과유속 = 0.85m/sec

나. 손실수두
 [식] $H = f \times \dfrac{(V_2^2 - V_1^2)}{2g}$
 [풀이] $H = 1.43 \times \dfrac{(0.85^2 - 0.64^2)}{2 \times 9.8} = 0.0228 \mathrm{m}$
 [답] ∴ 손실수두 = 0.02m

CHAPTER 02
화학적 처리

KEYWORD 염소소독, 오존소독, THM, 응집 시 필요 동력

01 소독처리

1. 염소소독

1-1 염소반응

$Cl_2 + H_2O \rightleftharpoons HOCl + H^+ + Cl^-$ ························· 가수분해
$HOCl \rightleftharpoons H^+ + OCl^-$ ··· 이온화

염소 투입 시 물과 반응하여 HOCl, OCl⁻가 발생하며 pH 4에 가까울수록 HOCl이 많고, pH 10에 가까울수록 OCl⁻가 많이 존재한다. 이때 HOCl의 살균력은 OCl⁻보다 80배 강하다.

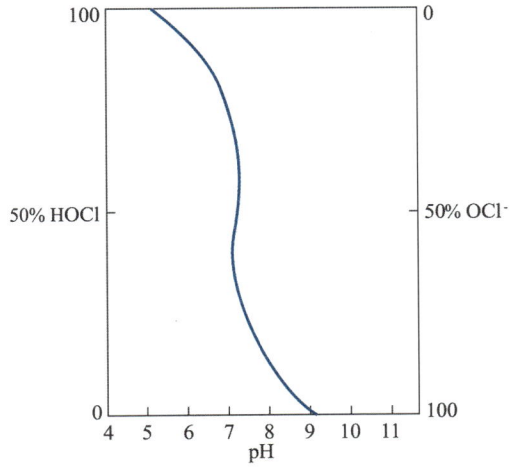

핵심 KEY

살균력 강도
HOCl > OCl⁻ > Chloramine

염소의 살균력 증가 조건
- 온도, 접촉시간, 주입량 ↑
- pH, 알칼리도, 환원성물질 ↓

1-2 Chloramine 형성

$NH_3 + HOCl \rightarrow NH_2Cl + H_2O$ ·················· pH 8.5 ↑

$NH_2Cl + HOCl \rightarrow NHCl_2 + H_2O$ ·················· pH 4.5 ~ 8.4

$NHCl_2 + HOCl \rightarrow NCl_3 + H_2O$ ·················· pH 4.4 ↓

THM(Trihalomethane)
염소이온이 전구물질과 결합하여 생성되는 발암물질이며 접촉시간이 길고, 염소주입량이 많거나 수온과 pH가 높을수록 생성량이 증가

• 염소 주입량 = 요구량 + 잔류량

1-3 염소 주입량

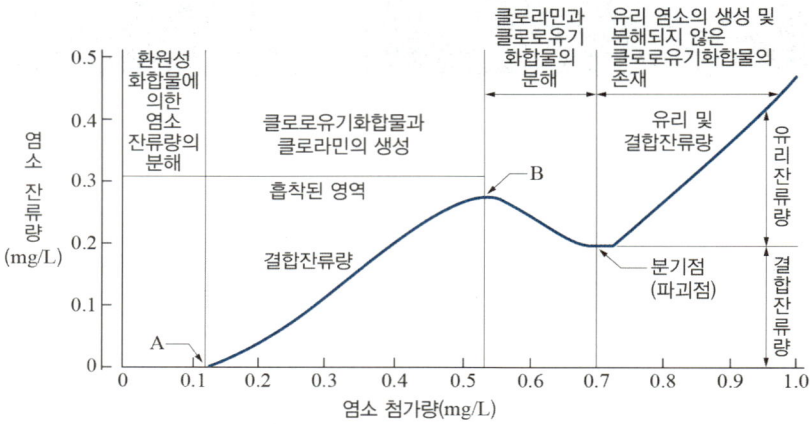

1-4 소독의 장·단점 비교

	장점	단점
염소소독	• 잘 정립된 기술 • 소독이 효과적 • 암모니아의 첨가에 의해 결합 잔류염소 형성 • 소독력 있는 잔류염소를 수송 관거 내에 유지시킬 수 있음	• 처리수의 잔류독성이 탈염소 과정에 의해 제거되어야 함 • THM 및 기타 염화탄화수소 생성 • 특히 안정규제를 요함 • 대장균 살균을 위한 낮은 농도에서는 Virus, Cysts, Spores 등을 비활성화시키는 데 비효과적임 • 처리수의 총용존고형물이 증가 • 하수의 염화물함유량이 증가 • 염소접촉조로부터 휘발성 유기물이 생성 • 안전상 화학적 제거 시설이 필요할 수도 있음

	장점	단점
오존소독	• 많은 유기화합물을 빠르게 산화, 분해 • 유기화합물의 생분해성을 높임 • 탈취, 탈색효과가 큼 • 병원균에 대하여 살균작용이 강함 • Virus의 불활성화 효과가 큼 • 철 및 망간의 제거능력이 큼 • 염소요구량을 감소시켜 유기염소 화합물의 생성량을 감소시킴 • 슬러지가 생기지 않음 • 유지관리가 용이하고 안정적임	• 전력비용이 과다 • 오존발생장치가 필요 • 저장할 수 없어 반드시 현장에서 생산 • 잔류효과가 없음
UV(자외선) 소독	• 소독이 효과적 • 잔류독성이 없음 • 대부분의 Virus, Cysts, Spores 등을 비활성화시키는 데 염소보다 효과적 • 안전성이 높음 • 요구되는 공간이 적음 • 비교적 소독비용이 저렴	• 소독이 성공적으로 되었는지 즉시 측정할 수 없음 • 잔류효과가 없음 • 대장균 살균을 위한 낮은 농도에서는 Virus, Cysts, Spores 등을 비활성화시키는 데 있어 효과적이지 못함
이산화염소	• 염소보다 더 강력한 산화제 • Fe, Mn, H_2S, 페놀화합물 등을 산화할 수 있음 • pH 변화에 따른 영향이 적음 • THM이 생성되지 않음	• 현장에서 제조되어야 함 • 공기 또는 일광과 접촉할 경우 분해 • 부산물에 의해 청색증이 유발
차아염소산 나트륨	• 안전하며 소독력이 강함 • 잔류효과가 큼 • 박테리아에 대해 효과적인 살균제 • 유지비용이 저렴 • 벌킹현상도 제어할 수 있음 • 재활용수 소독도 겸할 수 있음 • 유량이나 탁도 변동에서 적응이 쉬움 • 소독효과의 결과확인이 쉬움	• 불쾌한 맛과 냄새를 수반 • 바이러스에 대해서는 효과적이지 않음 • 극미량이지만 발암물질인 THM이 발생될 수 있음 • 접촉시간이 긺(10 ~ 15분)

02 응집처리

1. 처리방법

1-1 응집이론

- 응집제[(+)전하]를 투여하여 입자표면을 전기적 중화시킴
- 각각 다른 전하를 띤 입자부위와 결합하여 입자와 입자를 묶는 다리 역할을 하여 많은 입자를 뭉치게 함(가교 현상)
- 밀도가 작고 부피가 매우 큰 Floc(플럭)이 침전하면서 미세한 불순물 입자를 부착하여 제거함(체거름 현상)

1-2 응집 시 필요 동력 ★★

$$P = G^2 \cdot \mu \cdot V = \frac{1}{2} \cdot C_D \cdot A \cdot \rho \cdot V_s^3$$

- P : 소요동력(W)
- G : 평균 속도구배(sec^{-1})
- μ : 점성계수($N \cdot sec/m^2$)
- V : 부피(m^3)
- C_D : 항력계수
- A : 패들 면적(m^2)
- ρ : 유체 밀도(kg/m^3)
- V_s : 상대 속도(m/sec)

2. 응집제

2-1 황산알루미늄[$Al_2(SO_4)_3 \cdot 18H_2O$]

장점	• 가격이 저렴하고 무독성이어서 대량 첨가 가능 • 거의 모든 현탁물에 유효 • 부식성이 적어 취급이 용이 • 여러 폐수에 적용 가능
단점	• Floc이 철염보다 가벼움 • 응집 pH 범위가 좁음(5.5 ~ 8.5)

2-2 황산제일철($FeSO_4 \cdot 7H_2O$)

장점	• Floc이 무거워 침강속도가 빠름 • 높은 pH에도 용해되지 않음 • 값이 저렴
단점	• 부식성이 강함 • 철이온이 잔류

반응식

$2FeSO_4 \cdot 7H_2O + 2Ca(OH)_2 + 0.5O_2 \rightarrow 2Fe(OH)_3 + 2CaSO_4 + 13H_2O$

2-3 염화제이철($FeCl_3 \cdot 6H_2O$)

장점	• Floc이 무거워 침강속도가 빠름 • 색도제거에 유효 • 응집 pH범위(4 ~ 11)가 넓음 • 황화수소의 제거나 에멀션의 파괴에 유효
단점	• 부식성이 강함 • 희박용액에서 수산화물을 생성 • 처리 후 색도가 남음

반응식

$2FeCl_3 + 3Ca(HCO_3)_2 \rightarrow 2Fe(OH)_3 + 3CaCl_2 + 6CO_2$

$2FeCl_3 + 3Ca(OH)_2 \rightarrow 2Fe(OH)_3 + 3CaCl_2$

2-4 폴리염화알루미늄($[Al_2(OH)_nCl_{6-n}]_m$)

장점	• 황산알루미늄보다 응집성이 우수 • 알칼리도의 저하가 적어 알카리제의 투입량이 절감됨 • Floc의 형성속도가 빠르고 크기가 커서 침강속도가 빠름 • 저온에서도 응집효과가 좋음 • 응집보조제가 필요 없음
단점	• 황산알루미늄과 혼합하여 사용할 경우 침전물이 발생 • 가격이 고가

 참고

황산제이철[$Fe_2(SO_4)_3$] 반응식

$Fe_2(SO_4)_3 + 3Ca(HCO_3)_2$
$\rightarrow 2Fe(OH)_3 + 3CaSO_4 + 6CO_2$

3. Jar-Test

3-1 목적

응집제의 종류, 성분의 농도, pH, 알칼리도, 온도, 교반조건 등의 최적 응집 조건을 찾기 위한 실험

개념잡기

물에 차아염소산염(OCl^-)을 주입하여 살균 및 소독을 할 때, 물의 pH(증가, 감소, 변화 없음) 변화를 화학식을 이용하여 서술하시오.

$OCl^- + H_2O \rightarrow HOCl + OH^-$ 에서 수산화이온이 생성되므로 pH는 증가하는 방향으로 변화

개념잡기

$HOCl \leftrightarrow H^+ + OCl^-$ 반응에서 전체 유리잔류염소 중의 HOCl(%)를 계산하시오.
(단, 25℃에서의 평형상수 $k_a = 3.7 \times 10^{-8}$, pH = 7)

[식] ① $HOCl \rightarrow H^+ + OCl^-$, $k_a = \dfrac{[H^+][OCl^-]}{[HOCl]}$

② $HOCl(\%) = \dfrac{HOCl}{HOCl + OCl^-} \times 100$

③ 위의 두 식을 연립하면 $HOCl(\%) = \dfrac{1}{1 + \dfrac{k_a}{[H^+]}} \times 100$

[풀이] $HOCl(\%) = \dfrac{1}{1 + \dfrac{3.7 \times 10^{-8}}{10^{-7}}} \times 100 = 72.9927\%$

[답] ∴ $HOCl(\%) = 72.99\%$

개념잡기

다음 무기응집제에 대해 각각 응집에 필요한 칼슘염 형태의 알칼리도를 반응시켜 floc을 형성하는 완전반응식을 적으시오.

가. $FeSO_4 \cdot 7H_2O$ ($Ca(OH)_2$와 반응, 이 반응은 DO를 필요로 함)
나. $Fe_2(SO_4)_3$ ($Ca(HCO_3)_2$와 반응)

가. $2FeSO_4 \cdot 7H_2O + 2Ca(OH)_2 + 0.5O_2 \rightarrow 2Fe(OH)_3 + 2CaSO_4 + 13H_2O$
나. $Fe_2(SO_4)_3 + 3Ca(HCO_3)_2 \rightarrow 2Fe(OH)_3 + 3CaSO_4 + 6CO_2$

개념잡기

트리할로메탄(THM)의 생성반응속도에 미치는 영향을 서술하시오.

가. 수온
나. pH
다. 불소농도

가. 높을수록 THM 생성량 증가
나. 높을수록 THM 생성량 증가
다. 높을수록 THM 생성량 증가

개념잡기

패들 교반장치의 이론 소요동력식은 $P = \dfrac{C_D \cdot \rho \cdot A \cdot V_P^3}{2}$ 으로 교반조의 부피는 1,000m³, 속도경사를 30/sec로 유지하기 위한 이론적 소요동력(W)과 패들의 면적(m²)을 구하시오. (단, 점성계수 $\mu = 1.14 \times 10^{-3} N \cdot sec/m^2$, $C_D = 1.8$, $\rho = 1,000 kg/m^3$, $V_P = 0.5 m/sec$)

가. 소요동력
  [식] $P = G^2 \cdot \mu \cdot V$
  [풀이] $P = \left(\dfrac{30}{sec}\right)^2 \Big| \dfrac{1.14 \times 10^{-3} N \cdot sec}{m^2} \Big| 1,000 m^3 = 1,026 W$
  [답] ∴ 소요동력 = 1,026W

나. 패들면적
  [식] $P = \dfrac{C_D \cdot \rho \cdot A \cdot V_P^3}{2}$
  [풀이] $A = \dfrac{2P}{C_D \cdot \rho \cdot V_P^3} = \dfrac{2 \times 1,026}{1.8 \times 1,000 \times 0.5^3} = 9.12 m^2$
  [답] ∴ 패들면적 = 9.12m²

개념잡기

염소소독에 영향을 미치는 인자 5가지를 적으시오.

pH, 염소주입량, 접촉시간, 온도, 알칼리도

쟈 테스트(Jar test)의 기본적인 목적 중 3가지를 적으시오.

- 최적의 응집제의 종류 선정
- 최적의 pH, 알칼리도 선정
- 최적의 온도 선정
- 최적의 교반조건 선정

평균 유량이 3,785m³/day, 평균 인농도가 8mg/L인 처리수에서 인을 제거하기 위해 요구되는 액상 Alum의 양(m³/day)을 계산하시오. (단, Al 대 P의 몰(mol)의 비는 2 : 1로 사용, 액상 Alum의 비중량은 1,331kg/m³, 액상 Alum의 Al이 4.37wt% 함유로 가정되고 Al의 원자량 27)

[식] $Alum = \dfrac{제거해야\ 할\ Alum의\ 발생\ 무게}{함유량 \times 비중량}$

[풀이] ① 제거해야 할 인의 양(kg/day) $= \dfrac{3,785\text{m}^3}{\text{day}} \Big| \dfrac{8\text{mg}}{\text{L}} \Big| \dfrac{10^3\text{L}}{\text{m}^3} \Big| \dfrac{\text{kg}}{10^6\text{mg}}$

$\qquad\qquad\qquad\qquad\qquad\qquad = 30.28\text{kg/day}$

② 〈반응비〉 Al : P
$\qquad\qquad\quad 2 \times 27 : 31$
$\qquad\qquad\qquad X : 30.28\text{kg/day}$

$\qquad X = \dfrac{2 \times 27 \times 30.28}{31} = 52.7458\text{kg/day}$

③ $Alum = \dfrac{52.7458\text{kg}}{\text{day}} \Big| \dfrac{100}{4.37} \Big| \dfrac{\text{m}^3}{1,331\text{kg}} = 0.9068\text{m}^3/\text{day}$

[답] ∴ $Alum = 0.91\text{m}^3/\text{day}$

공기 응집기에서 G값을 100sec⁻¹로 설정했을 때 응집조 10m³에 필요한 공기량(m³/sec)을 구하시오. (단, 응집조의 깊이는 2.5m, $\mu = 0.00131\text{N}\cdot\text{sec/m}^2$ 1atm = 10.33mH₂O = 101,325N/m²)

[식] ① $P = G^2 \cdot \mu \cdot V$

② $P = P_a \cdot Q_a \cdot \ln\left[\dfrac{h+10.3}{10.3}\right]$

[풀이] ① $P = \left(\dfrac{100}{\sec}\right)^2 \Big| \dfrac{0.00131\text{N}\cdot\sec}{\text{m}^2} \Big| 10\text{m}^3 = 131\text{W}$

② $Q_a = \dfrac{P}{P_a \cdot \ln\left(\dfrac{h+10.3}{10.3}\right)} = \dfrac{131}{101,325 \times \ln\left(\dfrac{10.3+2.5}{10.3}\right)}$

$\qquad = 5.9497 \times 10^{-3}\text{m}^3/\sec$

[답] ∴ 필요한 공기량 $= 5.95 \times 10^{-3}\text{m}^3/\text{sec}$

개념잡기

소석회[Ca(OH)$_2$]를 이용하여 수중 인(PO$_4^{3-}$-P)을 제거하고자 한다. 주어진 조건을 이용하여 다음 물음에 답하시오.

[조건]
- 폐수용량 : 2,000m^3/day
- 폐수 중 PO$_4^{3-}$-P 농도 : 10mg/L
- 화학침전 후 유출수의 PO$_4^{3-}$-P 농도 : 0.2mg/L
- 원자량 P : 31, Ca : 40

가. 제거되는 P의 양(kg/day)
나. 소요되는 Ca(OH)$_2$의 양(kg/day)
다. 침전 슬러지[Ca$_5$(PO$_4$)$_3$(OH)]의 함수율은 95%, 비중 1.2일 때 발생하는 침전 슬러지양(m^3/day)은?

가. P 제거량

[풀이] P 제거량 $= \dfrac{(10-0.2)\text{mg}}{\text{L}} \bigg| \dfrac{2,000\text{m}^3}{\text{day}} \bigg| \dfrac{10^3 \text{L}}{\text{m}^3} \bigg| \dfrac{\text{kg}}{10^6 \text{mg}} = 19.6 \text{kg/day}$

[답] ∴ P 제거량 = 19.6kg/day

나. 소요 Ca(OH)$_2$의 양

[풀이] 5Ca(OH)$_2$: 3PO$_4^{3-}$-P
　　　5×74 : 3×31
　　　　X : 19.6kg/day

$X = \dfrac{5 \times 74 \times 19.6}{3 \times 31} = 77.9785 \text{kg/day}$

[답] ∴ 소요 Ca(OH)$_2$의 양 = 77.98kg/day

다. 침전 슬러지양

[풀이] ① Ca$_5$(PO$_4$)$_3$(OH) : 3P
　　　　502 : 3×31
　　　　X : 19.6kg/day

$X = \dfrac{502 \times 19.6}{3 \times 31} = 105.7978 \text{kg/day}$

② 슬러지 $= \dfrac{105.7978 \text{kg}_{TS}}{\text{day}} \bigg| \dfrac{100_{SL}}{5_{TS}} \bigg| \dfrac{\text{m}^3}{1,200 \text{kg}} = 1.7633 \text{m}^3/\text{day}$

[답] ∴ 침전 슬러지양 = 1.76m^3/day

개념잡기

정수시설에서 불화물 침전제로 사용되는 화학약품 2가지를 쓰고 상태(고체, 액체, 기체)도 적으시오.

- Ca(OH)$_2$ - 고체
- Al$_2$O$_3$ - 고체
- 골탄 - 고체

1시간 접촉 후 유리잔류염소 0.5mg/L, 결합잔류염소 0.4mg/L을 만들기 위해 가해 주어야 할 NaOCl의 1일 첨가량을 각각의 경우 계산하시오. (단, 유량 24,000m³/day, Na와 Cl의 원자량은 각각 23, 35.5)

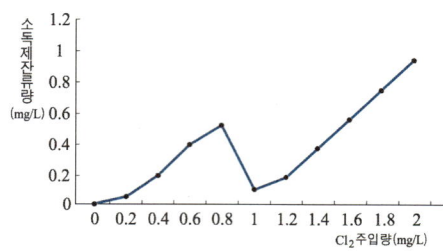

가. 유리잔류염소 0.5mg/L일 시
나. 결합잔류염소 0.4mg/L일 시

가. 유리잔류염소 0.5mg/L일 때 첨가량

[풀이] ① 염소주입량 $= \dfrac{1.6\text{mg}}{\text{L}} \Big| \dfrac{24,000\text{m}^3}{\text{day}} \Big| \dfrac{10^3 \text{L}}{\text{m}^3} \Big| \dfrac{\text{kg}}{10^6 \text{mg}} = 38.4 \text{kg/day}$

② Cl_2 : NaOCl
       71   : 74.5
  38.4kg/day :   X

$X = \dfrac{74.5 \times 38.4}{71} = 40.2930 \text{kg/day}$

※ 결합잔류염소가 0.1mg/L 존재하므로 소독제 잔류량은 유리잔류염소 0.5mg/L을 더한 0.6mg/L로 계산한다.

[답] ∴ 첨가량 = 40.29kg/day

나. 결합잔류염소 0.4mg/L일 때 첨가량

[풀이] ① 염소주입량 $= \dfrac{0.6\text{mg}}{\text{L}} \Big| \dfrac{24,000\text{m}^3}{\text{day}} \Big| \dfrac{10^3 \text{L}}{\text{m}^3} \Big| \dfrac{\text{kg}}{10^6 \text{mg}} = 14.4 \text{kg/day}$

② Cl_2 : NaOCl
       71   : 74.5
  14.4kg/day :   X

$X = \dfrac{74.5 \times 14.4}{71} = 15.1099 \text{kg/day}$

[답] ∴ 첨가량 = 15.11kg/day

정수장의 수질에서 맛과 냄새를 제거하기 위한 적용방법 3가지를 기술하시오.

염소·오존처리(기체), 흡착처리(고체), 폭기(기체)

소독의 방법 중 하나인 오존 소독의 장·단점을 2가지씩 적으시오.

- 장점
  - 많은 유기화합물을 빠르게 산화, 분해함
  - 유기화합물의 생분해성을 높임
  - 탈취, 탈색효과가 큼
  - 병원균에 대하여 살균작용이 강함
  - Virus의 불활성화 효과가 큼
  - 철 및 망간의 제거능력이 큼
  - 염소요구량을 감소시켜 유기염소 화합물의 생성량을 감소시킴
- 단점
  - 전력비용이 과다
  - 오존발생장치가 필요
  - 저장할 수 없어 반드시 현장에서 생산
  - 잔류효과가 없음

6가 크롬 함유 폐수를 처리하기 위한 방법 및 환원제의 종류 2가지를 적으시오.

- 처리 방법 : 환원제를 주입하여 Cr^{6+}를 Cr^{3+}으로 환원시킨 다음 수산화물을 가하여 수산화크롬으로 침전 제거하는 방법이다.
- 환원제의 종류 : Na_2SO_3, $FeSO_4$, $NaHSO_3$

CHAPTER 03
생물학적 처리

KEYWORD SVI, SRT, 잉여 슬러지양, 슬러지 팽화, SBR, 혐기성처리의 장·단점

01 활성슬러지공법 (Activated Sludge process)

1. 공정의 순서

1-1 공정 순서

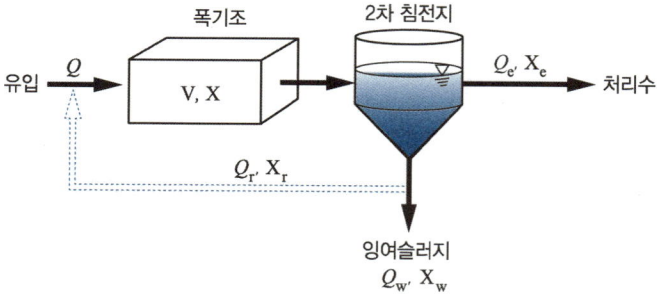

2. 관련 공식

2-1 BOD 부하

BOD 부하

$$\text{BOD 부하} = \text{BOD} \cdot Q \quad \begin{bmatrix} \text{BOD : BOD의 농도}[ML^{-3}] \\ Q : \text{유량}[L^3 T^{-1}] \end{bmatrix}$$

BOD 용적부하

$$\text{BOD 용적부하} = \frac{BOD \cdot Q}{V}$$

- BOD : BOD의 농도$[ML^{-3}]$
- Q : 유량$[L^3T^{-1}]$
- V : 호기조의 용량$[L^3]$

F/M비 ★★★

$$F/M = \frac{BOD \cdot Q}{V \cdot X}$$

- BOD : BOD의 농도$[ML^{-3}]$
- Q : 유량$[L^3T^{-1}]$
- V : 호기조의 용량$[L^3]$
- X : MLVSS의 농도(MLVSS 대신 MLSS 적용가능)$[ML^{-3}]$

참고
MLVSS와 MLSS의 관계
MLSS는 MLFSS와 MLVSS의 합으로 MLVSS는 MLSS의 양에 60~80% 정도

2-2 SVI(Sludge Volume Index) ★★★

슬러지의 침강 농축성을 나타내는 지표로 폭기조에서 30분간 혼합액 1L를 침전시킨 후 1g의 고형물이 슬러지로 형성 시 차지하는 부피(mL)를 뜻하며 단위는 mL/g을 사용

$$SVI = \frac{SV(mL/L) \times 10^3}{MLSS(mg/L)}$$
$$= \frac{SV(\%) \times 10^4}{MLSS(mg/L)}$$
$$= \frac{10^6}{X_r} = \frac{100}{SDI}$$

- SV : 1L의 시료가 침전 후 남아있는 부피
- X_r : 반송슬러지 고형물의 농도(mg/L)
- SDI : 슬러지 밀도지수(g/100mL)

핵심 KEY
SVI 지표에 따른 활성슬러지의 상태
- 50 ↓ : Pin floc 현상 발생
- 50~150 : 정상 상태
- 200 ↑ : 슬러지팽화 현상 발생

슬러지 반송비(R)
$$R = \frac{X}{X_r - X} = \frac{SV(\%)}{100 - SV(\%)}$$
- X_r : 반송슬러지 SS농도
- X : MLVSS 농도(MLVSS 대신 MLSS 적용가능)

2-3 SRT(Sludge Retention Time) ★★★

$$SRT = \frac{\text{폭기조 내에 살아있는 미생물}}{\text{처리되어 버려지는 미생물}}$$
$$= \frac{V \cdot X}{X_r \cdot Q_w + X_e(Q - Q_w)}$$

- X : MLVSS 농도(MLVSS 대신 MLSS 적용가능)$[ML^{-3}]$
- V : 폭기조의 부피$[L^3]$
- X_r : 잉여슬러지 SS농도$[ML^{-3}]$
- Q_w : 잉여슬러지 배출량$[L^3T^{-1}]$
- X_e : 2차 침전지 유출수 SS농도$[ML^{-3}]$

참고
SRT, 잉여슬러지양 공식 중 $X_r = X_w$로 가정하므로 같은 값을 의미한다.

2-4 잉여슬러지양

$$Q_w \cdot X_w = Y \cdot (C_i - C_o) \cdot Q - k_d \cdot X \cdot V$$

- Q_w : 잉여슬러지 배출량$[L^3 T^{-1}]$
- X_w : 잉여슬러지 SS농도$[ML^{-3}]$
- Y : 수율
- C_i : 처리 전 BOD$[ML^{-3}]$
- C_o : 처리 후 BOD$[ML^{-3}]$
- k_d : 내호흡계수$[T^{-1}]$
- X : MLVSS의 농도(MLVSS 대신 MLSS 적용가능)$[ML^{-3}]$
- V : 포기조의 용적$[L^3]$

우쌤의 공부팁

SRT공식에서 2차 침전지 유출수 SS농도는 생략한 다음 포기조의 용적과 MLVSS의 농도를 나눠준 후 공식화 한다.

참고

잉여슬러지양 공식을 이용한 SRT 공식

$$\frac{1}{SRT} = \frac{Y \cdot (C_i - C_o) \cdot Q}{V \cdot X} - k_d$$

3. 문제점 및 대책

3-1 슬러지 팽화(Sludge Bulking) ★★★

정의

침강이 불량하여 슬러지 농축이 일어나지 않는 현상

원인

- DO가 부족할 때
- 유기성 폐수 중 무기질이 적을 때
- 영양물질(질소, 인)이 부족할 때
- MLSS의 농도가 일정하지 않을 때
- 염류농도가 크게 변동될 때
- 유량/수질이 크게 변동
- 슬러지가 오래 체류하여 혐기성 상태일 때
- 사상체가 급격하게 증식할 때

대책

- DO 농도를 조절
- 영양물질(질소, 인)을 알맞게 첨가
- 반송율을 조절하여 MLSS 농도를 일정하게 유지
- 혐기성 조건을 거품발생세균 증식 억제
- 염소나 과산화수소를 반송슬러지에 주입
- 선택반응조를 이용하여 충격부하에 대비
- 곰팡이(Fungi)의 성장을 감소시킴

우쌤의 공부팁

슬러지 팽화의 원인은 다양하고 학자별 의견이 다른 부분이 있으므로 이 책에 언급된 부분과 기출문제를 활용하여 암기

참고

폭기조 = 포기조 = 호기조
모두 같은 의미이며, 시험문제도 혼용되어 출제됩니다.

3-2 Pin floc 현상 ★★

정의
floc에 사상체가 없고 floc형성균만으로 구성되어 floc의 크기가 작고 쉽게 부서져 최종 침전조에서 floc이 부상하여 혼탁시키는 현상

원인
- 유기물 부하가 매우 낮을 때
- SRT가 길 때

대책
- F/M비를 높임
- SRT를 줄임
- 폭기량을 줄임

3-3 슬러지 부상(Sludge Rising) ★★

정의
최종 침전지에서 탈질화로 인한 슬러지의 부상 현상

원인
최종 침전지에서의 탈질화

대책
- 질산화 방지를 위하여 폭기량을 낮춤
- 슬러지 누적을 방지하기 위하여 슬러지 인발량을 증가

3-4 포기조 흰거품 형성

원인
- MLSS가 낮을 때
- 유입되는 유기물이 적을 때
- 합성세제가 유입되었을 때

대책

- F/M비를 낮춤
- 소포제를 살포
- 활성슬러지 반송량을 적정하게 유지

3-5 포기조 갈색거품 형성

원인

SRT가 길 때

대책

- SRT를 줄임
- 소포제를 살포

3-6 Floc 해체

정의

Floc이 침강하지 못하고 분산하여 월류하는 현상

원인

- F/M비가 일정하지 않을 때
- 영양물질(질소, 인)이 부족하거나 용존산소가 부족할 때
- 독성물질이 유입되었을 때

대책

- F/M비를 일정하게 유지
- 영양물질을 넣어주고 용존산소를 일정하게 유지
- 독성물질의 유입을 막음

 참고

갈색거품을 유발시키는 Nocardia의 제어방법
- F/M비를 증가시킴
- SRT를 감소시킴
- MLSS 농도를 감소시킴
- 폭기량을 감소시킴
- 염소를 투입시킴

02 활성슬러지공법의 변법

1. 회분식활성슬러지법(SBR) ★★★

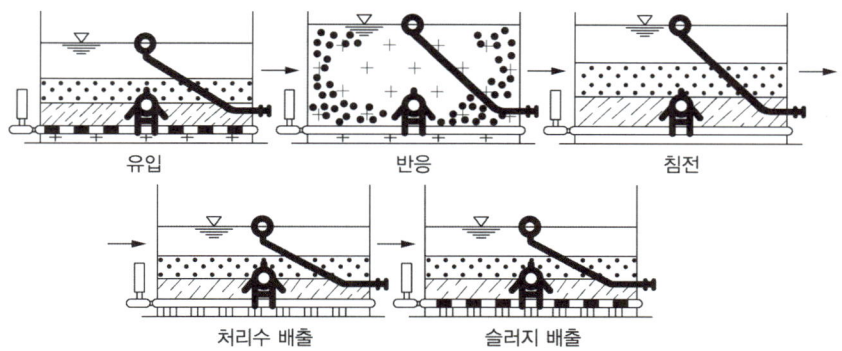

1-1 원리

1개의 반응조에 반응조와 2차 침전지의 기능을 갖게 하여 활성슬러지에 의한 반응과 혼합액의 침전, 상징수의 배수, 침전슬러지의 배출공정 등을 반복하여 처리하는 방법

1-2 특성

- 충격부하에 강하며, MLSS의 누출이 없음
- 질소와 인의 효율적인 제거가 가능
- 슬러지 반송을 위한 펌프가 필요없어 배관과 동력비가 절감
- 단일 반응조에서 1주기 중에 호기-무산소 등의 조건을 설정하여 질산화와 탈질화를 도모할 수 있음
- 고부하형의 경우 다른 처리방식과 비교하여 적은 부지면적 소요
- 운전방식에 따라 사상균 bulking을 방지
- 침전 및 배출공정은 포기가 이루어지지 않은 상황에서 이루어짐으로 보통의 연속식침전지와 비교해 스컴 등의 잔류가능성이 높음

03 생물막법

1. 살수여상법

1-1 장·단점

장점	· 건설, 유지관리비가 적음 · 슬러지 발생량이 적으며 슬러지 반송이 필요없음 · 유지관리가 용이 · 부하변동 및 독성물질 유입에 강함 · 슬러지 bulking의 문제가 없음 · 폭기에 동력이 필요없음
단점	· 소요부지면적이 큼 · 처리효율이 낮음 · 여름철 파리 발생 · 여재 비표면적이 적음 · 처리공정 손실수두가 큼

살수여상법 처리수의 반송 목적
· 유기물 분해에 필요한 산소 공급
· 미생물을 일정하게 유지
· 혐기성 방지 및 파리 발생 억제
· 처리효율 증대
· 연속처리 가능
· 휴지기능을 최소화하여 BOD 부하 감소

1-2 살수여상법 처리성능 ★★

$$E = \frac{100}{1 + 0.432\sqrt{\dfrac{W}{V \cdot F}}}$$

$$\begin{bmatrix} W : \text{여상의 BOD부하(kg/day)} \\ V : \text{용적}(m^3) \\ F : \text{재순환 계수}\left(\dfrac{1+R}{(1+R/10)^2}\right) \end{bmatrix}$$

04 혐기성처리

1. 혐기성처리 이론

1-1 혐기성 분해 단계

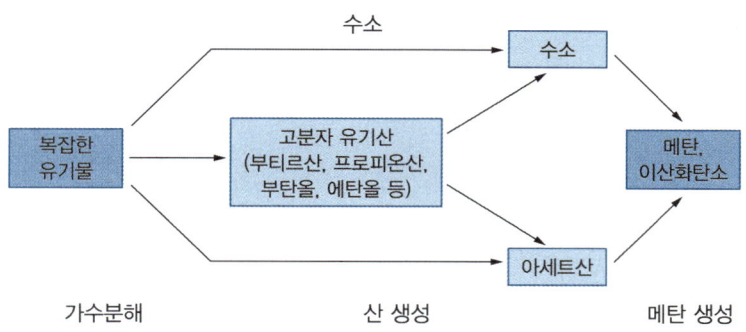

1-2 혐기성 반응

유기물(CHONS) → CH_4 + CO_2 + 에너지 + 기타

1-3 혐기성 처리의 장·단점 ★★★

장점	• 슬러지의 탈수성이 좋음 • 슬러지 발생량이 적음 • CH_4을 회수할 수 있음 • 처리비용이 적게 듦 • 영양염류의 요구량이 적음
단점	• 초기 건설비가 많이 들고, 부지면적이 넓어야 함 • 상징액의 수질이 불량함 • H_2S, NH_3에 의한 악취 발생 • 미생물 성장속도가 느려 체류시간이 긺

핵심 KEY

메탄생성수율 계산 방법
(kg COD당)

$C_6H_{12}O_6 + 6O_2 \rightarrow 6CO_2 + 6H_2O$
  180 : 6×32
   X : 1kg
∴ X = 0.9375kg

$C_6H_{12}O_6 \rightarrow 3CH_4 + 3CO_2$
 180kg : 3×22.4m³
 0.9375kg : Y
∴ Y = 0.35m³

하수처리를 위한 시설을 인구 6,000명인 도시에 설치하였다. 유량은 380L/인·day, 유입 BOD_5는 225mg/L, 제거효율은 90%, 생성계수(Y_b)는 0.65gMLVSS/gBOD$_5$, 내호흡계수(k_d)는 0.06day^{-1}, 총 고형물 중 생물분해가 가능한 분율은 0.8, MLVSS는 MLSS의 50%이다. 이때 운전 MLSS농도(mg/L)는? (단, 산화구 반응시간 1일, 반송비 1)

[식] $X_w \cdot Q_w = Y \cdot BOD \cdot Q \cdot \eta - V \cdot k_d \cdot X$

[풀이] ① $Q = \dfrac{380L}{인 \cdot day} \Big| \dfrac{6,000인}{} \Big| \dfrac{m^3}{10^3 L} = 2,280 m^3/day$

② $V = Q \cdot t = (2,280 m^3/day \times 2) \times 1 day = 4,560 m^3$
※ 반응조 부피는 반송비를 고려한 유량을 이용

③ 잉여슬러지 언급이 없으므로 $X_w \cdot Q_w = 0$

$Y \cdot BOD \cdot Q \cdot \eta = V \cdot k_d \cdot X$

$X = \dfrac{Y \cdot BOD \cdot Q \cdot \eta}{V \cdot k_d}$

$= \dfrac{0.65 gMLVSS}{gBOD_5} \Big| \dfrac{225mg}{L} \Big| \dfrac{2,280 m^3}{day} \Big| \dfrac{1}{4,560 m^3} \Big| \dfrac{0.9}{0.06}$

$= 1,096.875 mg/L$

④ $MLSS = \dfrac{1,096.875 mg}{L} \Big| \dfrac{1}{0.8} \Big| \dfrac{100}{50} = 2,742.1875 mg/L$

[답] ∴ $MLSS = 2,742.19 mg/L$

하수처리장의 처리용량이 10,000m^3/day, 포기조 용량은 2,500m^3, 포기조 내의 MLVSS 농도는 3,000mg/L이며 이 처리장에서는 매일 50m^{3}의 슬러지를 폐기, 폐기시키는 슬러지의 MLVSS 농도는 15,000mg/L, 처리된 유출수의 VSS농도는 20mg/L라면 미생물 평균 체류시간(θ_c)은?

[식] $SRT = \dfrac{V \cdot X}{X_r \cdot Q_w + X_e(Q - Q_w)}$

[풀이] $SRT = \dfrac{2,500 \times 3,000}{15,000 \times 50 + 20 \times (10,000 - 50)} = 7.9031 day$

[답] ∴ $SRT = 7.90 day$

> 메탄의 최대 수율(혐기성)은 COD 1kg 제거당 0.35m³의 CH_4의 발생을 증명하시오. 또한 유량이 675m³/day, COD는 3,000mg/L, 제거효율이 80%일 때의 경우 다음 물음에 답하시오.
>
> 가. 메탄 생성 수율의 증명
> 나. CH_4 발생량

가. 메탄 생성 수율의 증명
  ① $C_6H_{12}O_6 + 6O_2 \rightarrow 6CO_2 + 6H_2O$
     180 : 6×32
      X : 1kg
     $X = \dfrac{180 \times 1}{6 \times 32} = 0.9375 \text{kg}$
  ② $C_6H_{12}O_6 \rightarrow 3CH_4 + 3CO_2$
     180kg : 3×22.4m³
     0.9375kg : Y
     $Y = \dfrac{3 \times 22.4 \times 0.9375}{180} = 0.35 \text{m}^3$

나. CH_4 발생량
  [식] CH_4 발생량 = 메탄 생성 수율 × COD 제거량
  [풀이] ① COD 제거량 $= \dfrac{675 \text{m}^3}{\text{day}} \Big| \dfrac{3,000 \text{mg}}{\text{L}} \Big| \dfrac{0.8}{} \Big| \dfrac{10^3 \text{L}}{\text{m}^3} \Big| \dfrac{\text{kg}}{10^6 \text{mg}}$
            $= 1,620 \text{kg/day}$
        ② CH_4 발생량 $= \dfrac{0.35 \text{m}^3}{\text{kg}} \Big| \dfrac{1,620 \text{kg}}{\text{day}} = 567 \text{m}^3/\text{day}$
  [답] ∴ CH_4 발생량 $= 567 \text{m}^3/\text{day}$

> COD가 820mg/L인 폐수를 처리하기 위하여 처리조를 설계하고자 한다. MLSS 농도는 3,000mg/L, 유출수 COD 농도는 180mg/L, 1차 반응이다. MLVSS를 기준으로 한 속도상수는 20℃에서 0.532L/g·hr이며, MLSS의 70%가 MLVSS, 폐수 중 NBDCOD는 155mg/L일 때 반응시간(hr)을 계산하시오.

[식] $\theta = \dfrac{S_i - S_o}{K \cdot S_o \cdot X}$
[풀이] ① $S_i = COD_i - NBDCOD = 820 - 155 = 665 \text{mg/L}$
      ② $S_o = COD_o - NBDCOD = 180 - 155 = 25 \text{mg/L}$
      ③ $X = MLSS \times 0.7 = 3,000 \times 0.7 = 2,100 \text{mg/L}$
      ④ $\theta = \dfrac{(665-25)\text{mg}}{\text{L}} \Big| \dfrac{\text{g·hr}}{0.532\text{L}} \Big| \dfrac{\text{L}}{25\text{mg}} \Big| \dfrac{\text{L}}{2,100\text{mg}} \Big| \dfrac{10^3 \text{mg}}{\text{g}} = 22.9144 \text{hr}$
[답] ∴ 반응시간 = 22.91hr

완전혼합 활성슬러지 공정의 [조건]이 아래와 같을 때 다음을 계산하시오.

[조건]
- 포기조 유입유량 : 0.32m³/sec
- 원폐수 BOD_5 : 240mg/L
- 원폐수 TSS : 280mg/L
- 포기조 유입수 BOD_5 농도 : 161.5mg/L
- 유출수 BOD_5 : 5.7mg/L
- SRT : 10day
- MLVSS : 2,400mg/L
- 폐수온도 : 20℃
- VSS/TSS : 0.8
- k_d : 0.06day^{-1}
- Y : 0.5mgVSS/mgBOD_5
- BOD_5/BOD_u : 0.67

가. 포기조 부피(m³)
나. 포기조 체류시간(HRT, hr)
다. 포기조 폭 및 길이의 규격(단, 폭 : 길이 = 1 : 2, 깊이 = 4.4m)

가. 포기조 부피

[식] $\dfrac{1}{SRT} = \dfrac{Y \cdot (C_i - C_o) \cdot Q}{V \cdot X} - k_d$

[풀이] $V = Y \times \dfrac{(C_i - C_o) \cdot Q}{(1/SRT + k_d) \cdot X}$

$= \dfrac{0.5}{} | \dfrac{(161.5 - 5.7)\text{mg}}{L} | \dfrac{0.32\text{m}^3}{\text{sec}} | \dfrac{\text{day}}{(1/10 + 0.06)} | \dfrac{L}{2,400\text{mg}}$

$| \dfrac{3,600\text{sec}}{\text{hr}} | \dfrac{24\text{hr}}{\text{day}} = 5,608.8\text{m}^3$

[답] ∴ 포기조 부피 = 5,608.8m³

나. 포기조 체류시간

[식] $V = Q \cdot t$

[풀이] $t = \dfrac{5,608.8\text{m}^3}{} | \dfrac{\text{sec}}{0.32\text{m}^3} | \dfrac{\text{hr}}{3,600\text{sec}} = 4.8688\text{hr}$

[답] ∴ 포기조 체류시간 = 4.87hr

다. 포기조 폭 및 길이의 규격

[식] $V = A \cdot H$

[풀이] ① $A = \dfrac{5,608.8\text{m}^3}{4.4\text{m}} = 1,274.7273\text{m}^2$

② 폭(W) : 길이(L) = 1 : 2이므로 L = 2W
$A = L \cdot W = 2W^2 = 1,274.7273\text{m}^2$
W = 25.2461m, L = 50.4922m

[답] ∴ W = 25.25m, L = 50.49m

개념잡기

연속 회분식 반응조(SBR)의 장점 5가지를 서술하시오. (연속 흐름 반응조와 비교)

SBR의 장점
- 충격부하에 강하며, MLSS의 누출이 없음
- 슬러지 반송을 위한 펌프가 필요없어 배관과 동력비 절감
- 단일 반응조에서 1주기 중 호기-무산소 등의 조건을 설정하여 질산화·탈질화 도모
- 고부하형의 경우 다른 처리방식과 비교하여 적은 부지면적 소요
- 공정의 변경 용이
- 운전방식에 따라 사상균 bulking 방지

개념잡기

어느 폐수는 유량 300m³/day, BOD 2,000mg/L이며 N과 P는 존재하지 않는다. 활성 슬러지법으로 처리하기 위해 요구되는 황산암모늄과 인산의 소요량(kg/day)은 각각 얼마인가? (단, BOD : N : P = 100 : 5 : 1)

가. 황산암모늄의 양
나. 인산의 양

가. 황산암모늄의 양

[풀이] ① $BOD = \dfrac{2,000 \text{mg}}{L} | \dfrac{300 \text{m}^3}{\text{day}} | \dfrac{10^3 L}{\text{m}^3} | \dfrac{\text{kg}}{10^6 \text{mg}} = 600 \text{kg/day}$

② 필요 질소의 양 $= 600 \times 0.05 = 30 \text{kg/day}$

③ $(NH_4)_2SO_4$: 2N
   132 : 2×14
   X : 30kg/day

$X = \dfrac{132 \times 30}{2 \times 14} = 141.4286 \text{kg/day}$

[답] ∴ 황산암모늄의 양 = 141.43kg/day

나. 인산의 양

[풀이] ① 필요 인의 양 $= 600 \times 0.01 = 6 \text{kg/day}$

② H_3PO_4 : P
   98 : 31
   X : 6kg/day

$X = \dfrac{98 \times 6}{31} = 18.9677 \text{kg/day}$

[답] ∴ 인산의 양 = 18.97kg/day

개념잡기

2단 고율 살수여과상 처리장에서 BOD_5가 200mg/L, 유량은 $7.57 \times 10^3 m^3$/day인 도시폐수를 처리한다. 이 두 여과상은 직경, 깊이, 반송률이 같다. 주어진 조건을 이용하여 최종 유출수의 BOD_5(mg/L)를 계산하시오.

[조건]
- 여과상 직경 : 21m
- 여과상 깊이 : 1.68m
- 1차 침전조 제거효율 : 33%
- 반송률 : 1.2
- 1단 여과상의 BOD_5 제거효율 : $E_1 = \dfrac{100}{1 + 0.443\sqrt{\dfrac{W_0}{V \cdot F}}}$
- 2단 여과상의 BOD_5 제거효율 : $E_2 = \dfrac{100}{1 + \dfrac{0.443}{1 - E_1}\sqrt{\dfrac{W_1}{V \cdot F}}}$
- W_0, W_1 : 1, 2단 여과상에 가해지는 BOD 부하
- V : 여과상 부피
- 반송계수 : $F = \dfrac{1 + R}{(1 + 0.1R)^2}$

[식] ① $E_1(\%) = \dfrac{100}{1 + 0.443\sqrt{\dfrac{W_0}{V \cdot F}}}$

② $E_2(\%) = \dfrac{100}{1 + \dfrac{0.443}{1 - E_1}\sqrt{\dfrac{W_1}{V \cdot F}}}$

[풀이] ① 1단 여과상의 BOD_5 제거효율
- $W_o = \dfrac{200\text{mg}}{L} \Big| \dfrac{7.57 \times 10^3 m^3}{day} \Big| \dfrac{67}{100} \Big| \dfrac{10^3 L}{m^3} \Big| \dfrac{kg}{10^6 mg}$
  $= 1,014.38$ kg/day
- $V = \dfrac{\pi \times (21m)^2}{4} \Big| 1.68m = 581.8858 m^3$
- $F = \dfrac{1 + R}{(1 + 0.1R)^2} = \dfrac{1 + 1.2}{(1 + 0.1 \times 1.2)^2} = 1.7538$
- $E_1(\%) = \dfrac{100}{1 + 0.443\sqrt{\dfrac{1,014.38}{581.8858 \times 1.7538}}} = 69.3641\%$

② 2단 여과상의 BOD_5 제거효율
- $W_1 = 1,014.38 \times (1 - 0.693641) = 310.7644$ kg/day
- $E_2(\%) = \dfrac{100}{1 + \dfrac{0.443}{1 - 0.693641}\sqrt{\dfrac{310.7644}{581.8858 \times 1.7538}}} = 55.6187\%$

③ 배출 BOD_5의 농도
  $BOD_5 = 200(1 - 0.33)(1 - 0.693641)(1 - 0.556187)$
  $= 18.2195$ mg/L

[답] ∴ 배출 BOD_5 농도 = 18.22mg/L

SBR 공정의 단계가 다음과 같을 때, 반응의 각 단계를 쓰고 단계별 역할을 서술하시오.

유입 → 반응(㉠ ㉡ ㉢) → 침전 → 유출(휴지기 제외)

㉠ 혐기성 : 유기물 제거 및 인의 방출
㉡ 호기성 : 질산화 및 인의 과잉섭취
㉢ 무산소 : 탈질화

슬러지 1L를 30분 동안 침강시킨 후의 부피(mL)를 구하시오.
(단, MLSS 3,000mg/L, SVI 100)

[식] $SVI = \dfrac{SV_{30}(mL/L) \times 10^3}{MLSS(mg/L)}$

[풀이] $SV_{30}(mL/L) = \dfrac{MLSS(mg/L) \times SVI}{10^3} = \dfrac{3,000 \times 100}{10^3} = 300\,mL/L$

[답] ∴ 부피 = 300mL

처리장의 용존산소는 2.8mg/L, 산소소비율이 0.835mg/L·min인 경우 산소전달계수(hr^{-1})를 구하시오. (단, 20℃ 포화용존산소농도 : 8.7mg/L, 소수점 첫 번째 자리까지)

[식] $K_{La} = \dfrac{\gamma}{(C_s - C)}$

[풀이] $K_{La} = \dfrac{0.835\,mg}{L \cdot min} \Big| \dfrac{L}{(8.7-2.8)\,mg} \Big| \dfrac{60\,min}{hr} = 8.4915\,hr^{-1}$

[답] ∴ $K_{La} = 8.5\,hr^{-1}$

TKN(총 킬달 질소)을 구성하는 질소성분의 종류를 적으시오.

유기질소, 암모니아질소

활성슬러지법에 의한 하수처리장의 포기조에 대하여 다음 물음에 답하시오.

[조건]
- 유입 BOD_5 농도 : 250mg/L
- 유입 유량 : 0.25m³/sec
- 잉여슬러지양 : 1,700kg/day
- 산소전달효율 : 0.08
- 공기 중 산소의 중량분율 : 0.23
- 유출 BOD_5 농도 : 20mg/L
- BOD_5/BOD_u : 0.7
- 공기밀도 : 1.2kg/m³
- 안전율 : 2

$$O_2(kg/day) = \frac{Q \cdot (S_i - S_o) \cdot (10^3 g/kg)^{-1}}{f} - 1.42(P_x)$$

가. 산소의 필요량(kg/day)
나. 설계 시 공기의 필요량(m³/day)

가. 필요 산소량

[식] $O_2 = \dfrac{Q \cdot (S_i - S_o) \cdot (10^3 g/kg)^{-1}}{f} - 1.42(P_x)$

[풀이] $O_2 = \dfrac{21,600 \times (250 - 20) \cdot (10^3 g/kg)^{-1}}{0.7} - 1.42 \times 1,700$

$= 4,683.1429 kg/day$

[답] ∴ 필요 산소량 = 4,683.14kg/day

나. 설계 시 공기의 필요량

[풀이] 설계 시 공기의 필요량 = $\dfrac{4,683.14 kg}{day} \Big| \dfrac{100_{Air}}{23_{O_2}} \Big| \dfrac{m^3}{1.2 kg} \Big| \dfrac{100}{8} \Big| 2$

$= 424,197.4638 m^3/day$

[답] ∴ 설계 시 공기의 필요량 = 424,197.46m³/day

Pin floc 현상의 원인과 대책을 쓰시오.

- 원인
  - 유기물 부하가 매우 낮을 때
  - SRT가 길 때
- 대책
  - F/M비를 높임
  - SRT를 줄임
  - 폭기량을 줄임

다음 처리장의 조건으로 아래 물음에 답하시오.

[조건]
- 처리 유량 : 2,000m³/day
- 체류 시간 : 6hr
- 유입 BOD 농도 : 250mg/L
- 제거효율 : 90%
- MLSS 농도 : 3,000mg/L
- 생성수율(Y) : 0.8
- 내호흡계수(k_d) : 0.05day⁻¹

가. 세포체류시간(SRT, day)
나. F/M비(day⁻¹)
다. 슬러지 생산량(kg/day)

가. 세포체류시간

[식] $\dfrac{1}{\text{SRT}} = \dfrac{Y \cdot (C_i - C_o) \cdot Q}{V \cdot X} - k_d$

[풀이] ① $\dfrac{1}{\text{SRT}} = \dfrac{Y \cdot (C_i - C_o)}{t \cdot X} - k_d$

$= \dfrac{0.8}{} \Big| \dfrac{(250 - 250 \times 0.1)\text{mg}}{L} \Big| \dfrac{}{6\text{hr}} \Big| \dfrac{L}{3,000\text{mg}} \Big| \dfrac{24\text{hr}}{\text{day}}$

$-0.05\text{day}^{-1} = 0.19\text{day}^{-1}$

② $\text{SRT} = 5.2632\text{day}$ ············· ①번 식을 구한 후 역수를 취한 것

[답] ∴ 세포체류시간 = 5.26day

나. F/M비

[식] $F/M = \dfrac{\text{BOD} \cdot Q}{V \cdot X}$

[풀이] ① $V = Q \cdot t = \dfrac{2,000\text{m}^3}{\text{day}} \Big| \dfrac{6\text{hr}}{} \Big| \dfrac{\text{day}}{24\text{hr}} = 500\text{m}^3$

② $F/M = \dfrac{250\text{mg}}{L} \Big| \dfrac{2,000\text{m}^3}{\text{day}} \Big| \dfrac{}{500\text{m}^3} \Big| \dfrac{L}{3,000\text{mg}} = 0.3333\text{day}^{-1}$

[답] ∴ F/M = 0.33day⁻¹

다. 슬러지 생산량

[식] $Q_w \cdot X_w = Y \cdot (C_i - C_o) \cdot Q - k_d \cdot X \cdot V$

[풀이] ① $V = Q \cdot t = \dfrac{2,000\text{m}^3}{\text{day}} \Big| \dfrac{6\text{hr}}{} \Big| \dfrac{\text{day}}{24\text{hr}} = 500\text{m}^3$

② $Q_w \cdot X_w = \dfrac{0.8}{} \Big| \dfrac{250\text{mg}}{L} \Big| \dfrac{2,000\text{m}^3}{\text{day}} \Big| \dfrac{90}{100} \Big| \dfrac{10^3 L}{\text{m}^3} \Big| \dfrac{\text{kg}}{10^6 \text{mg}}$

$- \dfrac{0.05}{\text{day}} \Big| \dfrac{3,000\text{mg}}{L} \Big| \dfrac{500\text{m}^3}{} \Big| \dfrac{10^3 L}{\text{m}^3} \Big| \dfrac{\text{kg}}{10^6 \text{mg}}$

$= 285\text{kg/day}$

[답] ∴ 슬러지 생산량 = 285kg/day

포기조의 수면에서 갈색 거품이 발생하였을 때 방지 대책 3가지를 적으시오.

- F/M비를 증가시킴
- SRT를 감소시킴
- MLSS 농도를 감소시킴
- 폭기량을 감소시킴
- 염소를 투입시킴

MBR의 하수처리 원리를 기술하고, 특성 4가지를 적으시오.

가. 원리
나. 특성

가. 생물반응조와 분리막 공정을 합친 것으로 유기물, SS, N, P 제거에 효과적인 공법이다.
나. • 공정의 Compact화 가능
 • SRT가 길어 슬러지가 자동 산화되며 슬러지 발생량이 적음
 • 완벽한 고액 분리 가능
 • 막오염 현상 및 역세척 시 2차 오염 물질 발생
 • 높은 MLSS 유지가 가능하며 질산화 효율이 좋음

살수여상 처리수의 반송 목적을 4가지 적으시오.

- 유기물 분해에 필요한 산소 공급
- 미생물 일정하게 유지
- 혐기성 방지 및 파리 발생 억제
- 처리효율 증대
- 연속처리 가능
- 휴지기능을 최소화하여 BOD부하 감소

개념잡기

유입 BOD가 200mg/L, 일평균 유량이 300m³/day, 유출 BOD는 30mg/L 이하로 하고자 한다. 이때 총 유효용적, 1실, 2실의 용적(m³)을 계산하시오.
(단, 유효용량은 BOD부하 0.3kg/m³·day 이하, 제1실의 용량은 BOD부하 0.5kg/m³·day 이하)

[식] $BOD부하량 = \dfrac{BOD \cdot Q}{V}$

[풀이] ① $V_{Total} = \dfrac{200mg}{L} \Big| \dfrac{300m^3}{day} \Big| \dfrac{m^3 \cdot day}{0.3kg} \Big| \dfrac{10^3 L}{m^3} \Big| \dfrac{kg}{10^6 mg} = 200m^3$

② $V_1 = \dfrac{200mg}{L} \Big| \dfrac{300m^3}{day} \Big| \dfrac{m^3 \cdot day}{0.5kg} \Big| \dfrac{10^3 L}{m^3} \Big| \dfrac{kg}{10^6 mg} = 120m^3$

③ $V_2 = 200 - 120 = 80m^3$

[답] ∴ 총 유효용적 = 200m³, 1실 = 120m³, 2실 = 80m³

개념잡기

폐수의 BOD가 250mg/L, 폐수량이 600m³/day일 때 이 폐수를 BOD부하 30g/m²·day로 회전원판법으로 처리하려고 한다. 원판 직경이 4m라고 할 때 원판의 매수를 계산하시오.

[식] $A = \dfrac{\pi \cdot D^2}{4} \times EA \times 2$

[풀이] ① $\dfrac{BOD \cdot Q}{A} = 30g/m^2 \cdot day$

→ $A = \dfrac{250mg}{L} \Big| \dfrac{600m^3}{day} \Big| \dfrac{m^2 \cdot day}{30g} \Big| \dfrac{10^3 L}{m^3} \Big| \dfrac{g}{10^3 mg} = 5,000m^2$

② $EA = \dfrac{4A}{2\pi \cdot D^2} = \dfrac{4 \times 5,000}{2\pi \times 4^2} = 198.9437$

[답] ∴ 원판의 매수 = 199매

CHAPTER 04
고도 처리

KEYWORD Fenton 산화법, 막의 추진력, 파과점 염소주입, 공기 탈기법, 각 공법의 특성

01 고도산화공정 (AOP, Advanced Oxidation Process)

1. Fenton 산화법

1-1 반응과정

$Fe^{2+} + H_2O_{2(산화제)} \rightarrow Fe^{3+} + OH + \cdot OH$

1-2 특성

- 적정 pH는 3~5 범위
- 펜톤 시약 : 철염과 과산화수소
- 난분해성 물질이 산화되어 COD는 감소하며 BOD는 증가
- 과산화수소를 과량으로 첨가하면 수산화철의 침전을 방해
- 과산화수소수는 철염이 과량으로 존재할 때 후처리 미생물 성장에 영향을 미치기 때문에 조금씩 단계적으로 첨가하는 것이 효과적
- pH 조정은 반응조에 과산화수소수와 철염을 가한 후 조절하는 것이 효과적

02 여과

1. 막여과

1-1 막의 종류 및 특성 ★★★

종류	추진력	막형태	분리형태
정밀여과(MF)	정수압차	대칭 다공성막	체거름
한외여과(UF)		비대칭 다공성막	체거름
나노여과(NF)		복합막	체거름, 확산
역삼투(RO)		비대칭 다공성막	체거름, 확산
투석(Dialysis)	농도차	-	확산
전기투석(ED)	전위차	-	이온교환

※ 정밀여과 : 0.1 ~ 10㎛의 크기로 탁도 및 박테리아는 통과하지 못함
 한외여과 : 0.01㎛의 크기로 탁도, 미생물, 바이러스는 통과하지 못함
 나노여과 : 0.001㎛의 크기로 다가이온, 자연유기물은 통과하지 못함
 역삼투 : 0.0001㎛의 크기로 일가이온, 다가이온이 통과하지 못함(해수담수화)

해수담수화 방식

상변화	결정법	냉동법
		가스수화물법
	증발법	다단플래쉬법
		다중효용법
		증기압축법
		투과기화법
상불변	막법	역삼투법
		전기투석법
	용매추출법	

1-2 막모듈의 종류 ★

나선형, 중공사형, 관형, 판형

1-3 막모듈의 유지관리

	열화	파울링
정의	막 자체의 변질로 생긴 비가역적인 막 성능의 저하	외적 인자로 생긴 막 성능의 저하
종류	• 장기적인 압력부하에 의한 막 구조의 압밀화 • 건조, 수축으로 인한 막 구조의 비가역적인 변화 • 원수 중 고형물, 진동에 의하여 막 면의 상처나 마모 • 산화제에 의한 막 재질의 특성 변화, 분해 • 미생물과 막 재질의 지화 또는 분비물의 작용에 의한 변화 • pH나 온도 등의 작용에 의한 막 분해	• 막 모듈의 공급 유로 또는 여과수 유로가 고형물로 폐색되어 흐르지 않는 상태 • 막의 다공질부의 흡착, 석출, 포착 등에 의한 폐색 • 소수성 막의 다공질부가 기체로 치환 • 공급수 중에 함유되어 막에 대하여 흡착성이 큰 물질이 막 면상에 흡착되어 형성된 층 • 농축으로 용해성 고분자 등의 막 표면 농도가 상승하여 막 면에 형성된 겔상의 비유동성 층 • 공급수 중의 현탁물질이 막 면상에 축적되어 생성되는 층

03 질소 제거

1. 파과점 염소주입(Breakpoink Chlorination) ★★★

1-1 원리

폐수에 파과점 이상으로 염소를 주입하여 암모니아성 질소를 산화시켜 질소가스나 기타 안정된 화합물로 바꾸는 공정

1-2 반응식

$2NH_4^+ + 3Cl_2 \rightarrow N_2\uparrow + 6HCl + 2H^+$ ⋯ pH 10 ↑

1-3 특성

- 시설비가 낮고 기존 시설에 적용이 용이
- pH에 민감하며 THM이 생성되어 독성을 유발
- 용존 고형물이 증가하고, 잔류염소 농도가 높아짐
- 약품비용이 많이 소요

2. 공기탈기법(Air Stripping) ★★★

2-1 원리

폐수에 공기를 주입하여 암모니아의 분압을 감소시키면 암모니아가 물로부터 분리되어 공기 중으로 날아가는 현상을 이용한 공정

2-2 반응식

$NH_4^+ + OH^- \rightleftharpoons NH_3 + H_2O$ ⋯⋯ pH 10.5 ~ 11.5

핵심 KEY

NH_3 백분율(%)

$$\frac{NH_3}{NH_3 + NH_4^+} \times 100$$

2-3 특성

- 동절기에는 제거효율이 현저하게 저하
- pH 조절을 위해 석회를 사용하여 탈기된 유출수의 pH가 높음
- 암모니아 유출에 따른 주변의 악취문제를 유발
- 기온이 상승할수록 같은 양의 폐수를 처리하는 데 필요한 공기의 양은 감소
- 독성물질이 존재하여도 제거가 가능

3. 질산화 공정

공정의 형태		장점	단점
단일 단계 질산화	부유 성장식	• BOD, NH_3^{-N} 동시 제거 가능 • BOD/TKN 비가 높아 안정적 MLSS 운영 가능	• 독성물질에 대한 질산화 저해 방지 불가능 • 온도가 낮을 경우 반응조 용적이 크게 소요 • 운전의 안정성은 미생물 반송을 위한 2차 침전지의 운전에 좌우됨
	부착 성장식	• BOD, NH_3^{-N} 동시 제거 가능 • 미생물이 여재에 부착되어 있어 안정성은 2차 침전과 무관	• 독성물질에 대한 질산화 저해 방지 불가능 • 유출수의 NH_3 농도가 약 1~3mg/L
분리 단계 질산화	부유 성장식	• 독성물질에 대한 질산화 저해 방지 가능 • 안정적 운전 가능	• 운전의 안정성은 미생물 반송을 위한 2차 침전지의 운전에 좌우됨 • 단일단계 질산화에 비해 많은 단위공정이 필요함
	부착 성장식	• 독성물질에 대한 질산화 저해 방지 가능 • 안정적 운전 가능 • 미생물이 여재에 부착되어 있으므로 안정성은 2차 침전과 무관	• 단일단계 질산화에 비해 많은 단위공정이 필요함

04 인 제거

1. A/O Process ★★

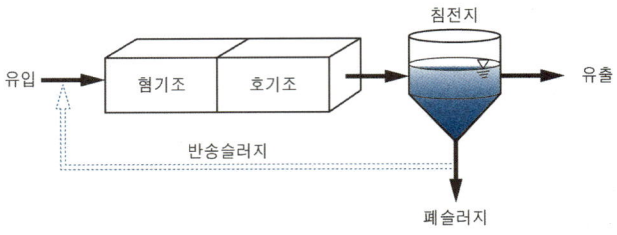

1-1 특성

- 타공법에 비하여 운전이 비교적 간단
- 높은 BOD/P 비가 요구
- 비교적 수리학적 체류시간이 짧음
- 무산소조가 없어 질소처리가 불가능하며 오로지 인만 처리가 가능
- 폐슬러지의 인의 함량(3~5%)이 높음
- 표준활성슬러지법의 반응조 전반 20~40% 정도를 혐기반응조로 하는 것이 표준
- 사상 미생물에 의한 슬러지 bulking 억제 효과가 있음

2. Phostrip Process(Sidestream) ★★

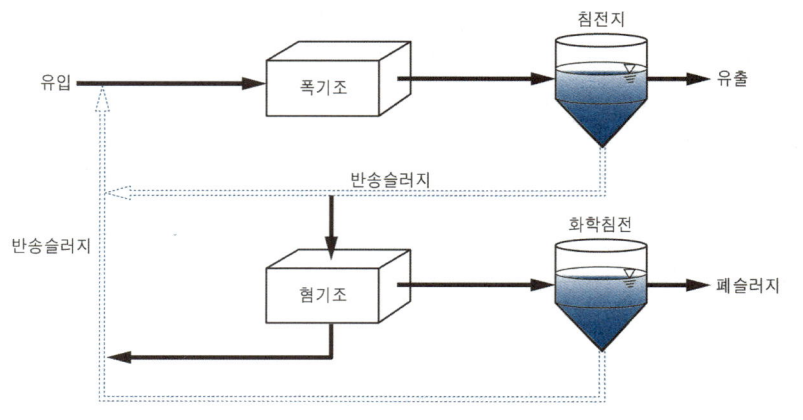

핵심 KEY

무산소조 체류시간

$$\theta = \frac{S_i - S_o}{U_{DN} \cdot X}$$

- S_i : 유입 농도(mg/L)
- S_o : 유출 농도(mg/L)
- U_{DN} : 탈질율(day^{-1})

$$U_{DN} = U_{DN(20℃)} \times k^{(T-20)} \times (1-DO)$$

- X : MLVSS 농도(mg/L)

핵심 KEY

각 반응조의 역할
- 호기조(Oxic)
  호기성미생물에 의한 질산화, 인의 과잉섭취
- 혐기조(Anaerobic)
  유기물 제거, 인의 방출
- 무산소조(Anoxic)
  탈질미생물에 의한 탈질화

Phostrip공법은 생물학적, 화학적 처리방법을 조합한 것으로 반송 슬러지의 일부를 혐기성 상태인 탈인조로 유입시켜 혐기성 상태에서 인을 방출 및 분리한 후 상등액으로부터 과량 함유된 인을 화학 침전제거시키는 방법

2-1 특성

장점	• 기존 활성슬러지 처리장에 쉽게 적용이 가능 • 인 제거 시 BOD/P 비에 의하여 조절되지 않음 • 수온, 유입수질의 변동에 영향이 적음
단점	• Stripping을 위한 별도의 반응조가 필요 • 인 제거를 위한 석회 주입이 필요 • 석회 Scale의 방지대책이 필요

05 질소, 인 동시 제거

1. A^2/O Process ★★★

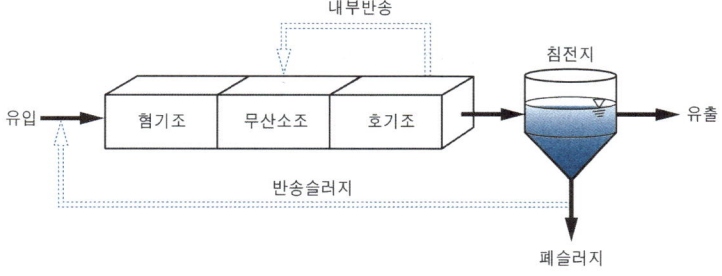

1-1 특성

- 기존 하수처리장의 고도처리공정으로 변경 시 적용이 용이
- 건설비는 표준활성슬러지법과 유사하거나 약간 높은 수준
- 반송슬러지 내 질산성질소(Nitrate)로 인하여 혐기성 조건에서 인 방출이 억제됨으로서 인 제거효율이 낮음
- 폐슬러지의 인의 함량(3 ~ 5%)이 높음
- BOD/TN 비가 12 이상 요구
- 수온저하 시 질소·인 제거효율이 저하
- 내부 순환율(100 ~ 300%)이 높음

2. M-Bardenpho Process ★★★

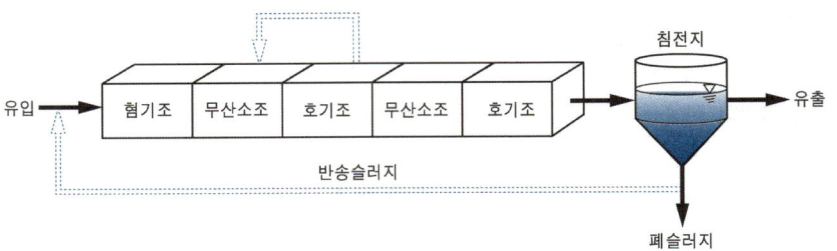

2-1 특성

- 질소(90%)와 인(85%)의 제거율이 높음
- 긴 체류시간을 사용하므로 유기성 탄소산화 능력이 높음
- 슬러지 발생량이 적음
- 알칼리도를 공정에서 반송시키므로 화학약품 주입이 감소
- 2차 무산소조에서는 미처리된 질산성 질소를 제거
- 2차 호기조에서는 잔류 질소가스를 제거하여 최종 침전지의 슬러지부상을 방지

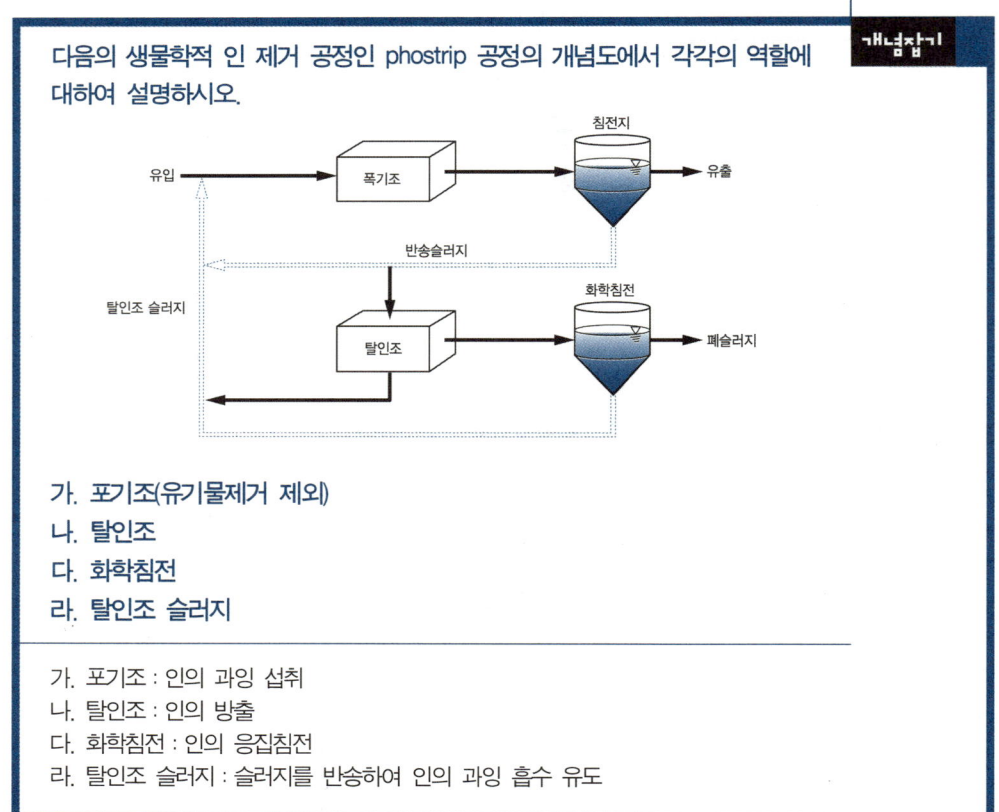

다음의 생물학적 인 제거 공정인 phostrip 공정의 개념도에서 각각의 역할에 대하여 설명하시오.

가. 포기조(유기물제거 제외)
나. 탈인조
다. 화학침전
라. 탈인조 슬러지

가. 포기조 : 인의 과잉 섭취
나. 탈인조 : 인의 방출
다. 화학침전 : 인의 응집침전
라. 탈인조 슬러지 : 슬러지를 반송하여 인의 과잉 흡수 유도

공기 탈기법과 파과점 염소주입법의 원리와 화학식을 쓰시오.

가. 공기 탈기법
나. 파과점 염소주입법

가. 공기 탈기법
- 원리 : 폐수에 공기를 주입하여 암모니아의 분압을 감소시키면 암모니아가 물로부터 분리되어 공기 중으로 날아가는 현상을 이용한 공정
- 화학식
  $NH_4^+ + OH^- \rightleftharpoons NH_3 + H_2O$ … pH 10.5 ~ 11.5

나. 파과점 염소주입법
- 원리 : 폐수에 파과점 이상으로 염소를 주입하여 암모니아성 질소를 산화시켜 질소가스나 기타 안정된 화합물로 바꾸는 공정
- 화학식
  $2NH_4^+ + 3Cl_2 \rightarrow N_2\uparrow + 6HCl + 2H^+$ … pH 10 ↑

수정 Bardenpho 공정의 각 반응조 이름과 역할을 쓰시오. (단, 내부반송·유기물 제거는 생략)

2차 유입수 → ① → ② → ③ → ④ → ⑤ → 침전조 → 유출

① 혐기조 : 인의 방출
② 무산소조 : 유입수 및 호기조에서 내부 반송된 반송수 중의 질산성질소 제거
③ 호기조 : 유입수 내 잔류 유기물 제거 및 질산화, 인의 과잉 섭취
④ 무산소조 : 내생탈질과정을 통하여 잔류질산성질소 제거
⑤ 호기조 : 암모니아성 질소 산화 및 인의 재방출 방지

막 공법의 추진력을 쓰시오.

가. 투석
나. 전기투석
다. 역삼투

가. 농도차
나. 전위차
다. 정수압차

아래의 주어진 제원을 이용하여 다음을 구하시오.

[제원]
- 폐수량 : 50,000m³/day
- 여과지수 : 8지
- 역세속도 : 0.6m/min
- 세정시간 : 10min(전 여과지에 대해 1일 1회)
- 여과속도 : 180m/day
- 여과지의 가로와 세로비 : [1 : 1]
- 표세속도 : 0.05m/min

가. 1지당 필요한 여과면적(m²)
나. 총 세정 수량(m³/day)

가. 1지당 필요한 여과면적

[식] $A = \dfrac{Q}{V}$

[풀이] $A = \dfrac{50,000\text{m}^3}{\text{day}} \Big| \dfrac{\text{day}}{180\text{m}} \Big| \dfrac{1}{8} = 34.7222\text{m}^2$

[답] ∴ 1지당 필요 여과면적 = 34.72m^2

나. 총 세정 수량
[식] 총 세정 수량 = 표세수량 + 역세수량
[풀이] ① 표세수량
$$Q = \dfrac{277.7778\text{m}^2}{} \Big| \dfrac{0.05\text{m}}{\min} \Big| \dfrac{10\min}{\text{day}} = 138.8889\text{m}^3/\text{day}$$

② 역세수량
$$Q = \dfrac{277.7778\text{m}^2}{} \Big| \dfrac{0.6\text{m}}{\min} \Big| \dfrac{10\min}{\text{day}} = 1,666.6668\text{m}^3/\text{day}$$

③ 총 세정 수량 = $138.8889 + 1,666.6668 = 1,805.5557\text{m}^3/\text{day}$

[답] ∴ 총 세정 수량 = $1,805.56\text{m}^3/\text{day}$

R.O Process와 Electrodialysis의 기본원리를 서술하시오.

가. R.O
나. Electrodialysis

가. 원리 : 농도가 다른 두 용액 사이에 반투막이 있는 경우 일반적으로 삼투압의 차이 때문에 농도가 묽은 용액에서 진한 용액으로 이동한다. 이때 농도가 진한 용액의 상부에 높은 압력을 가해주면 농도가 진한 용액에서 농도가 묽은 용액으로 이동하는 현상

나. 원리 : 이온교환막과 전기투석조의 양단에서 공급되는 직류전류를 구동력으로 하여 전리되어 있는 이온성 물질을 양이온교환막과 음이온교환막을 이용하여 분리하는 막 분리 공정

폐수 중의 암모니아성 질소를 Air stripping법으로 제거하기 위해 폐수의 pH를 조절하려고 할 때 수중 암모니아성 질소 중의 암모니아를 99%로 하기 위한 pH를 구하시오.
(단, 암모니아성 질소 중에서의 평형은 $NH_3 + H_2O \leftrightarrow NH_4^+ + OH^-$, 평형상수 $k_b = 1.8 \times 10^{-5}$)

[식] ① $NH_3 + H_2O \rightleftharpoons NH_4^+ + OH^-$, $k_b = \dfrac{[NH_4^+][OH^-]}{[NH_3]}$

② $NH_3(\%) = \dfrac{NH_3}{NH_3 + NH_4^+} \times 100$

③ 위의 두 식을 연립하면 $NH_3(\%) = \dfrac{1}{1 + \dfrac{k_b}{[OH^-]}} \times 100$

④ $pH = 14 - pOH$

[풀이] ① $[OH^-] = \dfrac{k_b}{\dfrac{100}{NH_3(\%)} - 1} = \dfrac{1.8 \times 10^{-5}}{\dfrac{100}{99} - 1} = 1.782 \times 10^{-3} M$

② $pH = 14 - \log\left(\dfrac{1}{1.782 \times 10^{-3}}\right) = 11.2509$

[답] ∴ $pH = 11.25$

열화와 파울링의 정의를 간단히 서술하시오.

가. 열화
나. 파울링

가. 막 자체의 변질로 생긴 비가역적인 막 성능의 저하
나. 외적 인자로 생긴 막 성능의 저하

다음에 주어진 조건을 이용하여 탈질에 사용되는 무산소조의 체류시간을 계산하시오.

[조건]
- 유입수 NO_3^{-N} 농도 : 22mg/L
- 유출수 NO_3^{-N} 농도 : 3mg/L
- MLVSS 농도 : 4,000mg/L
- $U_{DN(20℃)}$: 0.1day^{-1}
- 온도 : 10℃
- DO 농도 : 0.1mg/L
- $U'_{DN} = U_{DN} \times k^{(T-20)}(1-DO)$ (단, $k = 1.09$)

[식] $\theta = \dfrac{S_i - S_o}{U_{DN} \cdot X}$

[풀이] ① $U_{DN} = 0.1 \times 1.09^{(10-20)} \times (1-0.1) = 0.038 \text{day}^{-1}$

② $\theta = \dfrac{(22-3)\text{mg}}{L} \Big| \dfrac{\text{day}}{0.038} \Big| \dfrac{L}{4,000\text{mg}} \Big| \dfrac{24\text{hr}}{\text{day}} = 3\text{hr}$

[답] ∴ 무산소조의 체류시간 = 3hr

유출수를 1,520m³/day의 유량으로 탈염하기 위하여 요구되는 막의 면적(m²)은?

[조건]
- 25℃ 물질전달계수 : 0.2068L/day·m²·kPa
- 유입, 유출수의 압력차 : 2,400kPa
- 유입, 유출수의 삼투압차 : 310kPa
- 최저운전온도 10℃, $A_{10℃} = 1.58 A_{25℃}$

[식] $A = \dfrac{Q}{K \cdot (P_1 - P_2)}$

[풀이] ① 25℃에서의 막 면적

$= \dfrac{1,520\text{m}^3}{\text{day}} \Big| \dfrac{\text{day} \cdot \text{m}^2 \cdot \text{kPa}}{0.2068L} \Big| \dfrac{1}{(2,400-310)\text{kPa}} \Big| \dfrac{10^3 L}{\text{m}^3}$

$= 3,516.7927\text{m}^2$

② 10℃에서의 막 면적 $= 1.58 \times 3,516.7927 = 5,556.5325\text{m}^2$

[답] ∴ 요구되는 막의 면적 $= 5,556.53\text{m}^2$

A/O process와 Phostrip process의 처리방법을 서술하시오. (단, 주요 반응조별 역할 포함)

가. A/O : 오로지 인만 처리 가능하며 혐기조에서는 유기물 제거 및 인의 방출, 호기조에서는 인의 과잉섭취가 일어남

나. Phostrip : 생물학적, 화학적 처리방법을 조합한 것으로 반송슬러지의 일부를 혐기성 상태인 탈인조로 유입시켜 혐기성 상태에서 인을 방출 및 분리한 후 상등액으로부터 과량 함유된 인을 화학 침전·제거시키는 방법으로 호기조에서는 인의 과잉섭취, 화학처리조에서는 인의 응집침전, 탈인조 슬러지에서는 슬러지를 반송하여 인의 과잉 흡수를 유도

A^2/O 공법의 계통도의 단계별 명칭을 쓰고, 인의 제거 원리를 적으시오.

- 단계별 명칭 : ㉠ - 혐기조, ㉡ - 무산소조, ㉢ - 호기조
- 원리 : 혐기조에서 인을 방출시키고 호기조에서 인을 과잉섭취하여 제거

막 분리 공정에서 사용하는 분리막 모듈의 형식 3가지를 적으시오.

나선형, 중공사형, 관형, 판형

경도가 300mg/L as CaCO₃인 폐수 6,000m³/day를 100mg/L as CaCO₃로 처리하고자 한다. 허용 파괴점 도달시간을 15일로 할 때 습윤상태를 기준으로 한 이온교환수지(kg)를 구하시오. (단, 이온교환수지의 함수율은 40%, 건조무게 기준으로 수지 100g이 250meq의 경도를 제거)

[풀이] ① 제거해야 할 $Ca^{2+} = \dfrac{(300-100)g}{m^3} \Big| \dfrac{6,000 m^3}{day} \Big| \dfrac{1 eq}{(100/2)g} \Big| \dfrac{15 day}{}$

$\qquad\qquad\qquad\quad = 360,000 eq$

② 필요 이온교환수지 $= \dfrac{360,000 eq}{} \Big| \dfrac{100 g}{250 meq} \Big| \dfrac{10^3 meq}{eq} \Big| \dfrac{kg}{10^3 g} = 144,000 kg$

③ 건량을 총량으로 전환 $= \dfrac{144,000 kg}{} \Big| \dfrac{100_{총량}}{60_{건량}} = 240,000 kg$

[답] ∴ 이온교환수지 = 240,000kg

해수담수화 방식 중 상변화 방식에 속하는 방법 2가지, 상불변 방식에 속하는 방법 2가지를 적으시오.

해수담수화 방식

상변화	결정법	냉동법
		가스수화물법
	증발법	다단플래쉬법
		다중효용법
		증기압축법
		투과기화법
상불변	막법	역삼투법
		전기투석법
	용매추출법	

펜톤산화법의 목적, 시약, pH를 적으시오.

목적 : 수중의 난분해성 유기물질을 분해 가능한 물질로 전환하기 위하여
시약 : $H_2O_2 + FeSO_4$
pH : 3 ~ 5

CHAPTER 05

슬러지 처리

KEYWORD 슬러지의 비중·부피공식, 소화율, 호기성 소화법 장·단점

01 슬러지 처리의 기본개념

1. 슬러지 처리 계통

유입 → 농축 → 안정화 → 개량(조정) → 탈수 → 처분

2. 슬러지 구성 및 비중, 부피

2-1 슬러지 구성

- 슬러지(SL) = 수분(W) + 고형물(TS)
- 형물(TS) = 유기물(VS) + 무기물(FS)

2-2 슬러지 비중 ★★★

$$\frac{100\%}{\rho_{SL}} = \frac{\%_W}{\rho_W} + \frac{\%_{TS}}{\rho_{TS}}$$

$$\frac{100\%}{\rho_{TS}} = \frac{\%_{VS}}{\rho_{VS}} + \frac{\%_{FS}}{\rho_{FS}}$$

$\%_W$, $\%_{TS}$, $\%_{VS}$, $\%_{FS}$: 물, TS, VS, FS의 함유량(%)

ρ_{SL}, ρ_W, ρ_{TS}, ρ_{VS}, ρ_{FS} : 슬러지, 물, TS, VS, FS의 밀도

2-3 슬러지 부피 ★★★

$$V_1(100-W_1) = V_2(100-W_2)$$

- V_1 : 처리 전 슬러지 부피 or 무게
- V_2 : 처리 후 슬러지 부피 or 무게
- W_1 : 처리 전 슬러지의 함수율(%)
- W_2 : 처리 후 슬러지의 함수율(%)

02 슬러지 처리 방법

1. 소화

1-1 소화조 부피

$$V = \frac{Q_1 + Q_2}{2} \times t$$

- V : 소화조 부피[L^3]
- Q_1 : 소화 전 슬러지 유량[L^3T^{-1}]
- Q_2 : 소화 후 슬러지 유량[L^3T^{-1}]
- t : 소화기간[T]

1-2 소화율

$$소화율(\%) = \left(1 - \frac{VS_o/FS_o}{VS_i/FS_i}\right) \times 100$$

- VS_o/FS_o : 소화슬러지의 비율
- VS_i/FS_i : 소화조로 유입되는 슬러지의 비율

1-3 소화조 운전상의 문제점 및 대책

상태	원인	대책
1. 소화가스 발생량 저하	• 저농도 슬러지 유입 • 소화슬러지 과잉배출 • 조 내 온도저하 • 소화가스 누출 • 과다한 산 생성	• 저농도의 경우는 슬러지 농도를 높이도록 노력한다. • 과잉배출의 경우는 배출량을 조절한다. • 저온일 때는 온도를 소정치까지 높인다. 가온시간이 정상인데 온도가 떨어지는 경우는 보일러를 점검한다. • 조 용량감소는 스컴 및 토사 퇴적이 원인이므로 준설한다. 또한 슬러지 농도를 높이도록 한다. • 가스누출은 위험하므로 수리한다. • 과다한 산은 과부하, 공장폐수의 영향일 수도 있으므로, 부하조정 또는 배출원인의 감시가 필요하다.
2. 상징수 악화 BOD, SS가 비정상적으로 높다.	• 소화가스발생량 저하와 동일원인 • 과다교반 • 소화슬러지의 혼입	• 소화가스발생량 저하와 동일원인일 경우의 대책은 1.에 준한다. • 과다교반 시는 교반회수를 조정한다. • 소화슬러지 혼입 시는 슬러지 배출량을 줄인다.

3. pH 저하
  1) 이상발포
  2) 가스발생량 저하
  3) 악취
  4) 스컴 다량 발생
	• 유기물의 과부하로 소화의 불균형
	• 온도 급저하
	• 교반부족
	• 메탄균 활성을 저해하는 독성물질 또는 중금속 투입
		• 과부하나 영양불균형의 경우는 유입슬러지 일부를 직접 탈수하는 등 부하량을 조절한다.
		• 온도저하의 경우는 온도유지에 노력한다.
		• 교반부족 시는 교반강도, 회수를 조정한다.
		• 독성물질 및 중금속이 원인인 경우 배출원을 규제하고, 조 내 슬러지의 대체방법을 강구한다.

4. 맥주모양의 이상발포	• 과다배출로 조 내 슬러지 부족 • 유기물의 과부하 • 1단계 조의 교반부족 • 온도저하 • 스컴 및 토사의 퇴적	• 슬러지의 유입을 줄이고 배출을 일시 중지한다. • 조 내 교반을 충분히 한다. • 소화온도를 높인다. • 스컴을 파쇄·제거한다. • 토사의 퇴적은 준설한다.

1-4 혐기성 소화법과 비교한 호기성 소화법의 장·단점 ★★

장점	• 최초시공비 절감 • 악취발생 감소 • 운전용이 • 상징수의 수질 양호
단점	• 소화슬러지의 탈수불량 • 포기에 드는 동력비 과다 • 유기물 감소율 저조 • 건설부지 과다 • 저온 시의 효율 저하 • 가치있는 부산물이 생성되지 않음

개념잡기

25,000명으로부터 발생되는 폐수를 활성슬러지법으로 처리를 하고 슬러지를 혐기성소화 처리하고자 한다. 생슬러지 발생량은 0.11kg(건조 고형물기준)/인·day, VS는 건조 고형물의 70%이다. 건조 고형물은 슬러지의 5%이며 슬러지 습윤 비중은 1.01이다. VS의 65%는 소화에 의해 분해되고 고정성 고형물은 변하지 않는다. 소화 슬러지 건조 고형물은 7%, 습윤비중 1.03, 온도 35℃, 기간 23일, 저장은 45일이다. 소화조 하반부에 슬러지가 차 있으며 Gas는 상반부에 있다. 소화조의 용량(m³)은? 단, $\left(V_{avg} = V_1 - \dfrac{2}{3}(V_1 - V_2)\right.$, 소화조 용량은 슬러지 소화기간 저장시간을 고려한 소화조 내 총 슬러지 부피에 2배 $\bigg)$

[식] 소화조 부피 = 소화 부피 + 저장 부피

[풀이] ① 소화 전 슬러지 발생량 $= \dfrac{0.11\text{kg}_{TS}}{\text{인}\cdot\text{day}} \bigg| \dfrac{25,000\text{인}}{} \bigg| \dfrac{100_{SL}}{5_{TS}} \bigg| \dfrac{\text{m}^3}{1,010\text{kg}}$

$= 54.4554 \text{m}^3/\text{day}$

② 소화 후 VS $= \dfrac{0.11\text{kg}_{TS}}{\text{인}\cdot\text{day}} \bigg| \dfrac{25,000\text{인}}{} \bigg| \dfrac{70_{VS}}{100_{TS}} \bigg| \dfrac{35}{100} = 673.75 \text{kg/day}$

③ 소화 후 FS $= \dfrac{0.11\text{kg}_{TS}}{\text{인}\cdot\text{day}} \bigg| \dfrac{25,000\text{인}}{} \bigg| \dfrac{30_{FS}}{100_{TS}} = 825 \text{kg/day}$

④ 소화 후 슬러지 발생량 $= \dfrac{(673.75 + 825)\text{kg}_{TS}}{\text{day}} \bigg| \dfrac{100_{SL}}{7_{TS}} \bigg| \dfrac{\text{m}^3}{1,030\text{kg}}$

$= 20.7871 \text{m}^3/\text{day}$

⑤ $V_{avg} = \left[54.4554 - \dfrac{2}{3} \times (54.4554 - 20.7871)\right] \times 23 = 736.2269 \text{m}^3$

⑥ 소화조 부피 $= 736.2269 + 20.7871 \times 45 = 1,671.6464 \text{m}^3$

소화조 부피의 2배이므로 $3,343.2928 \text{m}^3$

[답] ∴ 소화조의 부피 $= 3,343.29 \text{m}^3$

하수처리 인구 5,000명인 처리장에서 유입폐수를 분석한 결과 1인 1일 발생하는 부유고형물과 BOD₅의 부하량은 각각 0.091kg, 0.077kg이었다. 이 처리장의 BOD₅ 제거율은 95%, 1차 침전조에서 부유고형물의 65%, BOD₅의 33%를 제거한다. 1차 침전조 슬러지의 함수율은 96%, 비중은 1.01이며 2차 침전조 슬러지의 함수율은 95%, 비중은 1.02, 생성되는 생물학적 고형물의 양은 0.35kg/kg 제거BOD₅일 때 발생하는 1·2차 침전조의 슬러지양(L/day)을 구하시오.

가. 1차 침전조 슬러지양(L/day)
나. 2차 침전조 슬러지양(L/day)

가. 1차 침전조 슬러지양

[식] 1차 침전조 슬러지양 $= \dfrac{\text{제거 SS량}}{\text{고형물 함량}\times\text{비중}}$

[풀이] ① 제거되는 SS양 $= \dfrac{0.091\text{kg}}{\text{인}\cdot\text{day}} \Big| \dfrac{5,000\text{인}}{} \Big| \dfrac{65}{100} = 295.75\text{kg/day}$

② 1차 침전조 슬러지양 $= \dfrac{295.75\text{kg}_{TS}}{\text{day}} \Big| \dfrac{100_{SL}}{4_{TS}} \Big| \dfrac{\text{L}}{1.01\text{kg}}$
$= 7,320.5446\text{L/day}$

[답] ∴ 1차 침전조 슬러지양 $= 7,320.54\text{L/day}$

나. 2차 침전조 슬러지양

[식] 2차 침전조 슬러지양 $= \dfrac{\text{제거 BOD}_5 \times \text{BOD}_5\text{당 TS}}{\text{고형물 함량}\times\text{비중}}$

[풀이] ① 2차 침전조 유입 BOD₅ $= \dfrac{0.077\text{kg}}{\text{인}\cdot\text{day}} \Big| \dfrac{5,000\text{인}}{} \Big| \dfrac{67}{100} = 257.95\text{kg/day}$

② 2차 침전조 유출 BOD₅ $= \dfrac{0.077\text{kg}}{\text{인}\cdot\text{day}} \Big| \dfrac{5,000\text{인}}{} \Big| \dfrac{5}{100} = 19.25\text{kg/day}$

③ 2차 침전조 슬러지양
$= \dfrac{(257.95-19.25)\text{kg}_{BOD_5}}{\text{day}} \Big| \dfrac{0.35\text{kg}_{TS}}{\text{kg}_{BOD_5}} \Big| \dfrac{100_{SL}}{5_{TS}} \Big| \dfrac{\text{L}}{1.02\text{kg}}$
$= 1,638.1373\text{L/day}$

[답] ∴ 2차 침전조 슬러지양 $= 1,638.14\text{L/day}$

120m³/day의 슬러지(함수율 : 95%, 비중 1)를 탈수하려고 한다. 염화제일철 및 소석회를 슬러지 고형물의 건조중량당 각각 5%, 20%를 첨가하여 15kg/m²·hr의 여과속도로 탈수하여 수분 75%의 탈수 Cake를 얻으려고 할 때 다음을 계산하시오.

가. 여과기 여과면적(m²)
나. 탈수 Cake 용적(m³/day)

가. 여과기 여과면적

[식] 고형물 부하 $= \dfrac{TS}{A}$

[풀이] ① $TS = \dfrac{120m^3}{day} \Big| \dfrac{5_{TS}}{100_{SL}} \Big| \dfrac{1,000kg}{m^3} = 6,000kg/day$

② $A = \dfrac{6,000kg}{day} \Big| \dfrac{m^2 \cdot hr}{15kg} \Big| \dfrac{day}{24hr} \Big| 1.25 = 20.8333m^2$

[답] ∴ 여과기 여과면적 $= 20.83m^2$

나. 탈수 Cake 용적

[풀이] ① 탈수 전 고형물 $= \dfrac{6,000kg}{day} \Big| 1.25 = 7,500kg/day$

② 탈수 Cake 용적 $= \dfrac{7,500kg_{TS}}{day} \Big| \dfrac{100_{SL}}{25_{TS}} \Big| \dfrac{m^3}{1,000kg} = 30m^3/day$

[답] ∴ 탈수 Cake 용적 $= 30m^3/day$

개념잡기

혐기 소화조에서 유기성분이 75%, 무기성분이 25%인 슬러지를 소화한 후 유기성분이 60%, 무기성분이 40%가 되었을 때의 소화율을 구하고, 투입한 슬러지의 초기 TOC 농도를 측정한 결과 10,000mg/L이었다면 슬러지 $1m^3$당 발생하는 가스량(m^3)을 구하시오. (단, 슬러지의 유기성분은 포도당인 탄수화물로 구성되어 있으며, 표준상태 기준)

가. 소화율(%)
나. 가스량(m^3)

가. 소화율

[식] 소화율(%) $= \left(1 - \dfrac{VS_o/FS_o}{VS_i/FS_i}\right) \times 100$

[풀이] 소화율(%) $= \left(1 - \dfrac{60/40}{75/25}\right) \times 100 = 50\%$

[답] ∴ 소화율(%) $= 50\%$

나. 가스량

[풀이] ① $TOC = \dfrac{10,000mg}{L} \Big| \dfrac{1m^3}{} \Big| \dfrac{50}{100} \Big| \dfrac{10^3 L}{m^3} \Big| \dfrac{kg}{10^6 mg} = 5kg$

② $C_6H_{12}O_6 \rightarrow 3CH_4 + 3CO_2$

$6 \times 12 kg\ :\ 3 \times 22.4m^3\ :\ 3 \times 22.4m^3$

$\quad 5kg\quad :\quad X\quad :\quad Y$

$X = \dfrac{3 \times 22.4 \times 5}{6 \times 12} = 4.6667m^3$

$Y = \dfrac{3 \times 22.4 \times 5}{6 \times 12} = 4.6667m^3$

$X + Y = 4.6667 + 4.6667 = 9.3334m^3$

[답] ∴ 가스량(m^3) $= 9.33m^3$

혐기성 소화를 시킨 슬러지의 고형물량이 2%, 비중이 1.4일 때 아래 물음에 답하시오.

가. 슬러지의 비중을 계산하시오. (단, 소수점 세 번째 자리까지)
나. 혐기성 분해 시 호기성 분해보다 슬러지 발생량이 적은 이유는?

가. 슬러지 비중

[식] $\dfrac{100\%}{\rho_{SL}} = \dfrac{\%_W}{\rho_W} + \dfrac{\%_{TS}}{\rho_{TS}}$

[풀이] ① $\dfrac{100}{\rho_{SL}} = \dfrac{98}{1} + \dfrac{2}{1.4}$

② $\rho_{SL} = \dfrac{100}{\dfrac{98}{1} + \dfrac{2}{1.4}} = 1.0057$

[답] ∴ $\rho_{SL} = 1.006$

나. 혐기성 분해 시 유기물이 분해되어 중간 생성물 형태로 에너지를 갖는 유기물 및 가스상물질로 전환되기 때문이다.

100kL/day씩 발생하는 분뇨(TS/SL : 0.05, VS/TS : 0.65)를 소화시켜 슬러지(VS/TS : 0.45)가 생성되었다. VS(kg)제거당 가스 생산량은 1.2m³/kg이라고 할 때 다음의 물음에 답하시오. (단, 분뇨 및 슬러지의 비중 : 1.0)

가. VS제거효율(%)
나. TS제거효율(%)
다. 가스 생산량/분뇨 유입량

가. VS제거효율

[식] VS제거효율(%) $= \left(1 - \dfrac{VS_o}{VS_i}\right) \times 100$

[풀이] ① $VS_i = \dfrac{100kL}{day} \Big| \dfrac{5_{TS}}{100_{SL}} \Big| \dfrac{65_{VS}}{100_{TS}} = 3.25 kL/day$

② 소화 전·후의 FS는 동일 $FS = \dfrac{100kL}{day} \Big| \dfrac{5_{TS}}{100_{SL}} \Big| \dfrac{35_{FS}}{100_{TS}} = 1.75 kL/day$

③ $TS_o = \dfrac{1.75kL}{day} \Big| \dfrac{100_{TS}}{55_{FS}} = 3.1818 kL/day$

④ $VS_o = \dfrac{3.1818kL}{day} \Big| \dfrac{45}{100} = 1.4318 kL/day$

⑤ VS제거효율 $= \left(1 - \dfrac{1.4318}{3.25}\right) \times 100 = 55.9446\%$

[답] ∴ VS제거효율 = 55.94%

나. TS제거효율

[식] TS제거효율(%) $= \left(1 - \dfrac{TS_o}{TS_i}\right) \times 100$

[풀이] ① $TS_i = 3.25 + 1.75 = 5 kL/day$

② $TS_o = 1.4318 + 1.75 = 3.1818 kL/day$

③ TS제거효율(%) $= \left(1 - \dfrac{3.1818}{5}\right) \times 100 = 36.364\%$

[답] ∴ TS제거효율 = 36.36%

다. 가스 생산량/분뇨 유입량

[풀이] ① 가스 생산량 $= \dfrac{(3.25 - 1.4318)kL}{day} \Big| \dfrac{1,000kg}{m^3} \Big| \dfrac{1.2m^3}{kg}$

$= 2,181.84 kL/day$

② 가스 생산량/분뇨 유입량 $= 2,181.84/100 = 21.8184$

[답] ∴ 가스 생산량/분뇨 유입량 = 21.82

개념잡기

50,000m³/day를 처리하는 하수처리장에서 발생되는 슬러지의 농축시설을 아래 조건하에서 설계하고자 한다. 다음 물음에 답하시오.

[조건]
- 1차 슬러지양 : 200m³/day
- 1차 슬러지 함수율 : 98%
- 2차 슬러지양 : 650m³/day
- 2차 슬러지 함수율 : 99.2%
- 농축시간 : 12hr
- 농축 슬러지 함수율 : 96.5%
- 고형물 부하량 : 80kg/m²·day
- 슬러지 비중 : 1

가. 농축시설의 유효용적(m³)
나. 농축시설의 소요 수면적(m²)
다. 농축 슬러지양(m³/day)

가. 유효용적

[식] $V = (Q_1 + Q_2) \times t$

[풀이] $V = \dfrac{(200 + 650)m^3}{day} \Big| \dfrac{12hr}{} \Big| \dfrac{day}{24hr} = 425m^3$

[답] ∴ 유효용적 = 425m³

나. 소요 수면적

[식] $A = \dfrac{슬러지\ 고형물\ 발생량}{고형물\ 부하량}$

[풀이] ① 슬러지 발생량 $= (200 \times 0.02 + 650 \times 0.008) \times 1,000 = 9,200 kg/day$

② $A = \dfrac{9,200kg}{day} \Big| \dfrac{m^2 \cdot day}{80kg} = 115m^2$

[답] ∴ 소요 수면적 = 115m²

다. 농축 슬러지양

[풀이] 농축 슬러지양 $= \dfrac{9,200kg_{TS}}{day} \Big| \dfrac{100_{SL}}{3.5_{TS}} \Big| \dfrac{m^3}{1,000kg} = 262.8571 m^3/day$

[답] ∴ 농축 슬러지양 = 262.86m³/day

슬러지를 가압 탈수시키고자 한다. 주어진 조건을 이용하여 다음 각 물음에 답하시오.

개념잡기

[조건]
- 슬러지 발생량 : 12m³/day
- 슬러지 발생량 중의 고형물량 : 500kg/day
- 슬러지 내 고형물의 밀도 : 2.5kg/L
- 탈수 cake의 고형물 농도 : 30%
- 탈수 여액 중의 고형물 농도 : 0.5%

가. 탈수 cake의 밀도(kg/L)
나. 탈수 여액의 밀도(kg/L) (소수점 세 번째 자리까지)
다. 1일 여액 발생량(m³/day)
라. 1일 탈수 cake 발생량(kg/day)

가. 탈수 cake의 밀도

[식] $\dfrac{100\%}{\rho_{cake}} = \dfrac{\%_W}{\rho_W} + \dfrac{\%_{TS}}{\rho_{TS}}$

[풀이] ① $\dfrac{100}{\rho_{cake}} = \dfrac{70}{1} + \dfrac{30}{2.5}$

② $\rho_{cake} = \dfrac{100}{\dfrac{70}{1} + \dfrac{30}{2.5}} = 1.2195\,\text{kg/L}$

[답] ∴ 탈수 cake의 밀도 = 1.22kg/L

나. 탈수 여액의 밀도

[식] $\dfrac{100\%}{\rho_{여액}} = \dfrac{\%_W}{\rho_W} + \dfrac{\%_{TS}}{\rho_{TS}}$

[풀이] ① $\dfrac{100}{\rho_{여액}} = \dfrac{99.5}{1} + \dfrac{0.5}{2.5}$

② $\rho_{여액} = \dfrac{100}{\dfrac{99.5}{1} + \dfrac{0.5}{2.5}} = 1.003\,\text{kg/L}$

[답] ∴ 탈수 여액의 밀도 = 1.003kg/L

다. 여액 발생량

[식] 여액 발생량 = 슬러지 발생량 - cake 발생량
[풀이] ※ 고형물량 기준으로 계산(여액 발생량을 X로 설정)

① 여액 고형물 발생량 = $\dfrac{X\,m^3}{day} \Big| \dfrac{1.003\,kg}{L} \Big| \dfrac{10^3\,L}{m^3} \Big| \dfrac{0.5}{100} = 5.015X\,\text{kg/day}$

② cake 고형물 발생량 = $\dfrac{(12-X)\,m^3}{day} \Big| \dfrac{1.22\,kg}{L} \Big| \dfrac{10^3\,L}{m^3} \Big| \dfrac{30}{100}$
$= (4,392 - 366X)\,\text{kg/day}$

③ $5.015X = 500 - (4,392 - 366X) \rightarrow X = 10.7816$

[답] ∴ 여액 발생량 = 10.78m³/day

라. 1일 탈수 cake 발생량

[풀이] cake 발생량 = $\dfrac{(12-10.78)\,m^3}{day} \Big| \dfrac{1.22\,kg}{L} \Big| \dfrac{10^3\,L}{m^3} = 1,488.4\,\text{kg/day}$

[답] ∴ 1일 탈수 cake 발생량 = 1,488.4kg/day

> 슬러지가 4%에서 7%로 농축되었을 때 슬러지 부피 감소율(%)을 계산하시오.
> (단, 1일 슬러지 생성량은 100m³, 비중은 1.0이다)

[식] 부피 감소율(%) $= \left(1 - \dfrac{V_2}{V_1}\right) \times 100$

[풀이] ① $V_1(100-W_1) = V_2(100-W_2)$
  $100 \times (100-96) = V_2(100-93)$
  $V_2 = 57.1429 \text{m}^3$

② 부피 감소율(%) $= \left(1 - \dfrac{57.1429}{100}\right) \times 100 = 42.8571\%$

[답] ∴ 부피 감소율(%) = 42.86%

> 회분침강농축을 실험하여 다음의 그래프를 그렸을 때 슬러지 초기농도가 10g/L 였다면 6시간 정치 후 슬러지의 농도를 구하시오.

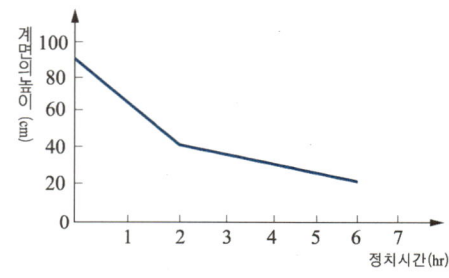

[식] $C_t = C_o \times \dfrac{h_o}{h_t}$

[풀이] $C_t = 10 \times \dfrac{90}{20} = 45 \text{g/L}$

[답] ∴ 슬러지 농도 = 45g/L

슬러지를 호기성 소화법으로 처리할 경우 장점과 단점을 각각 3가지만 적으시오. (단, 혐기성 소화법과 비교)

- 장점
  - 최초시공비 절감
  - 악취발생 감소
  - 운전용이
  - 상징수의 수질 양호
- 단점
  - 소화슬러지의 탈수불량
  - 포기에 드는 동력비 과다
  - 유기물 감소율 저조
  - 건설부지 과다
  - 저온 시의 효율 저하
  - 가치있는 부산물이 생성되지 않음

혐기성 소화조의 소화가스 발생량이 저하되는 원인 4가지와 대책을 기술하시오.

원인	• 저농도 슬러지 유입 • 소화슬러지 과잉배출 • 조 내 온도저하 • 소화가스 누출 • 과다한 산 생성
대책	• 저농도의 경우는 슬러지 농도를 높이도록 노력한다. • 과잉배출의 경우는 배출량을 조절한다. • 저온일 때는 온도를 소정치까지 높인다. 가온시간이 정상인데 온도가 떨어지는 경우는 보일러를 점검한다. • 조 용량감소는 스컴 및 토사퇴적이 원인이므로 준설한다. 또한 슬러지 농도를 높이도록 한다. • 가스누출은 위험하므로 수리한다. • 과다한 산은 과부하, 공장폐수의 영향일 수도 있으므로, 부하조정 또는 배출 원인의 감시가 필요하다.

PART 04

필답형 기출문제

2005년 제1, 2, 3회 필답형 기출문제
2006년 제1, 2, 3회 필답형 기출문제
2007년 제1, 2, 3회 필답형 기출문제
2008년 제1, 2, 3회 필답형 기출문제
2009년 제1, 2, 3회 필답형 기출문제
2010년 제1, 2, 3회 필답형 기출문제
2011년 제1, 2, 3회 필답형 기출문제
2012년 제1, 2, 3회 필답형 기출문제
2013년 제1, 2, 3회 필답형 기출문제
2014년 제1, 2, 3회 필답형 기출문제
2015년 제1, 2, 3회 필답형 기출문제
2016년 제1, 2, 3회 필답형 기출문제
2017년 제1, 2, 3회 필답형 기출문제
2018년 제1, 2, 3회 필답형 기출문제
2019년 제1, 2, 3회 필답형 기출문제
2020년 제1, 2, 3, 4·5회 필답형 기출문제
2021년 제1, 2, 3회 필답형 기출문제
2022년 제1, 2, 3회 필답형 기출문제
2023년 제1, 2, 3회 필답형 기출문제
2024년 제1, 2, 3회 필답형 기출문제

필답형 기출문제 2005 * 1

01

어느 폐수는 유량 300m³/day, BOD 2,000mg/L이며 N과 P는 존재하지 않는다. 활성슬러지법으로 처리하기 위해 요구되는 황산암모늄과 인산의 소요량(kg/day)은 각각 얼마인가?
(단, BOD : N : P = 100 : 5 : 1)

가. 황산암모늄의 소요량(kg/day)
나. 인산의 소요량(kg/day)

빈출체크 06년 2회 | 14년 3회 | 23년 3회

가. 황산암모늄의 소요량
[풀이]

① $BOD = \dfrac{2,000mg}{L} \bigg| \dfrac{300m^3}{day} \bigg| \dfrac{10^3 L}{m^3} \bigg| \dfrac{kg}{10^6 mg}$
$\quad = 600 kg/day$

② 필요 질소의 양 $= 600 \times 0.05 = 30 kg/day$

③ $(NH_4)_2SO_4$: $\quad 2N$
$\quad\quad 132 \quad : \quad 2 \times 14$
$\quad\quad\ \ X \quad\ \ : \quad 30 kg/day$

$X = \dfrac{132 \times 30}{2 \times 14} = 141.4286 kg/day$

[답] ∴ 황산암모늄의 소요량 = 141.43kg/day

나. 인산의 소요량
[풀이]

① 필요 인의 양 $= 600 \times 0.01 = 6 kg/day$

② H_3PO_4 : $\quad P$
$\quad\ \ 98 \quad : \quad 31$
$\quad\ \ X \quad\ : \quad 6 kg/day$

$X = \dfrac{98 \times 6}{31} = 18.9677 kg/day$

[답] ∴ 인산의 소요량 = 18.97kg/day

02

경도가 300mg/L as $CaCO_3$인 폐수 6,000m³/day를 100mg/L as $CaCO_3$로 처리하고자 한다. 허용 파과점 도달시간을 15일로 할 때 습윤상태를 기준으로 한 이온교환수지(kg)을 구하시오. (단, 이온교환수지의 함수율은 40%, 건조무게 기준으로 수지 100g이 250meq의 경도를 제거)

 15년 1회

[풀이]

① 제거해야 할 Ca^{2+}

$$= \frac{(300-100)g}{m^3} \left| \frac{6,000m^3}{day} \right| \frac{1eq}{(100/2)g} \left| \frac{15day}{} \right.$$

$$= 360,000 eq$$

② 필요 이온교환수지

$$= \frac{360,000eq}{} \left| \frac{100g}{250meq} \right| \frac{10^3 meq}{eq} \left| \frac{kg}{10^3 g} \right. = 144,000 kg$$

③ 건량을 총량으로 전환

$$= \frac{144,000kg}{} \left| \frac{100_{총량}}{60_{건량}} \right. = 240,000 kg$$

[답] ∴ 이온교환수지 = 240,000kg

03

유출수에 아질산성 질소 15mg/L, 암모니아성 질소 50mg/L 함유되어 있을 때 완전 질산화에 소요되는 이론적 산소 요구량(mg/L)을 구하시오.

 08년 1회 | 08년 3회 | 11년 1회

[풀이]

① $NO_2^- + 0.5O_2 \rightarrow NO_3^-$

  14 : 0.5×32

  15mg/L : X

$$X = \frac{0.5 \times 32 \times 15}{14} = 17.1429 mg/L$$

② $NH_3^- + 2O_2 \rightarrow NO_3^- + H^+ + H_2O$

  14 : 2×32

  50mg/L : Y

$$Y = \frac{2 \times 32 \times 50}{14} = 228.5714 mg/L$$

③ X + Y = 17.1429 + 228.5714 = 245.7143mg/L

[답] ∴ 총 이론적 산소 요구량 = 245.71mg/L

04

살수여상법에서 처리수를 반송하는 이유를 두 가지 서술하시오.

• 유기물 분해에 필요한 산소 공급
• 미생물 일정하게 유지
• 혐기성 방지 및 파리 발생 억제
• 처리효율 증대
• 연속처리 가능
• 휴지기능을 최소화하여 BOD부하 감소

05

폐수 중의 암모니아성 질소를 Air stripping법으로 제거하기 위해 폐수의 pH를 조절하려고 할 때 수중 암모니아성 질소 중의 암모니아를 99%로 하기 위한 pH를 구하시오. (단, 암모니아성 질소 중에서의 평형은 $NH_3 + H_2O \leftrightarrow NH_4^+ + OH^-$, 평형상수 $k_b = 1.8 \times 10^{-5}$)

빈출체크 07년 2회 | 11년 1회 | 16년 3회

[식]

① $NH_3 + H_2O \rightleftharpoons NH_4^+ + OH^-$, $k_b = \dfrac{[NH_4^+][OH^-]}{[NH_3]}$

② $NH_3(\%) = \dfrac{NH_3}{NH_3 + NH_4^+} \times 100$

③ 위의 두 식을 연립하면 $NH_3(\%) = \dfrac{1}{1 + \dfrac{k_b}{[OH^-]}} \times 100$

④ $pH = 14 - pOH$

[풀이]

① $[OH^-] = \dfrac{k_b}{\dfrac{100}{NH_3(\%)} - 1} = \dfrac{1.8 \times 10^{-5}}{\dfrac{100}{99} - 1} = 1.782 \times 10^{-3} M$

② $pH = 14 - \log\left(\dfrac{1}{1.782 \times 10^{-3}}\right) = 11.2509$

[답] ∴ $pH = 11.25$

06

메탄의 최대 수율(혐기성)은 COD 1kg 제거당 0.35m³의 CH_4의 발생을 증명하라. 또한 유량이 675m³/day, COD는 3,000mg/L, 제거효율이 80%일 경우 다음 물음에 답하시오.

가. 메탄 생성 수율의 증명
나. CH_4의 발생량

빈출체크 07년 1회 | 07년 3회 | 09년 1회 | 10년 2회 | 12년 2회 | 14년 3회 | 16년 1회 | 22년 1회

가. 메탄 생성 수율의 증명

① $C_6H_{12}O_6 + 6O_2 \rightarrow 6CO_2 + 6H_2O$
  180 : 6×32
  X : 1kg

$X = \dfrac{180 \times 1}{6 \times 32} = 0.9375 kg$

② $C_6H_{12}O_6 \rightarrow 3CH_4 + 3CO_2$
  180kg : 3×22.4m³
  0.9375kg : Y

$Y = \dfrac{3 \times 22.4 \times 0.9375}{180} = 0.35 m^3$

나. CH_4 발생량

[식] CH_4 발생량 = 메탄 생성 수율 × COD 제거량

[풀이]

① COD 제거량

$= \dfrac{675 m^3}{day} \Big| \dfrac{3,000 mg}{L} \Big| \dfrac{0.8}{} \Big| \dfrac{10^3 L}{m^3} \Big| \dfrac{kg}{10^6 mg}$

$= 1,620 kg/day$

② CH_4 발생량 $= \dfrac{0.35 m^3}{kg} \Big| \dfrac{1,620 kg}{day} = 567 m^3/day$

[답] ∴ CH_4 발생량 $= 567 m^3/day$

07

오염물질의 초기농도의 70%가 감소되었을 때 CFSTR의 체류시간은 PFR의 체류시간의 몇 배인가? (단, 1차 반응식, 자연상수)

[식] ① 정상상태 기준 CFSTR의 물질수지
$$Q \cdot C_o - Q \cdot C_t - k \cdot C_t^n \cdot V = 0$$
② 정상상태 기준 PFR의 물질수지
$$\ln \frac{C_t}{C_o} = -k \cdot t$$

[풀이]
① CFSTR의 체류시간 $= \dfrac{C_o - C_t}{k \cdot C_t} = \dfrac{C_o - 0.3C_o}{k \cdot 0.3C_o} = \dfrac{2.3333}{k}$

② PFR의 체류시간 $= \dfrac{\ln \dfrac{C_t}{C_o}}{-k} = \dfrac{\ln 0.3}{-k} = \dfrac{1.204}{k}$

$\dfrac{CFSTR}{PFR} = \dfrac{2.3333/k}{1.204/k} = 1.9380$

[답] ∴ 1.94배

빈출 체크 07년 3회 | 10년 2회 | 17년 2회

08

평균 유량이 3,785m³/day, 평균 인(P)의 농도가 8mg/L인 2차 유출 수로부터 인을 모두 제거하기 위해 1일당 요구되는 액상 Alum의 양(m³)을 계산하시오. (단, Al : P의 몰 비는 2 : 1, 액상 Alum의 비중량은 1,331kg/m³, 액상 Alum 중 Al이 4.37Wt% 함유하고 있는 것으로 가정, 원자량 P : 31, Al : 27)

[식] Alum $= \dfrac{\text{제거해야 할 Al의 발생 무게}}{\text{함유량} \times \text{비중량}}$

[풀이]
① 제거해야 할 인의 양(kg/day)
$= \dfrac{3,785 \text{m}^3}{\text{day}} \Big| \dfrac{8\text{mg}}{\text{L}} \Big| \dfrac{10^3 \text{L}}{\text{m}^3} \Big| \dfrac{\text{kg}}{10^6 \text{mg}} = 30.28 \text{kg/day}$

② 〈반응비〉 Al : P
2×27 : 31
X : 30.28kg/day

$X = \dfrac{2 \times 27 \times 30.28}{31} = 52.7458 \text{kg/day}$

③ Alum $= \dfrac{52.7458 \text{kg}}{\text{day}} \Big| \dfrac{100}{4.37} \Big| \dfrac{\text{m}^3}{1,331 \text{kg}} = 0.9068 \text{m}^3/\text{day}$

[답] ∴ Alum $= 0.91 \text{m}^3/\text{day}$

09

A^2/O 공법의 계통도의 단계별 명칭을 쓰고, 인의 제거 원리를 적으시오.

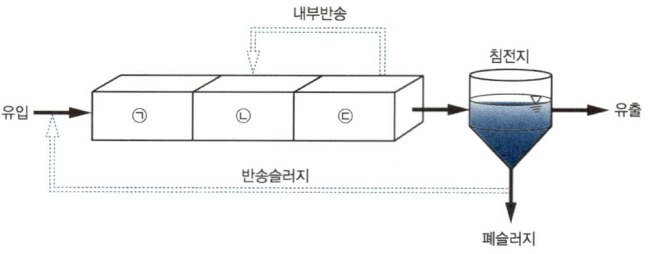

빈출 체크 13년 3회 | 23년 1회

- 단계별 명칭 : ㉠ - 혐기조, ㉡ - 무산소조, ㉢ - 호기조
- 원리 : 혐기조에서 인을 방출시키고 호기조에서 인을 과잉 섭취하여 제거

10

취수시설의 설치장소 선정기준 4가지를 적으시오.

빈출 체크 18년 1회

- 계획취수량을 안정적으로 취수할 수 있어야 함
- 장래에도 양호한 수질을 확보할 수 있어야 함
- 구조상의 안정을 확보할 수 있어야 함
- 하천관리시설 또는 다른 공작물에 근접하지 않아야 함
- 하천개수계획을 실시함에 따라 취수에 지장이 생기지 않아야 함
- 기후변화에 대비 갈수 시와 비상시 인근의 취수시설의 연계 이용 가능성을 파악

11

활성슬러지법 운영 시 발생하는 현상 중 하나인 핀 플록(Pin floc) 현상의 원인 및 대책을 2가지씩 기술하시오.

- 원인
  - 유기물 부하가 매우 낮을 때
  - SRT가 길 때
- 대책
  - F/M비를 높임
  - SRT를 줄임
  - 폭기량을 줄임

필답형 기출문제

2005 * 2

01

직경이 450mm, 하수관의 경사가 1%로 매설되어 있는 원형관의 만류 시 유량(m³/sec)을 계산하시오. (단, Manning 공식 이용, n = 0.015)

빈출체크 13년 1회

[식] $V = \dfrac{1}{n} \cdot I^{1/2} \cdot R^{2/3}$

[풀이]

① $R = \dfrac{D}{4}$ (절반 채워진 원형 관)

② $V = \dfrac{1}{n} \cdot I^{1/2} \cdot \left(\dfrac{D}{4}\right)^{2/3}$

$= \dfrac{1}{0.015} \times 0.01^{1/2} \times \left(\dfrac{0.45}{4}\right)^{2/3} = 1.5536 \text{m/sec}$

③ $Q = A \cdot V = \dfrac{\pi \times 0.45^2}{4} \times 1.5536 = 0.2471 \text{m}^3/\text{sec}$

[답] ∴ $Q = 0.25 \text{m}^3/\text{sec}$

02

평균 유량 7,570m³/day인 하수처리장의 1차 침전지를 설계하고자 한다. 1차 침전지에 대한 권장 설계기준은 다음과 같으며 원주 위어의 최대 위어 월류 부하가 적절한가에 대하여 판단하고 그 근거를 설명하시오. (단, 원형침전지 기준)

[설계기준]
- 최대 월류율 : 89.6m³/day · m²
- 평균 월류율 : 36.7m³/day · m²
- 최소 수면깊이 : 3m
- 최대 위어 월류 부하 : 389m³/day · m
- 최대 유량/평균 유량 : 2.75

빈출체크 15년 3회 | 19년 1회 | 22년 1회

[식] 최대 위어 월류 부하 $= \dfrac{Q_{max}}{\pi D}$

[풀이]

① 평균 월류율 표면적 $= \dfrac{\text{day} \cdot \text{m}^2}{36.7 \text{m}^3} \bigg| \dfrac{7,570 \text{m}^3}{\text{day}} = 206.2670 \text{m}^2$

② 최대 월류율 표면적 $= \dfrac{\text{day} \cdot \text{m}^2}{89.6 \text{m}^3} \bigg| \dfrac{7,570 \times 2.75 \text{m}^3}{\text{day}}$

$= 232.3382 \text{m}^2$

③ 둘 중 큰 면적인 232.3382m²을 기준으로 함

④ $D = \sqrt{\dfrac{4A}{\pi}} = \sqrt{\dfrac{4 \times 232.3382}{\pi}} = 17.1995 \text{m}$

⑤ 최대 위어 월류 부하 $= \dfrac{7,570 \times 2.75 \text{m}^3}{\text{day}} \bigg| \dfrac{1}{\pi \times 17.1995 \text{m}}$

$= 385.2679 \text{m}^3/\text{m} \cdot \text{day}$

[답] ∴ 최대 위어 월류 부하의 권장기준보다 낮아 적절함

03

유량은 200m³/day, SS농도는 300mg/L인 폐수를 공기부상실험에서 최적 A/S비는 0.05mgAir/mg Solid, 실험온도는 20℃, 이 온도에서 공기의 용해도는 18.7mL/L, 공기의 포화분율은 0.6, 표면부하율은 8L/m²·min, 운전압력이 4atm일 때 반송률(%)을 계산하시오.

빈출 체크 12년 1회 | 17년 1회 | 21년 2회

[식] $A/S = \dfrac{1.3 \times S_a(f \cdot P - 1)}{SS} \times R$

[풀이] $R = \dfrac{A/S \cdot SS}{1.3 \times S_a(f \cdot P - 1)} = \dfrac{0.05 \times 300}{1.3 \times 18.7 \times (0.6 \times 4 - 1)}$

　　　$= 0.4407$

[답] ∴ 반송률 = 44.07%

04

오염물질을 응집침전을 이용하여 처리할 때 발생하는 슬러지양(m³/day)을 계산하시오.

[조건]
- Alum 주입량 : 200mg/L
- 슬러지 함수율 : 96%
- 폐수량 : 2,500m³/day
- 슬러지 비중 : 1.04
- SS농도 : 250mg/L
- Al : 27, S : 32, Ca : 40
- SS 제거율 : 85%
- $Al_2(SO_4)_3 \cdot 14H_2O$ 분자량 : 594

〈반응식〉
$Al_2(SO_4)_3 \cdot 14H_2O + 3Ca(OH)_2 \rightarrow 2Al(OH)_3 + 3CaSO_4 + 14H_2O$

[풀이]
① SS 제거량 $= \dfrac{250\text{mg}}{L} \Big| \dfrac{2{,}500\text{m}^3}{\text{day}} \Big| \dfrac{85}{100} \Big| \dfrac{10^3 L}{\text{m}^3} \Big| \dfrac{\text{kg}}{10^6 \text{mg}}$

　　　$= 531.25\text{kg/day}$

② $Al_2(SO_4)_3 \cdot 14H_2O$ 주입량

　$= \dfrac{200\text{mg}}{L} \Big| \dfrac{2{,}500\text{m}^3}{\text{day}} \Big| \dfrac{10^3 L}{\text{m}^3} \Big| \dfrac{\text{kg}}{10^6 \text{mg}} = 500\text{kg/day}$

③ 침전량

　〈반응비〉 $Al_2(SO_4)_3 \cdot 14H_2O$: $2Al(OH)_3$
　　　　　　594　　　　　　 : 2×78
　　　　　　500kg/day　　　 : X

　$X = \dfrac{2 \times 78 \times 500}{594} = 131.3131\text{kg/day}$

④ 발생 슬러지양 $= \dfrac{(531.25 + 131.3131)\text{kg}}{\text{day}} \Big| \dfrac{\text{m}^3}{1{,}040\text{kg}} \Big| \dfrac{100_{SL}}{4_{TS}}$

　　　$= 15.9270\text{m}^3/\text{day}$

[답] ∴ 발생 슬러지양 = 15.93m³/day

05

호수의 부영양화 정도를 나타내는 TSI의 대표적 수질인자 3가지를 서술하시오.

투명도, 클로로필-a, 총인

06

수격작용(Water hammer) 현상이 일어나는 원인 및 방지대책에 대하여 각각 2가지씩 기술하시오.

가. 원인
나. 방지대책

빈출체크 17년 1회 | 21년 2회 | 21년 3회

가. 원인
- 정전 등으로 인하여 순간적 정지 및 가동할 때
- 배관에 급격한 굴곡이 존재할 때
- 배관의 밸브가 급격하게 개폐될 때

나. 방지대책
- 펌프에 Fly wheel을 붙여 펌프의 관성을 증가시킴
- 펌프 토출구 부근에 공기탱크를 두거나 부압 발생지점에 흡기밸브를 설치하여 압력 강하 시 공기를 주입
- 관 내 유속을 낮추거나 관거상황을 변경
- 토출측 관로에 한 방향 조압수조를 설치

07

Stokes law 침강속도 식을 유도하시오.

중력: $F_g = m \cdot a = \rho_p \cdot V \cdot g = \rho_p \times \dfrac{\pi d_p^3}{6} \times g$

부력: $F_b = m \cdot a = \rho \cdot V \cdot g = \rho \times \dfrac{\pi d_p^3}{6} \times g$

항력: $F_d = 3\pi \cdot \mu \cdot d_p \cdot V_g$

① 중력(F_g) − 부력(F_b) = 항력(F_d)
↓
② $\rho_p \times \dfrac{\pi d_p^3}{6} \times g - \rho \times \dfrac{\pi d_p^3}{6} \times g = 3\pi \mu d_p V_g$

↓ 공통 인자들로 묶기

③ $\dfrac{\pi d_p^3}{6} \times g(\rho_p - \rho) = 3\pi \mu d_p V_g$

↓ V_g만 놔두고 전부 이항

∴ $V_g = \dfrac{d_p^2(\rho_p - \rho)g}{18\mu}$

08

탈질산화세균은 에너지원 및 세포합성을 위한 탄소원으로서 유기물질을 필요로 하는데 유기물질을 얻을 수 있는 방법, 형태 3가지를 적으시오.

빈출체크 14년 3회 | 20년 3회

- 메탄올, 에탄올 등과 같은 외부탄소원을 공급
- 하수처리장으로 유입되는 하수 내부의 유기물질
- 미생물의 내생호흡조건에서 발생하는 내생탄소원

09

이온크로마토그래피법에서 서프레서의 역할 2가지를 적으시오.

 16년 3회 | 20년 1회

- 분리칼럼으로부터 용리된 각 성분이 검출기에 들어가기 전에 용리액 자체의 전도도를 감소
- 목적성분의 전도도를 증가시켜 높은 감도로 음이온을 분석하기 위함
- 시료 중 바탕값에 영향을 주는 짝이온 제거

10

수정 Bardenpho 공정의 각 반응조 이름과 역할을 쓰시오.
(단, 내부반송·유기물 제거는 생략)

2차 유입수 → ① → ② → ③ → ④ → ⑤ → 침전조 → 유출

 10년 1회 | 14년 1회 | 18년 1회 | 20년 3회 | 20년 4·5회

① 혐기조 : 인의 방출
② 무산소조 : 유입수 및 호기조에서 내부 반송된 반송수 중의 질산성질소 제거
③ 호기조 : 유입수 내 잔류 유기물 제거 및 질산화, 인의 과잉 섭취
④ 무산소조 : 내생탈질과정을 통하여 잔류질산성질소 제거
⑤ 호기조 : 암모니아성 질소 산화 및 인의 재방출 방지

필답형 기출문제   2005 * 3

01

관에 1.2m³/min의 물이 흐를 때 생기는 마찰수두손실이 10m가 되려면 관의 길이는 몇 m가 되어야 하는지 계산하시오. (단, 내경은 10cm, 마찰손실계수는 0.015)

빈출 체크 08년 3회 | 11년 3회 | 15년 1회 | 18년 1회 | 20년 4·5회

[식] $h = f \times \dfrac{L}{D} \times \dfrac{V^2}{2g}$

[풀이]

① $V = \dfrac{Q}{A} = \dfrac{1.2\text{m}^3}{\text{min}} \Big| \dfrac{4}{\pi(0.1\text{m})^2} \Big| \dfrac{\text{min}}{60\text{sec}} = 2.5465\text{m/sec}$

② $L = \dfrac{h \cdot D \cdot 2g}{f \cdot V^2} = \dfrac{10 \times 0.1 \times 2 \times 9.8}{0.015 \times 2.5465^2} = 201.5011\text{m}$

[답] ∴ 관의 길이 = 201.50m

02

하수처리장의 처리 용량이 10,000m³/day, 포기조 용량은 2,500m³, 포기조 내의 MLVSS 농도는 3,000mg/L이며 이 처리장에서는 매일 50m³의 슬러지를 폐기하며, 폐기하는 슬러지의 MLVSS 농도는 15,000mg/L, 처리된 유출수의 VSS농도는 20mg/L라면 미생물 평균 체류시간(θ_c, day)은?

빈출 체크 10년 3회 | 19년 2회

[식] $\text{SRT} = \dfrac{V \cdot X}{X_r \cdot Q_w + X_e(Q - Q_w)}$

[풀이] $\text{SRT} = \dfrac{2,500 \times 3,000}{15,000 \times 50 + 20 \times (10,000 - 50)}$

$= 7.9031\text{day}$

[답] ∴ SRT = 7.90day

03

$C_5H_7O_2N$을 BOD로 환산할 때 사용하는 1.42라는 계수를 유도하시오. (단, 내생호흡 기준)

빈출 체크 09년 2회 | 10년 3회 | 12년 2회

[풀이] $C_5H_7O_2N + 5O_2 \rightarrow 5CO_2 + 2H_2O + NH_3$

113   : 5×32

1   : X

$X = \dfrac{5 \times 32 \times 1}{113} = 1.4159 \text{BOD}_u/\text{미생물}$

[답] ∴ 환산 계수 = 1.42 BOD_u/미생물

04

인구 6,000명인 마을에 처리장을 설치하려고 한다. 유입 유량은 380L/인·day, 유입 BOD_5는 225mg/L이다. 처리장은 BOD_5 제거율은 90%, 생성계수 Y_b는 0.65gMLVSS/산화 BOD_5, 내생호흡 계수는 0.06/day, 총 고형물 중 생물학적 분해 가능한 분율은 0.8, MLVSS는 MLSS의 50%일 때 반응조의 부피(m^3)와 MLSS의 농도(mg/L)를 구하시오. (단, 순슬러지 생산량은 0, 체류시간은 1일, 반송비는 1)

10년 3회 | 13년 1회 | 15년 2회 | 22년 2회

[식] $Q_w \cdot X_w = Y \cdot BOD \cdot Q \cdot \eta - V \cdot k_d \cdot X$

[풀이]

① $Q = \dfrac{380L}{인 \cdot day} \left| \dfrac{6,000인}{} \right| \dfrac{m^3}{10^3 L} = 2,280 m^3/day$

② $V = Q \cdot t = (2,280 m^3/day \times 2) \times 1 day = 4,560 m^3$

※ 반응조 부피는 반송비를 고려한 유량을 이용

③ 슬러지 생산량은 0이므로 $Q_w \cdot X_w = 0$

$Y \cdot BOD \cdot Q \cdot \eta = V \cdot k_d \cdot X$

$X = \dfrac{Y \cdot BOD \cdot Q \cdot \eta}{V \cdot k_d}$

$= \dfrac{0.65 gMLVSS}{gBOD_5} \left| \dfrac{225 mg}{L} \right| \dfrac{2,280 m^3}{day} \left| \dfrac{1}{4,560 m^3} \right|$

$\left| \dfrac{0.9}{0.06} \right| = 1,096.875 mg/L$

④ $MLSS = \dfrac{1,096.875 mg}{L} \left| \dfrac{1}{0.8} \right| \dfrac{100}{50} = 2,742.19 mg/L$

[답] ∴ 반응조의 부피 = 4,560 m^3
MLSS = 2,742.19 mg/L

05

R.O Process와 Electrodialysis의 기본원리를 서술하시오.

가. R.O

나. Electrodialysis

11년 1회 | 13년 3회 | 16년 3회 | 22년 1회

가. R.O
- 원리 : 농도가 다른 두 용액 사이에 반투막이 있는 경우 일반적으로 삼투압의 차이 때문에 농도가 묽은 용액에서 진한 용액으로 이동한다. 이때 농도가 진한 용액의 상부에 높은 압력을 가해주면 농도가 진한 용액에서 농도가 묽은 용액으로 이동하는 현상

나. Electrodialysis
- 원리 : 이온교환막과 전기투석조의 양단에서 공급되는 직류전류를 구동력으로 하여 전리되어 있는 이온성 물질을 양이온교환막과 음이온교환막을 이용하여 분리하는 막 분리 공정

06

정수시설에서 불화물 침전제로 사용되는 화학약품을 2가지 쓰고 상태(고체, 액체, 기체)도 적으시오.

 15년 2회 | 21년 2회

- $Ca(OH)_2$ - 고체
- Al_2O_3 - 고체
- 골탄 - 고체

07

$10,000m^3/day$인 평균 유량이 1차 침전지에 유입될 때 권장 설계 기준은 최대표면부하율은 $80m^3/m^2 \cdot day$, 평균표면부하율은 $30m^3/m^2 \cdot day$, 최대 유량/평균 유량은 2.8이라면 침전조의 직경을 구하시오. (단, 표준규격 직경은 10m, 15m, 20m, 25m, 30m, 35m)

 18년 2회 | 21년 3회

[식] $A = \dfrac{Q}{V_0}$

[풀이]

① 평균면적 $= \dfrac{10,000m^3}{day} | \dfrac{m^2 \cdot day}{30m^3} = 333.3333m^2$

② 최대면적 $= \dfrac{10,000 \times 2.8 m^3}{day} | \dfrac{m^2 \cdot day}{80m^3} = 350m^2$

③ $D = \sqrt{\dfrac{4A}{\pi}} = \sqrt{\dfrac{4 \times 350}{\pi}} = 21.1100m$

[답] ∴ 직경이 21.1100m이므로 25m의 규격을 선택

08

고도처리 공법의 공법명과 각 공정의 역할(유기물제거 제외)을 서술하시오.

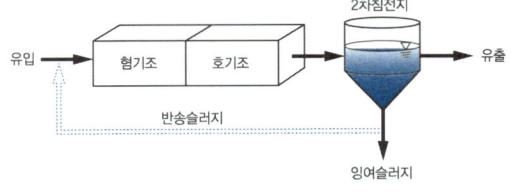

가. 공법명
나. 혐기조 역할
다. 호기조 역할

 08년 2회 | 15년 3회 | 22년 1회

가. A/O 공법
나. 유기물 제거 및 인 방출
다. 인의 과잉 섭취

09

처리장의 용존산소는 2.8mg/L, 산소소비율이 0.835mg/L·min인 경우 산소전달계수(hr^{-1})를 구하시오. (단, 20℃ 포화용존산소농도 : 8.7mg/L 소수점 첫 번째 자리까지)

빈출체크 19년 2회

[식] $K_{La} = \dfrac{\gamma}{(C_s - C)}$

[풀이] $K_{La} = \dfrac{0.835\,\text{mg}}{\text{L}\cdot\text{min}} \Big| \dfrac{\text{L}}{(8.7-2.8)\,\text{mg}} \Big| \dfrac{60\,\text{min}}{\text{hr}}$
$= 8.4915\,hr^{-1}$

[답] ∴ $K_{La} = 8.5\,hr^{-1}$

10

$CH_3CH(NH_2)COOOH$ 1mol이 호기성 분해할 때의 이론적 산소요구량(g/mol)을 계산하시오. (단, 질소는 HNO_3로 분해)

[풀이]
$CH_3CH(NH_2)COOOH + 4.5O_2 \rightarrow 3CO_2 + HNO_3 + 3H_2O$
  1mol   :4.5×32g

[답] ∴ ThOD = 144g/mol

필답형 기출문제 2006 * 1

01

수직고도 30m 위에 있는 곳으로 관의 직경은 20cm, 총 연장은 200m의 배수관을 통해 유량 0.1m³/sec의 물을 양수하고자 한다. 다음을 구하시오.

가. 관로의 마찰손실수두를 고려할 때 펌프의 총 양정(m)
(단, $f = 0.03$)

나. 70%의 효율을 갖는 펌프의 소요동력(kW)
(단, 물의 밀도는 1g/cm³)

빈출체크 07년 1회 | 09년 2회 | 11년 1회 | 13년 2회 | 16년 1회 | 22년 2회

가. 펌프의 총 양정

[식] $H = h + f \times \dfrac{L}{D} \times \dfrac{V^2}{2g} + \dfrac{V^2}{2g}$

[풀이]

① $V = \dfrac{Q}{A} = \dfrac{0.1\text{m}^3}{\text{sec}} \left| \dfrac{4}{\pi \times (0.2\text{m})^2} \right. = 3.1831\text{m/sec}$

② $H = 30 + 0.03 \times \dfrac{200}{0.2} \times \dfrac{(3.1831)^2}{2 \times 9.8} + \dfrac{(3.1831)^2}{2 \times 9.8}$
    $= 46.0253\text{m}$

[답] ∴ 펌프의 총 양정 = 46.03m

나. 펌프의 소요동력

[식] $P = \dfrac{\rho \cdot g \cdot Q \cdot H}{\eta}$

[풀이]

① $P = \dfrac{1{,}000\text{kg}}{\text{m}^3} \left| \dfrac{9.8\text{m}}{\text{sec}^2} \right| \dfrac{0.1\text{m}^3}{\text{sec}} \left| \dfrac{46.03\text{m}}{0.7} \right.$
    $= 64{,}442\text{W}(\text{kg} \cdot \text{m}^2/\text{sec}^3)$

② $P = \dfrac{64{,}442\text{W}}{} \left| \dfrac{\text{kW}}{10^3 \text{W}} \right. = 64.442\text{kW}$

[답] ∴ 펌프의 소요동력 = 64.44kW

02

공기 탈기법에서 pH를 높여야 하는 이유 및 수온이 낮으면 효율이 저하되는 이유를 서술하시오.

- pH를 높여야 하는 이유 : pH를 높여야 OH⁻의 양이 많아져 NH_3 가스로 제거되므로
- 수온이 낮으면 효율이 저하되는 이유 : 수온이 낮으면 기체의 용해도가 높아지므로 NH_3 가스로 제거하기가 힘들어짐

03

수중에 NH_4^+와 NH_3가 평형상태에 있을 때 pH = 11, 25℃에서 NH_3 비율(%)을 계산하시오. (단, $k_b = 1.8 \times 10^{-5}$, $NH_3 + H_2O \leftrightarrow NH_4^+ + OH^-$)

11년 2회 | 14년 3회

[식]

① $NH_3 + H_2O \rightleftharpoons NH_4^+ + OH^-$, $k_b = \dfrac{[NH_4^+][OH^-]}{[NH_3]}$

② $NH_3(\%) = \dfrac{NH_3}{NH_3 + NH_4^+} \times 100$

③ 위의 두 식을 연립하면 $NH_3(\%) = \dfrac{1}{1 + \dfrac{k_b}{[OH^-]}} \times 100$

④ $[OH^-] = 10^{-(14-pH)} M$

[풀이]

① $[OH^-] = 10^{-(14-11)} = 10^{-3} M$

② $NH_3(\%) = \dfrac{1}{1 + \dfrac{1.8 \times 10^{-5}}{10^{-3}}} \times 100 = 98.2318\%$

[답] ∴ $NH_3(\%) = 98.23\%$

04

CFSTR에서 95%의 효율로 처리하고자 한다. 이 물질은 0.5차 반응, 속도상수는 $0.05(mg/L)^{1/2}/hr$이다. 또한 유입유량은 300L/hr, 유입농도는 150mg/L이라면 필요한 CFSTR의 부피(m^3)는 얼마인가? (단, 반응은 정상상태)

08년 2회 | 09년 2회 | 10년 2회 | 12년 1회 | 15년 3회 | 16년 1회

[식] $V = \dfrac{Q \cdot (C_o - C_t)}{k \cdot C_t^n}$

[풀이]

① $C_t = C_o(1-\eta) = 150 \times (1-0.95) = 7.5 mg/L$

② $V = \dfrac{300L}{hr} \Big| \dfrac{(150-7.5)mg}{L} \Big| \dfrac{hr}{0.05(mg/L)^{0.5}}$

$\Big| \left(\dfrac{L}{7.5mg}\right)^{0.5} \Big| \dfrac{m^3}{10^3 L}$

$= 312.2019 m^3$

[답] ∴ CFSTR 부피 = $312.20 m^3$

05

A/O process와 Phostrip process의 처리방법을 서술하시오.
(단, 주요 반응조별 역할포함)

13년 2회 | 20년 2회

가. A/O : 오로지 인만 처리 가능하며 혐기조에서는 유기물 제거 및 인의 방출, 호기조에서는 인의 과잉섭취가 일어남

나. Phostrip : 생물학적, 화학적 처리방법을 조합한 것으로 반송 슬러지의 일부를 혐기성 상태인 탈인조로 유입시켜 혐기성 상태에서 인을 방출 및 분리한 후 상등액으로부터 과량 함유된 인을 화학 침전·제거시키는 방법으로 호기조에서는 인의 과잉섭취, 화학처리조에서는 인의 응집침전, 탈인조 슬러지에서는 슬러지를 반송하여 인의 과잉 흡수를 유도

06

폐수의 살균을 위한 염소 접촉조를 설계하고자 할 때 접촉조의 소요 길이(m)를 계산하시오.

[조건]
- 유입 유량 : 2.0m³/sec
- $\frac{dN}{dt} = -K \cdot N \cdot t$
- 접촉조 폭 : 2m
- 접촉조 수심 : 2m
- 살균반응속도상수 : 0.1/min² (밑수 e)
- 살균 효율 : 95%
- PFR이라 가정

17년 2회

[식] $V = W \cdot L \cdot H$

[풀이]

① $\frac{dN}{dt} = -K \cdot N \cdot t$

② $\frac{1}{N}dN = -K \cdot t \, dt$

③ $\int_{N_o}^{N_t} \frac{1}{N} dN = -K \int_0^T t \, dt$

④ $\ln \frac{N_t}{N_o} = -\frac{K \cdot T^2}{2}$

⑤ $T = \sqrt{\frac{\ln \frac{N_t}{N_o} \times 2}{-K}} = \sqrt{\frac{\ln \frac{5}{100} \times 2}{-0.1}} = 7.7405 \min$

⑥ $V = Q \cdot t = \frac{2.0 m^3}{sec} \left| \frac{7.7405 \min}{} \right| \frac{60 sec}{\min} = 928.86 m^3$

⑦ $L = \frac{V}{W \cdot H} = \frac{928.86}{2 \times 2} = 232.215 m$

[답] ∴ 접촉조 길이 = 232.22m

07

하천의 어느 지점 DO 농도가 5.0mg/L, 탈산소 계수는 0.1day⁻¹, 재포기계수는 0.2day⁻¹, BOD$_u$는 10mg/L일 때 36시간 흐른 뒤의 하류에서의 DO 농도(mg/L)를 계산하시오. (단, 포화 용존산소농도는 9.0mg/L, 소수점 첫 번째 자리까지 구하시오. base 10)

08년 1회 | 08년 3회 | 12년 1회 | 17년 3회 | 21년 1회

[식] $D_t = \frac{k_1}{k_2 - k_1} L_o (10^{-k_1 \cdot t} - 10^{-k_2 \cdot t}) + D_o \times 10^{-k_2 \cdot t}$

[풀이]

① $t = \frac{36 hr}{} \left| \frac{day}{24 hr} \right. = 1.5 day$

② $D_o = D_s - D = 9 - 5 = 4 mg/L$

③ $D_t = \frac{0.1}{0.2 - 0.1} \times 10 \times (10^{-0.1 \times 1.5} - 10^{-0.2 \times 1.5})$
$\quad + 4 \times 10^{-0.2 \times 1.5}$
$= 4.0723 mg/L$

④ $DO = 9 - 4.0723 = 4.9277 mg/L$

[답] ∴ 하류에서의 DO 농도 = 4.9mg/L

08

Fenton 산화법의 목적, 시약, 최적 pH를 기술하시오.

20년 4·5회

- 목적 : 생물학적 분해 불가능한 고분자 물질을 생물학적 분해 가능한 저분자 물질로 전환
- 시약 : H_2O_2, 철염
- 최적 pH : 3 ~ 5

09

혐기성 조건에서 Glucose가 분해될 때 최종 BOD 1kg당 발생 가능한 메탄가스의 부피는 30℃에서 몇 m³인지 계산하시오.

빈출체크 09년 2회 | 09년 3회 | 11년 3회 | 14년 2회 | 20년 4·5회

[풀이]

① $C_6H_{12}O_6 + 6O_2 \rightarrow 6CO_2 + 6H_2O$
   180 : 6×32
   X : 1kg

$$X = \frac{180 \times 1}{6 \times 32} = 0.9375 \text{kg}$$

② $C_6H_{12}O_6 \rightarrow 3CH_4 + 3CO_2$
   180kg : 3×22.4Sm³
   0.9375kg : Y

$$Y = \frac{3 \times 22.4 \times 0.9375}{180} = 0.35 \text{Sm}^3$$

③ 온도 보정

$$\frac{0.35 \text{Sm}^3}{} \bigg| \frac{273+30}{273} = 0.3885 \text{m}^3$$

[답] ∴ 메탄가스의 부피 = 0.39m³

10

0.1M NaOH(100mL)를 2M H₂SO₄로 중화적정 시 소비되는 황산의 양(mL)을 계산하시오.

빈출체크 14년 2회 | 21년 2회

[식] $N \cdot V = N' \cdot V'$

[풀이]

① NaOH 노르말 농도 = $\frac{0.1 \text{mol}}{L} \bigg| \frac{40 \text{g}}{\text{mol}} \bigg| \frac{\text{eq}}{(40/1) \text{g}} = 0.1 \text{eq/L}$

② H₂SO₄ 노르말 농도 = $\frac{2 \text{mol}}{L} \bigg| \frac{98 \text{g}}{\text{mol}} \bigg| \frac{\text{eq}}{(98/2) \text{g}} = 4 \text{eq/L}$

③ $0.1 \times 100 = 4 \times X$, $X = 2.5 \text{mL}$

[답] ∴ 황산 소비량 = 2.5mL

11

폭은 12m, 수심은 3.7m, 유속은 0.05m/sec, 동점성 계수(ν)는 1.31×10^{-6} m²/sec일 때 레이놀드 수를 구하시오.

빈출체크 10년 2회 | 16년 2회 | 21년 1회

[식] $Re = \frac{V \cdot D}{\nu}$

[풀이]

① $R = \frac{A}{S} = \frac{3.7 \times 12}{3.7 \times 2 + 12} = 2.2887 \text{m}$

② $D = 4R = 4 \times 2.2887 = 9.1548 \text{m}$

③ $Re = \frac{0.05 \text{m}}{\text{sec}} \bigg| \frac{9.1548 \text{m}}{} \bigg| \frac{\text{sec}}{1.31 \times 10^{-6} \text{m}^2}$
   $= 349,419.8473$

[답] ∴ $Re = 349,419.85$

필답형 기출문제 2006 * 2

01

어느 폐수는 유량 300m³/day, BOD 2,000mg/L이며 N과 P는 존재하지 않는다. 활성슬러지법으로 처리하기 위해 요구되는 황산암모늄과 인산의 소요량(kg/day)은 각각 얼마인가?
(단, BOD : N : P = 100 : 5 : 1)

가. 황산암모늄의 소요량(kg/day)
나. 인산의 소요량(kg/day)

빈출체크 05년 1회 | 14년 3회 | 23년 3회

가. 황산암모늄의 소요량
[풀이]
① $BOD = \dfrac{2,000mg}{L} \Big| \dfrac{300m^3}{day} \Big| \dfrac{10^3 L}{m^3} \Big| \dfrac{kg}{10^6 mg}$
$= 600 kg/day$
② 필요 질소의 양 $= 600 \times 0.05 = 30 kg/day$
③ $(NH_4)_2SO_4$: 2N
  132 : 2×14
  X : 30kg/day
$X = \dfrac{132 \times 30}{2 \times 14} = 141.4286 kg/day$
[답] ∴ 황산암모늄의 소요량 = 141.43kg/day

나. 인산의 소요량
[풀이]
① 필요 인의 양 $= 600 \times 0.01 = 6 kg/day$
② H_3PO_4 : P
  98 : 31
  X : 6kg/day
$X = \dfrac{98 \times 6}{31} = 18.9677 kg/day$
[답] ∴ 인산의 소요량 = 18.97kg/day

02

배양기의 제한기질농도(S)가 100mg/L, 세포최대비증식계수(μ_{max})가 0.35hr⁻¹일 때 Monod식에 의한 세포의 비증식계수(μ, hr⁻¹)는?
(단, 제한기질 반포화농도(K_s) = 30mg/L)

[식] $\mu = \mu_{max} \times \dfrac{S}{K_s + S}$
[풀이] $\mu = 0.35 \times \dfrac{100}{30 + 100} = 0.2692 hr^{-1}$
[답] ∴ $\mu = 0.27 hr^{-1}$

03

pH 3인 폐수를 배출하는 공장 A와 pH 8인 폐수를 배출하는 공장 B의 폐수가 합쳐졌을 때의 pH를 계산하시오. (단, 폐수 용량비 A : B = 2 : 5)

[식] $pH = \log \dfrac{1}{[H^+]}$

[풀이]

① $N_m = \dfrac{N_1 \cdot V_1 - N_2 \cdot V_2}{V_1 + V_2}$

$= \dfrac{10^{-3} \times 2 - 10^{-6} \times 5}{2 + 5} = 2.85 \times 10^{-4} N$

② $pH = \log \dfrac{1}{2.85 \times 10^{-4}} = 3.5452$

[답] ∴ pH = 3.55

04

유출수를 760m³/day의 유량으로 탈염하기 위하여 요구되는 막의 면적(m²)은?

[조건]
- 25℃ 물질전달계수 : 0.2068L/day · m² · kPa
- 유입, 유출수의 압력차 : 2,400kPa
- 유입, 유출수의 삼투압차 : 310kPa
- 최저운전온도 10℃, $A_{10℃} = 1.58 A_{25℃}$

15년 2회 | 18년 3회

[식] $A = \dfrac{Q}{K \cdot (P_1 - P_2)}$

[풀이]

① 25℃에서의 막 면적

$= \dfrac{760 m^3}{day} \Big| \dfrac{day \cdot m^2 \cdot kPa}{0.2068 L} \Big| \dfrac{1}{(2,400 - 310)kPa} \Big| \dfrac{10^3 L}{m^3}$

$= 1,758.3963 m^2$

② 10℃에서의 막 면적

$= 1.58 \times 1,758.3963 = 2,778.2662 m^2$

[답] ∴ 요구되는 막의 면적 = 2,778.27m²

05

수로의 폭이 1m 수로의 밑면으로부터 절단 하부점까지의 높이가 0.8m, 위어의 수두가 0.25m인 직각삼각위어의 유량(m³/hr)을 계산하시오.

$\left[단, 유량계수\ K = 81.2 + \dfrac{0.24}{H} + \left(8.4 + \dfrac{12}{\sqrt{D}}\right) \times \left(\dfrac{H}{B} - 0.09\right)^2 \right]$

11년 1회

[식] $Q = K \cdot h^{5/2}$

[풀이]

① $K = 81.2 + \dfrac{0.24}{0.25} + \left(8.4 + \dfrac{12}{\sqrt{0.8}}\right) \times \left(\dfrac{0.25}{1} - 0.09\right)^2$

$= 82.7185$

② $Q = 82.7185 \times 0.25^{5/2} = 2.5850 m^3/min$

$= \dfrac{2.5850 m^3}{min} \Big| \dfrac{60 min}{hr} = 155.1 m^3/hr$

[답] ∴ 직각삼각위어의 유량 = 155.1m³/hr

06

펌프의 특성곡선과 필요유효 흡입수두에 대해서 간략하게 서술하시오.

빈출체크 19년 2회

- 펌프의 특성곡선 : 펌프의 성능을 표시하는 수단으로 규정 회전수에서의 전양정, 펌프효율 등의 관계를 나타내어 펌프의 사용범위를 알 수 있다.
- 필요유효 흡입수두 : 공동현상을 발생시키지 않는 기준으로 펌프설계에 의해 결정된다.

07

활성슬러지법에 의한 하수처리장의 포기조에 대하여 다음 물음에 답하시오.

[조건]
- 유입 BOD_5 농도 : 250mg/L
- 유출 BOD_5 농도 : 20mg/L
- 유입 유량 : 0.25m³/sec
- BOD_5/BOD_u : 0.7
- 잉여슬러지양 : 1,700kg/day
- 공기밀도 : 1.2kg/m³
- 산소전달효율 : 0.08
- 안전율 : 2
- 공기 중 산소의 중량분율 : 0.23

$$O_2(kg/day) = \frac{Q \cdot (S_i - S_o) \cdot (10^3 g/kg)^{-1}}{f} - 1.42(P_x)$$

가. 산소의 필요량(kg/day)
나. 설계 시 공기의 필요량(m³/day)

빈출체크 09년 2회 | 16년 2회 | 20년 4·5회

가. 산소의 필요량

[식] $O_2 = \dfrac{Q \cdot (S_i - S_o) \cdot (10^3 g/kg)^{-1}}{f} - 1.42(P_x)$

[풀이] $O_2 = \dfrac{21,600 \times (250-20) \cdot (10^3 g/kg)^{-1}}{0.7}$
$\qquad - 1.42 \times 1,700 = 4,683.1429 kg/day$

[답] ∴ 산소의 필요량 = 4,683.14kg/day

나. 설계 시 공기의 필요량

[풀이] 설계 시 공기의 필요량
$= \dfrac{4,683.14 kg}{day} \Big| \dfrac{100_{Air}}{23_{O_2}} \Big| \dfrac{m^3}{1.2 kg} \Big| \dfrac{100}{8} \Big| \dfrac{2}{}$
$= 424,197.4638 m^3/day$

[답] ∴ 설계 시 공기의 필요량 = 424,197.46m³/day

08

하수처리 인구 5,000명인 처리장에서 유입폐수를 분석한 결과 1인 1일 발생하는 부유고형물과 BOD_5의 부하량은 각각 0.091kg, 0.077kg이었다. 이 처리장의 BOD_5 제거율은 95%, 1차 침전조에서 부유고형물의 65%, BOD_5의 33%를 제거한다. 1차 침전조 슬러지의 함수율은 96%, 비중은 1.01이며 2차 침전조 슬러지의 함수율은 95%, 비중은 1.02, 생성되는 생물학적 고형물의 양은 0.35kg/kg 제거 BOD_5일 때 발생하는 1·2차 침전조의 슬러지양(L/day)을 구하시오.

가. 1차 침전조 슬러지양(L/day)
나. 2차 침전조 슬러지양(L/day)

10년 3회

가. 1차 침전조 슬러지양

[식] 1차 침전조 슬러지양 $= \dfrac{\text{제거 SS량}}{\text{고형물 함량} \times \text{비중}}$

[풀이]
① 제거되는 SS양
$= \dfrac{0.091\text{kg}}{\text{인} \cdot \text{day}} \bigg| \dfrac{5,000\text{인}}{} \bigg| \dfrac{65}{100} = 295.75\text{kg/day}$

② 1차 침전조 슬러지양
$= \dfrac{295.75\text{kg}_{TS}}{\text{day}} \bigg| \dfrac{100_{SL}}{4_{TS}} \bigg| \dfrac{L}{1.01\text{kg}} = 7,320.5446\text{L/day}$

[답] ∴ 1차 침전조 슬러지양 = 7,320.54 L/day

나. 2차 침전조 슬러지양

[식] 2차 침전조 슬러지양 $= \dfrac{\text{제거 BOD}_5 \times \text{BOD}_5\text{당 TS}}{\text{고형물 함량} \times \text{비중}}$

[풀이]
① 2차 침전조 유입 BOD_5
$= \dfrac{0.077\text{kg}}{\text{인} \cdot \text{day}} \bigg| \dfrac{5,000\text{인}}{} \bigg| \dfrac{67}{100} = 257.95\text{kg/day}$

② 2차 침전조 유출 BOD_5
$= \dfrac{0.077\text{kg}}{\text{인} \cdot \text{day}} \bigg| \dfrac{5,000\text{인}}{} \bigg| \dfrac{5}{100} = 19.25\text{kg/day}$

③ 2차 침전조 슬러지양
$= \dfrac{(257.95-19.25)\text{kg}_{BOD_5}}{\text{day}} \bigg| \dfrac{0.35\text{kg}_{TS}}{\text{kg}_{BOD_5}} \bigg| \dfrac{100_{SL}}{5_{TS}} \bigg| \dfrac{L}{1.02\text{kg}}$
$= 1,638.1373\text{L/day}$

[답] ∴ 2차 침전조 슬러지양 = 1,638.14 L/day

09

다음은 활성슬러지 계통도이다. 물질수지식을 이용하여 반송비를 유도하시오.

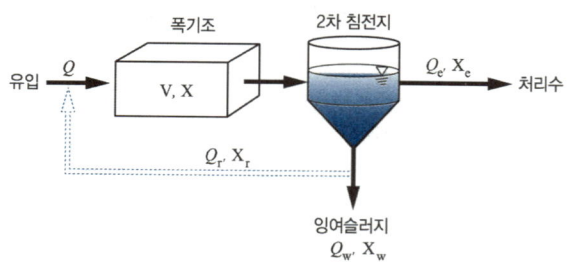

$X_i \cdot Q_i + X_r \cdot Q_r = X(Q_i + Q_r)$
$X_r \cdot Q_r - X \cdot Q_r = X \cdot Q_i - X_i \cdot Q_i$
$(X_r - X)Q_r = (X - X_i)Q_i$
$\dfrac{Q_r}{Q_i} = \dfrac{X - X_i}{X_r - X} = R$

10

저수량 $4 \times 10^5 m^3$의 저수지에 유해물질의 농도가 30mg/L에서 3mg/L로 변할 때까지 걸리는 시간(year)을 계산하시오.

[조건]
- 유해물질이 투입되기 전 저수지 내의 유해물질 농도는 0
- 저수지는 CFSTR로 가정
- 저수지가 완전 혼합되었다고 가정
- 저수지의 유역면적은 $10^5 m^2$
- 유역의 연평균 강우량은 1,200mm/yr
- 저수지의 유입, 유출량은 강우량에만 의존

빈출체크 14년 3회 | 18년 2회 | 20년 2회 | 23년 1회

[식] $V\dfrac{dC}{dt} = Q \cdot C_o - Q \cdot C_t - k \cdot C_t^n \cdot V$

[풀이]

① $Q = \dfrac{1,200mm}{yr} \Big| \dfrac{10^5 m^2}{} \Big| \dfrac{m}{10^3 mm} = 1.2 \times 10^5 m^3/yr$

② 유입농도와 반응 = 0

$\displaystyle\int_{C_o}^{C_t} \dfrac{1}{C} dC = -\dfrac{Q}{V} \int_0^t dt \;\to\; \ln\dfrac{C_t}{C_o} = -\dfrac{Q}{V} \times t$

③ $t = \dfrac{-\ln(3/30)}{(1.2 \times 10^5)/(4 \times 10^5)} = 7.6753\,yr$

[답] ∴ 걸리는 시간 = 7.68yr

11

Sidestream법을 적용한 공법명과 원리를 설명하고, 장점과 단점을 각각 1가지씩 기술하시오.

가. 공정
나. 원리
다. 장점
라. 단점

빈출체크 12년 1회 | 14년 2회

가. Phostrip 공법

나. 생물학적, 화학적 처리방법을 조합한 것으로 반송슬러지의 일부를 혐기성 상태인 탈인조로 유입시켜 혐기성 상태에서 인을 방출 및 분리한 후 상등액으로부터 과량 함유된 인을 화학 침전·제거시키는 방법

다. 장점
- 기존 활성슬러지 처리장에 쉽게 적용 가능
- 수온, 유입수질의 변동에 영향이 적음
- 인 제거 시 BOD/P비에 의하여 조절되지 않음

라. 단점
- Stripping을 위한 별도의 반응조 필요
- 석회 Scale의 방지대책 필요

필답형 기출문제 2006 * 3

01

1시간 접촉 후 유리잔류염소 0.5mg/L, 결합잔류염소 0.4mg/L을 만들기 위해 가해주어야 할 NaOCl의 1일 첨가량을 각각의 경우 계산하시오. (단, 유량 24,000m³/day, Na와 Cl의 원자량은 각각 23, 35.5)

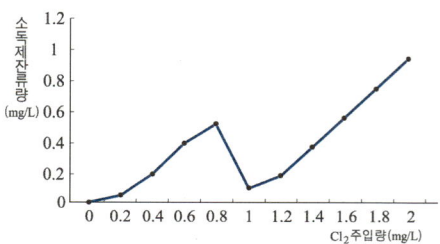

가. 유리잔류염소 0.5mg/L일 시
나. 결합잔류염소 0.4mg/L일 시

빈출 체크 09년 3회 | 13년 1회

가. 유리잔류염소 0.5mg/L일 때 첨가량
[풀이]
① 염소주입량 = $\dfrac{1.6\,mg}{L} \bigg| \dfrac{24{,}000\,m^3}{day} \bigg| \dfrac{10^3 L}{m^3} \bigg| \dfrac{kg}{10^6\,mg}$
= 38.4 kg/day

②   Cl₂   : NaOCl
      71   : 74.5
 38.4kg/day : X
$X = \dfrac{74.5 \times 38.4}{71} = 40.2930\,kg/day$

※ 결합잔류염소가 0.1mg/L 존재하므로 소독제 잔류량은 유리잔류염소 0.5mg/L을 더한 0.6mg/L로 계산한다.

[답] ∴ 첨가량 = 40.29 kg/day

나. 결합잔류염소 0.4mg/L일 때 첨가량
[풀이]
① 염소주입 = $\dfrac{0.6\,mg}{L} \bigg| \dfrac{24{,}000\,m^3}{day} \bigg| \dfrac{10^3 L}{m^3} \bigg| \dfrac{kg}{10^6\,mg}$
= 14.4 kg/day

②   Cl₂   : NaOCl
      71   : 74.5
 14.4kg/day : X
$X = \dfrac{74.5 \times 14.4}{71} = 15.1099\,kg/day$

[답] ∴ 첨가량 = 15.11 kg/day

02

활성슬러지공법에서 폐수처리 중 폭기시간을 감소시킬 경우 어떤 영향이 있는지 다음 물음에 답하시오. (증가, 감소)

가. F/M비
나. 폐슬러지양
다. BOD 제거율

가. 폭기시간과 반비례 관계이므로 증가한다.
나. 폭기시간이 줄어들면 제거율이 낮아져 폐슬러지양이 감소한다.
다. 제거율이 감소한다.

03

알칼리를 가해 Cd^{2+}을 $Cd(OH)_2$로 제거하고자 한다. $Cd(OH)_2$의 k_{sp}가 4×10^{-14}, pH = 11일 때 Cd^{2+}의 이론적 농도($\mu g/L$)는? (단, Cd 원자량 112.4)

빈출 체크 13년 3회

[풀이]

① $Cd(OH)_2 \rightarrow Cd^{2+} + 2OH^-$

$k_{sp} = [Cd^{2+}][OH^-]^2$

$[Cd^{2+}] = \dfrac{k_{sp}}{[OH^-]^2} = \dfrac{4 \times 10^{-14}}{(10^{-3})^2} = 4 \times 10^{-8} M$

② 카드뮴의 농도

$= \dfrac{4 \times 10^{-8} mol}{L} \bigg| \dfrac{112.4g}{mol} \bigg| \dfrac{10^6 \mu g}{g} = 4.496 \mu g/L$

[답] ∴ 카드뮴의 농도 = 4.50 $\mu g/L$

04

원형수로의 유속은 0.6m/sec, 관의 구배는 40‰, 조도계수가 0.013이라면 Manning 공식에 의한 수로의 직경(cm)을 계산하시오.

빈출 체크 12년 3회 | 22년 3회

[식] $V = \dfrac{1}{n} \cdot I^{1/2} \cdot R^{2/3}$

[풀이]

① $R = \dfrac{D}{4}$ (절반 채워진 원형 관)

② $V = \dfrac{1}{n} \cdot I^{1/2} \cdot \left(\dfrac{D}{4}\right)^{2/3}$ 의 식을 D에 대한 식으로 변경

③ $\left(\dfrac{D}{4}\right)^{2/3} = \dfrac{n \cdot V}{I^{1/2}}$, $D = 4 \cdot \left(\dfrac{n \cdot V}{I^{1/2}}\right)^{3/2}$

④ $D = 4 \times \left(\dfrac{0.013 \times 0.6}{0.04^{1/2}}\right)^{3/2} = 0.0308m$

$= \dfrac{0.0308m}{} \bigg| \dfrac{100cm}{m} = 3.08cm$

[답] ∴ D = 3.08cm

05

A공장의 폐수의 TKN 농도 70mg/L, NH_3^{-N} 농도 25mg/L, NO_2^{-N} 농도 2.5mg/L, NO_3^{-N} 농도 2mg/L이며, 폐수량이 14,000m^3/day라면 A공장의 폐수의 총 질소 부하량(kg/day)을 계산하시오.

빈출 체크 09년 1회 | 09년 3회

[풀이]

① 총 질소 = TKN + NO_3^{-N} + NO_2^{-N}

$= 70 + 2 + 2.5 = 74.5 mg/L$

② 총 질소 부하량 $= \dfrac{74.5mg}{L} \bigg| \dfrac{14,000m^3}{day} \bigg| \dfrac{10^3 L}{m^3} \bigg| \dfrac{kg}{10^6 mg}$

$= 1,043 kg/day$

[답] ∴ 총 질소 부하량 = 1,043 kg/day

06

슬러지 1L를 30분 동안 침강시킨 후의 부피(mL)를 구하시오.
(단, MLSS 3,000mg/L, SVI 100)

 16년 1회

[식] $SVI = \dfrac{SV_{30}(mL/L) \times 10^3}{MLSS(mg/L)}$

[풀이] $SV_{30}(mL/L) = \dfrac{MLSS(mg/L) \times SVI}{10^3}$

$= \dfrac{3,000 \times 100}{10^3} = 300 mL/L$

[답] ∴ 부피 = 300mL

07

COD가 820mg/L인 폐수를 처리하기 위하여 처리조를 설계하고자 한다. MLSS농도는 3,000mg/L, 유출수 COD 농도는 180mg/L, 1차 반응이다. MLVSS를 기준으로 한 속도상수는 20℃에서 0.532L/g·hr이며, MLSS의 70%가 MLVSS, 폐수 중 NBDCOD는 155mg/L일 때 반응시간(hr)을 계산하시오.

 12년 1회 | 23년 3회

[식] $\theta = \dfrac{S_i - S_o}{K \cdot S_o \cdot X}$

[풀이]
① $S_i = COD_i - NBDCOD = 820 - 155 = 665 mg/L$
② $S_o = COD_o - NBDCOD = 180 - 155 = 25 mg/L$
③ $X = MLSS \times 0.7 = 3,000 \times 0.7 = 2,100 mg/L$
④ $\theta = \dfrac{(665-25)mg}{L} \Big| \dfrac{g \cdot hr}{0.532L} \Big| \dfrac{L}{25mg} \Big| \dfrac{L}{2,100mg} \Big| \dfrac{10^3 mg}{g}$

$= 22.9144 hr$

[답] ∴ 반응시간 = 22.91hr

08

하천수의 기본적인 용존산소 모델식인 Streeter-phelps Model을 표현한 것이다. 빈칸에 알맞은 이름을 적으시오. (단, 단위포함)

$$D_t = \dfrac{k_1}{k_2 - k_1} L_o (10^{-k_1 t} - 10^{-k_2 t}) + D_o \times 10^{-k_2 t}$$

L_o : (①) D_o : (②) k_1 : (③) k_2 : (④)

 15년 1회 | 20년 2회 | 23년 2회

① 최종 BOD(BOD$_u$) : mg/L
② 초기 DO 부족농도 : mg/L
③ 탈산소계수 : day^{-1}
④ 재포기계수 : day^{-1}

09

소석회[$Ca(OH)_2$]를 이용하여 수중 인(PO_4^{3-}-P)을 제거하고자 한다. 주어진 조건을 이용하여 다음 물음에 답하시오.

[조건]
- 폐수용량 : 2,000m^3/day
- 폐수중 PO_4^{3-}-P 농도 : 10mg/L
- 화학침전 후 유출수의 PO_4^{3-}-P 농도 : 0.2mg/L
- 원자량 P : 31, Ca : 40

가. 제거되는 P의 양(kg/day)
나. 소요되는 $Ca(OH)_2$의 양(kg/day)
다. 침전 슬러지[$Ca_5(PO_4)_3(OH)$]의 함수율은 95%, 비중 1.2일 때 발생하는 침전 슬러지양(m^3/day)은?

빈출체크 13년 1회 | 18년 1회

가. P 제거량

[풀이] P 제거량 $= \dfrac{(10-0.2)\text{mg}}{\text{L}} \Big| \dfrac{2{,}000\text{m}^3}{\text{day}} \Big| \dfrac{10^3\text{L}}{\text{m}^3}$

$\Big| \dfrac{\text{kg}}{10^6\text{mg}} = 19.6\text{kg/day}$

[답] ∴ P 제거량 = 19.6kg/day

나. 소요 $Ca(OH)_2$의 양

[풀이] $5Ca(OH)_2$: $3PO_4^{3-}$- P
  5×74 : 3×31
  X : 19.6kg/day

$X = \dfrac{5 \times 74 \times 19.6}{3 \times 31} = 77.9785\text{kg/day}$

[답] ∴ 소요 $Ca(OH)_2$의 양 = 77.98kg/day

다. 침전 슬러지양

[풀이]
① $Ca_5(PO_4)_3(OH)$: 3P
  502 : 3×31
  X : 19.6kg/day

$X = \dfrac{502 \times 19.6}{3 \times 31} = 105.7978\text{kg/day}$

② 슬러지 $= \dfrac{105.7978\text{kg}_{TS}}{\text{day}} \Big| \dfrac{100_{SL}}{5_{TS}} \Big| \dfrac{\text{m}^3}{1{,}200\text{kg}}$

$= 1.7633\text{m}^3/\text{day}$

[답] ∴ 침전 슬러지양 = 1.76m^3/day

10

5단계 bardenpho 공정에 대한 공정도를 그리고 호기조 반응조의 주된 역할 2가지에 대해 간단히 서술하시오.

가. 공정도(반응조 명칭, 내부반송, 슬러지 반송표시)
나. 호기조의 주된 역할 2가지(단, 유기물 제거는 정답에서 제외)

빈출체크 07년 1회 | 07년 2회 | 08년 1회 | 12년 2회 | 15년 2회
16년 3회 | 18년 2회 | 20년 3회

가. 공정도

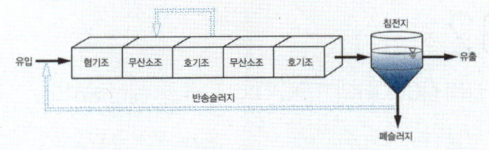

나. 인의 과잉 섭취 및 질산화

필답형 기출문제   2007 * 1

01

메탄의 최대 수율(혐기성)은 COD 1kg 제거당 0.35m³의 CH₄의 발생을 증명하라. 또한 유량이 675m³/day, COD는 3,000mg/L, 제거효율이 80%일 경우 다음 물음에 답하시오.

가. 메탄 생성 수율의 증명
나. CH₄의 발생량(m³/day)

빈출체크 05년 1회 | 07년 3회 | 09년 1회 | 10년 2회 | 12년 2회 | 14년 3회 | 16년 1회 | 22년 1회

가. 메탄 생성 수율의 증명

① $C_6H_{12}O_6 + 6O_2 \rightarrow 6CO_2 + 6H_2O$
   180 : 6×32
   X   : 1kg

$X = \dfrac{180 \times 1}{6 \times 32} = 0.9375 \text{kg}$

② $C_6H_{12}O_6 \rightarrow 3CH_4 + 3CO_2$
   180kg : 3×22.4m³
   0.9375kg : Y

$Y = \dfrac{3 \times 22.4 \times 0.9375}{180} = 0.35 \text{m}^3$

나. CH₄ 발생량

[식] CH₄ 발생량 = 메탄 생성 수율 × COD 제거량
[풀이]
① COD 제거량

$= \dfrac{675 \text{m}^3}{\text{day}} \bigg| \dfrac{3,000 \text{mg}}{\text{L}} \bigg| \dfrac{0.8}{} \bigg| \dfrac{10^3 \text{L}}{\text{m}^3} \bigg| \dfrac{\text{kg}}{10^6 \text{mg}}$

$= 1,620 \text{kg/day}$

② CH₄ 발생량 $= \dfrac{0.35 \text{m}^3}{\text{kg}} \bigg| \dfrac{1,620 \text{kg}}{\text{day}} = 567 \text{m}^3/\text{day}$

[답] ∴ CH₄ 발생량 $= 567 \text{m}^3/\text{day}$

02

$CH_2(NH_2)COOH$의 TOC/ThOD 비를 계산하시오.

[풀이]
① 〈식〉
  $CH_2(NH_2)COOH + 1.5O_2 \rightarrow 2CO_2 + NH_3 + H_2O$

② $TOC/ThOD = \dfrac{2 \times 12}{1.5 \times 32} = 0.5$

[답] ∴ TOC/ThOD = 0.5

03

폭이 2.5m, 경사가 0.09m/m, 수심이 1.2m인 장방형 콘크리트 개수로를 통해 방류되는 폐수의 유량(m^3/sec)을 Manning 공식을 이용하여 계산하시오. (단, n = 0.014)

 12년 1회

[식] $V = \frac{1}{n} \cdot I^{1/2} \cdot R^{2/3}$, $Q = A \cdot V$

[풀이]

① $R = \frac{HW}{2H+W} = \frac{1.2 \times 2.5}{2 \times 1.2 + 2.5} = 0.6122m$

② $V = \frac{1}{0.014} \times (0.09)^{1/2} \times (0.6122)^{2/3} = 15.4498 m/sec$

③ $Q = (1.2 \times 2.5)m^2 | \frac{15.4498m}{sec} = 46.3494 m^3/sec$

[답] ∴ 폐수의 유량 = 46.35m^3/sec

04

수직고도 30m 위에 있는 곳으로 관의 직경은 20cm, 총 연장은 200m의 배수관을 통해 유량 0.1m^3/sec의 물을 양수하고자 한다. 다음을 구하시오.

가. 관로의 마찰손실수두를 고려할 때 펌프의 총 양정(m)
   (단, $f = 0.03$)

나. 70%의 효율을 갖는 펌프의 소요동력(kW)
   (단, 물의 밀도는 1g/cm^3)

 06년 1회 | 09년 2회 | 11년 1회 | 13년 2회 | 16년 1회 | 22년 2회

가. 펌프의 총 양정

[식] $H = h + f \times \frac{L}{D} \times \frac{V^2}{2g} + \frac{V^2}{2g}$

[풀이]

① $V = \frac{Q}{A} = \frac{0.1m^3}{sec} | \frac{4}{\pi \times (0.2m)^2} = 3.1831 m/sec$

② $H = 30 + 0.03 \times \frac{200}{0.2} \times \frac{(3.1831)^2}{2 \times 9.8} + \frac{(3.1831)^2}{2 \times 9.8}$

= 46.0253m

[답] ∴ 펌프의 총 양정 = 46.03m

나. 펌프의 소요동력

[식] $P = \frac{\rho \cdot g \cdot Q \cdot H}{\eta}$

[풀이]

① $P = \frac{1,000kg}{m^3} | \frac{9.8m}{sec^2} | \frac{0.1m^3}{sec} | \frac{46.03m}{0.7}$

= 64,442W(kg·m^2/sec^3)

② $P = \frac{64,442W}{} | \frac{kW}{10^3 W} = 64.442 kW$

[답] ∴ 펌프의 소요동력 = 64.44kW

05

막 분리 공정에서 사용하는 분리막 모듈의 형식 3가지를 적으시오.

 15년 1회 | 18년 2회 | 23년 3회

나선형, 중공사형, 관형, 판형

06

환경영향평가 중 수질관리 모델링에서 감응도 분석에 대해서 설명하시오.

16년 3회 | 21년 2회

수질관련 반응계수, 유입지천의 유량과 수질, 수리학적 입력계수 또는 오염부하량 등의 입력자료의 변화정도가 수질항목 농도에 미치는 영향을 분석하는 것으로, 어떤 수질항목의 변화율이 입력자료의 변화율보다 클 경우에는 그 수질항목은 입력자료에 대하여 민감하다.

07

슬러지가 4%에서 7%로 농축되었을 때 슬러지 부피 감소율(%)을 계산하시오. (단, 1일 슬러지 생성량은 100m³, 비중은 1.0이다)

15년 3회 | 21년 2회

[식] 부피 감소율(%) $= \left(1 - \dfrac{V_2}{V_1}\right) \times 100$

[풀이]

① $V_1(100 - W_1) = V_2(100 - W_2)$
   $100 \times (100 - 96) = V_2(100 - 93)$
   $V_2 = 57.1429 \, m^3$

② 부피 감소율(%) $= \left(1 - \dfrac{57.1429}{100}\right) \times 100 = 42.8571\%$

[답] ∴ 부피 감소율(%) = 42.86%

08

하수의 성분이 CO_3^{2-} 농도 32mg/L, HCO_3^- 농도 56mg/L이며 pH가 10인 경우 총 알칼리도를 계산하시오.

23년 2회

[식] Alk(mg/L as $CaCO_3$)

$= \displaystyle\sum_{i=1}^{n} \left(C_i \times \dfrac{(100/2)}{(Mw_i / \text{알칼리도 유발물질의 가수})} \right)$

[풀이]

① $[OH] = 10^{-(14 - pH)} = 10^{-4} M$

   [OH] 농도 $= \dfrac{10^{-4} mol}{L} \Big| \dfrac{17g}{mol} \Big| \dfrac{10^3 mg}{g} = 1.7 \, mg/L$

② Alk(mg/L as $CaCO_3$)

$= 1.7 \times \dfrac{(100/2)}{(17/1)} + 32 \times \dfrac{(100/2)}{(60/2)} + 56 \times \dfrac{(100/2)}{(61/1)}$

$= 104.235 \, mg/L$

[답] ∴ Alk = 104.24mg/L as $CaCO_3$

09

하수 처리장에서 배출되는 농축슬러지를 처리하는 소화조를 아래의 조건에 맞춰 다음 물음에 답하시오.

[조건]
- 인구 : 100,000명
- 인구당량 SS : 0.15kg 건조SS/인·day
- 슬러지 함수율 : 97%
- 슬러지 비중 : 1.02
- 슬러지 비열 : 4.2×10^3 kJ/m³·℃
- 소화조 열 손실량 : 0.5℃/day
- 소화조 체류시간 : 25day(32℃)
- 소화조 운전온도 : 32℃
- 연 평균온도 : 10℃

가. 소화조의 부피(m³)
나. 열 공급량(kJ/day)

가. 소화조의 부피

[식] $V = Q \cdot t$

[풀이]

① $Q = \dfrac{0.15 \text{kg}_{TS}}{\text{인} \cdot \text{day}} \bigg| \dfrac{100,000\text{인}}{} \bigg| \dfrac{100_{SL}}{3_{TS}} \bigg| \dfrac{\text{m}^3}{1,020\text{kg}}$

$= 490.1961 \text{m}^3/\text{day}$

② $V = \dfrac{490.1961 \text{m}^3}{\text{day}} \bigg| \dfrac{25\text{day}}{} = 12,254.9025 \text{m}^3$

[답] ∴ 소화조의 부피 = 12,254.9 m³

나. 열 공급량

[풀이]

① 손실온도 = $\dfrac{0.5℃}{\text{day}} \bigg| \dfrac{25\text{day}}{} = 12.5℃$

② 열 공급량

$= \dfrac{4.2 \times 10^3 \text{kJ}}{\text{m}^3 \cdot ℃} \bigg| \dfrac{490.1961 \text{m}^3}{\text{day}} \bigg| \dfrac{(32-10+12.5)℃}{}$

$= 71,029,414.89 \text{kJ/day}$

[답] ∴ 열 공급량 = 71,029,414.89 kJ/day

10

5단계 bardenpho 공정에 대한 공정도를 그리고 호기조 반응조의 주된 역할 2가지에 대해 간단히 서술하시오.

가. 공정도(반응조 명칭, 내부반송, 슬러지 반송표시)
나. 호기조의 주된 역할 2가지(단, 유기물 제거는 정답에서 제외)

빈출체크 06년 3회 | 07년 2회 | 08년 1회 | 12년 2회 | 15년 2회 | 16년 3회 | 18년 2회 | 20년 3회

가. 공정도

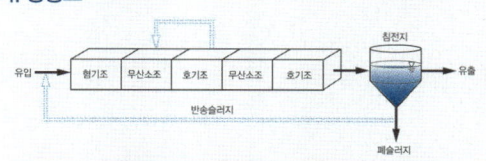

나. 인의 과잉 섭취 및 질산화

11

수질시료 중 반드시 유리용기에만 보존해야 하는 측정항목 4가지를 기술하시오.

빈출체크 21년 1회

유기인, PCB, 페놀, 휘발성 유기화합물, 노말헥산추출물질, 냄새

12

전도현상이 일어나는 호수(깊이 20m로 가정)에 대하여 봄, 여름, 가을, 겨울 4계절에 발생하는 수온분포도를 각각 그래프에 나타내고 전도현상이 일어나는 계절을 표시하시오. [단, 수온분포를 나타내는 그래프의 가로축은 수온(℃), 세로축은 수심(m)을 뜻함]

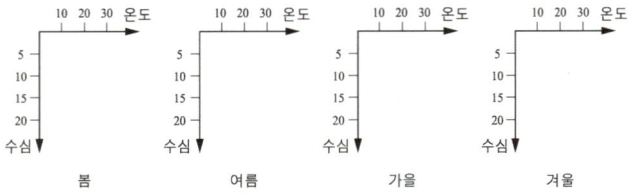

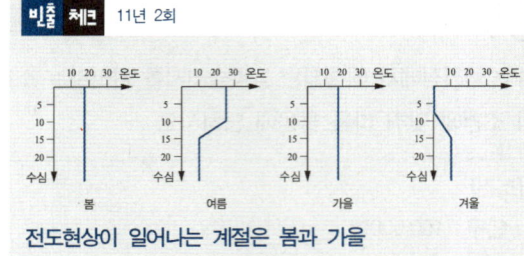

전도현상이 일어나는 계절은 봄과 가을

필답형 기출문제

2007 * 2

01

흡착처리공정으로 오염물질이 33μg/L만큼 유입되었다. 흡착하고 남은 양이 0.005mg/L라면 필요한 활성탄의 주입량(mg/L)를 계산하시오. (단, Freundlich의 공식 $\frac{X}{M} = k \cdot C^{1/n}$ 이용, k = 28, n = 1.61, 소수점 네 번째 자리까지)

빈출 체크 17년 1회 | 20년 1회

[식] $\frac{X}{M} = k \cdot C^{1/n}$

[풀이]
① 유입농도 = $\frac{33\mu g}{L} \Big| \frac{mg}{10^3 \mu g} = 0.033 mg/L$

② $M = \frac{X}{k \cdot C^{1/n}} = \frac{(0.033 - 0.005)}{28 \times 0.005^{1/1.61}} = 0.0269 mg/L$

[답] ∴ M = 0.0269mg/L

02

반감기가 2hr인 반응에서 물질의 농도가 1,000mg/L에서 10mg/L로 감소하는 데 걸리는 시간(hr)을 계산하시오. (단, 1차 반응)

빈출 체크 08년 3회 | 11년 3회 | 15년 2회

[식] $\ln \frac{C_t}{C_o} = -k \cdot t$

[풀이]
① $\ln \frac{50}{100} = -k \cdot 2hr \rightarrow k = 0.3466 hr^{-1}$

② $t = \frac{\ln \frac{C_t}{C_o}}{-k} = \frac{\ln \frac{10}{1,000}}{-0.3466} = 13.2867 hr$

[답] ∴ t = 13.29hr

03

막 공법의 추진력을 쓰시오.

가. 투석
나. 전기투석
다. 역삼투

빈출 체크 07년 3회 | 09년 3회 | 10년 1회 | 13년 1회 | 15년 3회
16년 2회 | 18년 3회 | 19년 1회 | 20년 4·5회 | 21년 3회

가. 투석 : 농도차
나. 전기투석 : 전위차
다. 역삼투 : 정수압차

04

폐수 중의 암모니아성 질소를 Air stripping법으로 제거하기 위해 폐수의 pH를 조절하려고 할 때 수중 암모니아성 질소 중의 암모니아를 99%로 하기 위한 pH를 구하시오. (단, 암모니아성 질소 중에서의 평형은 $NH_3 + H_2O \leftrightarrow NH_4^+ + OH^-$, 평형상수 $k_b = 1.8 \times 10^{-5}$)

빈출체크 05년 1회 | 11년 1회 | 16년 3회

[식]

① $NH_3 + H_2O \rightleftharpoons NH_4^+ + OH^-$, $k_b = \dfrac{[NH_4^+][OH^-]}{[NH_3]}$

② $NH_3(\%) = \dfrac{NH_3}{NH_3 + NH_4^+} \times 100$

③ 위의 두 식을 연립하면 $NH_3(\%) = \dfrac{1}{1 + \dfrac{k_b}{[OH^-]}} \times 100$

④ $pH = 14 - pOH$

[풀이]

① $[OH^-] = \dfrac{k_b}{\dfrac{100}{NH_3(\%)} - 1} = \dfrac{1.8 \times 10^{-5}}{\dfrac{100}{99} - 1}$

$= 1.782 \times 10^{-3} M$

② $pH = 14 - \log\left(\dfrac{1}{1.782 \times 10^{-3}}\right) = 11.2509$

[답] ∴ $pH = 11.25$

05

5단계 bardenpho 공정에 대한 공정도를 그리고 호기조 반응조의 주된 역할 2가지에 대해 간단히 서술하시오.

가. 공정도(반응조 명칭, 내부반송, 슬러지 반송표시)
나. 호기조의 주된 역할 2가지(단, 유기물 제거는 정답에서 제외)

빈출체크 06년 3회 | 07년 1회 | 08년 1회 | 12년 2회 | 15년 2회 | 16년 3회 | 18년 2회 | 20년 3회

가. 공정도

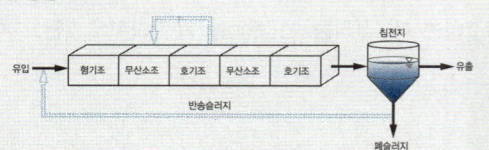

나. 인의 과잉 섭취 및 질산화

06

유량은 3,000m³/day, SS농도는 200mg/L인 폐수를 공기부상실험에서 최적 A/S비는 0.06mg Air/mg Solid, 실험온도는 18℃, 이 온도에서 공기의 용해도는 18.7mL/L, 공기의 포화분율은 0.5, 재순환이 없을 때 압력(atm)을 계산하시오.

빈출체크 19년 3회

[식] $A/S = \dfrac{1.3 \times S_a(f \cdot P - 1)}{SS}$

[풀이] $P = \dfrac{1 + \dfrac{A/S \cdot SS}{1.3 S_a}}{f} = \dfrac{1 + \dfrac{0.06 \times 200}{1.3 \times 18.7}}{0.5}$

$= 2.9872 atm$

[답] ∴ $P = 2.99 atm$

07

NO_3^-의 탈질 총괄 반응식이 다음과 같을 때, NO_3^- 농도가 30mg/L 함유된 폐수 1,000m³/day를 탈질시키는 데 요구되는 메탄올의 양(kg/day)을 계산하시오.

$$\frac{1}{6}CH_3OH + \frac{1}{5}NO_3^- + \frac{1}{5}H^+ \rightarrow \frac{1}{10}N_2 + \frac{1}{6}CO_2 + \frac{13}{30}H_2O$$

빈출체크 08년 1회 | 09년 2회 | 11년 3회

[풀이]

① NO_3^- 유입량 $= \dfrac{30mg}{L} \mid \dfrac{1,000m^3}{day} \mid \dfrac{kg}{10^6mg} \mid \dfrac{10^3L}{m^3}$

　　　　　　$= 30kg/day$

② $6NO_3^-$: $5CH_3OH$
　　6×62 : 5×32
　　$30kg/day$: X

　$X = \dfrac{5 \times 32 \times 30}{6 \times 62} = 12.9032 kg/day$

[답] ∴ 메탄올의 요구량 = 12.90kg/day

08

박테리아를 무게기준으로 분석한 결과 C : 53%, H : 6%, O : 29%, N : 12%일 때 최소 정수비를 C, H, O, N 순서로 나타내시오.

[풀이]

① C : $\dfrac{53}{12} = 4.4167$, H : $\dfrac{6}{1} = 6$, O : $\dfrac{29}{16} = 1.8125$,

　N : $\dfrac{12}{14} = 0.8571$

② 가장 작은 N을 기준으로 C : $\dfrac{4.4167}{0.8571} = 5.1531$,

　H : $\dfrac{6}{0.8571} = 7.0004$, O : $\dfrac{1.8125}{0.8571} = 2.1147$

③ 따라서, C : H : O : N = 5 : 7 : 2 : 1

[답] ∴ $C_5H_7O_2N$

09

A수조에서 20m 높은 B수조로 펌프를 이용하여 물을 퍼 올리려고 한다. 총 마찰수두 1.47m, 관 유출 유속 4.5m/sec라고 할 때 손실수두(m)를 계산하시오.

[식] 전양정 = 실양정 + 총마찰손실수두 + 속도수두

[풀이]

① 속도수두 $= \dfrac{V^2}{2g} = \dfrac{4.5^2}{2 \times 9.8} = 1.0332m$

② 전양정 $= 20 + 1.47 + 1.033 = 22.5032m$

[답] ∴ 손실수두 = 22.50m

10

하수관에서의 H_2S에 의한 관정부식을 방지하는 방법 3가지를 적으시오. (단, 관거청소, 퇴적물 제거는 정답에서 제외)

 14년 3회 | 16년 1회 | 20년 3회 | 21년 3회 | 23년 3회

황화수소 부식(관정부식) 방지대책
- 호기성 상태로 유지하여 황화수소의 생성을 방지
- 환기를 통한 황화수소 희석
- 기상 중으로의 확산 방지
- 황산염 환원 세균의 활동 억제
- 유황산화 세균의 활동 억제
- 방식 재료를 사용하여 관을 방호

11

알칼리를 가해 Cd^{2+}을 $Cd(OH)_2$로 제거하고자 한다. $Cd(OH)_2$의 k_{sp}가 4×10^{-14}, pH = 11일 때 Cd^{2+}의 이론적 농도(mg/L)는? (단, Cd 원자량 112.4)

 12년 3회

[풀이]

① $Cd(OH)_2 \rightarrow Cd^{2+} + 2OH^-$

$k_{sp} = [Cd^{2+}][OH^-]^2$

$[Cd^{2+}] = \dfrac{k_{sp}}{[OH^-]^2} = \dfrac{4 \times 10^{-14}}{(10^{-3})^2} = 4 \times 10^{-8} M$

② 카드뮴의 농도

$= \dfrac{4 \times 10^{-8} mol}{L} \bigg| \dfrac{112.4 g}{mol} \bigg| \dfrac{10^3 mg}{g} = 4.496 \times 10^{-3} mg/L$

[답] ∴ 카드뮴의 농도 = $4.50 \times 10^{-3} mg/L$

필답형 기출문제

2007 * 3

01

지하수가 4개의 대수층을 통과할 때 수평방향과 수직방향의 평균 투수계수 K_x와 K_y를 구하시오.

K_1	10cm/day	20cm
K_2	50cm/day	5cm
K_3	1cm/day	10cm
K_4	5cm/day	10cm

가. 수평방향 평균투수계수

나. 수직방향 평균투수계수

빈출 체크 09년 3회 | 15년 1회 | 18년 2회 | 20년 3회

가. 수평방향 평균투수계수

[식] $K_X = \dfrac{\sum_{i=1}^{n}(K_i \cdot H_i)}{\sum_{i=1}^{n}(H_i)}$

[풀이] $K_X = \dfrac{K_1 \cdot H_1 + K_2 \cdot H_2 + K_3 \cdot H_3 + K_4 \cdot H_4}{H_1 + H_2 + H_3 + H_4}$

$= \dfrac{10 \times 20 + 50 \times 5 + 1 \times 10 + 5 \times 10}{20 + 5 + 10 + 10}$

$= 11.3333 \text{cm/day}$

[답] ∴ 수평방향 평균투수계수 = 11.33cm/day

나. 수직방향 평균투수계수

[식] $K_Y = \dfrac{\sum_{i=1}^{n}(H_i)}{\sum_{i=1}^{n}\left(\dfrac{H_i}{K_i}\right)}$

[풀이] $K_Y = \dfrac{H_1 + H_2 + H_3 + H_4}{\dfrac{H_1}{K_1} + \dfrac{H_2}{K_2} + \dfrac{H_3}{K_3} + \dfrac{H_4}{K_4}}$

$= \dfrac{20 + 5 + 10 + 10}{\dfrac{20}{10} + \dfrac{5}{50} + \dfrac{10}{1} + \dfrac{10}{5}} = 3.1915 \text{cm/day}$

[답] ∴ 수직방향 평균투수계수 = 3.19cm/day

02

고형물 농도 30,000mg/L의 슬러지를 농축시키기 위한 농축조를 설계하기 위하여 다음과 같은 결과를 얻었다. 농축 슬러지의 고형물 농도가 75,000mg/L가 되기 위하여 소요되는 농축시간(hr)을 계산하시오. (단, 상등수의 고형물 농도는 0이라고 가정, 농축전후의 슬러지의 비중은 모두 1이라고 가정)

정치시간(농축시간)(hr)	0	2	4	6	8	10	12	14
계면높이(cm)	100	60	40	30	25	24	22	20

 12년 1회 | 16년 1회

[식] $h_t = h_o \times \dfrac{C_o}{C_t}$

[풀이] $h_t = 100 \times \dfrac{30,000}{75,000} = 40 \text{cm}$ 이므로 4시간

[답] ∴ 농축시간 = 4hr

03

메탄의 최대 수율(혐기성)은 COD 1kg 제거당 0.35m³의 CH₄의 발생을 증명하라. 또한 유량이 675m³/day, COD는 3,000mg/L, 제거효율이 80%일 경우 다음 물음에 답하시오.

가. 메탄 생성 수율의 증명
나. CH₄의 발생량(m³/day)

 05년 1회 | 07년 1회 | 09년 1회 | 10년 2회 | 12년 2회 14년 3회 | 16년 1회 | 22년 1회

가. 메탄 생성 수율의 증명

① $C_6H_{12}O_6 + 6O_2 \rightarrow 6CO_2 + 6H_2O$
   180 : 6×32
   X : 1kg

$X = \dfrac{180 \times 1}{6 \times 32} = 0.9375 \text{kg}$

② $C_6H_{12}O_6 \rightarrow 3CH_4 + 3CO_2$
   180kg : 3×22.4m³
   0.9375kg : Y

$Y = \dfrac{3 \times 22.4 \times 0.9375}{180} = 0.35 \text{m}^3$

나. CH₄ 발생량

[식] CH₄ 발생량 = 메탄 생성 수율 × COD 제거량

[풀이]
① COD 제거량
$= \dfrac{675 \text{m}^3}{\text{day}} \Big| \dfrac{3,000 \text{mg}}{\text{L}} \Big| \dfrac{0.8}{} \Big| \dfrac{10^3 \text{L}}{\text{m}^3} \Big| \dfrac{\text{kg}}{10^6 \text{mg}}$
$= 1,620 \text{kg/day}$

② CH₄ 발생량 $= \dfrac{0.35 \text{m}^3}{\text{kg}} \Big| \dfrac{1,620 \text{kg}}{\text{day}} = 567 \text{m}^3/\text{day}$

[답] ∴ CH₄ 발생량 = 567m³/day

04

CH$_3$COOH의 BOD$_u$가 30mg/L일 때 TOC(mg/L)는?

15년 2회

[풀이] CH$_3$COOH + 2O$_2$ → 2CO$_2$ + 2H$_2$O
   　　　　　2×32　　:　2×12
   　　　　　30mg/L　:　X

$$X = \frac{2 \times 12 \times 30}{2 \times 32} = 11.25 \text{mg/L}$$

[답] ∴ TOC = 11.25mg/L

05

평균 유량이 3,785m^3/day, 평균 인(P)의 농도가 8mg/L인 2차 유출 수로부터 인을 모두 제거하기 위해 1일당 요구되는 액상 Alum의 양(m^3)을 계산하시오. (단, Al : P의 몰 비는 2 : 1, 액상 Alum의 비중량은 1,331kg/m^3, 액상 Alum 중 Al이 4.37Wt% 함유하고 있는 것으로 가정, 원자량 P : 31, Al : 27)

05년 1회 | 10년 2회 | 17년 2회

[식] Alum = $\dfrac{\text{제거해야 할 Al의 발생 무게}}{\text{함유량} \times \text{비중량}}$

[풀이]
① 제거해야 할 인의 양(kg/day)
$$= \frac{3,785\text{m}^3}{\text{day}} \bigg| \frac{8\text{mg}}{\text{L}} \bigg| \frac{10^3 \text{L}}{\text{m}^3} \bigg| \frac{\text{kg}}{10^6 \text{mg}} = 30.28 \text{kg/day}$$

② 〈반응비〉 Al　:　　P
　　　　　　2×27　:　31
　　　　　　　X　 : 30.28kg/day

$$X = \frac{2 \times 27 \times 30.28}{31} = 52.7458 \text{kg/day}$$

③ Alum = $\dfrac{52.7458\text{kg}}{\text{day}} \bigg| \dfrac{100}{4.37} \bigg| \dfrac{\text{m}^3}{1,331\text{kg}} = 0.9068 \text{m}^3/\text{day}$

[답] ∴ Alum = 0.91 m^3/day

06

막 공법의 추진력을 쓰시오.

가. 투석
나. 전기투석
다. 역삼투

**07년 2회 | 09년 3회 | 10년 1회 | 13년 1회 | 15년 3회
16년 2회 | 18년 3회 | 19년 1회 | 20년 4·5회 | 21년 3회**

가. 농도차
나. 전위차
다. 정수압차

07

호기성 조건하에서 폐수의 암모니아를 질산염으로 산화시키려고 한다. 폐수의 암모니아성 질소 농도는 22mg/L, 폐수량은 1,000m³일 때 다음을 구하시오.

$$0.13NH_4^+ + 0.225O_2 + 0.02CO_2 + 0.005HCO_3^-$$
$$\rightarrow 0.005C_5H_7O_2N + 0.125NO_3^- + 0.25H^+ + 0.12H_2O$$

가. 산소 소모량(kg)
나. 생성세포의 건조 중량(kg)
다. 폐수의 질산성 질소(NO_3^{-N})의 농도(mg/L)

빈출체크 09년 1회 | 15년 3회

가. 산소 소모량
[풀이] $0.13NH_4^+ : 0.225O_2$
  $0.13 \times 14 : 0.225 \times 32$
  $22kg : X$
  $X = \dfrac{0.225 \times 32 \times 22}{0.13 \times 14} = 87.0330kg$
[답] ∴ 산소 소모량 = 87.03kg

나. 생성세포의 건조 중량
[풀이] $0.13NH_4^+ : 0.005C_5H_7O_2N$
  $0.13 \times 14 : 0.005 \times 113$
  $22kg : Y$
  $Y = \dfrac{0.005 \times 113 \times 22}{0.13 \times 14} = 6.8297kg$
[답] ∴ 생성세포의 건조 중량 = 6.83kg

다. 질산성 질소의 농도
[풀이] $0.13NH_4^+ : 0.125NO_3^-$
  $0.13 \times 14 : 0.125 \times 14$
  $22mg/L : Z$
  $Z = \dfrac{0.125 \times 14 \times 22}{0.13 \times 14} = 21.1538mg/L$
[답] ∴ 질산성 질소의 농도 = 21.15mg/L

08

다음의 생물학적 인 제거 공정인 phostrip 공정의 개념도에서 각각의 역할에 대하여 설명하시오.

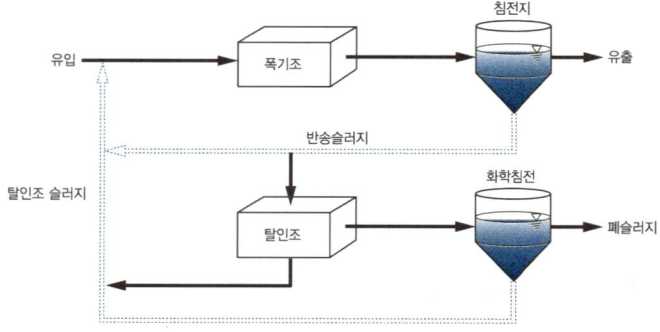

가. 폭기조(유기물제거 제외)
나. 탈인조
다. 화학침전
라. 탈인조 슬러지

빈출체크 09년 1회 | 10년 2회 | 14년 3회 | 17년 1회 | 21년 1회

가. 폭기조 : 인의 과잉 섭취
나. 탈인조 : 인의 방출
다. 화학침전 : 인의 응집침전
라. 탈인조 슬러지 : 슬러지를 반송하여 인의 과잉 흡수 유도

09

A공장의 유출수의 BOD 농도(mg/L)를 아래의 조건을 이용하여 계산하시오.

[조건]
- 급수 인구 : 40,000명
- 급수 보급률 : 70%
- 평균 급수량 : 400L/인 · day
- COD 배출량 : 60g/인 · day
- COD 처리 효율 : 90%
- 하수량 : 급수량×0.8
- 하수도 보급률 : 60%
- BOD/COD : 0.7

[풀이]

① 발생 하수량 $= \dfrac{400L}{인 \cdot day} \Big| \dfrac{40,000인}{} \Big| \dfrac{70}{100} \Big| \dfrac{80}{100} \Big| \dfrac{60}{100} \Big| \dfrac{m^3}{10^3 L}$

$= 5,376 \, m^3/day$

② 유출 BOD의 양 $= \dfrac{60g}{인 \cdot day} \Big| \dfrac{40,000인}{} \Big| \dfrac{60}{100} \Big| \dfrac{70}{100} \Big| \dfrac{10}{100}$

$= 100,800 \, g/day$

③ 유출수의 BOD 농도 $= \dfrac{100,800g}{day} \Big| \dfrac{day}{5,376 m^3} \Big| \dfrac{10^3 mg}{g} \Big| \dfrac{m^3}{10^3 L}$

$= 18.75 \, mg/L$

[답] ∴ 유출수의 BOD 농도 = 18.75 mg/L

10

다음 용어의 정의를 간략히 서술하시오.

가. 1차 반응
나. 0차 반응
다. 슬러지 비저항 계수(단위 기재)
라. 슬러지 용량 지표(단위 기재)
마. 제타전위

빈출체크 11년 1회 | 17년 2회

가. 시간의 변화에 따른 농도의 변화량이 농도의 1제곱에 비례하는 반응이다.
나. 시간의 변화에 따른 농도의 변화량이 농도의 0제곱에 비례하는 반응이다.
다. 슬러지가 탈수되지 않으려는 저항 계수(m/kg)
라. 슬러지의 침강 농축성을 나타내는 지표로 폭기조에서 30분간 혼합액 1L를 침전시킨 후 1g의 고형물이 슬러지로 형성 시 차지하는 부피(mL/g)
마. 콜로이드 입자의 전하와 전하의 효력이 미치는 분산매의 거리를 측정하는 것

11

관 내의 유량측정 방법 중 공정수의 유량을 측정할 수 있는 방법 3가지를 적으시오.

빈출체크 16년 3회

오리피스, 유량측정용 노즐, 피토우관, 자기식 유량측정기

12

트리할로메탄(THM)의 생성반응속도에 미치는 영향을 서술하시오.

가. 수온

나. pH

다. 불소농도

 12년 1회 | 14년 3회 | 17년 3회

가. 높을수록 THM 생성량 증가
나. 높을수록 THM 생성량 증가
다. 높을수록 THM 생성량 증가

13

아래의 주어진 제원을 이용하여 다음을 구하시오.

[제원]
- 폐수량 : 50,000m³/day
- 여과속도 : 180m/day
- 여과지수 : 8지
- 여과지의 가로와 세로비 : [1 : 1]
- 역세속도 : 0.6m/min
- 표세속도 : 0.05m/min
- 세정시간 : 10min(전 여과지에 대해 1일 1회)

가. 1지당 필요한 여과면적(m²)

나. 총 세정 수량(m³/day)

 10년 2회 | 18년 2회

가. 1지당 필요한 여과면적

[식] $A = \dfrac{Q}{V}$

[풀이] $A = \dfrac{50,000m^3}{day} \Big| \dfrac{day}{180m} \Big| \dfrac{1}{8} = 34.7222m^2$

[답] ∴ 1지당 필요한 여과면적 $= 34.72m^2$

나. 총 세정 수량

[식] 총 세정 수량 = 표세수량 + 역세수량

[풀이]

① 표세수량

$Q = \dfrac{277.7778m^2}{} \Big| \dfrac{0.05m}{min} \Big| \dfrac{10min}{day}$

$= 138.8889 m^3/day$

② 역세수량

$Q = \dfrac{277.7778m^2}{} \Big| \dfrac{0.6m}{min} \Big| \dfrac{10min}{day}$

$= 1,666.6667 m^3/day$

③ 총 세정 수량

$= 138.8889 + 1,666.6667 = 1,805.5556 m^3/day$

[답] ∴ 총 세정 수량 $= 1,805.56 m^3/day$

필답형 기출문제

2008 * 1

01

완전혼합 활성슬러지 공정의 [조건]이 아래와 같을 때 다음을 계산하시오.

[조건]
- 포기조 유입유량 : 0.32m³/sec
- MLVSS : 2,400mg/L
- 원폐수 BOD_5 : 240mg/L
- 폐수온도 : 20℃
- 원폐수 TSS : 280mg/L
- VSS/TSS : 0.8
- 포기조 유입수 BOD_5 농도 : 161.5mg/L
- k_d : 0.06day⁻¹
- 유출수 BOD_5 : 5.7mg/L
- Y : 0.5mgVSS/mgBOD_5
- SRT : 10day
- BOD_5/BOD_u : 0.67

가. 포기조 부피(m³)
나. 포기조 체류시간(HRT, hr)
다. 포기조 폭 및 길이의 규격(단, 폭 : 길이 = 1 : 2, 깊이 = 4.4m)

빈출체크 08년 2회 | 11년 2회

가. 포기조 부피

[식] $\dfrac{1}{SRT} = \dfrac{Y \cdot (C_i - C_o) \cdot Q}{V \cdot X} - k_d$

[풀이] $V = Y \times \dfrac{(C_i - C_o) \cdot Q}{(1/SRT + k_d) \cdot X}$

$= \dfrac{0.5 | (161.5 - 5.7)\text{mg} | 0.32\text{m}^3}{L \quad \text{sec}}$

$\left| \dfrac{\text{day}}{(1/10 + 0.06)} \right| \dfrac{L}{2,400\text{mg}} \left| \dfrac{3,600\text{sec}}{\text{hr}} \right| \dfrac{24\text{hr}}{\text{day}}$

$= 5,608.8\text{m}^3$

[답] ∴ 포기조 부피 = 5,608.8m³

나. 포기조 체류시간

[식] $V = Q \cdot t$

[풀이] $t = \dfrac{5,608.8\text{m}^3}{0.32\text{m}^3} \left| \dfrac{\text{sec}}{} \right| \dfrac{\text{hr}}{3,600\text{sec}} = 4.8688\text{hr}$

[답] ∴ 포기조 체류시간 = 4.87hr

다. 포기조 폭 및 길이의 규격

[식] $V = A \cdot H$

[풀이]

① $A = \dfrac{5,608.8\text{m}^3}{4.4\text{m}} = 1,274.7273\text{m}^2$

② 폭(W) : 길이(L) = 1 : 2이므로 $L = 2W$

$A = L \cdot W = 2W^2 = 1,274.7273\text{m}^2$

$W = 25.2461\text{m}, \quad L = 50.4922\text{m}$

[답] ∴ $W = 25.25\text{m}, \quad L = 50.49\text{m}$

02

평형상수 2.2×10^{-8}, pH 6.8에서 HOCl과 OCl⁻의 비율(HOCl/OCl⁻)은?

13년 2회

[식] $HOCl \rightarrow H^+ + OCl^-$, $k = \dfrac{[H^+][OCl^-]}{[HOCl]}$

[풀이] $\dfrac{[HOCl]}{[OCl^-]} = \dfrac{[H^+]}{k} = \dfrac{10^{-6.8}}{2.2 \times 10^{-8}} = 7.2041$

[답] $\therefore \dfrac{[HOCl]}{[OCl^-]} = 7.20$

03

NO_3^-의 탈질 총괄 반응식이 다음과 같을 때, NO_3^- 농도가 30mg/L 함유된 폐수 $1,000m^3$/day를 탈질시키는 데 요구되는 메탄올의 양(kg/day)을 계산하시오.

$$\frac{1}{6}CH_3OH + \frac{1}{5}NO_3^- + \frac{1}{5}H^+ \rightarrow \frac{1}{10}N_2 + \frac{1}{6}CO_2 + \frac{13}{30}H_2O$$

07년 2회 | 09년 2회 | 11년 3회

[풀이]

① NO_3^- 유입량 $= \dfrac{30mg}{L} \mid \dfrac{1,000m^3}{day} \mid \dfrac{kg}{10^6 mg} \mid \dfrac{10^3 L}{m^3}$

$= 30 kg/day$

② $6NO_3^- : 5CH_3OH$

$6 \times 62 : 5 \times 32$

$30kg/day : X$

$X = \dfrac{5 \times 32 \times 30}{6 \times 62} = 12.9032 kg/day$

[답] $\therefore$ 메탄올의 요구량 $= 12.90 kg/day$

04

하천의 어느 지점 DO 농도가 5.0mg/L, 탈산소계수는 $0.1day^{-1}$, 재포기계수는 $0.2day^{-1}$, BOD_u는 10mg/L일 때 36시간 흐른 뒤의 하류에서의 DO 농도(mg/L)를 계산하시오. (단, 포화 용존산소농도는 9.0mg/L, 소수점 첫 번째 자리까지 구하시오. base 10)

06년 1회 | 08년 3회 | 12년 1회 | 17년 3회 | 21년 1회

[식] $D_t = \dfrac{k_1}{k_2 - k_1} L_o (10^{-k_1 \cdot t} - 10^{-k_2 \cdot t}) + D_o \times 10^{-k_2 \cdot t}$

[풀이]

① $t = \dfrac{36hr}{} \mid \dfrac{day}{24hr} = 1.5 day$

② $D_o = D_s - D = 9 - 5 = 4 mg/L$

③ $D_t = \dfrac{0.1}{0.2 - 0.1} \times 10 \times (10^{-0.1 \times 1.5} - 10^{-0.2 \times 1.5})$

$+ 4 \times 10^{-0.2 \times 1.5}$

$= 4.0723 mg/L$

④ $DO = 9 - 4.0723 = 4.9277 mg/L$

[답] $\therefore$ 하류에서의 DO 농도 $= 4.9 mg/L$

05

1,000ha 크기의 호수에 강우의 PCB 농도가 100ng/L, 연평균 강우량이 70cm인 강우에 의하여 호수로 직접 유입되는 PCB의 양(ton/yr)을 계산하시오.

15년 1회 | 22년 2회

[식] 유입량 $= Q \cdot C$

[풀이]

① $Q = A \cdot I = \dfrac{1{,}000\text{ha}}{} \Big| \dfrac{0.7\text{m}}{\text{yr}} \Big| \dfrac{10^4 \text{m}^2}{\text{ha}} = 7 \times 10^6 \text{m}^3/\text{yr}$

② 유입량 $= \dfrac{7 \times 10^6 \text{m}^3}{\text{yr}} \Big| \dfrac{100\mu g}{\text{m}^3} \Big| \dfrac{\text{ton}}{10^{12}\mu g} = 7 \times 10^{-4} \text{ton/yr}$

[답] ∴ 유입량 $= 7 \times 10^{-4} \text{ton/yr}$

06

Stokes 법칙을 이용하여 수온 20℃의 하수 내에서 직경이 6×10^{-3} cm, 비중이 2.5인 구형입자의 침전속도(cm/sec)를 계산하시오. (단, 20℃ 하수의 동점성 계수는 0.010105cm²/sec, 하수의 비중은 1.01)

12년 1회

[식]
$$V_g = \dfrac{d_p^2(\rho_p - \rho)g}{18\mu}$$

[풀이]

① $\mu = v \cdot \rho = \dfrac{0.010105\text{cm}^2}{\text{sec}} \Big| \dfrac{1.01\text{g}}{\text{cm}^3} = 0.0102 \text{g/cm} \cdot \text{sec}$

② $V_g = \dfrac{(6 \times 10^{-3})^2 \times (2.5 - 1.01) \times 980}{18 \times 0.0102}$

$\quad\;\; = 0.2863 \text{cm/sec}$

[답] ∴ 구형입자의 침전속도 $= 0.29 \text{cm/sec}$

07

유량조정조의 설치목적과 설치방식인 in라인과 off라인으로 나누어 서술하시오.

- 설치목적: 유입된 하수의 수질 및 유량 변동을 균등화하여 처리시설의 효율을 높임
- in라인(직렬): 유입하수의 전량이 통과하며 수질 및 유량 모두 균일화
- off라인(병렬): 1일 최대하수량을 초과하는 양만 통과하며 in라인에 비해 수질 균일화가 적음

08

유출수에 아질산성 질소 15mg/L, 암모니아성 질소 50mg/L 함유되어 있을 때 완전 질산화에 소요되는 이론적 산소 요구량(mg/L)을 구하시오.

05년 1회 | 08년 3회 | 11년 1회

[풀이]

① $NO_2^- \text{-N} + 0.5O_2 \rightarrow NO_3^- \text{-N}$
　　14　　:　0.5×32
　15mg/L　:　X

$$X = \frac{0.5 \times 32 \times 15}{14} = 17.1429 \text{mg/L}$$

② $NH_3^- \text{-N} + 2O_2 \rightarrow NO_3^- \text{-N} + H^+ + H_2O$
　　14　　:　2×32
　50mg/L　:　Y

$$Y = \frac{2 \times 32 \times 50}{14} = 228.5714 \text{mg/L}$$

③ $X + Y = 17.1429 + 228.5714 = 245.7143 \text{mg/L}$

[답] ∴ 총 이론적 산소 요구량 = 245.71mg/L

09

수질예측모형분류의 한 방법으로 동적 모형(Dynamic Model)과 정상적 모형(Steady State Model)로 구분할 수 있다. 이 두 모형의 차이점에 대해 설명하시오.

16년 1회 | 21년 1회

- 동적 모형 : 시간에 따른 항목의 값이 변화하며 계절별 성층, 강우 유출에 따른 수위 변화 등에 사용하는 모델
- 정상적 모형 : 시간에 따른 항목 값의 일정하거나 수렴하며 정상상태 모의를 위해 주로 사용하는 모델

10

5단계 bardenpho 공정에 대한 공정도를 그리고 호기조 반응조의 주된 역할 2가지에 대해 간단히 서술하시오.

가. 공정도(반응조 명칭, 내부반송, 슬러지 반송표시)
나. 호기조의 주된 역할 2가지(단, 유기물 제거는 정답에서 제외)

06년 3회 | 07년 1회 | 07년 2회 | 12년 2회 | 15년 2회 | 16년 3회 | 18년 2회 | 20년 3회

가. 공정도

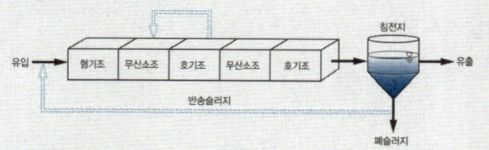

나. 인의 과잉 섭취 및 질산화

11

농축 슬러지(함수율 97%) 50m³를 탈수시켜 함수율 80%의 탈수 슬러지를 생성하려 한다. 탈수 슬러지의 발생 부피(m³)를 구하시오. (단, 슬러지 비중은 1.0이라 한다)

 14년 3회 | 20년 4·5회

[식] $V_1(100 - W_1) = V_2(100 - W_2)$
[풀이] $50 \times (100 - 97) = V_2(100 - 80)$
$V_2 = 7.5 m^3$
[답] ∴ 탈수 슬러지 부피 $= 7.5 m^3$

12

COD 측정 시 과망간산칼륨($KMnO_4$)용액으로 적정할 때 60 ~ 80℃로 유지하며 적정하는 이유를 서술하시오. (단, 온도가 높을 때와 낮을 때로 나누어 설명)

 21년 1회

- 온도 높을 때 : $KMnO_4$가 분해되어 COD 과대평가 유발
- 온도 낮을 때 : $KMnO_4$가 산화반응이 느려 종말점 찾기 어려움

필답형 기출문제 2008 * 2

01

공기 탈기법과 파과점 염소 주입법의 원리와 화학식을 쓰시오.

가. 공기 탈기법
나. 파과점 염소 주입법

빈출 체크 10년 1회 | 13년 1회 | 17년 1회 | 20년 2회

가. 공기 탈기법
- 원리 : 폐수에 공기를 주입하여 암모니아의 분압을 감소시키면 암모니아가 물로부터 분리되어 공기 중으로 날아가는 현상을 이용한 공정
- 반응식
  $NH_4^+ + OH^- \rightleftharpoons NH_3 + H_2O$ ⋯ pH 10.5 ~ 11.5

나. 파과점 염소 주입법
- 원리 : 폐수에 파과점 이상으로 염소를 주입하여 암모니아성 질소를 산화시켜 질소 가스나 기타 안정된 화합물로 바꾸는 공정
- 반응식
  $2NH_4^+ + 3Cl_2 \rightarrow N_2\uparrow + 6HCl + 2H^+$ ⋯ pH 10 ↑

02

유분함유폐수 1,000m³/day를 부상분리 공정으로 처리할 때, 처리 대상의 직경이 0.012cm, 기름의 밀도 0.8g/cm³, 물의 밀도는 1g/cm³, 물의 점성계수는 0.01g/cm·sec일 때 다음을 계산하시오.

가. 부상속도(m/hr)
나. 최소면적(m²)

빈출 체크 13년 2회

가. 부상속도

[식] $V_f = \dfrac{d_p^2 \cdot (\rho - \rho_s) \cdot g}{18\mu}$

[풀이]

① $V_f = \dfrac{0.012^2 \times (1-0.8) \times 980}{18 \times 0.01} = 0.1568 \text{cm/sec}$

② $V_f = \dfrac{0.1568\text{cm}}{\text{sec}} \Big| \dfrac{\text{m}}{100\text{cm}} \Big| \dfrac{3,600\text{sec}}{\text{hr}} = 5.6448\text{m/hr}$

[답] ∴ 부상속도 = 5.64m/hr

나. 최소면적

[식] $A = \dfrac{Q}{V}$

[풀이] $A = \dfrac{1,000\text{m}^3}{\text{day}} \Big| \dfrac{\text{hr}}{5.64\text{m}} \Big| \dfrac{\text{day}}{24\text{hr}} = 7.3877\text{m}^2$

[답] ∴ 최소면적 = 7.39m²

03

혐기 소화조에서 유기성분이 75%, 무기성분이 25%인 슬러지를 소화한 후 유기성분이 60%, 무기성분이 40%가 되었을 때의 소화율을 구하고, 투입한 슬러지의 초기 TOC 농도를 측정한 결과 10,000mg/L 이었다면 슬러지 $1m^3$당 발생하는 가스량(m^3)을 구하시오.
(단, 슬러지의 유기성분은 포도당인 탄수화물로 구성되어 있으며, 표준상태 기준)

가. 소화율(%)
나. 가스량(m^3)

빈출 체크 13년 1회 | 16년 2회

가. 소화율

[식] 소화율(%) $= \left(1 - \dfrac{VS_o/FS_o}{VS_i/FS_i}\right) \times 100$

[풀이] 소화율(%) $= \left(1 - \dfrac{60/40}{75/25}\right) \times 100 = 50\%$

[답] ∴ 소화율(%) = 50%

나. 가스량

[풀이]

① $TOC = \dfrac{10,000mg}{L} \Big| \dfrac{1m^3}{1} \Big| \dfrac{50}{100} \Big| \dfrac{10^3 L}{m^3} \Big| \dfrac{kg}{10^6 mg} = 5kg$

② $C_6H_{12}O_6 \rightarrow 3CH_4 + 3CO_2$
   $6 \times 12 kg : 3 \times 22.4 m^3 : 3 \times 22.4 m^3$
   $\quad 5kg \quad : \quad X \quad : \quad Y$

$X = \dfrac{3 \times 22.4 \times 5}{6 \times 12} = 4.6667 m^3$

$Y = \dfrac{3 \times 22.4 \times 5}{6 \times 12} = 4.6667 m^3$

$X + Y = 4.6667 + 4.6667 = 9.3334 m^3$

[답] ∴ 가스량(m^3) = 9.33m^3

04

파괴점 염소 주입법을 이용하여 NH_3^{-N} 15mg/L를 처리할 때 필요한 염소농도(mg/L)를 계산하시오.

[풀이] $2NH_3^{-N}$: $3Cl_2$
  2×14 : 3×71
  $15 mg/L$: X

$X = \dfrac{3 \times 71 \times 15}{2 \times 14} = 114.1071 mg/L$

[답] ∴ 필요한 염소농도 = 114.11mg/L

05

다음 무기응집제에 대해 각각 응집에 필요한 칼슘염 형태의 알칼리도를 반응시켜 floc을 형성하는 완전반응식을 적으시오.

가. $FeSO_4 \cdot 7H_2O$ ($Ca(OH)_2$와 반응, 이 반응은 DO를 필요로 함)
나. $Fe_2(SO_4)_3$ ($Ca(HCO_3)_2$와 반응)

빈출 체크 13년 1회 | 17년 2회 | 20년 1회

가. $2FeSO_4 \cdot 7H_2O + 2Ca(OH)_2 + 0.5O_2$
  $\rightarrow 2Fe(OH)_3 + 2CaSO_4 + 13H_2O$

나. $Fe_2(SO_4)_3 + 3Ca(HCO_3)_2$
  $\rightarrow 2Fe(OH)_3 + 3CaSO_4 + 6CO_2$

06

폐수에 3.4g의 CH_3COOH와 0.63g의 CH_3COONa를 용해시켰을 때 pH를 구하시오. (단, CH_3COOH의 $k_a = 1.8 \times 10^{-5}$)

빈출 체크 08년 3회 | 15년 2회 | 20년 4·5회

[식] $pH = pk_a + \log \dfrac{염}{약산}$

[풀이]

① 염(CH_3COONa) = $\dfrac{0.63g}{} | \dfrac{mol}{82g} = 0.0077 mol$

② 약산(CH_3COOH) = $\dfrac{3.4g}{} | \dfrac{mol}{60g} = 0.0567 mol$

③ $pH = \log \dfrac{1}{1.8 \times 10^{-5}} + \log \dfrac{0.0077}{0.0567} = 3.8776$

[답] ∴ $pH = 3.88$

07

완전혼합 활성슬러지 공정의 [조건]이 아래와 같을 때 다음을 계산하시오.

[조건]
- 포기조 유입유량 : $0.32m^3/sec$
- MLVSS : 2,400mg/L
- 원폐수 BOD_5 : 240mg/L
- 폐수온도 : 20℃
- 원폐수 TSS : 280mg/L
- VSS/TSS : 0.8
- 포기조 유입수 BOD_5 농도 : 161.5mg/L
- k_d : $0.06day^{-1}$
- 유출수 BOD_5 : 5.7mg/L
- Y : $0.5mgVSS/mgBOD_5$
- SRT : 10day
- BOD_5/BOD_u : 0.67

가. 포기조 부피(m^3)
나. 포기조 체류시간(HRT, hr)
다. 포기조 폭 및 길이의 규격(단, 폭 : 길이 = 1 : 2, 깊이 = 4.4m)

빈출 체크 08년 1회 | 11년 2회

가. 포기조 부피

[식] $\dfrac{1}{SRT} = \dfrac{Y \cdot (C_i - C_o) \cdot Q}{V \cdot X} - k_d$

[풀이] $V = Y \times \dfrac{(C_i - C_o) \cdot Q}{(1/SRT + k_d) \cdot X}$

$= \dfrac{0.5}{} | \dfrac{(161.5 - 5.7)mg}{L} | \dfrac{0.32m^3}{sec}$

$| \dfrac{day}{(1/10 + 0.06)} | \dfrac{L}{2,400mg} | \dfrac{3,600sec}{hr} | \dfrac{24hr}{day}$

$= 5,608.8m^3$

[답] ∴ 포기조 부피 = $5,608.8m^3$

나. 포기조 체류시간

[식] $V = Q \cdot t$

[풀이] $t = \dfrac{5,608.8m^3}{} | \dfrac{sec}{0.32m^3} | \dfrac{hr}{3,600sec} = 4.8688hr$

[답] ∴ 포기조 체류시간 = 4.87hr

다. 포기조 폭 및 길이의 규격

[식] $V = A \cdot H$

[풀이]

① $A = \dfrac{5,608.8m^3}{} | \dfrac{}{4.4m} = 1,274.7273m^2$

② 폭(W) : 길이(L) = 1 : 2이므로 L = 2W

$A = L \cdot W = 2W^2 = 1,274.7273m^2$

$W = 25.2461m, \ L = 50.4922m$

[답] ∴ $W = 25.25m, \ L = 50.49m$

08

CFSTR에서 95%의 효율로 처리하고자 한다. 이 물질은 0.5차 반응, 속도상수는 $0.05(mg/L)^{1/2}/hr$이다. 또한 유입유량은 300L/hr, 유입 농도는 150mg/L이라면 필요한 CFSTR의 부피(m^3)는 얼마인가? (단, 반응은 정상상태)

빈출 체크 06년 1회 | 09년 2회 | 10년 2회 | 12년 1회 | 15년 3회 | 16년 1회

[식] $V = \dfrac{Q \cdot (C_o - C_t)}{k \cdot C_t^{0.5}}$

[풀이]

① $C_t = C_o(1-\eta) = 150 \times (1-0.95) = 7.5 \text{mg/L}$

② $V = \dfrac{300L}{hr} \Big| \dfrac{(150-7.5)mg}{L} \Big| \dfrac{hr}{0.05(mg/L)^{0.5}}$
$\Big| \left(\dfrac{L}{7.5mg}\right)^{0.5} \Big| \dfrac{m^3}{10^3 L} = 312.2019 m^3$

[답] ∴ CFSTR 부피 = $312.20 m^3$

09

고도처리 공법의 공법명과 각 공정의 역할(유기물제거 제외)을 서술하시오.

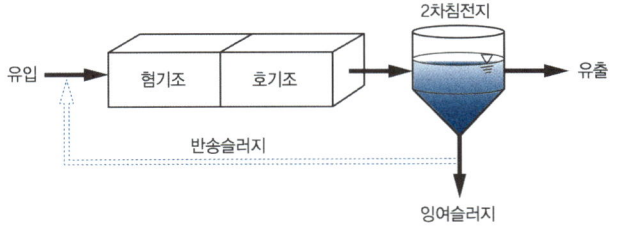

가. 공법명
나. 혐기조 역할
다. 호기조 역할

빈출 체크 05년 3회 | 15년 3회 | 22년 1회

가. A/O 공법
나. 유기물 제거 및 인 방출
다. 인의 과잉 섭취

10

물에 차아염소산염(OCl^-)을 주입하여 살균 및 소독을 할 때, 물의 pH(증가, 감소, 변화 없음) 변화를 화학식을 이용하여 서술하시오.

빈출 체크 11년 2회 | 21년 2회

$OCl^- + H_2O \rightarrow HOCl + OH^-$ 으로 수산화이온이 생성되어 pH는 증가하는 방향으로 변화

11

완전혼합 염소 접촉실을 직렬방식으로 연결하여 오수 시료 중의 박테리아수를 10^6/mL에서 15.5/mL 이하로 감소시키고자 할 때 필요한 접촉실의 수를 구하시오. (단, 1차 반응 제거율 상수는 6.5hr^{-1}, 체류시간은 20분)

빈출 체크  10년 1회

[식] $\dfrac{C_o}{C_i} = \left(\dfrac{1}{1+k \cdot t}\right)^n$

[풀이]
① 양변에 ln을 씌워 n에 대한 식으로 정리
② $\ln\dfrac{C_o}{C_i} = \ln\left(\dfrac{1}{1+k \cdot t}\right)^n$, $\ln\dfrac{C_o}{C_i} = n \times \ln\left(\dfrac{1}{1+k \cdot t}\right)$

③ $n = \dfrac{\ln\dfrac{15.5}{10^6}}{\ln\left(\dfrac{1}{1+\dfrac{6.5}{hr}\left|\dfrac{20\min}{}\right|\dfrac{hr}{60\min}}\right)} = 9.6078$

[답] ∴ 필요한 접촉실의 수 = 10개

필답형 기출문제 2008 * 3

01

박테리아($C_5H_7O_2N$)에 대한 이론적인 BOD_5/COD, BOD_5/TOC, TOC/COD의 비를 구하시오. (단, 반응은 1차 반응, 속도상수는 0.1/day, base 상용대수, 화합물은 100% 산화, 박테리아는 분해되어 CO_2, H_2O, NH_3, $BOD_u = COD$)

가. BOD_5/COD
나. BOD_5/TOC
다. TOC/COD

빈출체크 10년 2회 | 12년 3회 | 16년 1회

가. BOD_5/COD
[식] $BOD_t = BOD_u(1 - 10^{-k_1 \cdot t})$
[풀이] $\dfrac{BOD_5}{BOD_u} = \dfrac{BOD_5}{COD} = 1 - 10^{-0.1 \times 5} = 0.6838$

[답] ∴ $\dfrac{BOD_5}{COD} = 0.68$

나. BOD_5/TOC
[식] $BOD_t = BOD_u(1 - 10^{-k_1 \cdot t})$
[풀이]
① $C_5H_7O_2N + 5O_2 \rightarrow 5CO_2 + 2H_2O + NH_3$
  $\qquad 5 \times 32 \; : \; 5 \times 12$
② $BOD_u = 5 \times 32 = 160$
③ $BOD_5 = 160 \times (1 - 10^{-0.1 \times 5}) = 109.4036$
④ $\dfrac{BOD_5}{TOC} = \dfrac{109.4036}{5 \times 12} = 1.8234$

[답] ∴ $\dfrac{BOD_5}{TOC} = 1.82$

다. TOC/COD
[풀이]
① $C_5H_7O_2N + 5O_2 \rightarrow 5CO_2 + 2H_2O + NH_3$
  $\qquad 5 \times 32 \; : \; 5 \times 12$
② $\dfrac{TOC}{COD} = \dfrac{5 \times 12}{5 \times 32} = 0.375$

[답] ∴ $\dfrac{TOC}{COD} = 0.38$

02

$C_5H_7O_2N$의 BOD : NOD = 5 : 2일 때 비율을 유도하시오.

빈출체크 21년 1회

① $C_5H_7O_2N + 5O_2 \rightarrow 5CO_2 + NH_3 + 2H_2O$
② $NH_3 + 2O_2 \rightarrow HNO_3 + H_2O$

03

하천의 어느 지점 DO 농도가 5.0mg/L, 탈산소계수는 0.1day^{-1}, 재포기계수는 0.2day^{-1}, BOD$_u$는 10mg/L일 때 36시간 흐른 뒤의 하류에서의 DO 농도(mg/L)를 계산하시오. (단, 포화 용존산소농도는 9.0mg/L, 소수점 첫 번째 자리까지 구하시오. base 10)

06년 1회 | 08년 1회 | 12년 1회 | 17년 3회 | 21년 1회

[식] $D_t = \dfrac{k_1}{k_2 - k_1} L_o (10^{-k_1 \cdot t} - 10^{-k_2 \cdot t}) + D_o \times 10^{-k_2 \cdot t}$

[풀이]

① $t = \dfrac{36\text{hr}}{} \Big| \dfrac{\text{day}}{24\text{hr}} = 1.5\text{day}$

② $D_o = D_s - D = 9 - 5 = 4\text{mg/L}$

③ $D_t = \dfrac{0.1}{0.2 - 0.1} \times 10 \times (10^{-0.1 \times 1.5} - 10^{-0.2 \times 1.5})$
  $+ 4 \times 10^{-0.2 \times 1.5}$
  $= 4.0723\text{mg/L}$

④ $DO = 9 - 4.0723 = 4.9277\text{mg/L}$

[답] ∴ 하류에서의 DO 농도 = 4.9mg/L

04

유출수에 아질산성 질소 15mg/L, 암모니아성 질소 50mg/L 함유되어 있을 때 완전 질산화에 소요되는 이론적 산소 요구량(mg/L)을 구하시오.

05년 1회 | 08년 1회 | 11년 1회

[풀이]

① $NO_2^{-N} + 0.5O_2 \rightarrow NO_3^{-N}$
  14 : 0.5×32
  15mg/L : X
  $X = \dfrac{0.5 \times 32 \times 15}{14} = 17.1429\text{mg/L}$

② $NH_3^{-N} + 2O_2 \rightarrow NO_3^{-N} + H^+ + H_2O$
  14 : 2×32
  50mg/L : Y
  $Y = \dfrac{2 \times 32 \times 50}{14} = 228.5714\text{mg/L}$

③ $X + Y = 17.1429 + 228.5714 = 245.7143\text{mg/L}$

[답] ∴ 총 이론적 산소 요구량 = 245.71mg/L

05

질산화 공정은 단일단계 질산화와 분리단계 질산화 공정으로 처리가 되는데 이 둘의 차이점을 BOD$_5$/TKN비를 언급하여 서술하시오.

단일단계 질산화 공정은 BOD제거 공정과 질산화 공정이 하나의 반응조에서 진행되며 분리단계 질산화 공정은 BOD제거 공정과 질산화 공정이 다른 반응조에서 진행된다. 또한 BOD$_5$/TKN비는 단일단계 질산화 공정이 높아 안정적 운영이 가능하다.

06

폐수에 3.4g의 CH_3COOH와 0.63g의 CH_3COONa를 용해시켰을 때 pH를 구하시오. (단, CH_3COOH의 $k_a = 1.8 \times 10^{-5}$)

08년 2회 | 15년 2회 | 20년 4·5회

[식] $pH = pk_a + \log \dfrac{염}{약산}$

[풀이]

① 염(CH_3COONa) = $\dfrac{0.63g}{} \Big| \dfrac{mol}{82g} = 0.0077 mol$

② 약산(CH_3COOH) = $\dfrac{3.4g}{} \Big| \dfrac{mol}{60g} = 0.0567 mol$

③ $pH = \log \dfrac{1}{1.8 \times 10^{-5}} + \log \dfrac{0.0077}{0.0567} = 3.8776$

[답] ∴ $pH = 3.88$

07

아래의 주어진 제원을 이용하여 다음을 구하시오.

[제원]
- 처리 수량 : 50,000m³/day
- 여과지수 : 5지
- 여과속도 : 5m³/m² · hr
- 역세척 시간(1회당) : 20min
- 하루 역세척 횟수 : 6회
- 1지 규격 : 길이 : 폭 = 2 : 1

가. 하루 중 여과시간(hr/day)
나. 이론적 소요 여과 면적(m²) (1지당)
다. 여과지의 길이(m)와 폭(m)

21년 3회

가. 하루 중 여과시간

[풀이]

① 여과시간 = 24hr - 역세척 시간

② 역세척 시간 = $\dfrac{20min}{1회} \Big| \dfrac{6회}{day} \Big| \dfrac{hr}{60min} = 2hr/day$

③ 여과시간 = 24 - 2 = 22hr

[답] ∴ 하루 중 여과시간 = 22hr/day

나. 이론적 소요 여과 면적(1지당)

[식] $V = \dfrac{Q}{A}$

[풀이] $A = \dfrac{Q}{V} = \dfrac{50,000m^3}{day} \Big| \dfrac{m^2 \cdot hr}{5m^3} \Big| \dfrac{day}{22hr} \Big| \dfrac{1}{5}$

= 90.9091m²

[답] ∴ 이론적 소요 여과 면적 = 90.91m²

다. 여과지의 길이와 폭

[풀이]

① 길이 : 폭 = 2 : 1이므로 길이 = 2 × 폭

② 여과 면적 = 길이 × 폭 = 2 × 폭²

③ 90.9091m² = 2 × 폭² → 폭 = 6.742m, 길이 = 13.484m

[답] ∴ 폭 = 6.74m, 길이 = 13.48m

08

반감기가 2hr인 반응에서 물질의 농도가 1,000mg/L에서 10mg/L로 감소하는 데 걸리는 시간(hr)을 계산하시오. (단, 1차 반응)

07년 2회 | 11년 3회 | 15년 2회

[식] $\ln\dfrac{C_t}{C_o} = -k \cdot t$

[풀이]

① $\ln\dfrac{50}{100} = -k \cdot 2\text{hr} \rightarrow k = 0.3466\text{hr}^{-1}$

② $t = \dfrac{\ln\dfrac{C_t}{C_o}}{-k} = \dfrac{\ln\dfrac{10}{1,000}}{-0.3466} = 13.2867\text{hr}$

[답] ∴ $t = 13.29\text{hr}$

09

시료 1L에 0.7kg $C_8H_{12}O_3N_2$가 존재할 때 $C_8H_{12}O_3N_2$ 1kg당 $C_5H_7O_2N$ 0.5kg을 합성한다. 이때 $C_8H_{12}O_3N_2$가 최종산물과 미생물로 완전 산화될 때 필요한 산소량(kg/L)을 계산하시오. (단, 최종산물은 CO_2, H_2O, NH_3)

23년 3회

[풀이]

① $C_8H_{12}O_3N_2 + 3O_2 \rightarrow C_5H_7O_2N + 3CO_2 + NH_3 + H_2O$
　　184　　　　　　　　　：　　113
　　　X　　　　　　　　　：　0.5×0.7kg/L

$X = \dfrac{184 \times 0.5 \times 0.7}{113} = 0.5699$kg/L

② $C_8H_{12}O_3N_2 + 3O_2 \rightarrow C_5H_7O_2N + 3CO_2 + NH_3 + H_2O$
　　184　：　3×32
　0.5699kg/L　：　Y

$Y = \dfrac{3 \times 32 \times 0.5699}{184} = 0.2973$kg/L

③ $C_8H_{12}O_3N_2 + 8O_2 \rightarrow 8CO_2 + 2NH_3 + 3H_2O$
　　184　：　8×32
(0.7−0.5699)kg/L　：　Z

$Z = \dfrac{8 \times 32 \times (0.7 - 0.5699)}{184} = 0.181$kg/L

④ 필요한 산소량 = 0.2973 + 0.181 = 0.4783kg/L

[답] ∴ 필요한 산소량 = 0.48kg/L

10

CFSTR에서 95%의 효율로 처리하고자 한다. 이 물질은 1차 반응, 속도상수는 0.1/hr이다. 또한 유입유량은 300L/hr, 유입농도는 150mg/L 이라면 필요한 CFSTR의 부피(m^3)는 얼마인가? (단, 반응은 정상상태)

11년 3회 | 15년 1회

[식] $V = \dfrac{Q \cdot (C_o - C_t)}{k \cdot C_t^n}$

[풀이]

① $C_t = C_o(1 - \eta) = 150 \times (1 - 0.95) = 7.5$mg/L

② $V = \dfrac{300\text{L}}{\text{hr}} \left| \dfrac{(150 - 7.5)\text{mg}}{\text{L}} \right| \dfrac{\text{hr}}{0.1} \left| \dfrac{\text{L}}{7.5\text{mg}} \right| \dfrac{m^3}{10^3 \text{L}} = 57 m^3$

[답] ∴ CFSTR 부피 = 57m^3

11

해수담수화 방식 중 상변화 방식에 속하는 방법 2가지, 상불변 방식에 속하는 방법 2가지를 적으시오.

빈출체크 19년 1회 | 22년 2회

해수담수화 방식

상변화	결정법	냉동법
		가스수화물법
	증발법	다단플래쉬법
		다중효용법
		증기압축법
		투과기화법
상불변	막법	역삼투법
		전기투석법
	용매추출법	

12

관에 1.2m³/min의 물이 흐를 때 생기는 마찰수두손실이 10m가 되려면 관의 길이는 몇 m가 되어야 하는지 계산하시오. (단, 내경은 10cm, 마찰손실계수는 0.015)

빈출체크 05년 3회 | 11년 3회 | 15년 1회 | 18년 1회 | 20년 4·5회

[식] $h = f \times \dfrac{L}{D} \times \dfrac{V^2}{2g}$

[풀이]

① $V = \dfrac{Q}{A} = \dfrac{0.02 \text{m}^3}{\sec} \Big| \dfrac{4}{\pi (0.1\text{m})^2} = 2.5465 \text{m/sec}$

② $L = \dfrac{h \cdot D \cdot 2g}{f \cdot V^2} = \dfrac{10 \times 0.1 \times 2 \times 9.8}{0.015 \times 2.5465^2} = 201.5011 \text{m}$

[답] ∴ 관의 길이 = 201.50m

필답형 기출문제 2009 * 1

01
혐기성 소화조의 소화가스 발생량이 저하되는 원인 4가지와 대책을 기술하시오.

 19년 3회 | 22년 1회

원인	• 저농도 슬러지 유입 • 소화슬러지 과잉배출 • 조 내 온도저하 • 소화가스 누출 • 과다한 산 생성
대책	• 저농도의 경우는 슬러지 농도를 높이도록 노력한다. • 과잉배출의 경우는 배출량을 조절한다. • 저온일 때는 온도를 소정치까지 높인다. 가온시간이 정상인데 온도가 떨어지는 경우는 보일러를 점검한다. • 조 용량감소는 스컴 및 토사퇴적이 원인이므로 준설한다. 또한 슬러지 농도를 높이도록 한다. • 가스누출은 위험하므로 수리한다. • 과다한 산은 과부하, 공장폐수의 영향일 수도 있으므로, 부하조정 또는 배출 원인의 감시가 필요하다.

02
A공장의 폐수의 TKN 농도 70mg/L, NH_3^{-N} 농도 25mg/L, NO_2^{-N} 농도 2.5mg/L, NO_3^{-N} 농도 2mg/L이며, 폐수량이 14,000m³/day라면 A공장의 폐수의 총 질소 부하량(kg/day)을 계산하시오.

 06년 3회 | 09년 3회

[풀이]
① 총 질소 = TKN + NO_3^{-N} + NO_2^{-N}
= 70 + 2 + 2.5 = 74.5mg/L

② 총 질소 부하량 = $\frac{74.5\text{mg}}{\text{L}} | \frac{14,000\text{m}^3}{\text{day}} | \frac{10^3\text{L}}{\text{m}^3} | \frac{\text{kg}}{10^6\text{mg}}$
= 1,043kg/day

[답] ∴ 총 질소 부하량 = 1,043kg/day

03

1g의 박테리아가 하루에 폐수를 20g을 분해하는 것으로 밝혀졌다. 실제 폐수농도가 15mg/L일 때 같은 양의 박테리아가 10g/day의 속도로 폐수를 분해한다면, 폐수의 농도가 5mg/L일 때, 2g의 박테리아에 의한 폐수 분해속도(g/day)를 구하시오. (단, Michaelis-Menten 식 이용)

빈출 체크 11년 1회 | 11년 3회 | 14년 3회

[식] $r = R_{max} \times \dfrac{S}{K_m + S}$

[풀이]

① $r = 20 \times \dfrac{5}{15+5} = 5\text{g폐수}/\text{g박테리아} \cdot \text{day}$

② 폐수 분해속도 $= 5 \times 2 = 10\text{g/day}$

[답] ∴ 폐수 분해속도 $= 10\text{g/day}$

04

호기성 조건하에서 폐수의 암모니아를 질산염으로 산화시키려고 한다. 폐수의 암모니아성 질소농도는 22mg/L, 폐수량은 1,000m³일 때 다음을 구하시오.

$0.13NH_4^+ + 0.225O_2 + 0.02CO_2 + 0.005HCO_3^-$
$\rightarrow 0.005C_5H_7O_2N + 0.125NO_3^- + 0.25H^+ + 0.12H_2O$

가. 산소 소모량(kg)
나. 생성세포의 건조 중량(kg)
다. 폐수의 질산성 질소(NO_3^{-N})의 농도(mg/L)

빈출 체크 07년 3회 | 15년 3회

가. 산소 소모량

[풀이] $0.13NH_4^+ : 0.225O_2$

$0.13 \times 14 : 0.225 \times 32$

$22\text{kg} \quad : \quad X$

$X = \dfrac{0.225 \times 32 \times 22}{0.13 \times 14} = 87.0330\text{kg}$

[답] ∴ 산소 소모량 $= 87.03\text{kg}$

나. 생성세포의 건조 중량

[풀이] $0.13NH_4^+ : 0.005C_5H_7O_2N$

$0.13 \times 14 : 0.005 \times 113$

$22\text{kg} \quad : \quad Y$

$Y = \dfrac{0.005 \times 113 \times 22}{0.13 \times 14} = 6.8297\text{kg}$

[답] ∴ 생성세포의 건조 중량 $= 6.83\text{kg}$

다. 질산성 질소의 농도

[풀이] $0.13NH_4^+ : 0.125NO_3^-$

$0.13 \times 14 : 0.125 \times 14$

$22\text{mg/L} \quad : \quad Z$

$Z = \dfrac{0.125 \times 14 \times 22}{0.13 \times 14} = 21.1538\text{mg/L}$

[답] ∴ 질산성 질소의 농도 $= 21.15\text{mg/L}$

05

수심 0.5m, 폭 1.2m인 직사각형 단면수로(구배 1/800)의 유량(m^3/min)을 계산하시오.

[단, 소수점 첫 번째 자리까지 계산, $V = \dfrac{87}{1+\dfrac{r}{\sqrt{R}}}\sqrt{RI}$ (m/sec), 조도계수 0.3]

18년 2회 | 20년 3회

[식] $V = \dfrac{87}{1+\dfrac{r}{\sqrt{R}}}\sqrt{R \cdot I}$

[풀이]

① $R = \dfrac{HW}{2H+W} = \dfrac{0.5 \times 1.2}{2 \times 0.5 + 1.2} = 0.2727\,m$

② $V = \dfrac{87}{1+\dfrac{0.3}{\sqrt{0.2727}}} \times \sqrt{0.2727 \times (1/800)}$
$= 1.0202\,m/sec$

③ $Q = A \cdot V = \dfrac{1.2m \times 0.5m}{} \Big| \dfrac{1.0202m}{sec} \Big| \dfrac{60sec}{min}$
$= 36.7272\,m^3/min$

[답] ∴ 유량 = 36.7 m^3/min

06

접촉산화법의 단점 5가지를 기술하시오.

20년 3회

- 초기 건설비가 높음
- 부하가 클 경우 매체의 폐쇄위험
- 매체를 균일하게 포기교반하는 설정이 어려움
- 미생물량 및 영향인자를 정상상태로 유지하기 조작이 어려움
- 사수부가 발생할 우려가 있음

07

1차 반응 조건의 회분식 반응조에서 구성물의 전환율은 90%, 반응상수는 0.35hr^{-1}이라 할 때 회분식 반응조의 체류시간(hr)을 구하시오. (단, 밑수 e를 사용)

16년 1회 | 20년 1회

[식] $V\dfrac{dC}{dt} = Q \cdot C_o - Q \cdot C_t - k \cdot C_t^n \cdot V$

[풀이]

① 회분식 반응조는 유입, 유출 유량 = 0

② $\int_{C_o}^{C_t} \dfrac{1}{C} dC = -k \int_0^t dt \rightarrow \ln\dfrac{C_t}{C_o} = -k \cdot t$

③ $t = \dfrac{-\ln(10/100)}{0.35} = 6.5788\,hr$

[답] ∴ 체류시간 = 6.58 hr

08

처리수량 $1.5 \times 10^4 m^3/day$, 유리잔류염소 2mg/L, 염소 소멸율 $0.2hr^{-1}$, 접촉시간 122min일 때 필요한 염소 주입량(kg/day)을 계산하시오. (단, PFR반응 및 1차 반응 기준)

빈출체크 09년 3회

[식] $\ln \dfrac{C_t}{C_o} = -k \cdot t$

[풀이]

① $C_o = \dfrac{C_t}{e^{-k \cdot t}} = \dfrac{2mg/L}{e^{-0.2hr^{-1} \times 122min \times hr/60min}}$
  $= 3.0036 mg/L$

② 염소 주입량 $= \dfrac{3.0036mg}{L} \left| \dfrac{1.5 \times 10^4 m^3}{day} \right| \dfrac{10^3 L}{m^3} \left| \dfrac{kg}{10^6 mg} \right.$
  $= 45.054 kg/day$

[답] ∴ 염소 주입량 = 45.05 kg/day

09

메탄의 최대수율은 제거 1kg COD당 $0.35m^3 CH_4$임을 증명하고, 유량이 $675m^3/day$, COD는 3,000mg/L, COD 제거효율이 80%일 경우 다음 물음에 답하시오.

가. 증명과정
나. 발생하는 메탄량(m^3/day)

빈출체크 05년 1회 | 07년 1회 | 07년 3회 | 10년 2회 | 12년 2회
14년 3회 | 16년 1회 | 22년 1회

가. 메탄 생성 수율 증명

① $C_6H_{12}O_6 + 6O_2 \rightarrow 6CO_2 + 6H_2O$
  180kg : 6×32kg
  X : 1kg

  $X = \dfrac{180 \times 1}{6 \times 32} = 0.9375 kg$

② $C_6H_{12}O_6 \rightarrow 3CH_4 + 3CO_2$
  180kg : $3 \times 22.4 m^3$
  0.9375kg : Y

  $Y = \dfrac{3 \times 22.4 \times 0.9375}{180} = 0.35 m^3$

나. 발생하는 메탄량

[식] 발생하는 메탄량 = 메탄 생성 수율 × COD 제거량

[풀이]

① COD 제거량 $= \dfrac{675m^3}{day} \left| \dfrac{3,000mg}{L} \right| \dfrac{0.8}{} \left| \dfrac{10^3 L}{m^3} \right| \dfrac{kg}{10^6 mg}$
  $= 1,620 kg/day$

② 발생하는 메탄량 $= \dfrac{0.35 m^3}{kg} \left| \dfrac{1,620 kg}{day} \right. = 567 m^3/day$

[답] ∴ 발생하는 메탄량 $= 567 m^3/day$

10

다음의 생물학적 인 제거 공정인 phostrip 공정의 개념도에서 각각의 역할에 대하여 설명하시오.

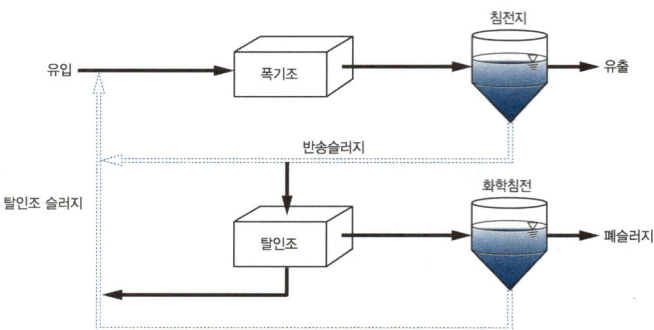

가. 폭기조(유기물제거 제외)
나. 탈인조
다. 화학침전
라. 탈인조 슬러지

빈출 체크 07년 3회 | 10년 2회 | 14년 3회 | 17년 1회 | 21년 1회

가. 폭기조 : 인의 과잉 섭취
나. 탈인조 : 인의 방출
다. 화학침전 : 인의 응집침전
라. 탈인조 슬러지 : 슬러지를 반송하여 인의 과잉 흡수 유도

11

HOCl과 OCl⁻을 이용한 살균 소독공정에서 pH가 6.8, 온도는 20℃, 평형상수가 2.2×10^{-8}이라면 [HOCl]/[OCl⁻]의 비율은?

빈출 체크 10년 3회 | 16년 2회 | 18년 1회

[식] $HOCl \rightarrow H^+ + OCl^-$, $k = \dfrac{[H^+][OCl^-]}{[HOCl]}$

[풀이] $\dfrac{[HOCl]}{[OCl^-]} = \dfrac{[H^+]}{k} = \dfrac{10^{-6.8}}{2.2 \times 10^{-8}} = 7.2041$

[답] ∴ $\dfrac{[HOCl]}{[OCl^-]} = 7.20$

12

호소의 부영양화 호소 내 대책 중 물리적 대책 4가지를 적으시오.

빈출 체크 16년 2회 | 19년 3회 | 22년 3회

• 영양염류가 높은 심층수 방류
• 영양염류가 적은 물을 섞어 교환율을 높임
• 차광막을 이용한 빛의 차단으로 조류의 증식을 막음
• 심층폭기나 순환을 시켜 저질토로부터 인이 방출되는 것을 막음
• 수초 및 조류 제거

필답형 기출문제 2009 * 2

01

글루코스 150mg/L와 벤젠 15mg/L 용액의 총 이론적 산소요구량(mg/L)과 총 유기탄소량(mg/L)을 계산하시오.

가. 총 이론적 산소요구량(mg/L)
나. 총 유기탄소량(mg/L)

 11년 3회 | 15년 3회

가. 총 이론적 산소요구량

[풀이]

① $C_6H_{12}O_6 + 6O_2 \rightarrow 6CO_2 + 6H_2O$

    180   : 6×32
  150mg/L : X

$$X = \frac{6 \times 32 \times 150}{180} = 160 \text{mg/L}$$

② $C_6H_6 + 7.5O_2 \rightarrow 6CO_2 + 3H_2O$

    78   : 7.5×32
  15mg/L : Y

$$Y = \frac{7.5 \times 32 \times 15}{78} = 46.1538 \text{mg/L}$$

③ 총 이론적 산소요구량
  $= 160 + 46.1538 = 206.1538 \text{mg/L}$

[답] ∴ 총 이론적 산소요구량 $= 206.15 \text{mg/L}$

나. 총 유기탄소량

[풀이]

① $C_6H_{12}O_6 + 6O_2 \rightarrow 6CO_2 + 6H_2O$

    180   : 6×12
  150mg/L : X

$$X = \frac{6 \times 12 \times 150}{180} = 60 \text{mg/L}$$

② $C_6H_6 + 7.5O_2 \rightarrow 6CO_2 + 3H_2O$

    78   : 6×12
  15mg/L : Y

$$Y = \frac{6 \times 12 \times 15}{78} = 13.8462 \text{mg/L}$$

③ 총 유기탄소량 $= 60 + 13.8462 = 73.8462 \text{mg/L}$

[답] ∴ 총 유기탄소량 $= 73.85 \text{mg/L}$

02

수직고도 30m 위에 있는 곳으로 관의 직경은 20cm, 총 연장은 200m의 배수관을 통해 유량 0.1m³/sec의 물을 양수하고자 한다. 다음을 구하시오.

가. 관로의 마찰손실수두를 고려할 때 펌프의 총 양정(m)
   (단, f = 0.03)

나. 70%의 효율을 갖는 펌프의 소요동력(kW)
   (단, 물의 밀도는 1g/cm³)

빈출체크 06년 1회 | 07년 1회 | 11년 1회 | 13년 2회 | 16년 1회 | 22년 2회

가. 펌프의 총 양정

[식] $H = h + f \times \dfrac{L}{D} \times \dfrac{V^2}{2g} + \dfrac{V^2}{2g}$

[풀이]

① $V = \dfrac{Q}{A} = \dfrac{0.1 m^3}{sec} \Big| \dfrac{4}{\pi \times (0.2m)^2} = 3.1831 m/sec$

② $H = 30 + 0.03 \times \dfrac{200}{0.2} \times \dfrac{(3.1831)^2}{2 \times 9.8} + \dfrac{(3.1831)^2}{2 \times 9.8}$
   $= 46.0253 m$

[답] ∴ 펌프의 총 양정 = 46.03m

나. 펌프의 소요동력

[식] $P = \dfrac{\rho \cdot g \cdot Q \cdot H}{\eta}$

[풀이]

① $P = \dfrac{1,000kg}{m^3} \Big| \dfrac{9.8m}{sec^2} \Big| \dfrac{0.1m^3}{sec} \Big| \dfrac{46.03m}{} \Big| \dfrac{1}{0.7}$
   $= 64,442 W (kg \cdot m^2/sec^3)$

② $P = \dfrac{64,442W}{} \Big| \dfrac{kW}{10^3 W} = 64.442 kW$

[답] ∴ 펌프의 소요동력 = 64.44kW

03

혐기성 조건에서 Glucose가 분해될 때 최종 BOD 1kg당 발생 가능한 메탄가스의 부피는 30℃에서 몇 m³인지 계산하시오.

빈출체크 06년 1회 | 09년 3회 | 11년 3회 | 14년 2회 | 20년 4·5회

[풀이]

① $C_6H_{12}O_6 + 6O_2 \rightarrow 6CO_2 + 6H_2O$
   180 : 6×32
   X : 1kg

   $X = \dfrac{180 \times 1}{6 \times 32} = 0.9375 kg$

② $C_6H_{12}O_6 \rightarrow 3CH_4 + 3CO_2$
   180kg : 3×22.4Sm³
   0.9375kg : Y

   $Y = \dfrac{3 \times 22.4 \times 0.9375}{180} = 0.35 Sm^3$

③ 온도 보정

   $\dfrac{0.35 Sm^3}{} \Big| \dfrac{273 + 30}{273} = 0.3885 m^3$

[답] ∴ 메탄가스의 부피 = 0.39m³

04

CFSTR에서 95%의 효율로 처리하고자 한다. 이 물질은 0.5차 반응, 속도상수는 $0.05(mg/L)^{1/2}/hr$이다. 또한 유입유량은 300L/hr, 유입 농도는 150mg/L이라면 필요한 CFSTR의 부피(m^3)는 얼마인가? (단, 반응은 정상상태)

빈출체크 06년 1회 | 08년 2회 | 10년 2회 | 12년 1회 | 15년 3회 | 16년 1회

[식] $V = \dfrac{Q \cdot (C_o - C_t)}{k \cdot C_t^n}$

[풀이]
① $C_t = C_o(1-\eta) = 150 \times (1-0.95) = 7.5 mg/L$

② $V = \dfrac{300L}{hr} \Big| \dfrac{(150-7.5)mg}{L} \Big| \dfrac{hr}{0.05(mg/L)^{0.5}} \Big| \left(\dfrac{L}{7.5mg}\right)^{0.5} \Big| \dfrac{m^3}{10^3 L}$

$= 312.2019 m^3$

[답] ∴ CFSTR 부피 $= 312.20 m^3$

05

NO_3^-의 탈질 총괄 반응식이 다음과 같을 때, NO_3^- 농도가 30mg/L 함유된 폐수 $1,000 m^3/day$를 탈질시키는 데 요구되는 메탄올의 양(kg/day)을 계산하시오.

$$\dfrac{1}{6}CH_3OH + \dfrac{1}{5}NO_3^- + \dfrac{1}{5}H^+ \rightarrow \dfrac{1}{10}N_2 + \dfrac{1}{6}CO_2 + \dfrac{13}{30}H_2O$$

빈출체크 07년 2회 | 08년 1회 | 11회 3회

[풀이]
① NO_3^- 유입량 $= \dfrac{30mg}{L} \Big| \dfrac{1,000 m^3}{day} \Big| \dfrac{kg}{10^6 mg} \Big| \dfrac{10^3 L}{m^3}$

$= 30 kg/day$

② $6NO_3^- : 5CH_3OH$
$6 \times 62 : 5 \times 32$
$30 kg/day : X$

$X = \dfrac{5 \times 32 \times 30}{6 \times 62} = 12.9032 kg/day$

[답] ∴ 메탄올의 요구량 $= 12.90 kg/day$

06

COD가 2,000mg/L인 폐수를 처리하기 위하여 처리조를 설계하고자 한다. MLSS농도는 3,500mg/L, SDI는 7,000mg/L, 유출수 COD는 150mg/L 이하여야 한다. MLVSS를 기준으로 한 속도상수는 $0.469 L/g \cdot hr$이며, MLSS의 70%가 MLVSS, 폐수 중 NBDCOD는 125mg/L 일 때 반응시간(hr)을 계산하시오.

빈출체크 12년 2회

[식] $\theta = \dfrac{S_i - S_o}{K \cdot S_o \cdot X}$

[풀이]
① $R = \dfrac{X}{X_r - X} = \dfrac{3,500}{7,000 - 3,500} = 1$

② $C_m = \dfrac{C_1 \cdot Q_1 + C_2 \cdot Q_2}{Q_1 + Q_2} = \dfrac{2,000 Q_1 + 150 Q_1}{Q_1 + Q_1}$

$= 1,075 mg/L$

③ $S_i = COD_i - NBDCOD = 1,075 - 125 = 950 mg/L$
④ $S_o = COD_o - NBDCOD = 150 - 125 = 25 mg/L$
⑤ $X = MLSS \times 0.7 = 3,500 \times 0.7 = 2,450 mg/L$
⑥ $\theta = \dfrac{(950-25)mg}{L} \Big| \dfrac{g \cdot hr}{0.469 L} \Big| \dfrac{L}{25 mg} \Big| \dfrac{L}{2,450 mg} \Big| \dfrac{10^3 mg}{g}$

$= 32.2005 hr$

[답] ∴ 반응시간 $= 32.20 hr$

07

$C_5H_7O_2N$을 BOD로 환산할 때 사용하는 1.42라는 계수를 유도하시오.
(단, 내생호흡 기준)

[풀이] $C_5H_7O_2N + 5O_2 \rightarrow 5CO_2 + 2H_2O + NH_3$
  113 : 5×32
  1 : X

$$X = \frac{5 \times 32 \times 1}{113} = 1.4159 \, BOD_u/미생물$$

[답] ∴ 환산 계수 = $1.42 \, BOD_u/미생물$

08

폐수의 중화를 위하여 NaOH 200kg/day를 이용하는 시설이 있다. 기존에 사용하는 NaOH 대신 $Ca(OH)_2$ 순도 80%를 이용하여 처리하고자 할 때 하루에 소요되는 양(kg/day)을 계산하시오.

[풀이]
① NaOH 당량 = $\frac{200kg}{day} \Big| \frac{10^3 g}{kg} \Big| \frac{eq}{40g} = 5,000 \, eq/day$

② 소요되는 양 = $\frac{5,000 \, eq}{day} \Big| \frac{(74/2)g}{eq} \Big| \frac{1}{0.8} \Big| \frac{kg}{10^3 g}$
  = $231.25 \, kg/day$

[답] ∴ 소요되는 양 = 231.25 kg/day

09

활성슬러지법에 의한 하수처리장의 포기조에 대하여 다음 물음에 답하시오.

[조건]
- 유입 BOD_5 농도 : 250mg/L
- 유출 BOD_5 농도 : 20mg/L
- 유입 유량 : $0.25 \, m^3/sec$
- BOD_5/BOD_u : 0.7
- 잉여슬러지양 : 1,700kg/day
- 공기밀도 : $1.2 \, kg/m^3$
- 산소전달효율 : 0.08
- 안전율 : 2
- 공기 중 산소의 중량분율 : 0.23

$$O_2(kg/day) = \frac{Q \cdot (S_i - S_o) \cdot (10^3 g/kg)^{-1}}{f} - 1.42(P_x)$$

가. 산소의 필요량(kg/day)
나. 설계 시 공기의 필요량(m^3/day)

가. 산소의 필요량

[식] $O_2 = \dfrac{Q \cdot (S_i - S_o) \cdot (10^3 g/kg)^{-1}}{f} - 1.42(P_x)$

[풀이] $O_2 = \dfrac{21,600 \times (250-20) \cdot (10^3 g/kg)^{-1}}{0.7}$
  $- 1.42 \times 1,700 = 4,683.1429 \, kg/day$

[답] ∴ 산소의 필요량 = 4,683.14 kg/day

나. 설계 시 공기의 필요량
[풀이] 설계 시 공기의 필요량
  = $\dfrac{4,683.14 \, kg}{day} \Big| \dfrac{100 \, Air}{23 \, O_2} \Big| \dfrac{m^3}{1.2 \, kg} \Big| \dfrac{100}{8} \Big| \dfrac{2}{}$
  = $424,197.4638 \, m^3/day$

[답] ∴ 설계 시 공기의 필요량 = $424,197.46 \, m^3/day$

10

다음 처리장의 조건으로 아래 물음에 답하시오.

[조건]
- 처리 유량 : 2,000m³/day
- MLSS 농도 : 3,000mg/L
- 체류 시간 : 6hr
- 생성수율(Y) : 0.8
- 유입 BOD 농도 : 250mg/L
- 내호흡계수(k_d) : 0.05day⁻¹
- 제거효율 : 90%

가. 세포체류시간(SRT, day)
나. F/M 비(day⁻¹)
다. 슬러지 생산량(kg/day)

17년 3회

가. 세포체류시간

[식] $\dfrac{1}{SRT} = \dfrac{Y \cdot (C_i - C_o) \cdot Q}{V \cdot X} - k_d$

[풀이]

① $\dfrac{1}{SRT} = \dfrac{Y \cdot (C_i - C_o)}{t \cdot X} - k_d$

$= \dfrac{0.8}{} \Big| \dfrac{(250 - 250 \times 0.1)\text{mg}}{L} \Big| \dfrac{L}{6\text{hr}} \Big| \dfrac{L}{3,000\text{mg}}$

$\Big| \dfrac{24\text{hr}}{\text{day}} - 0.05\text{day}^{-1} = 0.19\text{day}^{-1}$

② SRT = 5.2632day ⋯ ①번 식을 구한 후 역수를 취한 것

[답] ∴ 세포체류시간 = 5.26day

나. F/M 비

[식] $F/M = \dfrac{BOD \cdot Q}{V \cdot X}$

[풀이]

① $V = Q \cdot t = \dfrac{2,000\text{m}^3}{\text{day}} \Big| \dfrac{6\text{hr}}{} \Big| \dfrac{\text{day}}{24\text{hr}} = 500\text{m}^3$

② $F/M = \dfrac{250\text{mg}}{L} \Big| \dfrac{2,000\text{m}^3}{\text{day}} \Big| \dfrac{1}{500\text{m}^3} \Big| \dfrac{L}{3,000\text{mg}}$

$= 0.3333\text{day}^{-1}$

[답] ∴ F/M = 0.33day⁻¹

다. 슬러지 생산량

[식] $Q_w \cdot X_w = Y \cdot (C_i - C_o) \cdot Q - k_d \cdot X \cdot V$

[풀이]

① $V = Q \cdot t = \dfrac{2,000\text{m}^3}{\text{day}} \Big| \dfrac{6\text{hr}}{} \Big| \dfrac{\text{day}}{24\text{hr}} = 500\text{m}^3$

② $Q_w \cdot X_w$

$= \dfrac{0.8}{} \Big| \dfrac{250\text{mg}}{L} \Big| \dfrac{2,000\text{m}^3}{\text{day}} \Big| \dfrac{90}{100} \Big| \dfrac{10^3 L}{\text{m}^3} \Big| \dfrac{\text{kg}}{10^6 \text{mg}}$

$- \dfrac{0.05}{\text{day}} \Big| \dfrac{3,000\text{mg}}{L} \Big| \dfrac{500\text{m}^3}{} \Big| \dfrac{10^3 L}{\text{m}^3} \Big| \dfrac{\text{kg}}{10^6 \text{mg}}$

$= 285\text{kg/day}$

[답] ∴ 슬러지 생산량 = 285kg/day

필답형 기출문제 2009 * 3

01

1시간 접촉 후 유리잔류염소 0.5mg/L, 결합잔류염소 0.4mg/L을 만들기 위해 가해주어야 할 NaOCl의 1일 첨가량을 각각의 경우 계산하시오. (단, 유량 24,000m³/day, Na와 Cl의 원자량은 각각 23, 35.5)

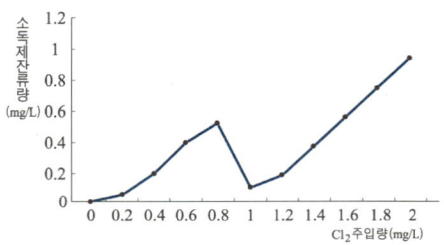

가. 유리잔류염소 0.5mg/L일 시
나. 결합잔류염소 0.4mg/L일 시

빈출 체크 06년 3회 | 13년 1회

가. 유리잔류염소 0.5mg/L일 때 첨가량

[풀이]

① 염소주입량 $= \dfrac{1.6\text{mg}}{\text{L}} \Big| \dfrac{24{,}000\text{m}^3}{\text{day}} \Big| \dfrac{10^3\text{L}}{\text{m}^3} \Big| \dfrac{\text{kg}}{10^6\text{mg}}$

$= 38.4\text{kg/day}$

②   Cl₂   : NaOCl
     71   : 74.5
38.4kg/day : X

$X = \dfrac{74.5 \times 38.4}{71} = 40.2930\text{kg/day}$

※ 결합잔류염소가 0.1mg/L 존재하므로 소독제 잔류량은 유리잔류염소 0.5mg/L을 더한 0.6mg/L로 계산한다.

[답] ∴ 첨가량 = 40.29kg/day

나. 결합잔류염소 0.4mg/L일 때 첨가량

[풀이]

① 염소주입 $= \dfrac{0.6\text{mg}}{\text{L}} \Big| \dfrac{24{,}000\text{m}^3}{\text{day}} \Big| \dfrac{10^3\text{L}}{\text{m}^3} \Big| \dfrac{\text{kg}}{10^6\text{mg}}$

$= 14.4\text{kg/day}$

②   Cl₂   : NaOCl
     71   : 74.5
14.4kg/day : X

$X = \dfrac{74.5 \times 14.4}{71} = 15.1099\text{kg/day}$

[답] ∴ 첨가량 = 15.11kg/day

02

혐기성 조건에서 Glucose가 분해될 때 최종 BOD 1kg당 발생 가능한 메탄가스의 부피는 30℃에서 몇 m^3인지 계산하시오.

 06년 1회 | 09년 2회 | 11년 3회 | 14년 2회 | 20년 4·5회

[풀이]

① $C_6H_{12}O_6 + 6O_2 \rightarrow 6CO_2 + 6H_2O$
　　180　　　: 6×32
　　　X　　　: 1kg

$X = \dfrac{180 \times 1}{6 \times 32} = 0.9375 \text{kg}$

② $C_6H_{12}O_6 \rightarrow 3CH_4 + 3CO_2$
　180kg　　: $3 \times 22.4 Sm^3$
　0.9375kg : 　Y

$Y = \dfrac{3 \times 22.4 \times 0.9375}{180} = 0.35 Sm^3$

③ 온도 보정

$\dfrac{0.35 Sm^3}{} \Big| \dfrac{273 + 30}{273} = 0.3885 m^3$

[답] ∴ 메탄가스의 부피 = $0.39 m^3$

03

직경이 500mm, 유량 $0.5m^3/sec$, 길이 1km인 하수관에서 발생하는 손실수두(m)를 계산하시오. (단, Manning 공식 이용, 만관, n = 0.015)

[식] $H = I \cdot L$

[풀이]

① $V = \dfrac{1}{n} \cdot I^{1/2} \cdot R^{2/3} \rightarrow I = \left(\dfrac{n \cdot V}{R^{2/3}}\right)^2$

② $V = \dfrac{Q}{A} = \dfrac{0.5 m^3}{sec} \Big| \dfrac{1}{\left(\dfrac{\pi \cdot (0.5m)^2}{4}\right)} = 2.5465 m/sec$

③ $R = \dfrac{D}{4} = \dfrac{0.5m}{4} = 0.125m$

④ $I = \left(\dfrac{0.015 \times 2.5465}{0.125^{2/3}}\right)^2 = 0.0233$

⑤ $H = 0.0233 \times 1,000 = 23.3 m$

[답] ∴ 손실수두 = 23.3m

04

A공장의 폐수의 TKN 농도 70mg/L, NH_3^{-N} 농도 25mg/L, NO_2^{-N} 농도 2.5mg/L, NO_3^{-N} 농도 2mg/L이며, 폐수량이 $14,000m^3/day$라면 A공장의 폐수의 총 질소 부하량(kg/day)을 계산하시오.

 06년 3회 | 09년 1회

[풀이]

① 총 질소 = TKN + NO_3^{-N} + NO_2^{-N}
　　　　= 70 + 2 + 2.5 = 74.5 mg/L

② 총 질소 부하량 = $\dfrac{74.5 mg}{L} \Big| \dfrac{14,000 m^3}{day} \Big| \dfrac{10^3 L}{m^3} \Big| \dfrac{kg}{10^6 mg}$
　　　　　　　 = 1,043 kg/day

[답] ∴ 총 질소 부하량 = 1,043 kg/day

05

지하수가 4개의 대수층을 통과할 때 수평방향과 수직방향의 평균 투수계수 K_x와 K_y를 구하시오.

K_1	10cm/day	20cm
K_2	50cm/day	5cm
K_3	1cm/day	10cm
K_4	5cm/day	10cm

가. 수평방향 평균투수계수
나. 수직방향 평균투수계수

빈출체크 07년 3회 | 15년 1회 | 18년 2회 | 20년 3회

가. 수평방향 평균투수계수

[식] $K_X = \dfrac{\sum_{i=1}^{n}(K_i \cdot H_i)}{\sum_{i=1}^{n}(H_i)}$

[풀이] $K_X = \dfrac{K_1 \cdot H_1 + K_2 \cdot H_2 + K_3 \cdot H_3 + K_4 \cdot H_4}{H_1 + H_2 + H_3 + H_4}$

$= \dfrac{10 \times 20 + 50 \times 5 + 1 \times 10 + 5 \times 10}{20 + 5 + 10 + 10}$

$= 11.3333 \text{cm/day}$

[답] ∴ 수평방향 평균투수계수 = 11.33cm/day

나. 수직방향 평균투수계수

[식] $K_Y = \dfrac{\sum_{i=1}^{n}(H_i)}{\sum_{i=1}^{n}\left(\dfrac{H_i}{K_i}\right)}$

[풀이] $K_Y = \dfrac{H_1 + H_2 + H_3 + H_4}{\dfrac{H_1}{K_1} + \dfrac{H_2}{K_2} + \dfrac{H_3}{K_3} + \dfrac{H_4}{K_4}}$

$= \dfrac{20 + 5 + 10 + 10}{\dfrac{20}{10} + \dfrac{5}{50} + \dfrac{10}{1} + \dfrac{10}{5}} = 3.1915 \text{cm/day}$

[답] ∴ 수직방향 평균투수계수 = 3.19cm/day

06

수면적부하 28.8m³/m²·day이고, SS의 침강속도 분포가 다음 표와 같은 침전지에서 기대할 수 있는 SS의 제거 효율은 몇 %인가?

침강속도(cm/min)	3	2	1	0.7	0.5
SS백분율	20	25	30	15	10

빈출체크 16년 2회 | 20년 1회 | 23년 2회

[풀이]

① $V_0 = \dfrac{28.8\text{m}^3}{\text{m}^2 \cdot \text{day}} \Big| \dfrac{100\text{cm}}{\text{m}} \Big| \dfrac{\text{day}}{24\text{hr}} \Big| \dfrac{\text{hr}}{60\text{min}} = 2\text{cm/min}$

※ 수면적부하보다 클 경우 전부 제거

② $\eta_1 = \dfrac{1}{2} = 0.5$ 이므로 $30 \times 0.5 = 15\%$ 제거

③ $\eta_{0.7} = \dfrac{0.7}{2} = 0.35$ 이므로 $15 \times 0.35 = 5.25\%$ 제거

④ $\eta_{0.5} = \dfrac{0.5}{2} = 0.25$ 이므로 $10 \times 0.25 = 2.5\%$ 제거

⑤ SS 제거 효율 = $20 + 25 + 15 + 5.25 + 2.5 = 67.75\%$

[답] ∴ SS 제거 효율 = 67.75%

07

유량 600m³/day, 부피 200m³, Y는 0.7, k_d는 0.05day⁻¹, MLSS는 5,000mg/L, 유입 BOD는 500mg/L, BOD 처리효율이 90%일 때 발생하는 슬러지양(kg/day)은?

빈출 체크 12년 3회

[식]
$$Q_w \cdot X_w = Y \cdot BOD \cdot Q \cdot \eta - V \cdot k_d \cdot X$$

[풀이] ※ m, kg, day 단위로 통일

① $BOD = \dfrac{500mg}{L} \Big| \dfrac{10^3 L}{m^3} \Big| \dfrac{kg}{10^6 mg} = 0.5 kg/m^3$

② $X = \dfrac{5,000mg}{L} \Big| \dfrac{10^3 L}{m^3} \Big| \dfrac{kg}{10^6 mg} = 5 kg/m^3$

③ $Q_w \cdot X_w = 0.7 \times 0.5 \times 600 \times 0.9 - 200 \times 0.05 \times 5$
  $= 139 kg/day$

[답] ∴ 슬러지양 = 139kg/day

08

다음에 주어진 조건을 이용하여 탈질에 사용되는 무산소조의 체류시간을 계산하시오.

[조건]
- 유입수 NO_3^--N 농도 : 22mg/L
- 유출수 NO_3^--N 농도 : 3mg/L
- $U_{DN(20℃)}$: 0.1day⁻¹
- 온도 : 10℃
- MLVSS 농도 : 2,000mg/L
- DO 농도 : 0.1mg/L
- $U'_{DN} = U_{DN} \times k^{(T-20)} (1-DO)$ (단, $k = 1.09$)

빈출 체크 12년 3회 | 16년 2회 | 22년 3회

[식] $\theta = \dfrac{S_i - S_o}{U_{DN} \cdot X}$

[풀이]
① $U_{DN} = 0.1 \times 1.09^{(10-20)} \times (1-0.1) = 0.038 day^{-1}$

② $\theta = \dfrac{(22-3)mg}{L} \Big| \dfrac{day}{0.038} \Big| \dfrac{L}{2,000mg} \Big| \dfrac{24hr}{day} = 6hr$

[답] ∴ 무산소조의 체류시간 = 6hr

09

막 공법의 추진력을 쓰시오.

가. 투석
나. 전기투석
다. 역삼투

빈출 체크 07년 2회 | 07년 3회 | 10년 1회 | 13년 1회 | 15년 3회
16년 2회 | 18년 3회 | 19년 1회 | 20년 4·5회 | 21년 3회

가. 투석 : 농도차
나. 전기투석 : 전위차
다. 역삼투 : 정수압차

10

처리수량 $1.5 \times 10^4 \text{m}^3/\text{day}$, 유리잔류염소 2mg/L, 염소 소멸율 0.2hr^{-1}, 접촉시간 122min일 때 필요한 염소 주입량(kg/day)을 계산하시오. (단, PFR반응 및 1차 반응 기준)

09년 1회

[식] $\ln \dfrac{C_t}{C_o} = -k \cdot t$

[풀이]

① $C_o = \dfrac{C_t}{e^{-k \cdot t}} = \dfrac{2\text{mg/L}}{e^{-0.2\text{hr}^{-1} \times 122\text{min} \times \text{hr}/60\text{min}}}$

   $= 3.0036 \text{mg/L}$

② 염소 주입량 $= \dfrac{3.0036\text{mg}}{\text{L}} \Big| \dfrac{1.5 \times 10^4 \text{m}^3}{\text{day}} \Big| \dfrac{10^3 \text{L}}{\text{m}^3} \Big| \dfrac{\text{kg}}{10^6 \text{mg}}$

   $= 45.054 \text{kg/day}$

[답] ∴ 염소 주입량 $= 45.05 \text{kg/day}$

11

하수에 함유된 NH_3-N, COD 성분이 다음의 생물학적 질산화-탈질 조합공정의 탈질조 및 포기조에서의 화학적 조성변화와 각 조의 역할에 관하여 서술하시오.

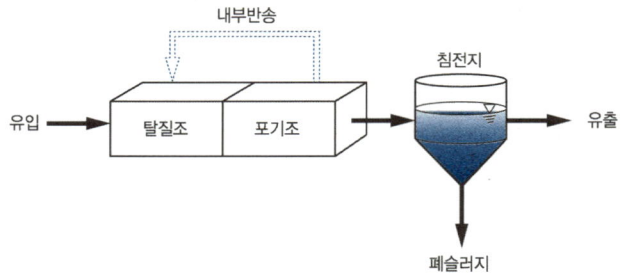

가. 탈질조
  - 화학적 조성변화 :
  - 역할 :

나. 포기조
  - 화학적 조성변화 :
  - 역할 :

11년 2회

가. 탈질조
  - 화학적 조성변화 : 아질산 및 질산이 탈질화 반응을 일으켜 pH가 증가되며 COD가 유기탄소원으로 소비됨
  - 역할 : 유기물 제거 및 탈질화

나. 포기조
  - 화학적 조성변화 : 암모니아성 질소가 질산화 반응을 일으켜 pH가 낮아지며 COD가 호기성 분해됨
  - 역할 : 유기물 제거 및 질산화

필답형 기출문제

2010 * 1

01

2차 반응에 따라 붕괴하는 초기농도가 2.6×10^{-4}M인 오염물질의 20℃ 속도상수가 106.8L/mol·hr일 때 아래 물음에 답하시오.

가. 2시간 후의 물질농도(M)는?

나. 온도가 30℃로 상승 시 2시간 뒤 농도(M)는? (단, θ값은 1.062)

빈출체크 15년 3회 | 23년 1회

가. 2시간 후의 물질농도

[식] $\dfrac{1}{C_t} - \dfrac{1}{C_o} = k \cdot t$

[풀이]

① $\dfrac{1}{C_t} = k \cdot t + \dfrac{1}{C_o}$ ·················· 우항을 통분

② $\dfrac{1}{C_t} = \dfrac{k \cdot t \cdot C_o + 1}{C_o}$ ·············· 양변을 역수 취함

③ $C_2 = \dfrac{C_o}{k \cdot 2C_o + 1} = \dfrac{2.6 \times 10^{-4}}{106.8 \times 2 \times 2.6 \times 10^{-4} + 1}$

  $= 2.4632 \times 10^{-4}$M

[답] ∴ $C_2 = 2.46 \times 10^{-4}$M

나. 30℃로 상승 시 2시간 뒤 농도

[식] ① $k_T = k_{20℃} \times 1.062^{(T-20)}$

  ② $\dfrac{1}{C_t} - \dfrac{1}{C_o} = k \cdot t$

[풀이]

① $k_{30} = 106.8 \times 1.062^{(30-20)} = 194.9021$L/mol·hr

② $C_2 = \dfrac{C_o}{k \cdot 2C_o + 1} = \dfrac{2.6 \times 10^{-4}}{194.9021 \times 2 \times 2.6 \times 10^{-4} + 1}$

  $= 2.3607 \times 10^{-4}$M

[답] ∴ $C_2 = 2.36 \times 10^{-4}$M

02

하수처리를 위한 시설을 인구 6,000명인 도시에 설치하였다. 유량은 380L/인·day, 유입 BOD_5는 200mg/L, 제거효율은 90%, 생성계수(Y)는 0.5gMLVSS/$gBOD_5$, 내호흡계수(k_d)는 0.06day^{-1}, 총 고형물 중 생물분해가 가능한 분율은 0.8, MLVSS는 MLSS의 70%이다. 이때 운전 MLSS농도(mg/L)는? (단, 산화구 반응시간 1일, 반송비 0.5)

[식] $X_w \cdot Q_w = Y \cdot BOD \cdot Q \cdot \eta - V \cdot k_d \cdot X$

[풀이]
① $Q = \frac{380L}{인 \cdot day} | \frac{6,000인}{} | \frac{m^3}{10^3 L} = 2,280 m^3/day$

② $V = Q \cdot t = (2,280 m^3/day \times 1.5) \times 1 day = 3,420 m^3$
※ 반응조 부피는 반송비를 고려한 유량을 이용

③ 잉여슬러지 언급이 없으므로 $X_w \cdot Q_w = 0$
$Y \cdot BOD \cdot Q \cdot \eta = V \cdot k_d \cdot X$

$X = \frac{Y \cdot BOD \cdot Q \cdot \eta}{V \cdot k_d}$

$= \frac{0.5 gMLVSS}{gBOD_5} | \frac{200 mg}{L} | \frac{2,280 m^3}{day} | \frac{1}{3,420 m^3} |$

$\frac{0.90}{0.06} = 1,000 mg/L$

④ $MLSS = \frac{1,000 mg}{L} | \frac{1}{0.8} | \frac{100}{70} = 1,785.7143 mg/L$

[답] ∴ $MLSS = 1,785.71 mg/L$

빈출체크 08년 2회 | 13년 1회 | 17년 1회 | 20년 2회

03

공기 탈기법과 파과점 염소 주입법의 원리와 화학식을 쓰시오.

가. 공기 탈기법
나. 파과점 염소 주입법

가. 공기 탈기법
- 원리 : 폐수에 공기를 주입하여 암모니아의 분압을 감소시키면 암모니아가 물로부터 분리되어 공기 중으로 날아가는 현상을 이용한 공정
- 화학식
$NH_4^+ + OH^- \rightleftharpoons NH_3 + H_2O$ … pH 10.5 ~ 11.5

나. 파과점 염소 주입법
- 원리 : 폐수에 파과점 이상으로 염소를 주입하여 암모니아성 질소를 산화시켜 질소 가스나 기타 안정된 화합물로 바꾸는 공정
- 화학식
$2NH_4^+ + 3Cl_2 \rightarrow N_2 \uparrow + 6HCl + 2H^+$ … pH 10 ↑

04

완전혼합 염소 접촉실을 직렬방식으로 연결하여 오수 시료 중의 박테리아수를 10^6/mL에서 15.5/mL 이하로 감소시키고자 할 때 필요한 접촉실의 수를 구하시오. (단, 1차 반응 제거율 상수는 $6.5hr^{-1}$, 체류시간은 20분)

빈출체크 08년 2회

[식] $\dfrac{C_t}{C_o} = \left(\dfrac{1}{1+k \cdot t}\right)^n$

[풀이]
① 양변에 ln을 씌워 n에 대한 식으로 정리

② $\ln\dfrac{C_t}{C_o} = \ln\left(\dfrac{1}{1+k \cdot t}\right)^n$, $\ln\dfrac{C_t}{C_o} = n \times \ln\left(\dfrac{1}{1+k \cdot t}\right)$

③ $n = \dfrac{\ln\dfrac{15.5}{10^6}}{\ln\left(\dfrac{1}{1+\dfrac{6.5}{hr}|\dfrac{20min}{}|\dfrac{hr}{60min}}\right)} = 9.6078$

[답] ∴ 필요한 접촉실의 수 = 10개

05

TS = 325mg/L, FS = 200mg/L, VSS = 55mg/L, TSS = 100mg/L일 때 TDS, VS, FSS, VDS, FDS를 구하시오.

빈출체크 18년 1회 | 21년 3회

- TS = TDS + TSS
  TDS = TS - TSS = 325 - 100 = 225mg/L
- TS = VS + FS
  VS = TS - FS = 325 - 200 = 125mg/L
- TSS = VSS + FSS
  FSS = TSS - VSS = 100 - 55 = 45mg/L
- VS = VDS + VSS
  VDS = VS - VSS = 125 - 55 = 70mg/L
- TDS = VDS + FDS
  FDS = TDS - VDS = 225 - 70 = 155mg/L

06

여름철에 호수의 수심에 따른 온도 그래프를 그리고 각 층의 명칭을 쓰시오. (단, 수심은 임의)

빈출체크 17년 2회 | 20년 2회

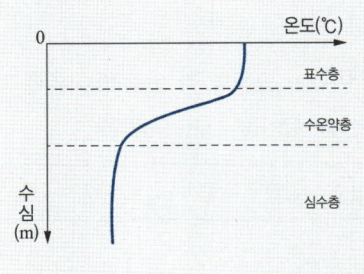

07

총 인 농도가 20μg/L에서 100μg/L로 한달 만에 상승했다. 호수 바닥 면적은 1km², 수심은 5m일 때 총 인의 용출율(mg/m²·day)을 구하시오. (단, 한달은 30day로 계산)

 20년 3회

[식] 총 인 용출율 = $\dfrac{\text{총 인 증가량}}{\text{호수 바닥 면적}}$

[풀이]
① 총 인 증가량

$= \dfrac{80\mu g}{L \cdot month} \Big| \dfrac{5m \times 1km^2}{1} \Big| \dfrac{(10^3 m)^2}{1km^2} \Big| \dfrac{mg}{10^3 \mu g} \Big| \dfrac{10^3 L}{m^3}$

$= 4 \times 10^8 \, mg/month$

② 총 인 용출율

$= \dfrac{4 \times 10^8 mg}{month} \Big| \dfrac{month}{30 day} \Big| \dfrac{1}{1km^2} \Big| \dfrac{1km^2}{(10^3 m)^2}$

$= 13.3333 \, mg/m^2 \cdot day$

[답] ∴ 총 인 용출율 = $13.33 \, mg/m^2 \cdot day$

08

막 공법의 추진력을 쓰시오.

가. 투석
나. 전기투석
다. 역삼투

 07년 2회 | 07년 3회 | 09년 3회 | 13년 1회 | 15년 3회
16년 2회 | 18년 3회 | 19년 1회 | 20년 4·5회 | 21년 3회

가. 투석 : 농도차
나. 전기투석 : 전위차
다. 역삼투 : 정수압차

09

수정 Bardenpho 공정의 각 반응조 이름과 역할을 쓰시오.
(단, 내부반송·유기물 제거는 생략)

2차 유입수 → ① → ② → ③ → ④ → ⑤ → 침전조 → 유출

 05년 2회 | 14년 1회 | 18년 1회 | 20년 3회 | 20년 4·5회

① 혐기조 : 인의 방출
② 무산소조 : 유입수 및 호기조에서 내부 반송된 반송수 중의 질산성질소 제거
③ 호기조 : 유입수 내 잔류 유기물 제거 및 질산화, 인의 과잉섭취
④ 무산소조 : 내생탈질과정을 통하여 잔류질산성질소 제거
⑤ 호기조 : 암모니아성 질소 산화 및 인의 재방출 방지

10

전도현상은 저수지 바닥에 침전된 유기물을 부상시켜서 저수지의 수질을 악화시키는데, 발생하는 이유를 봄과 가을로 나누어서 서술하시오.

빈출체크 14년 1회 | 17년 3회 | 21년 2회

- 봄 : 겨울에 표수층의 온도가 내려감에 따라 발생한 성층현상이 봄이 되면서 온도가 높아져 심수층의 밀도보다 크거나 같아지므로 성층이 파괴되며 혼합된다.
- 가을 : 여름에 표수층의 온도가 올라감에 따라 발생한 성층현상이 가을이 되면서 온도가 낮아져 심수층의 밀도보다 크거나 같아지므로 성층이 파괴되며 혼합된다.

11

원형 관에 유속 0.6m/sec로 절반으로 흐르는 주철관 직경 D(cm)는 얼마인가? (단, 조도계수는 0.013, 관 구배는 40‰, Manning공식적용)

[식] $V = \dfrac{1}{n} \cdot I^{1/2} \cdot R^{2/3}$

[풀이]

① $R = \dfrac{D}{4}$ (절반 채워진 원형 관)

② $V = \dfrac{1}{n} \cdot I^{1/2} \cdot \left(\dfrac{D}{4}\right)^{2/3}$ 의 식을 D에 대한 식으로 변경

③ $\left(\dfrac{D}{4}\right)^{2/3} = \dfrac{n \cdot V}{I^{1/2}}$, $D = 4 \cdot \left(\dfrac{n \cdot V}{I^{1/2}}\right)^{3/2}$

④ $D = 4 \times \left(\dfrac{0.013 \times 0.6}{0.04^{1/2}}\right)^{3/2} = 0.0308 \text{m}$

$= \dfrac{0.0308\text{m}}{} \bigg| \dfrac{100\text{cm}}{\text{m}} = 3.08 \text{cm}$

[답] ∴ $D = 3.08 \text{cm}$

필답형 기출문제 2010 * 2

01

메탄의 최대 수율(혐기성)은 COD 1kg 제거당 0.35m³의 CH₄의 발생을 증명하라. 또한 유량이 675m³/day, COD는 3,000mg/L, 제거효율이 80%일 경우 다음 물음에 답하시오.

가. 메탄 생성 수율의 증명
나. CH₄의 발생량(m³/day)

빈출체크 05년 1회 | 07년 1회 | 07년 3회 | 09년 1회 | 12년 2회 | 14년 3회 | 16년 1회 | 22년 1회

가. 메탄 생성 수율의 증명

① $C_6H_{12}O_6 + 6O_2 \rightarrow 6CO_2 + 6H_2O$
　　180　　: 6×32
　　　X　　: 1kg

$X = \dfrac{180 \times 1}{6 \times 32} = 0.9375 \text{kg}$

② $C_6H_{12}O_6 \rightarrow 3CH_4 + 3CO_2$
　180kg　　: 3×22.4m³
　0.9375kg : 　Y

$Y = \dfrac{3 \times 22.4 \times 0.9375}{180} = 0.35 \text{m}^3$

나. CH₄ 발생량

[식] CH₄ 발생량 = 메탄 생성 수율 × COD 제거량
[풀이]
① COD 제거량

$= \dfrac{675 \text{m}^3}{\text{day}} \Big| \dfrac{3{,}000 \text{mg}}{\text{L}} \Big| \dfrac{0.8}{} \Big| \dfrac{10^3 \text{L}}{\text{m}^3} \Big| \dfrac{\text{kg}}{10^6 \text{mg}}$

$= 1{,}620 \text{kg/day}$

② CH₄ 발생량 $= \dfrac{0.35 \text{m}^3}{\text{kg}} \Big| \dfrac{1{,}620 \text{kg}}{\text{day}} = 567 \text{m}^3/\text{day}$

[답] ∴ CH₄ 발생량 = 567 m³/day

02

고도처리로 암모니아성 질소 10mg/L를 질산성 질소로 산화시키기 위한 이론적 필요 산소량(mg/L)은?

[풀이] $NH_3^- + 2O_2 \rightarrow NO_3^- + H_2O + H^+$
　　　　14　　: 2×32
　　　10mg/L : X

$X = \dfrac{2 \times 32 \times 10}{14} = 45.7143 \text{mg/L}$

[답] ∴ 이론적으로 필요한 산소량 = 45.71 mg/L

03

평균 유량이 3,785m³/day, 평균 인(P)의 농도가 8mg/L인 2차 유출수로부터 인을 모두 제거하기 위해 1일당 요구되는 액상 Alum의 양(m³)을 계산하시오. (단, Al : P의 몰 비는 2 : 1, 액상 Alum의 비중량은 1,331kg/m³, 액상 Alum 중 Al이 4.37Wt% 함유하고 있는 것으로 가정, 원자량 P : 31, Al : 27)

비출 체크 05년 1회 | 07년 3회 | 17년 2회

[식] $Alum = \dfrac{\text{제거해야 할 Al의 발생 무게}}{\text{함유량} \times \text{비중량}}$

[풀이]
① 제거해야 할 인의 양(kg/day)
$= \dfrac{3,785 m^3}{day} \Big| \dfrac{8mg}{L} \Big| \dfrac{10^3 L}{m^3} \Big| \dfrac{kg}{10^6 mg} = 30.28 kg/day$

② 〈반응비〉 Al : P
  2×27 : 31
  X : 30.28kg/day

$X = \dfrac{2 \times 27 \times 30.28}{31} = 52.7458 kg/day$

③ $Alum = \dfrac{52.7458 kg}{day} \Big| \dfrac{100}{4.37} \Big| \dfrac{m^3}{1,331 kg} = 0.9068 m^3/day$

[답] ∴ $Alum = 0.91 m^3/day$

04

다음의 생물학적 인 제거 공정인 phostrip 공정의 개념도에서 각각의 역할에 대하여 설명하시오.

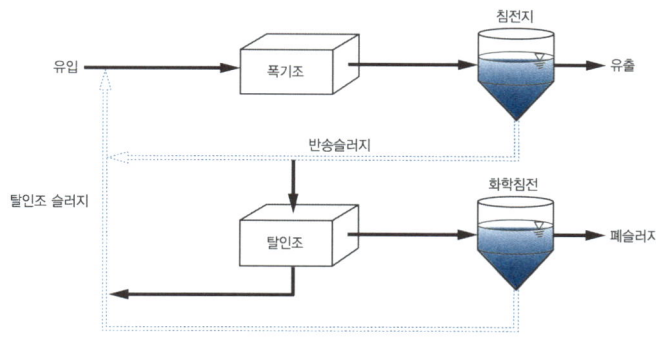

가. 폭기조(유기물제거 제외)
나. 탈인조
다. 화학침전
라. 탈인조 슬러지

비출 체크 07년 3회 | 09년 1회 | 14년 3회 | 17년 1회 | 21년 1회

가. 폭기조 : 인의 과잉 섭취
나. 탈인조 : 인의 방출
다. 화학침전 : 인의 응집침전
라. 탈인조 슬러지 : 슬러지를 반송하여 인의 과잉 흡수 유도

05

박테리아($C_5H_7O_2N$)에 대한 이론적인 BOD_5/COD, BOD_5/TOC, TOC/COD의 비를 구하시오. (단, 반응은 1차 반응, 속도상수는 0.1/day, base 상용대수, 화합물은 100% 산화, 박테리아는 분해되어 CO_2, H_2O, NH_3, $BOD_u = COD$)

가. BOD_5/COD
나. BOD_5/TOC
다. TOC/COD

08년 3회 | 12년 3회 | 16년 1회

가. BOD_5/COD

[식] $BOD_t = BOD_u(1 - 10^{-k_1 \cdot t})$

[풀이] $\dfrac{BOD_5}{BOD_u} = \dfrac{BOD_5}{COD} = 1 - 10^{-0.1 \times 5} = 0.6838$

[답] $\therefore \dfrac{BOD_5}{COD} = 0.68$

나. BOD_5/TOC

[식] $BOD_t = BOD_u(1 - 10^{-k_1 \cdot t})$

[풀이]

① $C_5H_7O_2N + 5O_2 \rightarrow 5CO_2 + 2H_2O + NH_3$
         5×32 : 5×12

② $BOD_u = 5 \times 32 = 160$

③ $BOD_5 = 160 \times (1 - 10^{-0.1 \times 5}) = 109.4036$

④ $\dfrac{BOD_5}{TOC} = \dfrac{109.4036}{5 \times 12} = 1.8234$

[답] $\therefore \dfrac{BOD_5}{TOC} = 1.82$

다. TOC/COD

[풀이]

① $C_5H_7O_2N + 5O_2 \rightarrow 5CO_2 + 2H_2O + NH_3$
         5×32 : 5×12

② $\dfrac{TOC}{COD} = \dfrac{5 \times 12}{5 \times 32} = 0.375$

[답] $\therefore \dfrac{TOC}{COD} = 0.38$

06

CFSTR에서 95%의 효율로 처리하고자 한다. 이 물질은 0.5차 반응, 속도상수는 $0.05(mg/L)^{1/2}/hr$이다. 또한 유입유량은 300L/hr, 유입농도는 150mg/L이라면 필요한 CFSTR의 부피(m^3)는 얼마인가? (단, 반응은 정상상태)

06년 1회 | 08년 2회 | 09년 2회 | 12년 1회 | 15년 3회 | 16년 1회

[식] $V = \dfrac{Q \cdot (C_o - C_t)}{k \cdot C_t^{0.5}}$

[풀이]

① $C_t = C_o(1-\eta) = 150 \times (1-0.95) = 7.5 mg/L$

② $V = \dfrac{300L}{hr} | \dfrac{(150-7.5)mg}{L} | \dfrac{hr}{0.05(mg/L)^{0.5}}$
     $| \left(\dfrac{L}{7.5mg}\right)^{0.5} | \dfrac{m^3}{10^3 L} = 312.2019 m^3$

[답] $\therefore$ CFSTR 부피 $= 312.20 m^3$

07

추적물질을 농도가 100mg/L, 유량이 1L/min로 수심이 얕은 개울에 주입하였다. 이 수심이 얕은 개울의 하류에서 추적물질의 농도가 5.5mg/L로 측정되었다면 수심이 얕은 개울의 유량(m^3/sec)은 얼마인가? (단, 추적물질은 수심이 얕은 개울에 존재하지 않음)

빈출 체크 16년 3회 | 22년 1회

[식] $C_m = \dfrac{C_1 \cdot Q_1 + C_2 \cdot Q_2}{Q_1 + Q_2}$

(1 : 추적물질, 2 : 수심이 얕은 개울)

[풀이]

① $5.5 = \dfrac{100 \times 1 + 0 \times Q_2}{1 + Q_2}$

② $5.5 \times (Q_2 + 1) = 100$

③ $Q_2 = \dfrac{100}{5.5} - 1 = 17.1818 \text{L/min}$

$= \dfrac{17.1818\text{L}}{\text{min}} \Big| \dfrac{\text{m}^3}{10^3 \text{L}} \Big| \dfrac{\text{min}}{60\text{sec}} = 2.86 \times 10^{-4} \text{m}^3/\text{sec}$

[답] ∴ 수심이 얕은 개울의 유량 = $2.86 \times 10^{-4} \text{m}^3/\text{sec}$

08

침전의 4가지 형태를 구분하고 간략히 설명하시오.

빈출 체크 14년 2회 | 19년 1회

- I형 침전(독립, 자유 침전) : 입자들이 상호 간의 방해없이 침전하며 침사지, 보통침전지에서 적용하고, Stokes 법칙이 적용되는 침전형태이다.
- II형 침전(응집 침전) : 입자들이 응결, 응집하여 침전 속도가 증가하며 약품침전지에서 적용한다.
- III형 침전(지역, 간섭 침전) : 입자 간에 작용하는 힘에 의해 주변입자들의 침전을 방해하여 입자 서로간의 상대적 위치를 변경시키려 하지 않으며 침전하며 생물학적 2차 침전지에서 적용한다.
- IV형 침전(압밀, 압축 침전) : 입자들이 뭉쳐 생긴 floc 사이의 물이 빠져 나가는 압밀 작용이 발생하며 농축시설에서 작용한다.

09

폭은 12m, 수심은 3.7m, 유속은 0.05m/sec, 동점성 계수(ν)는 $1.31 \times 10^{-6} \text{m}^2$/sec일 때 레이놀드 수를 구하시오.

빈출 체크 06년 1회 | 16년 2회 | 21년 1회

[식] $\text{Re} = \dfrac{V \cdot D}{\nu}$

[풀이]

① $R = \dfrac{A}{S} = \dfrac{3.7 \times 12}{3.7 \times 2 + 12} = 2.2887\text{m}$

② $D = 4R = 4 \times 2.2887 = 9.1548\text{m}$

③ $\text{Re} = \dfrac{0.05\text{m}}{\text{sec}} \Big| \dfrac{9.1548\text{m}}{1} \Big| \dfrac{\text{sec}}{1.31 \times 10^{-6}\text{m}^2}$

$= 349,419.8473$

[답] ∴ $\text{Re} = 349,419.85$

10

25,000명으로부터 발생되는 폐수를 활성슬러지법으로 처리를 하고 슬러지를 혐기성소화 처리하고자 한다. 생슬러지 발생량은 0.11kg(건조고형물기준)/인·일, VS는 건조 고형물의 70%이다. 건조고형물은 슬러지의 5%이며 슬러지 습윤 비중은 1.010이다. VS의 65%는 소화에 의해 분해되고 고정성고형물은 변하지 않는다. 소화 슬러지 건조고형물은 7%, 습윤 비중 1.03, 온도 35℃, 기간 23일, 저장은 45일이다. 소화조 하반부에 슬러지가 차 있으며 Gas는 상반부에 있다. 소화조의 용량은? [단, $V_{avg} = V_1 - \dfrac{2}{3}(V_1 - V_2)$, 소화조 용량은 슬러지 소화기간 저장시간을 고려한 소화조 내 총 슬러지 부피의 2배]

[식] 소화조 부피 = 소화 부피 + 저장 부피
[풀이]
① 소화 전 슬러지 발생량
$= \dfrac{0.11 \text{kg}_{TS}}{\text{인} \cdot \text{day}} \bigg| \dfrac{25,000 \text{인}}{} \bigg| \dfrac{100_{SL}}{5_{TS}} \bigg| \dfrac{\text{m}^3}{1,010 \text{kg}}$
$= 54.4554 \text{m}^3/\text{day}$

② 소화 후 VS
$= \dfrac{0.11 \text{kg}_{TS}}{\text{인} \cdot \text{day}} \bigg| \dfrac{25,000 \text{인}}{} \bigg| \dfrac{70_{VS}}{100_{TS}} \bigg| \dfrac{35}{100} = 673.75 \text{kg/day}$

③ 소화 후 FS
$= \dfrac{0.11 \text{kg}_{TS}}{\text{인} \cdot \text{day}} \bigg| \dfrac{25,000 \text{인}}{} \bigg| \dfrac{30_{FS}}{100_{TS}} = 825 \text{kg/day}$

④ 소화 후 슬러지 발생량
$= \dfrac{(673.75 + 825) \text{kg}_{TS}}{\text{day}} \bigg| \dfrac{100_{SL}}{7_{TS}} \bigg| \dfrac{\text{m}^3}{1,030 \text{kg}}$
$= 20.7871 \text{m}^3/\text{day}$

⑤ $V_{avg} = \left[54.4554 - \dfrac{2}{3} \times (54.4554 - 20.7871) \right] \times 23$
$= 736.2269 \text{m}^3$

⑥ 소화조 부피 $= 736.2269 + 20.7871 \times 45 = 1,671.6464 \text{m}^3$
   소화조 부피의 2배이므로 $3,343.2928 \text{m}^3$

[답] ∴ 소화조의 부피 = 3,343.29m³

11

정수공정에서 염소 소독으로 박테리아를 사멸시키는 정수공정에서 속도 1차 반응식을 따르고, 잔류염소 0.1mg/L이 2분 만에 80%의 박테리아를 사멸시켰다면 90% 사멸에 소요되는 시간(min)을 결정하시오.

[식] $\ln \dfrac{C_t}{C_o} = -k \cdot t$
[풀이]
① $\ln \dfrac{20}{100} = -k \cdot 2 \text{min} \rightarrow k = 0.8047 \text{min}^{-1}$

② $t = \dfrac{\ln \dfrac{C_t}{C_o}}{-k} = \dfrac{\ln \dfrac{10}{100}}{-0.8047} = 2.8614 \text{min}$

[답] ∴ t = 2.86min

12

아래의 주어진 제원을 이용하여 다음을 구하시오.

[조건]
- 폐수량 : 50,000m³/day
- 여과속도 : 180m/day
- 여과지수 : 8지
- 여과지의 가로와 세로비 : [1 : 1]
- 역세속도 : 0.6m/min
- 표세속도 : 0.05m/min
- 세정시간 : 10min(전 여과지에 대해 1일 1회)

가. 1지당 필요한 여과면적(m²)
나. 총 세정 수량(m³/day)

 07년 3회 | 18년 2회

가. 1지당 필요한 여과면적

[식] $A = \dfrac{Q}{V}$

[풀이] $A = \dfrac{50,000\text{m}^3}{\text{day}} \Big| \dfrac{\text{day}}{180\text{m}} \Big| \dfrac{1}{8} = 34.7222\text{m}^2$

[답] ∴ 1지당 필요 여과면적 = 34.72m²

나. 총 세정 수량

[식] 총 세정 수량 = 표세수량 + 역세수량

[풀이]

① 표세수량

$Q = \dfrac{277.7778\text{m}^2}{} \Big| \dfrac{0.05\text{m}}{\text{min}} \Big| \dfrac{10\text{min}}{\text{day}}$

$= 138.8889\text{m}^3/\text{day}$

② 역세수량

$Q = \dfrac{277.7778\text{m}^2}{} \Big| \dfrac{0.6\text{m}}{\text{min}} \Big| \dfrac{10\text{min}}{\text{day}}$

$= 1,666.6668\text{m}^3/\text{day}$

③ 총 세정 수량

$= 138.8889 + 1,666.6668 = 1,805.5557\text{m}^3/\text{day}$

[답] ∴ 총 세정 수량 = 1,805.56m³/day

필답형 기출문제 2010 * 3

01

하수처리 인구 5,000명인 처리장에서 유입폐수를 분석한 결과 1인 1일 발생하는 부유고형물과 BOD_5의 부하량은 각각 0.091kg, 0.077kg이었다. 이 처리장의 BOD_5 제거율은 95%, 1차 침전조에서 부유고형물의 65%, BOD_5의 33%를 제거한다. 1차 침전조 슬러지의 함수율은 96%, 비중은 1.01이며 2차 침전조 슬러지의 함수율은 95%, 비중은 1.02, 생성되는 생물학적 고형물의 양은 0.35kg/kg 제거 BOD_5일 때 발생하는 1·2차 침전조의 슬러지양(L/day)을 구하시오.

가. 1차 침전조 슬러지양(L/day)
나. 2차 침전조 슬러지양(L/day)

 06년 2회

가. 1차 침전조 슬러지양

[식] 1차 침전조 슬러지양 = $\dfrac{\text{제거 SS량}}{\text{고형물 함량} \times \text{비중}}$

[풀이]
① 제거되는 SS양
 = $\dfrac{0.091\text{kg}}{\text{인} \cdot \text{day}} \Big| \dfrac{5,000\text{인}}{} \Big| \dfrac{65}{100} = 295.75\text{kg/day}$

② 1차 침전조 슬러지양
 = $\dfrac{295.75\text{kg}_{TS}}{\text{day}} \Big| \dfrac{100_{SL}}{4_{TS}} \Big| \dfrac{L}{1.01\text{kg}} = 7,320.5446\text{L/day}$

[답] ∴ 1차 침전조 슬러지양 = 7,320.54 L/day

나. 2차 침전조 슬러지양

[식] 2차 침전조 슬러지양 = $\dfrac{\text{제거 } BOD_5 \times BOD_5 \text{당 TS}}{\text{고형물 함량} \times \text{비중}}$

[풀이]
① 2차 침전조 유입 BOD_5
 = $\dfrac{0.077\text{kg}}{\text{인} \cdot \text{day}} \Big| \dfrac{5,000\text{인}}{} \Big| \dfrac{67}{100} = 257.95\text{kg/day}$

② 2차 침전조 유출 BOD_5
 = $\dfrac{0.077\text{kg}}{\text{인} \cdot \text{day}} \Big| \dfrac{5,000\text{인}}{} \Big| \dfrac{5}{100} = 19.25\text{kg/day}$

③ 2차 침전조 슬러지양
 = $\dfrac{(257.95-19.25)\text{kg}_{BOD_5}}{\text{day}} \Big| \dfrac{0.35\text{kg}_{TS}}{\text{kg}_{BOD_5}} \Big| \dfrac{100_{SL}}{5_{TS}} \Big| \dfrac{L}{1.02\text{kg}}$
 = 1,638.1373 L/day

[답] ∴ 2차 침전조 슬러지양 = 1,638.14 L/day

02

인구 6,000명인 마을에 처리장을 설치하려고 한다. 유입 유량은 380L/인·day, 유입 BOD_5는 225mg/L이다. 처리장은 BOD_5 제거율은 90%, 생성계수 Y_b는 0.65gMLVSS/산화 BOD_5, 내생호흡 계수는 0.06/day, 총 고형물 중 생물학적 분해 가능한 분율은 0.8, MLVSS는 MLSS의 50%일 때 반응조의 부피(m^3)와 MLSS의 농도(mg/L)를 구하시오. (단, 순슬러지 생산량은 0, 체류시간은 1일, 반송비는 1)

[빈출 체크] 05년 3회 | 13년 1회 | 15년 2회 | 22년 2회

[식] $Q_w \cdot X_w = Y \cdot BOD \cdot Q \cdot \eta - V \cdot k_d \cdot X$

[풀이]

① $Q = \dfrac{380L}{인 \cdot day} | \dfrac{6,000인}{} | \dfrac{m^3}{10^3 L} = 2,280 m^3/day$

② $V = Q \cdot t = (2,280 m^3/day \times 2) \times 1 day = 4,560 m^3$

※ 반응조 부피는 반송비를 고려한 유량을 이용

③ 슬러지 생산량은 0이므로 $Q_w \cdot X_w = 0$

$Y \cdot BOD \cdot Q \cdot \eta = V \cdot k_d \cdot X$

$X = \dfrac{Y \cdot BOD \cdot Q \cdot \eta}{V \cdot k_d}$

$= \dfrac{0.65 gMLVSS}{gBOD_5} | \dfrac{225 mg}{L} | \dfrac{2,280 m^3}{day} | \dfrac{1}{4,560 m^3} |$

$| \dfrac{0.9}{0.06} | = 1,096.875 mg/L$

④ $MLSS = \dfrac{1,096.875 mg}{L} | \dfrac{1}{0.8} | \dfrac{100}{50} = 2,742.19 mg/L$

[답] ∴ 반응조의 부피 = 4,560 m^3
MLSS = 2,742.19 mg/L

03

생물학적 탈질법을 이용하여 질소를 제거할 때 질산성 질소 1g을 탈질하는 데 수소공여체로서 필요한 메탄올의 이론량(g)을 계산하시오.

[빈출 체크] 14년 1회 | 21년 1회

[풀이] $6NO_3^- \text{-N} : 5CH_3OH$

$6 \times 14 : 5 \times 32$

$1g : X$

$X = \dfrac{5 \times 32 \times 1}{6 \times 14} = 1.9048 g$

[답] ∴ 메탄올의 이론량 = 1.90g

04

1차원 정상상태의 수질모델링 실시 후 계산된 BOD 농도를 그림과 같은 결과를 얻었다. 구간 II, III에서의 농도곡선의 변화현상을 간략히 설명하시오.

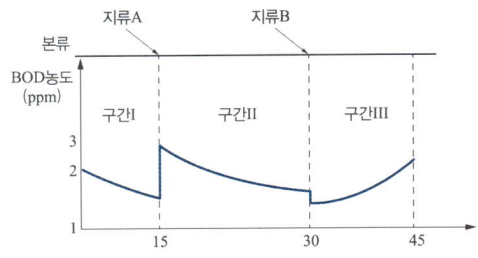

[빈출 체크] 13년 2회

- 구간 II : 오염도가 심한 지류A와 합류하여 BOD가 증가하고 하천의 하부로 흐르면서 자정
- 구간 III : 일시적 희석으로 BOD가 낮아지고 하천의 하부로 흐르면서 난분해성 유기물이 생분해성 유기물로 바뀌어 BOD가 증가

05

$C_5H_7O_2N$을 BOD로 환산할 때 사용하는 1.42라는 계수를 유도하시오. (단, 내생호흡 기준)

 05년 3회 | 09년 2회 | 12년 2회

[풀이] $C_5H_7O_2N + 5O_2 \rightarrow 5CO_2 + 2H_2O + NH_3$
　　　　113　　:　5×32
　　　　　1　　:　X

$$X = \frac{5 \times 32 \times 1}{113} = 1.4159 BOD_u/미생물$$

[답] ∴ 환산 계수 = $1.42 BOD_u/미생물$

06

하수처리장의 처리용량이 10,000m³/day, 포기조 용량은 2,500m³, 포기조 내의 MLVSS 농도는 3,000mg/L이며 이 처리장에서는 매일 50m³의 슬러지를 폐기하며, 폐기하는 슬러지의 MLVSS 농도는 15,000mg/L, 처리된 유출수의 VSS농도는 20mg/L라면 미생물 평균 체류시간(day)은?

 05년 3회 | 19년 2회

[식] $SRT = \dfrac{V \cdot X}{X_r \cdot Q_w + X_e(Q - Q_w)}$

[풀이] $SRT = \dfrac{2,500 \times 3,000}{15,000 \times 50 + 20 \times (10,000 - 50)}$
　　　　　　　　$= 7.9031 day$

[답] ∴ $SRT = 7.90 day$

07

유출계수는 0.7, 강우강도는 $I = \dfrac{3,600}{t + 30}$mm/hr, 유입시간은 5분, 유역면적은 2km², 하수관 내 유속은 40m/min인 경우 하수관에서 흘러나오는 우수량(m³/sec)은 얼마인지 계산하시오. (단, 합리식에 의해 유출량을 산정하고 하수관의 길이는 1km)

 21년 3회

[식] $Q = \dfrac{1}{360} CIA$

[풀이]
① $t = T_i + \dfrac{L}{V} = 5min + \dfrac{1km}{40m} \bigg| \dfrac{min}{km} \bigg| \dfrac{10^3 m}{km} = 30min$

② $I = \dfrac{3,600}{t + 30} = \dfrac{3,600}{30 + 30} = 60 mm/hr$

③ $A = \dfrac{2km^2}{} \bigg| \dfrac{100ha}{km^2} = 200ha$

④ $Q = \dfrac{0.7 \times 60 \times 200}{360} = 23.3333 m^3/sec$

[답] ∴ 우수량 $= 23.33 m^3/sec$

08

5단계 Bardenpho 공법을 구성하는 조를 순서대로 나열 및 각 조의 주된 역할을 기술하라. (단, 최종침전조, 반송라인 등은 생략함)

가. 조 구성순서
나. 조별 주요 역할(단, 유기물 제거는 제외)

가. 조 구성순서
  혐기조 - 무산소조 - 호기조 - 무산소조 - 호기조
나. 조별 주요 역할
  • 혐기조 : 인의 방출
  • 무산소조 : 유입수 및 호기조에서 내부 반송된 반송수 중의 질산성질소 제거
  • 호기조 : 유입수 내 잔류 유기물 제거 및 질산화, 인의 과잉 섭취
  • 무산소조 : 내생탈질과정을 통하여 잔류질산성질소 제거
  • 호기조 : 암모니아성 질소 산화 및 인의 재방출 방지

09

응집처리 시설에서 황산제이철[$Fe_2(SO_4)_3$]을 응집제로 사용하여 50mg/L로 주입하는데 유량은 10,000m³/day, SS는 100mg/L, 침전조에서 SS제거율은 90%일 때 생산되는 고형물의 양(kg/day)은 얼마인지 계산하시오. (단, 원자량 Fe : 56, Ca : 40)

> 석회와 황산제이철 반응식
> $Fe_2(SO_4)_3 + 3Ca(OH)_2 \rightarrow 2Fe(OH)_{3(s)} + 3CaSO_4$

[식] 생산 고형물 = 제거 SS의 양 + 생성된 $Fe(OH)_3$의 양
[풀이]
① 제거 SS의 양
$$= \frac{100mg}{L} \left| \frac{10,000m^3}{day} \right| \frac{90}{100} \left| \frac{kg}{10^6 mg} \right| \frac{10^3 L}{m^3} = 900 kg/day$$

② 응집제의 양
$$= \frac{50mg}{L} \left| \frac{10,000m^3}{day} \right| \frac{kg}{10^6 mg} \left| \frac{10^3 L}{m^3} \right. = 500 kg/day$$

③ $Fe_2(SO_4)_3 + 3Ca(OH)_2 \rightarrow 2Fe(OH)_3 + 3CaSO_4$
  400   : 2×107
  500kg/day   : X

$$X = \frac{2 \times 107 \times 500}{400} = 267.5 kg/day$$

④ 생산 고형물 $= 900 + 267.5 = 1,167.5 kg/day$

[답] ∴ 생산 고형물 $= 1,167.5 kg/day$

빈출 체크 09년 1회 | 16년 2회 | 18년 1회

10

HOCl과 OCl^-을 이용한 살균 소독공정에서 pH가 6.8, 온도는 20℃, 평형상수가 2.2×10^{-8}이라면 [HOCl]/[OCl^-]의 비율은?

[식] $HOCl \rightarrow H^+ + OCl^-$, $k = \frac{[H^+][OCl^-]}{[HOCl]}$

[풀이] $\frac{[HOCl]}{[OCl^-]} = \frac{[H^+]}{k} = \frac{10^{-6.8}}{2.2 \times 10^{-8}} = 7.2041$

[답] ∴ $\frac{[HOCl]}{[OCl^-]} = 7.20$

필답형 기출문제 2011 * 1

01

폐수 중의 암모니아성 질소를 Air stripping법으로 제거하기 위해 폐수의 pH를 조절하려고 할 때 수중 암모니아성 질소 중의 암모니아를 99%로 하기 위한 pH를 구하시오. (단, 암모니아성 질소 중에서의 평형은 $NH_3 + H_2O \leftrightarrow NH_4^+ + OH^-$, 평형상수 $k_b = 1.8 \times 10^{-5}$)

빈출체크 05년 1회 | 07년 2회 | 16년 3회

[식]

① $NH_3 + H_2O \rightleftharpoons NH_4^+ + OH^-$, $k_b = \dfrac{[NH_4^+][OH^-]}{[NH_3]}$

② $NH_3(\%) = \dfrac{NH_3}{NH_3 + NH_4^+} \times 100$

③ 위의 두 식을 연립하면 $NH_3(\%) = \dfrac{1}{1 + \dfrac{k_b}{[OH^-]}} \times 100$

④ $pH = 14 - pOH$

[풀이]

① $[OH^-] = \dfrac{k_b}{\dfrac{100}{NH_3(\%)} - 1} = \dfrac{1.8 \times 10^{-5}}{\dfrac{100}{99} - 1}$

$= 1.782 \times 10^{-3} M$

② $pH = 14 - \log\left(\dfrac{1}{1.782 \times 10^{-3}}\right) = 11.2509$

[답] ∴ $pH = 11.25$

02

흡착제 중 GAC와 PAC의 특성을 2가지씩 기술하시오.

가. GAC

나. PAC

빈출체크 16년 2회 | 20년 1회 | 22년 3회

가. GAC 특성
- 흡착속도가 느림
- 취급이 용이
- 슬러지 발생이 없음
- 고액분리 용이

나. PAC 특성
- 흡착속도가 빠름
- 분말의 비산이 있어 취급이 어려움
- 슬러지 발생이 많은 편
- 고액분리 어려움

03

R.O Process와 Electrodialysis의 기본원리를 서술하시오.

가. R.O

나. Electrodialysis

 05년 3회 | 13년 3회 | 16년 3회 | 22년 1회

가. R.O
- 원리 : 농도가 다른 두 용액 사이에 반투막이 있는 경우 일반적으로 삼투압의 차이 때문에 농도가 묽은 용액에서 진한 용액으로 이동한다. 이때 농도가 진한 용액의 상부에 높은 압력을 가해주면 농도가 진한 용액에서 농도가 묽은 용액으로 이동하는 현상

나. Electrodialysis
- 원리 : 이온교환막과 전기투석조의 양단에서 공급되는 직류전류를 구동력으로 하여 전리되어 있는 이온성 물질을 양이온교환막과 음이온교환막을 이용하여 분리하는 막 분리 공정

04

수직고도 30m 위에 있는 곳으로 관의 직경은 20cm, 총 연장은 200m의 배수관을 통해 유량 0.1m³/sec의 물을 양수하고자 한다. 다음을 구하시오.

가. 관로의 마찰손실수두를 고려할 때 펌프의 총 양정(m)
 (단, $f = 0.03$)

나. 70%의 효율을 갖는 펌프의 소요동력(kW)
 (단, 물의 밀도는 1g/cm³)

 06년 1회 | 07년 1회 | 09년 2회 | 13년 2회 | 16년 1회 | 22년 2회

가. 펌프의 총 양정

[식] $H = h + f \times \dfrac{L}{D} \times \dfrac{V^2}{2g} + \dfrac{V^2}{2g}$

[풀이]

① $V = \dfrac{Q}{A} = \dfrac{0.1 m^3}{sec} \Big| \dfrac{4}{\pi \times (0.2m)^2} = 3.1831 m/sec$

② $H = 30 + 0.03 \times \dfrac{200}{0.2} \times \dfrac{(3.1831)^2}{2 \times 9.8} + \dfrac{(3.1831)^2}{2 \times 9.8}$

$= 46.0253 m$

[답] ∴ 펌프의 총 양정 = 46.03m

나. 펌프의 소요동력

[식] $P = \dfrac{\rho \cdot g \cdot Q \cdot H}{\eta}$

[풀이]

① $P = \dfrac{1,000 kg}{m^3} \Big| \dfrac{9.8 m}{sec^2} \Big| \dfrac{0.1 m^3}{sec} \Big| \dfrac{46.03 m}{0.7}$

$= 64,442 W (kg \cdot m^2/sec^3)$

② $P = \dfrac{64,442 W}{} \Big| \dfrac{kW}{10^3 W} = 64.442 kW$

[답] ∴ 펌프의 소요동력 = 64.44kW

05

열화와 파울링의 정의를 간단히 서술하시오.

가. 열화

나. 파울링

가. 막 자체의 변질로 생긴 비가역적인 막 성능의 저하

나. 외적 인자로 생긴 막 성능의 저하

06

속도경사 G값을 P, V, μ의 식으로 나타내시오.
(단, P는 소요동력, V는 부피, μ는 유체의 점성계수)

$$G = \sqrt{\dfrac{P}{\mu \cdot V}}$$

07

유출수에 아질산성 질소 15mg/L, 암모니아성 질소 50mg/L 함유되어 있을 때 완전 질산화에 소요되는 이론적 산소 요구량(mg/L)을 구하시오.

빈출체크 05년 1회 | 08년 1회 | 08년 3회

[풀이]

① $NO_2^- \text{-N} + 0.5O_2 \rightarrow NO_3^- \text{-N}$
  14 : 0.5×32
  15mg/L : X

$X = \dfrac{0.5 \times 32 \times 15}{14} = 17.1429 \text{mg/L}$

② $NH_3 \text{-N} + 2O_2 \rightarrow NO_3^- \text{-N} + H^+ + H_2O$
  14 : 2×32
  50mg/L : Y

$Y = \dfrac{2 \times 32 \times 50}{14} = 228.5714 \text{mg/L}$

③ $X + Y = 17.1429 + 228.5714 = 245.7143 \text{mg/L}$

[답] ∴ 총 이론적 산소 요구량 = 245.71mg/L

08

저수량 30,000m³의 저수지에 유해물질의 농도가 50mg/L에서 1mg/L로 변할 때까지 걸리는 시간(year)을 계산하시오.

[조건]
- 유해물질이 투입되기 전 저수지 내의 유해물질 농도는 0
- 저수지가 완전 혼합되었다고 가정
- 저수지의 유역면적은 1.2ha
- 유역의 연평균 강우량은 1,200mm/yr
- 저수지의 유입, 유출량은 강우량에만 의존

빈출체크 18년 3회 | 20년 4·5회

[식] $V \dfrac{dC}{dt} = Q \cdot C_o - Q \cdot C_t - k \cdot C_t^n \cdot V$

[풀이]

① $Q = \dfrac{1,200\text{mm}}{\text{yr}} \left| \dfrac{1.2\text{ha}}{} \right| \dfrac{\text{m}}{10^3\text{mm}} \left| \dfrac{10^4\text{m}^2}{\text{ha}} \right.$
  $= 14,400 \text{m}^3/\text{yr}$

② 유입농도, 반응 = 0

$\displaystyle\int_{C_o}^{C_t} \dfrac{1}{C} dC = -\dfrac{Q}{V} \int_0^t dt \rightarrow \ln \dfrac{C_t}{C_o} = -\dfrac{Q}{V} \times t$

③ $t = \dfrac{\ln(1/50)}{-(14,400/30,000)} = 8.1500 \text{yr}$

[답] ∴ 걸리는 시간 = 8.15yr

09

다음 용어의 정의를 간략히 서술하시오.

가. 1차 반응
나. 0차 반응
다. 슬러지 비저항 계수(단위 기재)
라. 슬러지 용량 지표(단위 기재)
마. 제타전위

가. 시간의 변화에 따른 농도의 변화량이 농도의 1제곱에 비례하는 반응이다.
나. 시간의 변화에 따른 농도의 변화량이 농도의 0제곱에 비례하는 반응이다.
다. 슬러지가 탈수되지 않으려는 저항 계수(m/kg)
라. 슬러지의 침강 농축성을 나타내는 지표로 폭기조에서 30분간 혼합액 1L를 침전시킨 후 1g의 고형물이 슬러지로 형성 시 차지하는 부피(mL/g)
마. 콜로이드 입자의 전하와 전하의 효력이 미치는 분산매의 거리를 측정한 것

10

1g의 박테리아가 하루에 폐수를 20g을 분해하는 것으로 밝혀졌다. 실제 폐수농도가 15mg/L일 때 같은 양의 박테리아가 10g/day의 속도로 폐수를 분해한다면, 폐수의 농도가 5mg/L일 때, 2g의 박테리아에 의한 폐수 분해속도(g/day)를 구하시오. (단, Michaelis-Menten 식 이용)

[식] $r = R_{max} \times \dfrac{S}{K_m + S}$

[풀이]
① $r = 20 \times \dfrac{5}{15+5} = 5\text{g폐수}/\text{g박테리아} \cdot \text{day}$
② 폐수 분해속도 $= 5 \times 2 = 10\text{g/day}$

[답] ∴ 폐수 분해속도 = 10g/day

11

정수장의 수질에서 맛과 냄새를 제거하기 위한 적용방법 3가지를 기술하시오.

염소·오존처리, 흡착처리, 폭기

12

수로의 폭이 1m 수로의 밑면으로부터 절단 하부점까지의 높이가 0.8m, 위어의 수두가 0.25m인 직각삼각위어의 유량(m³/hr)을 계산하시오.

$$\left[\text{단, 유량계수 } K = 81.2 + \dfrac{0.24}{H} + \left(8.4 + \dfrac{12}{\sqrt{D}}\right) \times \left(\dfrac{H}{B} - 0.09\right)^2\right]$$

[식] $Q = K \cdot h^{5/2}$

[풀이]
① $K = 81.2 + \dfrac{0.24}{0.25} + \left(8.4 + \dfrac{12}{\sqrt{0.8}}\right) \times \left(\dfrac{0.25}{1} - 0.09\right)^2$
　$= 82.7185$
② $Q = 82.7185 \times 0.25^{5/2} = 2.5850 \text{m}^3/\text{min}$
　$= \dfrac{2.5850 \text{m}^3}{\text{min}} \Big| \dfrac{60 \text{min}}{\text{hr}} = 155.1 \text{m}^3/\text{hr}$

[답] ∴ 직각삼각위어의 유량 = 155.1m³/hr

필답형 기출문제 2011 * 2

01

여과율 5L/m²·min의 중력식 여과지로 100ton/day의 침전 유출수를 처리하려고 한다. 역세척을 위해 여과지 1기의 운전이 중지될 때의 여과율은 6L/m²·min을 넘지 못한다. 만약 각 여과지가 12시간마다 10분씩 10L/m²·min의 세척률로 역세척되며, 여과 유출수 1L/m²·min이 필요한 표면세척설비가 설치되었을 때, 다음을 계산하시오.

가. 소요 여과지의 개수
나. 역세척에 사용되는 여과용량
   (여과지당 역세척용량/여과지당 처리 폐수 용량)%

빈출 체크 15년 1회 | 19년 1회

가. 소요 여과지

[식] 소요 여과지 = $\dfrac{\text{총 여과면적}}{\text{1지의 여과면적}}$

[풀이]
① 총 여과면적
$= \dfrac{Q}{V} = \dfrac{100m^3}{day} \Big| \dfrac{m^2 \cdot min}{5L} \Big| \dfrac{day}{1,420min} \Big| \dfrac{10^3 L}{m^3}$
$= 14.0845 m^2$

② 여과지 1기의 운전 중지 시 여과면적
$= \dfrac{Q}{V} = \dfrac{100m^3}{day} \Big| \dfrac{m^2 \cdot min}{6L} \Big| \dfrac{day}{1,420min} \Big| \dfrac{10^3 L}{m^3}$
$= 11.7371 m^2$

③ 1지의 여과면적 = $14.0845 - 11.7371 = 2.3474 m^2$

④ 소요 여과지 = $\dfrac{14.0845}{2.3474} = 6$

[답] 소요 여과지의 개수 = 6

나. 역세척에 사용되는 여과용량

[식] 역세척에 사용되는 여과용량(%) = $\dfrac{\text{역세수량}}{\text{여과수량}} \times 100$

[풀이]
① 여과수량 = $100m^3/day - \dfrac{14.0845m^2}{} \Big| \dfrac{1L}{m^2 \cdot min}$
$\Big| \dfrac{1,420min}{day} \Big| \dfrac{m^3}{10^3 L} = 80 m^3/day$

② 역세수량 = $\dfrac{14.0845m^2}{} \Big| \dfrac{10L}{m^2 \cdot min} \Big| \dfrac{20min}{day} \Big| \dfrac{m^3}{10^3 L}$
$= 2.8169 m^3/day$

③ 역세척에 사용되는 여과용량
$= \dfrac{2.8169}{80} \times 100 = 3.5211\%$

[답] ∴ 역세척에 사용되는 여과용량 = 3.52%

02

수중에 NH_4^+와 NH_3가 평형상태에 있을 때 pH = 11, 25℃에서 NH_3 비율(%)을 계산하시오. (단, $k_b = 1.8 \times 10^{-5}$, $NH_3 + H_2O \leftrightarrow NH_4^+ + OH^-$)

빈출 체크 06년 1회 | 14년 3회

[식]

① $NH_3 + H_2O \rightleftharpoons NH_4^+ + OH^-$, $k_b = \dfrac{[NH_4^+][OH^-]}{[NH_3]}$

② $NH_3(\%) = \dfrac{NH_3}{NH_3 + NH_4^+} \times 100$

③ 위의 두 식을 연립하면 $NH_3(\%) = \dfrac{1}{1 + \dfrac{k_b}{[OH^-]}} \times 100$

④ $[OH^-] = 10^{-(14-pH)} M$

[풀이]

① $[OH^-] = 10^{-(14-11)} = 10^{-3} M$

② $NH_3(\%) = \dfrac{1}{1 + \dfrac{1.8 \times 10^{-5}}{10^{-3}}} \times 100 = 98.2318\%$

[답] ∴ $NH_3(\%) = 98.23\%$

03

CFSTR에서 95%의 효율로 처리하고자 한다. 이 물질은 1차 반응, 속도상수는 $0.05 hr^{-1}$이다. 또한 유입유량은 300L/hr, 유입농도는 150mg/L이라면 필요한 CFSTR의 부피(m^3)는 얼마인가? (단, 반응은 정상상태)

빈출 체크 14년 1회 | 18년 1회 | 22년 2회

[식] $V = \dfrac{Q \cdot (C_o - C_t)}{k \cdot C_t}$

[풀이]

① $C_t = C_o(1-\eta) = 150 \times (1-0.95) = 7.5 mg/L$

② $V = \dfrac{300L}{hr} \Big| \dfrac{(150-7.5)mg}{L} \Big| \dfrac{hr}{0.05} \Big| \dfrac{L}{7.5mg} \Big| \dfrac{m^3}{10^3 L}$

$= 114 m^3$

[답] ∴ CFSTR 부피 $= 114 m^3$

04

탈산소계수비율 $k_{20℃}/k_{10℃} = 1.70$이다. 20℃에서 탈산소계수가 $1.5 day^{-1}$일 때 30℃에서 탈산소계수(day^{-1})를 계산하시오.

[식] $k_T = k_{20℃} \times \theta^{(T-20)}$

[풀이]

① $\dfrac{k_{20℃}}{k_{10℃}} = \theta^{(20-10)}$, $\theta = (1.7)^{\frac{1}{10}} = 1.0545$

② $k_{30℃} = 1.5 \times 1.0545^{(30-20)} = 2.5501 day^{-1}$

[답] ∴ $k_{30℃} = 2.55 day^{-1}$

05

저수량 $3 \times 10^5 m^3$의 저수지에 유해물질의 농도가 20mg/L에서 1mg/L로 변할 때까지 걸리는 시간(year)을 계산하시오.

[조건]
- 유해물질이 투입되기 전 저수지 내의 유해물질 농도는 0
- 저수지가 완전 혼합되었다고 가정
- 저수지의 유역면적은 $10^5 m^2$
- 유역의 연평균 강우량은 1,200mm/yr
- 저수지의 유입, 유출량은 강우량에만 의존

23년 3회

[식] $V \dfrac{dC}{dt} = Q \cdot C_o - Q \cdot C_t - k \cdot C_t^n \cdot V$

[풀이]

① $Q = \dfrac{1,200mm}{yr} \Big| \dfrac{10^5 m^2}{} \Big| \dfrac{m}{10^3 mm} = 1.2 \times 10^5 m^3/yr$

② 유입농도와 반응 = 0

$\displaystyle\int_{C_o}^{C_t} \dfrac{1}{C} dC = -\dfrac{Q}{V} \int_0^t dt \rightarrow \ln\dfrac{C_t}{C_o} = -\dfrac{Q}{V} \times t$

③ $t = \dfrac{\ln(1/20)}{-(1.2 \times 10^5 / 3 \times 10^5)} = 7.4893 yr$

[답] ∴ 걸리는 시간 = 7.49yr

06

완전혼합 활성슬러지 공정의 [조건]이 아래와 같을 때 다음을 계산하시오.

[조건]
- 포기조 유입유량 : $0.32 m^3/sec$
- MLVSS : 2,400mg/L
- 원폐수 BOD_5 : 240mg/L
- 폐수온도 : 20℃
- 원폐수 TSS : 280mg/L
- VSS/TSS : 0.8
- 포기조 유입수 BOD_5 농도 : 161.5mg/L
- k_d : 0.06day^{-1}
- 유출수 BOD_5 : 5.7mg/L
- Y : 0.5mgVSS/mgBOD_5
- SRT : 10day
- BOD_5/BOD_u : 0.67

가. 포기조 부피(m^3)
나. 포기조 체류시간(HRT, hr)
다. 포기조 폭 및 길이의 규격(단, 폭 : 길이 = 1 : 2, 깊이 = 4.4m)

08년 1회 | 08년 2회

가. 포기조 부피

[식] $\dfrac{1}{SRT} = \dfrac{Y \cdot (C_i - C_o) \cdot Q}{V \cdot X} - k_d$

[풀이] $V = Y \times \dfrac{(C_i - C_o) \cdot Q}{(1/SRT + k_d) \cdot X}$

$= \dfrac{0.5 \big| (161.5 - 5.7)mg \big| 0.32 m^3}{L \quad\quad sec}$

$\Big| \dfrac{day}{(1/10 + 0.06)} \Big| \dfrac{L}{2,400mg} \Big| \dfrac{3,600sec}{hr} \Big| \dfrac{24hr}{day}$

$= 5,608.8 m^3$

[답] ∴ 포기조 부피 = 5,608.8m^3

나. 포기조 체류시간

[식] $V = Q \cdot t$

[풀이] $t = \dfrac{5,608.8 m^3}{} \Big| \dfrac{sec}{0.32 m^3} \Big| \dfrac{hr}{3,600 sec} = 4.8688 hr$

[답] ∴ 포기조 체류시간 = 4.87hr

다. 포기조 폭 및 길이의 규격

[식] $V = A \cdot H$

[풀이]

① $A = \dfrac{5,608.8 m^3}{4.4 m} = 1,274.7273 m^2$

② 폭(W) : 길이(L) = 1 : 2이므로 L = 2W

$A = L \cdot W = 2W^2 = 1,274.7273 m^2$

$W = 25.2461m, \ L = 50.4922m$

[답] ∴ $W = 25.25m, \ L = 50.49m$

07

하수에 함유된 NH₃-N, COD 성분이 다음의 생물학적 질산화-탈질 조합공정의 탈질조 및 포기조에서의 화학적 조성변화와 각 조의 역할에 관하여 서술하시오.

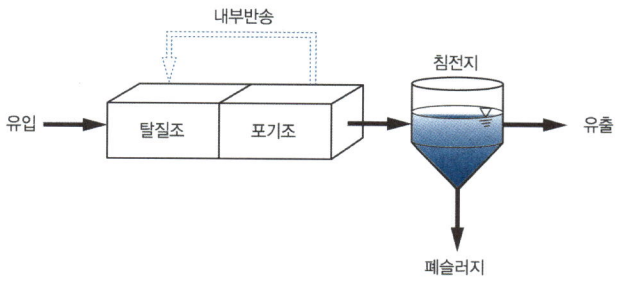

가. 탈질조
- 화학적 조성변화 :
- 역할 :

나. 포기조
- 화학적 조성변화 :
- 역할 :

09년 3회

가. 탈질조
- 화학적 조성변화 : 아질산 및 질산이 탈질화 반응을 일으켜 pH가 증가되며 COD가 유기탄소원으로 소비됨
- 역할 : 유기물 제거 및 탈질화

나. 포기조
- 화학적 조성변화 : 암모니아성 질소가 질산화 반응을 일으켜 pH가 낮아지며 COD가 호기성 분해됨
- 역할 : 유기물 제거 및 질산화

08

물에 차아염소산염(OCl⁻)을 주입하여 살균 및 소독을 할 때, 물의 pH(증가, 감소, 변화 없음) 변화를 화학식을 이용하여 서술하시오.

08년 2회 | 21년 2회

$OCl^- + H_2O \rightarrow HOCl + OH^-$ 이므로 수산화이온이 생성되므로 pH는 증가하는 방향으로 변화

09

탈산소 계수(단, 상용대수 기준)가 0.1day⁻¹인 BOD₅가 400mg/L, COD값은 900mg/L이다. 이때 NBDCOD 값을 계산하시오.

[식] ① $COD = BDCOD(=BOD_u) + NBDCOD$
② $BOD_t = BOD_u(1 - 10^{-k_1 \cdot t})$

[풀이]
① $BOD_u = \dfrac{400}{1 - 10^{-0.1 \times 5}} = 584.9901 \text{mg/L}$

② $NBDCOD = 900 - 584.9901 = 315.0099 \text{mg/L}$

[답] ∴ $NBDCOD = 315.01 \text{mg/L}$

10

전도현상이 일어나는 호수(깊이 20m로 가정)에 대하여 봄, 여름, 가을, 겨울 4계절에 발생하는 수온분포도를 각각 그래프에 나타내고 전도현상이 일어나는 계절을 표시하시오. [단, 수온분포를 나타내는 그래프의 가로축은 수온(℃), 세로축은 수심(m)을 뜻함]

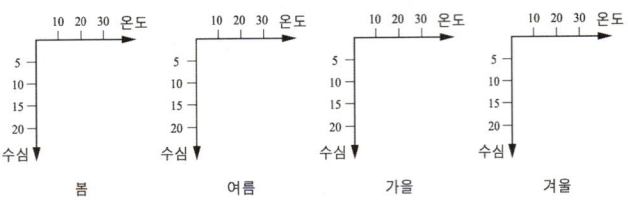

07년 1회

전도현상이 일어나는 계절은 봄과 가을

11

A공장의 폐수 배출량은 2,400m³/day, BOD 농도는 300mg/L, SS 농도는 200mg/L이다. 이 폐수가 아래 [조건]과 같이 처리되고 있을 때, 고형물 체류시간(SRT, day)을 구하시오.

[조건]
- F/M : 0.3kg BOD/kg MLSS·day
- 포기시간 : 8hr
- 최종 Sludge 농도 : 8,000mg/L
- 폐 Sludge 유량 : 유입유량의 2%
- BOD, SS 제거율 : 90%

[식] $SRT = \dfrac{V \cdot X}{X_r \cdot Q_w + X_e(Q - Q_w)}$

[풀이] ※ m, kg, day 단위로 통일

① $F/M = \dfrac{BOD \cdot Q}{V \cdot X} = 0.3 kg_{BOD}/kg_{MLSS} \cdot day$

$V \cdot X = \dfrac{300mg}{L} \Big| \dfrac{2,400m^3}{day} \Big| \dfrac{kg_{MLSS} \cdot day}{0.3 kg_{BOD}} \Big| \dfrac{kg}{10^6 mg} \Big| \dfrac{10^3 L}{m^3}$

$= 2,400 kg$

② $X_r \cdot Q_w = \dfrac{8,000mg}{L} \Big| \dfrac{(2,400 \times 0.02)m^3}{day} \Big| \dfrac{kg}{10^6 mg} \Big| \dfrac{10^3 L}{m^3}$

$= 384 kg/day$

③ $X_e \cdot (Q - Q_w)$

$= \dfrac{200mg}{L} \Big| \dfrac{10}{100} \Big| \dfrac{(2,400 - 2,400 \times 0.02)m^3}{day} \Big| \dfrac{kg}{10^6 mg} \Big| \dfrac{10^3 L}{m^3}$

$= 47.04 kg/day$

④ $SRT = \dfrac{2,400}{384 + 47.04} = 5.5679 day$

[답] ∴ SRT = 5.57day

필답형 기출문제 2011 * 3

01

글루코스 150mg/L와 벤젠 15mg/L 용액의 총 이론적 산소요구량(mg/L)과 총 유기탄소량(mg/L)을 계산하시오.

가. 총 이론적 산소요구량(mg/L)
나. 총 유기탄소량(mg/L)

 09년 2회 | 15년 3회

가. 총 이론적 산소요구량

[풀이]

① $C_6H_{12}O_6 + 6O_2 \rightarrow 6CO_2 + 6H_2O$
　　180　　　:　6×32
　　150mg/L　:　X

$$X = \frac{6 \times 32 \times 150}{180} = 160 \text{mg/L}$$

② $C_6H_6 + 7.5O_2 \rightarrow 6CO_2 + 3H_2O$
　　78　　　:　7.5×32
　　15mg/L　:　Y

$$Y = \frac{7.5 \times 32 \times 15}{78} = 46.1538 \text{mg/L}$$

③ 총 이론적 산소요구량
　= 160 + 46.1538 = 206.1538 mg/L

[답] ∴ 총 이론적 산소요구량 = 206.15mg/L

나. 총 유기탄소량

[풀이]

① $C_6H_{12}O_6 + 6O_2 \rightarrow 6CO_2 + 6H_2O$
　　180　　　:　6×12
　　150mg/L　:　X

$$X = \frac{6 \times 12 \times 150}{180} = 60 \text{mg/L}$$

② $C_6H_6 + 7.5O_2 \rightarrow 6CO_2 + 3H_2O$
　　78　　　:　6×12
　　15mg/L　:　Y

$$Y = \frac{6 \times 12 \times 15}{78} = 13.8462 \text{mg/L}$$

③ 총 유기탄소량 = 60 + 13.8462 = 73.8462mg/L

[답] ∴ 총 유기탄소량 = 73.85mg/L

02

COD가 50mg/L인 폐수에 활성탄 20mg/L를 흡착제로 주입시켰더니 COD가 15mg/L가 되었고, 활성탄 50mg/L를 주입시켰더니 COD가 5mg/L가 되었다. COD를 8mg/L로 하기 위한 주입하여야 하는 활성탄의 양(mg/L)을 계산하시오. (단, Freundich 등온흡착식 적용)

빈출 체크 14년 2회 | 23년 3회

[식] $\dfrac{X}{M} = k \cdot C^{1/n}$

[풀이]

① $k = \dfrac{X/M}{C^{1/n}} = \dfrac{(50-15)/20}{15^{1/n}}$

② $k = \dfrac{X/M}{C^{1/n}} = \dfrac{(50-5)/50}{5^{1/n}}$

③ ①식 ÷ ②식

$1 = \dfrac{1.9444}{3^{1/n}}$

$3^{1/n} = 1.9444$ ················· 양변에 log를 취함

$\log 3^{1/n} = \log 1.9444$

$\dfrac{1}{n} = \dfrac{\log 1.9444}{\log 3}$

$n = \dfrac{\log 3}{\log 1.9444} = 1.6522, \ k = 0.3398$

④ $M = \dfrac{X}{k \cdot C^{1/n}} = \dfrac{(50-8)}{0.3398 \times 8^{1/1.6522}} = 35.1097 \text{mg/L}$

[답] ∴ $M = 35.11 \text{mg/L}$

03

하천의 초기 용존산소부족량은 2.6mg/L, 최종 BOD는 21mg/L, 탈산소계수는 0.4/day, 자정계수는 2.25일 때 다음을 계산하시오. (단, 상용대수기준, Streeter-Phelps 식 적용)

가. 임계시간(hr)
나. 임계점의 산소부족량(mg/L)

빈출 체크 14년 2회 | 23년 1회

가. 임계시간

[식] $t_c = \dfrac{1}{k_1(f-1)} \log \left[f \left(1 - (f-1) \dfrac{D_o}{L_o} \right) \right]$

[풀이]

$t_c = \dfrac{1}{0.4 \times (2.25-1)} \log \left[2.25 \times \left(1 - (2.25-1) \times \dfrac{2.6}{21} \right) \right]$

$= 0.5583 \text{day} = 0.5583 \text{day} \left| \dfrac{24 \text{hr}}{\text{day}} \right. = 13.3992 \text{hr}$

[답] ∴ 임계시간 = 13.40hr

나. 임계점의 산소부족량

[식] $D_c = \dfrac{L_o}{f} \times 10^{-k_1 \cdot t_c}$

[풀이]

$D_c = \dfrac{21}{2.25} \times 10^{-0.4 \times 0.5583} = 5.5811 \text{mg/L}$

[답] ∴ 임계점의 산소부족량 = 5.58mg/L

04

반감기가 2hr인 반응에서 물질의 농도가 1,000mg/L에서 10mg/L로 감소하는 데 걸리는 시간(hr)을 계산하시오. (단, 1차 반응)

빈출체크 07년 2회 | 08년 3회 | 15년 2회

[식] $\ln \dfrac{C_t}{C_o} = -k \cdot t$

[풀이]

① $\ln \dfrac{50}{100} = -k \cdot 2\text{hr} \rightarrow k = 0.3466\text{hr}^{-1}$

② $t = \dfrac{\ln \dfrac{C_t}{C_o}}{-k} = \dfrac{\ln \dfrac{10}{1,000}}{-0.3466} = 13.2867\text{hr}$

[답] ∴ t = 13.29hr

05

폐수 중의 암모니아성 질소를 Air stripping법으로 제거하기 위해 폐수의 pH를 조절하려고 할 때 수중 암모니아성 질소 중의 암모니아를 95%로 하기 위한 pH를 구하시오. (단, 암모니아성 질소 중에서의 평형은 $NH_3 + H_2O \leftrightarrow NH_4^+ + OH^-$, 평형상수 $k_b = 1.8 \times 10^{-5}$)

빈출체크 16년 2회 | 21년 1회

[식]

① $NH_3 + H_2O \rightleftharpoons NH_4^+ + OH^-$, $k_b = \dfrac{[NH_4^+][OH^-]}{[NH_3]}$

② $NH_3(\%) = \dfrac{NH_3}{NH_3 + NH_4^+} \times 100$

③ 위의 두 식을 연립하면 $NH_3(\%) = \dfrac{1}{1 + \dfrac{k_b}{[OH^-]}} \times 100$

④ $pH = 14 - pOH$

[풀이]

① $[OH^-] = \dfrac{k_b}{\dfrac{100}{NH_3(\%)} - 1} = \dfrac{1.8 \times 10^{-5}}{\dfrac{100}{95} - 1} = 3.42 \times 10^{-4}\text{M}$

② $pH = 14 - \log\left(\dfrac{1}{3.42 \times 10^{-4}}\right) = 10.5340$

[답] ∴ pH = 10.53

06

1g의 박테리아가 하루에 폐수를 20g을 분해하는 것으로 밝혀졌다. 실제 폐수농도가 15mg/L일 때 같은 양의 박테리아가 10g/day의 속도로 폐수를 분해한다면, 폐수의 농도가 5mg/L일 때, 2g의 박테리아에 의한 폐수 분해속도(g/day)를 구하시오. (단, Michaelis-Menten 식 이용)

빈출체크 09년 1회 | 11년 1회 | 14년 3회

[식] $r = R_{max} \times \dfrac{S}{K_m + S}$

[풀이]

① $r = 20 \times \dfrac{5}{15 + 5} = 5\text{g폐수/g박테리아} \cdot \text{day}$

② 폐수 분해속도 = $5 \times 2 = 10\text{g/day}$

[답] ∴ 폐수 분해속도 = 10g/day

07

다음 보기에 대한 온도보정계수 θ를 계산하시오. (단, 상용로그 적용, 최종 값은 소수점 네 번째 자리까지 계산함)

[보기]
- $T_1 = 4℃$, $k_1 = 0.12 day^{-1}$
- $T_2 = 16℃$, $k_2 = 0.20 day^{-1}$

[식] $k_2 = k_1 \times \theta^{(T_2 - T_1)}$

[풀이] $\theta = \left(\dfrac{0.2}{0.12}\right)^{\frac{1}{(16-4)}} = 1.0435$

[답] $\therefore \theta = 1.0435$

08

관에 $1.2 m^3/min$의 물이 흐를 때 생기는 마찰수두손실이 10m가 되려면 관의 길이는 몇 m가 되어야 하는지 계산하시오. (단, 내경은 10cm, 마찰손실계수는 0.015)

빈출체크 05년 3회 | 08년 3회 | 15년 1회 | 18년 1회 | 20년 4·5회

[식] $h = f \times \dfrac{L}{D} \times \dfrac{V^2}{2g}$

[풀이]

① $V = \dfrac{Q}{A} = \dfrac{1.2 m^3}{min} \left| \dfrac{4}{\pi(0.1m)^2} \right| \dfrac{min}{60sec} = 2.5465 m/sec$

② $L = \dfrac{h \cdot D \cdot 2g}{f \cdot V^2} = \dfrac{10 \times 0.1 \times 2 \times 9.8}{0.015 \times 2.5465^2} = 201.5011 m$

[답] $\therefore$ 관의 길이 $= 201.50 m$

09

혐기성 조건에서 Glucose가 분해될 때 최종 BOD 1kg당 발생 가능한 메탄가스의 부피는 30℃에서 몇 m^3인지 계산하시오.

빈출체크 06년 1회 | 09년 2회 | 09년 3회 | 14년 2회 | 20년 4·5회

[풀이]

① $C_6H_{12}O_6 + 6O_2 \rightarrow 6CO_2 + 6H_2O$
  180 : 6×32
  X : 1kg

$X = \dfrac{180 \times 1}{6 \times 32} = 0.9375 kg$

② $C_6H_{12}O_6 \rightarrow 3CH_4 + 3CO_2$
  180kg : $3 \times 22.4 Sm^3$
  0.9375kg : Y

$Y = \dfrac{3 \times 22.4 \times 0.9375}{180} = 0.35 Sm^3$

③ 온도 보정

$\dfrac{0.35 Sm^3}{} \left| \dfrac{273 + 30}{273} \right. = 0.3885 m^3$

[답] $\therefore$ 메탄가스의 부피 $= 0.39 m^3$

10

CFSTR에서 95%의 효율로 처리하고자 한다. 이 물질은 1차 반응, 속도상수는 0.1hr⁻¹이다. 또한 유입유량은 300L/hr, 유입농도는 150mg/L이라면 필요한 CFSTR의 부피(m³)는 얼마인가? (단, 반응은 정상상태)

08년 3회 | 15년 1회

[식] $V = \dfrac{Q \cdot (C_o - C_t)}{k \cdot C_t}$

[풀이]
① $C_t = C_o(1-\eta) = 150 \times (1-0.95) = 7.5\text{mg/L}$

② $V = \dfrac{300\text{L}}{\text{hr}} \Big| \dfrac{(150-7.5)\text{mg}}{\text{L}} \Big| \dfrac{\text{hr}}{0.1} \Big| \dfrac{\text{L}}{7.5\text{mg}} \Big| \dfrac{\text{m}^3}{10^3 \text{L}} = 57\text{m}^3$

[답] ∴ CFSTR 부피 = 57m³

11

NO₃⁻의 탈질 총괄 반응식이 다음과 같을 때, NO₃⁻ 농도가 30mg/L 함유된 폐수 1,000m³/day를 탈질시키는 데 요구되는 메탄올의 양(kg/day)을 계산하시오.

$$\dfrac{1}{6}CH_3OH + \dfrac{1}{5}NO_3^- + \dfrac{1}{5}H^+ \rightarrow \dfrac{1}{10}N_2 + \dfrac{1}{6}CO_2 + \dfrac{13}{30}H_2O$$

07년 2회 | 08년 1회 | 09년 2회

[풀이]
① NO_3^- 유입량 $= \dfrac{30\text{mg}}{\text{L}} \Big| \dfrac{1,000\text{m}^3}{\text{day}} \Big| \dfrac{\text{kg}}{10^6\text{mg}} \Big| \dfrac{10^3\text{L}}{\text{m}^3}$
$= 30\text{kg/day}$

② $6NO_3^-$: $5CH_3OH$
  6×62 : 5×32
  30kg/day : X

$X = \dfrac{5 \times 32 \times 30}{6 \times 62} = 12.9032\text{kg/day}$

[답] ∴ 메탄올의 요구량 = 12.90kg/day

01

다음에 주어진 조건을 이용하여 탈질에 사용되는 무산소조의 체류시간(hr)을 계산하시오.

[조건]
- 유입수 NO_3^{-N} 농도 : 22mg/L
- 유출수 NO_3^{-N} 농도 : 3mg/L
- $U_{DN(20℃)}$: $0.1day^{-1}$
- 온도 : 10℃
- MLVSS 농도 : 4,000mg/L
- DO 농도 : 0.1mg/L
- $U'_{DN} = U_{DN} \times k^{(T-20)}(1-DO)$ (단, $k = 1.09$)

15년 1회

[식] $\theta = \dfrac{S_i - S_o}{U_{DN} \cdot X}$

[풀이]
① $U_{DN} = 0.1 \times 1.09^{(10-20)} \times (1-0.1) = 0.038 day^{-1}$
② $\theta = \dfrac{(22-3)mg}{L} \Big| \dfrac{day}{0.038} \Big| \dfrac{L}{4,000mg} \Big| \dfrac{24hr}{day} = 3hr$

[답] ∴ 무산소조의 체류시간 = 3hr

02

고형물 농도 30,000mg/L의 슬러지를 농축시키기 위한 농축조를 설계하기 위하여 다음과 같은 결과를 얻었다. 농축 슬러지의 고형물 농도가 75,000mg/L가 되기 위하여 소요되는 농축시간(hr)을 계산하시오.
(단, 상등수의 고형물 농도는 0이라고 가정, 농축전후의 슬러지의 비중은 모두 1이라고 가정)

정치시간(농축시간)(hr)	0	2	4	6	8	10	12	14
계면높이(cm)	100	60	40	30	25	24	22	20

07년 3회 | 16년 1회

[식] $h_t = h_o \times \dfrac{C_o}{C_t}$

[풀이] $h_t = 100 \times \dfrac{30,000}{75,000} = 40cm$ 이므로 4시간

[답] ∴ 농축시간 = 4hr

03

유량은 200m³/day, SS농도는 300mg/L인 폐수를 공기부상실험에서 최적 A/S비는 0.05mgAir/mg Solid, 실험온도는 20℃, 이 온도에서 공기의 용해도는 18.7mL/L, 공기의 포화분율은 0.6, 표면부하율은 8L/m²·min, 운전압력이 4atm일 때 반송률(%)을 계산하시오.

빈출체크 05년 2회 | 17년 1회 | 21년 2회

[식] $A/S = \dfrac{1.3 \times S_a(f \cdot P - 1)}{SS} \times R$

[풀이] $R = \dfrac{A/S \cdot SS}{1.3 \times S_a(f \cdot P - 1)} = \dfrac{0.05 \times 300}{1.3 \times 18.7 \times (0.6 \times 4 - 1)}$

$= 0.4407$

[답] ∴ 반송률 = 44.07%

04

COD가 820mg/L인 폐수를 처리하기 위하여 처리조를 설계하고자 한다. MLSS농도는 3,000mg/L, 유출수 COD 농도는 180mg/L, 1차 반응이다. MLVSS를 기준으로 한 속도상수는 20℃에서 0.532L/g·hr이며, MLSS의 70%가 MLVSS, 폐수 중 NBDCOD는 155mg/L일 때 반응시간(hr)을 계산하시오.

빈출체크 06년 3회 | 23년 3회

[식] $\theta = \dfrac{S_i - S_o}{K \cdot S_o \cdot X}$

[풀이]
① $S_i = COD_i - NBDCOD = 820 - 155 = 665\,mg/L$
② $S_o = COD_o - NBDCOD = 180 - 155 = 25\,mg/L$
③ $X = MLSS \times 0.7 = 3{,}000 \times 0.7 = 2{,}100\,mg/L$
④ $\theta = \dfrac{(665-25)\,mg}{L} \Big| \dfrac{g \cdot hr}{0.532\,L} \Big| \dfrac{L}{25\,mg} \Big| \dfrac{L}{2{,}100\,mg} \Big| \dfrac{10^3\,mg}{g}$

$= 22.9144\,hr$

[답] ∴ 반응시간 = 22.91hr

05

폭이 2.5m, 경사가 0.09m/m, 수심이 1.2m인 장방형 콘크리트 개수로를 통해 방류되는 폐수의 유량(m³/sec)을 Manning 공식을 이용하여 계산하시오. (단, n = 0.014)

빈출체크 07년 1회

[식] $V = \dfrac{1}{n} \cdot I^{1/2} \cdot R^{2/3}$, $Q = A \cdot V$

[풀이]
① $R = \dfrac{HW}{2H+W} = \dfrac{1.2 \times 2.5}{2 \times 1.2 + 2.5} = 0.6122\,m$
② $V = \dfrac{1}{0.014} \times (0.09)^{1/2} \times (0.6122)^{2/3} = 15.4498\,m/sec$
③ $Q = \dfrac{(1.2 \times 2.5)\,m^2}{} \Big| \dfrac{15.4498\,m}{sec} = 46.3494\,m^3/sec$

[답] ∴ 폐수의 유량 = 46.35m³/sec

06

하천의 어느 지점 DO 농도가 5.0mg/L, 탈산소계수는 0.1day^{-1}, 재포기계수는 0.2day^{-1}, BOD$_u$는 10mg/L일 때 36시간 흐른 뒤의 하류에서의 DO 농도(mg/L)를 계산하시오. (단, 포화 용존산소농도는 9.0mg/L, 소수점 첫 번째 자리까지 구하시오. base 10)

 06년 1회 | 08년 1회 | 08년 3회 | 17년 3회 | 21년 1회

[식] $D_t = \dfrac{k_1}{k_2 - k_1} L_o (10^{-k_1 \cdot t} - 10^{-k_2 \cdot t}) + D_o \times 10^{-k_2 \cdot t}$

[풀이]

① $t = 36hr | \dfrac{day}{24hr} = 1.5 day$

② $D_o = D_s - D = 9 - 5 = 4 mg/L$

③ $D_t = \dfrac{0.1}{0.2 - 0.1} \times 10 \times (10^{-0.1 \times 1.5} - 10^{-0.2 \times 1.5})$
$+ 4 \times 10^{-0.2 \times 1.5}$
$= 4.0723 mg/L$

④ $DO = 9 - 4.0723 = 4.9277 mg/L$

[답] ∴ 하류에서의 DO 농도 = 4.9mg/L

07

CFSTR에서 95%의 효율로 처리하고자 한다. 이 물질은 0.5차 반응, 속도상수는 0.05(mg/L)$^{1/2}$/hr이다. 또한 유입유량은 300L/hr, 유입농도는 150mg/L이라면 필요한 CFSTR의 부피(m^3)는 얼마인가? (단, 반응은 정상상태)

 06년 1회 | 08년 2회 | 09년 2회 | 10년 2회 | 15년 3회 | 16년 1회

[식] $V = \dfrac{Q \cdot (C_o - C_t)}{k \cdot C_t^{0.5}}$

[풀이]

① $C_t = C_o(1 - \eta) = 150 \times (1 - 0.95) = 7.5 mg/L$

② $V = \dfrac{300L}{hr} | \dfrac{(150 - 7.5)mg}{L} | \dfrac{hr}{0.05(mg/L)^{0.5}}$
$| \left(\dfrac{L}{7.5mg}\right)^{0.5} | \dfrac{m^3}{10^3 L} = 312.2019 m^3$

[답] ∴ CFSTR 부피 = 312.20m^3

08

Stokes 법칙을 이용하여 수온 20℃의 하수 내에서 직경이 6×10^{-3} cm, 비중이 2.5인 구형입자의 침전속도(cm/sec)를 계산하시오. (단, 20℃ 하수의 동점성 계수는 0.010105cm^2/sec, 하수의 비중은 1.01)

 08년 1회

[식] $V_g = \dfrac{d_p^2 (\rho_p - \rho) g}{18 \mu}$

[풀이]

① $\mu = \upsilon \cdot \rho = \dfrac{0.010105 cm^2}{sec} | \dfrac{1.01g}{cm^3} = 0.0102 g/cm \cdot sec$

② $V_g = \dfrac{(6 \times 10^{-3})^2 \times (2.5 - 1.01) \times 980}{18 \times 0.0102}$
$= 0.2863 cm/sec$

[답] ∴ 구형입자의 침전속도 = 0.29cm/sec

09

Sidestream법을 적용한 공법명과 원리를 설명하고, 장점과 단점을 각각 1가지씩 기술하시오.

가. 공법명
나. 원리
다. 장점
라. 단점

06년 2회 | 14년 2회

가. Phostrip 공법
나. 생물학적, 화학적 처리방법을 조합한 것으로 반송슬러지의 일부를 혐기성 상태인 탈인조로 유입시켜 혐기성 상태에서 인을 방출 및 분리한 후 상등액으로부터 과량 함유된 인을 화학 침전·제거시키는 방법
다. 장점
  - 기존 활성슬러지 처리장에 쉽게 적용 가능
  - 수온, 유입수질의 변동에 영향이 적음
  - 인 제거 시 BOD/P비에 의하여 조절되지 않음
라. 단점
  - Stripping을 위한 별도의 반응조 필요
  - 석회 Scale의 방지대책 필요

10

트리할로메탄(THM)의 생성반응속도에 미치는 영향을 서술하시오.

가. 수온
나. pH
다. 불소농도

07년 3회 | 14년 3회 | 17년 3회

가. 높을수록 THM 생성량 증가
나. 높을수록 THM 생성량 증가
다. 높을수록 THM 생성량 증가

11

잔류염소 농도 0.35mg/L에서 3분만에 92%의 세균이 사멸되었다면 99.8% 살균을 위해서는 몇 분의 시간이 필요한지 계산하시오.
(단, 사멸반응은 1차 반응)

[식] $\ln \dfrac{C_t}{C_o} = -k \cdot t$

[풀이]

① $\ln \dfrac{8}{100} = -k \cdot 3\min \rightarrow k = 0.8419 \min^{-1}$

② $t = \dfrac{\ln \dfrac{C_t}{C_o}}{-k} = \dfrac{\ln \dfrac{0.2}{100}}{-0.8419} = 7.3816 \min$

[답] ∴ 살균시간 = 7.38min

01

하천에서 폐수가 유입되고 있고, 폐수 방류지점에서 혼합은 이상적으로 이루어지고 있다. 혼합수의 수질 및 조건이 주어졌을 때 다음을 계산하시오. (단, 상용대수 기준)

[조건]
- DO 농도 : 4mg/L
- DO 포화농도 : 9.5mg/L
- 재포기계수 : 0.23day^{-1}
- 탈산소계수 : 0.1day^{-1}
- 최종 BOD 농도 : 20mg/L

가. 2일 후 DO 농도(mg/L)
나. 혼합 후 최저 DO 농도가 나타내는 임계시간(day)
다. 최저 DO 농도(mg/L)

가. 2일 후 DO 농도

[식] $D_t = \dfrac{k_1}{k_2 - k_1} L_o (10^{-k_1 \cdot t} - 10^{-k_2 \cdot t}) + D_o \times 10^{-k_2 \cdot t}$

[풀이]
① $D_o = D_s - D = 9.5 - 4 = 5.5 \text{mg/L}$
② $D_t = \dfrac{0.1}{0.23 - 0.1} \times 20 \times (10^{-0.1 \times 2} - 10^{-0.23 \times 2}) + 5.5 \times 10^{-0.23 \times 2}$
$= 6.2797 \text{mg/L}$
③ 2일 후 DO 농도 $= 9.5 - 6.2797 = 3.2203 \text{mg/L}$
[답] ∴ 2일 후 DO 농도 $= 3.22 \text{mg/L}$

나. 임계시간

[식] $t_c = \dfrac{1}{k_1(f-1)} \log \left[f \left(1 - (f-1) \dfrac{D_o}{L_o} \right) \right]$

[풀이]
① $f = \dfrac{k_2}{k_1} = \dfrac{0.23}{0.1} = 2.3$
② $t_c = \dfrac{1}{0.1 \times (2.3 - 1)} \log \left[2.3 \times \left(1 - (2.3 - 1) \times \dfrac{(9.5 - 4)}{20} \right) \right]$
$= 1.3046 \text{day}$
[답] ∴ 임계시간 $= 1.30 \text{day}$

다. 최저 DO 농도

[식] $D_c = \dfrac{L_o}{f} \times 10^{-k_1 \cdot t_c}$

[풀이]
① $D_c = \dfrac{20}{2.3} \times 10^{-0.1 \times 1.3046} = 6.4394 \text{mg/L}$
② 최저 DO 농도 $= 9.5 - 6.4394 = 3.0606 \text{mg/L}$
[답] ∴ 최저 DO 농도 $= 3.06 \text{mg/L}$

02

메탄의 최대수율은 제거 1kg COD당 $0.35m^3 CH_4$임을 증명하고, 유량이 $675m^3$/day, COD는 3,000mg/L, COD 제거효율이 80%일 경우 다음 물음에 답하시오.

가. 증명과정
나. 발생하는 메탄량(m^3/day)

빈출체크 05년 1회 | 07년 1회 | 07년 3회 | 09년 1회 | 10년 2회
14년 3회 | 16년 1회 | 22년 1회

가. 메탄 생성 수율 증명

① $C_6H_{12}O_6 + 6O_2 \rightarrow 6CO_2 + 6H_2O$
  180kg : 6×32kg
    X : 1kg

$X = \dfrac{180 \times 1}{6 \times 32} = 0.9375 kg$

② $C_6H_{12}O_6 \rightarrow 3CH_4 + 3CO_2$
  180kg : $3 \times 22.4 m^3$
  0.9375kg : Y

$Y = \dfrac{3 \times 22.4 \times 0.9375}{180} = 0.35 m^3$

나. 발생하는 메탄량

[식] 발생하는 메탄량 = 메탄 생성 수율 × COD 제거량

[풀이]

① COD 제거량 = $\dfrac{675m^3}{day} \Big| \dfrac{3,000mg}{L} \Big| \dfrac{0.8}{} \Big| \dfrac{10^3 L}{m^3} \Big| \dfrac{kg}{10^6 mg}$

   = 1,620 kg/day

② 발생하는 메탄량 = $\dfrac{0.35 m^3}{kg} \Big| \dfrac{1,620 kg}{day} = 567 m^3$/day

[답] ∴ 발생하는 메탄량 = $567 m^3$/day

03

COD가 2,000mg/L인 폐수를 처리하기 위하여 처리조를 설계하고자 한다. MLSS농도는 3,500mg/L, SDI는 7,000mg/L, 유출수 COD는 150mg/L 이하여야 한다. MLVSS를 기준으로 한 속도상수는 0.469L/g·hr이며, MLSS의 70%가 MLVSS, 폐수 중 NBDCOD는 125mg/L일 때 반응시간(hr)을 계산하시오.

빈출체크 09년 2회

[식] $\theta = \dfrac{S_i - S_o}{K \cdot S_o \cdot X}$

[풀이]

① $R = \dfrac{X}{X_r - X} = \dfrac{3,500}{7,000 - 3,500} = 1$

② $C_m = \dfrac{C_1 \cdot Q_1 + C_2 \cdot Q_2}{Q_1 + Q_2} = \dfrac{2,000 Q_1 + 150 Q_1}{Q_1 + Q_1}$
   = 1,075 mg/L

③ $S_i = COD_i - NBDCOD = 1,075 - 125 = 950 mg/L$

④ $S_o = COD_o - NBDCOD = 150 - 125 = 25 mg/L$

⑤ $X = MLSS \times 0.7 = 3,500 \times 0.7 = 2,450 mg/L$

⑥ $\theta = \dfrac{(950-25)mg}{L} \Big| \dfrac{g \cdot hr}{0.469 L} \Big| \dfrac{L}{25 mg} \Big| \dfrac{L}{2,450 mg} \Big| \dfrac{10^3 mg}{g}$

   = 32.2005 hr

[답] ∴ 반응시간 = 32.20 hr

04

연속 회분식 반응조(SBR)의 장점 5가지를 서술하시오. (연속 흐름 반응조와 비교)

빈출 체크 14년 3회 | 18년 1회

SBR의 장점
- 충격부하에 강하며, MLSS의 누출이 없음
- 슬러지 반송을 위한 펌프가 필요없어 배관과 동력비 절감
- 단일 반응조에서 1주기 중 호기 - 무산소 등의 조건을 설정하여 질산화·탈질화 도모
- 고부하형의 경우 다른 처리방식과 비교하여 적은 부지면적 소요
- 공정의 변경 용이
- 운전방식에 따라 사상균 벌킹 방지

05

유량 27.8m³/sec로 사각 개수로(폭 3m, 수심 1m)에 폐수가 흐를 때 수로의 경사(I)를 계산하시오. (단, Manning 공식 적용, 조도계수 = 0.016, 소수점 세 번째 자리까지)

빈출 체크 23년 3회

[식] $V = \dfrac{1}{n} \cdot I^{1/2} \cdot R^{2/3}$

[풀이]

① $R = \dfrac{HW}{2H+W} = \dfrac{1 \times 3}{2 \times 1 + 3} = 0.6m$

② $V = \dfrac{Q}{A} = \dfrac{27.8m^3}{sec} | \dfrac{1}{3m \times 1m} = 9.2667 m/sec$

③ $V = \dfrac{1}{n} \cdot I^{1/2} \cdot R^{2/3}$의 식을 I에 대한 식으로 변경

④ $I = \left(\dfrac{V \cdot n}{R^{2/3}}\right)^2 = \left(\dfrac{9.2667 \times 0.016}{0.6^{2/3}}\right)^2 = 0.0434$

[답] ∴ I = 0.043

06

HOCl ↔ H⁺ + OCl⁻ 반응에서 전체 유리잔류염소 중의 HOCl(%)를 계산하시오. (단, 25℃에서의 평형상수 $k_a = 3.7 \times 10^{-8}$, pH = 7)

[식]

① HOCl → H⁺ + OCl⁻, $k_a = \dfrac{[H^+][OCl^-]}{[HOCl]}$

② $HOCl(\%) = \dfrac{HOCl}{HOCl + OCl^-} \times 100$

③ 위의 두 식을 연립하면 $HOCl(\%) = \dfrac{1}{1 + \dfrac{k_a}{[H^+]}} \times 100$

[풀이]

$HOCl(\%) = \dfrac{1}{1 + \dfrac{3.7 \times 10^{-8}}{10^{-7}}} \times 100 = 72.9927\%$

[답] ∴ HOCl(%) = 72.99%

07

소화조 유출수의 BOD 농도는 3,000mg/L이다. 이 폐수를 BOD농도 10mg/L인 희석수를 사용하여 BOD농도를 300mg/L로 낮추어 폭기조로 유입시키려 한다. 폐수량(소화조 유출수)이 200m³/hr일 때 사용되는 희석수의 양(m³/hr)을 계산하시오.

[식] $C_m = \dfrac{C_1 \cdot Q_1 + C_2 \cdot Q_2}{Q_1 + Q_2}$

[풀이]

① $300 = \dfrac{3,000 \times 200 + 10 Q_2}{200 + Q_2}$

② $300 \times (200 + Q_2) = 3,000 \times 200 + 10 Q_2$

③ $Q_2 = 1,862.0690 \, m^3/hr$

[답] ∴ 희석수의 양 = 1,862.07 m³/hr

08

$C_5H_7O_2N$을 BOD로 환산할 때 사용하는 1.42라는 계수를 유도하시오. (단, 내생호흡 기준)

빈출 체크 05년 3회 | 09년 2회 | 10년 3회

[풀이] $C_5H_7O_2N + 5O_2 \rightarrow 5CO_2 + 2H_2O + NH_3$

113 : 5×32
1 : X

$X = \dfrac{5 \times 32 \times 1}{113} = 1.4159 \, BOD_u/미생물$

[답] ∴ 환산 계수 = 1.42 BOD_u/미생물

09

5단계 bardenpho 공정에 대한 공정도를 그리고 호기조 반응조의 주된 역할 2가지에 대해 간단히 서술하시오.

가. 공정도(반응조 명칭, 내부반송, 슬러지 반송표시)
나. 호기조의 주된 역할 2가지(단, 유기물 제거는 정답에서 제외)

빈출 체크 06년 3회 | 07년 1회 | 07년 2회 | 08년 1회 | 15년 2회
16년 3회 | 18년 2회 | 20년 3회

가. 공정도

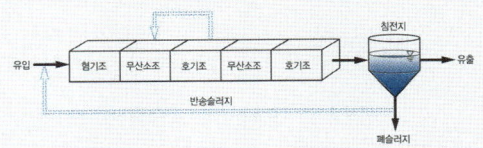

나. 인의 과잉 섭취 및 질산화

10

질산화는 질산화를 일으키는 Autotrophic bacteria에 의해 NH_4^+가 2단계를 거쳐 NO_3로 변하는데 각 단계 반응식(관련 미생물 포함)과 전체 반응식을 기술하시오.

 20년 3회

- 아질산화 : $NH_4^+ + 1.5O_2 \rightarrow NO_2^- + H_2O + 2H^+$
  [$Nitrosomonas$]
- 질산화 : $NO_2^- + 0.5O_2 \rightarrow NO_3^-$
  [$Nitrobacter$]
- Total : $NH_4^+ + 2O_2 \rightarrow NO_3^- + H_2O + 2H^+$

11

$Ca(HCO_3)_2$, CO_2의 g당량을 구하시오.

가. $Ca(HCO_3)_2$ 당량(반응식 포함)
나. CO_2 당량(반응식 포함)

 15년 1회 | 17년 3회

가. $Ca(HCO_3)_2 \rightarrow Ca^{2+} + 2HCO_3^-$

$Ca(HCO_3)_2$의 g당량 $= \dfrac{162g}{2eq} = 81g/eq$

나. $CO_2 + H_2O \rightarrow CO_3^{2-} + 2H^+$

CO_2의 g당량 $= \dfrac{44g}{2eq} = 22g/eq$

필답형 기출문제 2012 * 3

01

아래 그림과 조건을 이용하여 물음에 답하시오.

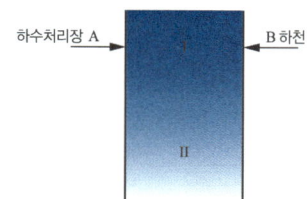

[조건]
- 하수처리장 유량 : 4m^3/sec
- 하수처리장 BOD_5 : 150mg/L
- 하수처리장 DO : 2mg/L
- 하천 유량 : 2m^3/sec
- 하천 BOD_5 : 10mg/L
- 하천 DO : 7mg/L
- 합류 전 I 유량 : 50m^3/sec
- 합류 전 I BOD_5 : 2mg/L
- 합류 전 I DO : 9mg/L(I 지점 이후 혼합)
- k_1 : 0.15day^{-1}
- k_2 : 0.2day^{-1}
- 길이 : 20km
- 유속 : 0.8m/sec
- I, II 구간 포화 DO = 9.5mg/L, k_1, k_2 동일
- DO 계산은 Streeter-phelps 식 이용(밑은 자연대수)

가. BOD_5를 3mg/L를 만족시키는 하수처리장의 BOD_5의 최소 제거효율(%)

나. 가.항의 기준을 만족할 때 II지점의 DO 농도(mg/L)

가. 최소 제거효율

[식] $\eta(\%) = \left(1 - \dfrac{C_o}{C_i}\right) \times 100$

[풀이]

① $C_m = \dfrac{C_1 \cdot Q_1 + C_2 \cdot Q_2 + C_3 \cdot Q_3}{Q_1 + Q_2 + Q_3}$

$3 = \dfrac{2 \times 50 + 10 \times 2 + C_3 \times 4}{50 + 2 + 4} \rightarrow C_3 = 12 \text{mg/L}$

② $\eta(\%) = \left(1 - \dfrac{12}{150}\right) \times 100 = 92\%$

[답] ∴ 최소 제거효율 = 92%

나. II지점의 DO 농도

[식] $D_t = \dfrac{k_1}{k_2 - k_1} L_o (e^{-k_1 \cdot t} - e^{-k_2 \cdot t}) + D_o \times e^{-k_2 \cdot t}$

[풀이]

① $L_o = \dfrac{BOD_t}{1 - e^{-k_1 \cdot t}} = \dfrac{3}{1 - e^{-0.15 \times 5}} = 5.6858 \text{mg/L}$

② $t = \dfrac{20,000\text{m}}{0.8\text{m}} \Big| \dfrac{\text{sec}}{3,600\text{sec}} \Big| \dfrac{\text{hr}}{24\text{hr}} \Big| \dfrac{\text{day}}{} = 0.2894 \text{day}$

③ $D_m = \dfrac{9 \times 50 + 7 \times 2 + 2 \times 4}{50 + 2 + 4} = 8.4286 \text{mg/L}$

④ $D_o = 9.5 - 8.4286 = 1.0714 \text{mg/L}$

⑤ $D_t = \dfrac{0.15}{0.2 - 0.15} \times 5.6858 \times (e^{-0.15 \times 0.2894} - e^{-0.2 \times 0.2894}) + 1.0714 \times e^{-0.2 \times 0.2894}$
$= 1.2458 \text{mg/L}$

⑥ DO 농도 = 9.5 − 1.2458 = 8.2542 mg/L

[답] ∴ II지점의 DO 농도 = 8.25mg/L

02

박테리아($C_5H_7O_2N$)에 대한 이론적인 BOD_5/COD, BOD_5/TOC, TOC/COD의 비를 구하시오. (단, 반응은 1차 반응, 속도상수는 0.1/day, base 상용대수, 화합물은 100% 산화, 박테리아는 분해되어 CO_2, H_2O, NH_3, $BOD_u = COD$)

가. BOD_5/COD
나. BOD_5/TOC
다. TOC/COD

 08년 3회 | 10년 2회 | 16년 1회

가. BOD_5/COD

[식] $BOD_t = BOD_u(1 - 10^{-k_1 \cdot t})$

[풀이] $\dfrac{BOD_5}{BOD_u} = \dfrac{BOD_5}{COD} = 1 - 10^{-0.1 \times 5} = 0.6838$

[답] ∴ $\dfrac{BOD_5}{COD} = 0.68$

나. BOD_5/TOC

[식] $BOD_t = BOD_u(1 - 10^{-k_1 \cdot t})$

[풀이] ① $C_5H_7O_2N + 5O_2 \rightarrow 5CO_2 + 2H_2O + NH_3$
$\quad\quad\quad\quad 5 \times 32 \ : \ 5 \times 12$
② $BOD_u = 5 \times 32 = 160$
③ $BOD_5 = 160 \times (1 - 10^{-0.1 \times 5}) = 109.4036$
④ $\dfrac{BOD_5}{TOC} = \dfrac{109.4036}{5 \times 12} = 1.8234$

[답] ∴ $\dfrac{BOD_5}{TOC} = 1.82$

다. TOC/COD

[풀이] ① $C_5H_7O_2N + 5O_2 \rightarrow 5CO_2 + 2H_2O + NH_3$
$\quad\quad\quad\quad 5 \times 32 \ : \ 5 \times 12$
② $\dfrac{TOC}{COD} = \dfrac{5 \times 12}{5 \times 32} = 0.375$

[답] ∴ $\dfrac{TOC}{COD} = 0.38$

03

원형수로의 유속은 0.6m/sec, 관의 구배는 40‰, 조도계수가 0.013이라면 Manning공식에 의한 수로의 직경(cm)을 계산하시오.

 06년 3회 | 22년 3회

[식] $V = \dfrac{1}{n} \cdot I^{1/2} \cdot R^{2/3}$

[풀이]

① $R = \dfrac{D}{4}$ (절반 채워진 원형 관)

② $V = \dfrac{1}{n} \cdot I^{1/2} \cdot \left(\dfrac{D}{4}\right)^{2/3}$ 의 식을 D에 대한 식으로 변경

③ $\left(\dfrac{D}{4}\right)^{2/3} = \dfrac{n \cdot V}{I^{1/2}}$, $D = 4 \cdot \left(\dfrac{n \cdot V}{I^{1/2}}\right)^{3/2}$

④ $D = 4 \times \left(\dfrac{0.013 \times 0.6}{0.04^{1/2}}\right)^{3/2} = 0.0308 m$

$\quad = \dfrac{0.0308m}{} \Big| \dfrac{100cm}{m} = 3.08 cm$

[답] ∴ $D = 3.08 cm$

04

다음에 주어진 조건을 이용하여 탈질에 사용되는 무산소조의 체류시간(hr)을 구하시오.

[조건]
- 유입수 NO_3^{-N} 농도 : 22mg/L
- 유출수 NO_3^{-N} 농도 : 3mg/L
- MLVSS 농도 : 2,000mg/L
- DO 농도 : 0.1mg/L
- $U_{DN(20℃)}$: 0.1day^{-1}
- 온도 : 10℃
- $U'_{DN} = U_{DN} \times k^{(T-20)}(1-DO)$ (단, $k = 1.09$)

 09년 3회 | 16년 2회 | 22년 3회

[식] $\theta = \dfrac{S_i - S_o}{U_{DN} \cdot X}$

[풀이]
① $U_{DN} = 0.1 \times 1.09^{(10-20)} \times (1-0.1) = 0.038 \text{day}^{-1}$

② $\theta = \dfrac{(22-3)\text{mg}}{\text{L}} \Big| \dfrac{\text{day}}{0.038} \Big| \dfrac{\text{L}}{2,000\text{mg}} \Big| \dfrac{24\text{hr}}{\text{day}} = 6\text{hr}$

[답] ∴ 무산소조의 체류시간 = 6hr

05

폐수의 30℃의 BOD_u가 214mg/L일 때, 30℃의 BOD_5(mg/L)는?
(단, 20℃의 $k_1 = 0.1/\text{day}$, $\theta = 1.05$)

 15년 1회

[식] $BOD_t = BOD_u(1 - 10^{-k_1 \cdot t})$

[풀이]
① $k_T = k_{20℃} \times \theta^{(T-20)}$

$k_{30℃} = 0.1 \times 1.05^{(30-20)} = 0.1629 \text{day}^{-1}$

② $BOD_5 = 214 \times (1 - 10^{-0.1629 \times 5}) = 181.1970 \text{mg/L}$

[답] ∴ 30℃의 BOD_5 = 181.20mg/L

06

알칼리를 가해 Cd^{2+}을 $Cd(OH)_2$로 제거하고자 한다. $Cd(OH)_2$의 k_{sp}가 4×10^{-14}, pH = 11일 때 Cd^{2+}의 이론적 농도(mg/L)는?
(단, Cd 원자량 112.4)

 07년 2회

[풀이]
① $Cd(OH)_2 \rightarrow Cd^{2+} + 2OH^-$

$k_{sp} = [Cd^{2+}][OH^-]^2$

$[Cd^{2+}] = \dfrac{k_{sp}}{[OH^-]^2} = \dfrac{4 \times 10^{-14}}{(10^{-3})^2} = 4 \times 10^{-8} \text{M}$

② 카드뮴의 농도

$= \dfrac{4 \times 10^{-8}\text{mol}}{\text{L}} \Big| \dfrac{112.4\text{g}}{\text{mol}} \Big| \dfrac{10^3\text{mg}}{\text{g}} = 4.496 \times 10^{-3} \text{mg/L}$

[답] ∴ 카드뮴의 농도 = 4.50×10^{-3}mg/L

07

2단 고율 살수여과상 처리장에서 BOD_5가 200mg/L, 유량은 $7.57 \times 10^3 m^3$/day인 도시폐수를 처리한다. 이 두 여과상은 직경, 깊이, 반송률이 같다. 주어진 조건을 이용하여 최종 유출수의 BOD_5(mg/L)를 계산하시오.

[조건]
- 여과상 직경 : 21m
- 여과상 깊이 : 1.68m
- 1차 침전조 제거효율 : 33%
- 반송률 : 1.2
- 1단 여과상의 BOD_5 제거효율 : $E_1 = \dfrac{100}{1+0.443\sqrt{\dfrac{W_0}{V \cdot F}}}$
- 2단 여과상의 BOD_5 제거효율 : $E_2 = \dfrac{100}{1+\dfrac{0.443}{1-E_1}\sqrt{\dfrac{W_1}{V \cdot F}}}$
- W_0, W_1 : 1, 2단 여과상에 가해지는 BOD 부하
- V : 여과상 부피
- 반송계수 : $F = \dfrac{1+R}{(1+0.1R)^2}$

13년 3회

[식]
① $E_1(\%) = \dfrac{100}{1+0.443\sqrt{\dfrac{W_0}{V \cdot F}}}$

② $E_2(\%) = \dfrac{100}{1+\dfrac{0.443}{1-E_1}\sqrt{\dfrac{W_1}{V \cdot F}}}$

[풀이]
① 1단 여과상의 BOD_5 제거효율
- $W_0 = \dfrac{200mg}{L}\bigg|\dfrac{7.57 \times 10^3 m^3}{day}\bigg|\dfrac{67}{100}\bigg|\dfrac{10^3 L}{m^3}\bigg|\dfrac{kg}{10^6 mg}$
  $= 1,014.38 kg/day$
- $V = \dfrac{\pi \times (21m)^2}{4}\bigg|1.68m = 581.8858 m^3$
- $F = \dfrac{1+R}{(1+0.1R)^2} = \dfrac{1+1.2}{(1+0.1\times 1.2)^2} = 1.7538$
- $E_1(\%) = \dfrac{100}{1+0.443\sqrt{\dfrac{1,014.38}{581.8858\times 1.7538}}} = 69.3641\%$

② 2단 여과상의 BOD_5 제거효율
- $W_1 = 1,014.38 \times (1-0.693641) = 310.7644 kg/day$
- $E_2(\%) = \dfrac{100}{1+\dfrac{0.443}{1-0.693641}\sqrt{\dfrac{310.7644}{581.8858\times 1.7538}}}$
  $= 55.6187\%$

③ 배출 BOD_5의 농도
$BOD_5 = 200(1-0.33)(1-0.693641)(1-0.556187)$
$= 18.2195 mg/L$

[답] ∴ 배출 BOD_5 농도 = 18.22mg/L

08

다음과 같은 시설의 관로(①지점 ~ ②지점)에서 발생할 수 있는 손실수두 명칭 5가지를 기술하시오.

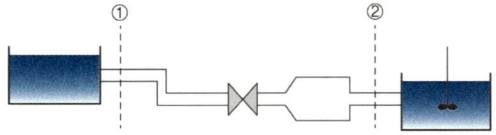

마찰·굴곡·밸브·확대·축소 손실수두

09

유량 600m³/day, 부피 200m³, Y는 0.7, k_d는 0.05day^{-1}, MLSS는 5,000mg/L, 유입 BOD는 500mg/L, BOD 처리효율이 90%일 때 발생하는 슬러지양(kg/day)은?

빈출 체크 09년 3회

[식] $X_w \cdot Q_w = Y \cdot BOD \cdot Q \cdot \eta - V \cdot k_d \cdot X$

[풀이] ※ m, kg, day 단위로 통일

① $BOD = \dfrac{500mg}{L} \left| \dfrac{10^3 L}{m^3} \right| \dfrac{kg}{10^6 mg} = 0.5 kg/m^3$

② $X = \dfrac{5,000mg}{L} \left| \dfrac{10^3 L}{m^3} \right| \dfrac{kg}{10^6 mg} = 5 kg/m^3$

③ $X_w \cdot Q_w = 0.7 \times 0.5 \times 600 \times 0.9 - 200 \times 0.05 \times 5$
   $= 139 kg/day$

[답] ∴ 슬러지양 = 139kg/day

10

유출수를 1,520m³/day의 유량으로 탈염하기 위하여 요구되는 막의 면적(m²)은?

[조건]
- 25℃ 물질전달계수 : 0.2068L/day · m² · kPa
- 유입, 유출수의 압력차 : 2,400kPa
- 유입, 유출수의 삼투압차 : 310kPa
- 최저운전온도 10℃, $A_{10℃} = 1.58 A_{25℃}$

[식] $A = \dfrac{Q}{K \cdot (P_1 - P_2)}$

[풀이]
① 25℃에서의 막 면적

$= \dfrac{1,520m^3}{day} \left| \dfrac{day \cdot m^2 \cdot kPa}{0.2068L} \right| \dfrac{1}{(2,400-310)kPa} \left| \dfrac{10^3 L}{m^3} \right.$

$= 3,516.7927 m^2$

② 10℃에서의 막 면적
$= 1.58 \times 3,516.7927 = 5,556.5325 m^2$

[답] ∴ 요구되는 막의 면적 = 5,556.53m²

11

관수로에서의 유량측정방법 3가지를 적으시오.

벤튜리미터, 오리피스, 노즐, 피토우관, 자기식 유량측정기

필답형 기출문제 2013 * 1

01

직경이 450mm, 하수관의 경사가 1%로 매설되어 있는 원형관의 만류 시 유량(m^3/sec)을 계산하시오. (단, Manning 공식 이용, n = 0.015)

빈출체크 05년 2회

[식] $V = \dfrac{1}{n} \cdot I^{1/2} \cdot R^{2/3}$

[풀이]

① $R = \dfrac{D}{4}$ (절반 채워진 원형 관)

② $V = \dfrac{1}{n} \cdot I^{1/2} \cdot \left(\dfrac{D}{4}\right)^{2/3}$

$= \dfrac{1}{0.015} \times 0.01^{1/2} \times \left(\dfrac{0.45}{4}\right)^{2/3} = 1.5536 \text{m/sec}$

③ $Q = A \cdot V = \dfrac{\pi \times 0.45^2}{4} \times 1.5536 = 0.2471 \text{m}^3/\text{sec}$

[답] ∴ $Q = 0.25 \text{m}^3/\text{sec}$

02

포도당 1,000mg/L 용액이 있다. 다음 물음에 답하시오. (표준상태 기준)

가. 혐기성 분해 시 생성되는 CH_4(mg/L)의 발생량?

나. 이 용액 1L를 혐기성 분해시킬 때 발생되는 CH_4의 양(mL)은?

빈출체크 15년 2회 | 19년 1회 | 21년 3회

가. CH_4 발생량

[풀이] $C_6H_{12}O_6 \rightarrow 3CH_4 + 3CO_2$

180 : 3×16

1,000mg/L : X

$X = \dfrac{3 \times 16 \times 1,000}{180} = 266.6667 \text{mg/L}$

[답] ∴ CH_4 발생량 = 266.67mg/L

나. CH_4 양

[풀이] $C_6H_{12}O_6 \rightarrow 3CH_4 + 3CO_2$

180mg : 3×22.4mL

1,000mg : Y

$Y = \dfrac{3 \times 22.4 \times 1,000}{180} = 373.3333 \text{mL}$

[답] ∴ CH_4 양 = 373.33mL

03

전염소처리와 중간염소처리의 염소제 주입 지점은?

가. 전염소처리 염소제 주입 지점

나. 중간염소처리 염소제 주입 지점

> 빈출체크 20년 2회 | 23년 1회
>
> 가. 착수정, 혼화지 사이
> 나. 응집침전지, 여과지 사이

04

120m³/day의 슬러지(함수율 : 95%, 비중 1)를 탈수하려고 한다. 염화제일철 및 소석회를 슬러지 고형물의 건조중량당 각각 5%, 20%를 첨가하여 15kg/m²·hr의 여과속도로 탈수하여 수분 75%의 탈수 Cake를 얻으려고 할 때 다음을 계산하시오.

가. 여과기 여과면적(m²)

나. 탈수 Cake 용적(m³/day)

> 빈출체크 21년 1회
>
> 가. 여과기 여과면적
>
> [식] 고형물 부하 = $\dfrac{TS}{A}$
>
> [풀이]
>
> ① $TS = \dfrac{120m^3}{day} \left| \dfrac{5_{TS}}{100_{SL}} \right| \dfrac{1{,}000kg}{m^3} = 6{,}000kg/day$
>
> ② $A = \dfrac{6{,}000kg}{day} \left| \dfrac{m^2 \cdot hr}{15kg} \right| \dfrac{day}{24hr} \left| 1.25 \right. = 20.8333m^2$
>
> [답] ∴ 여과기 여과면적 = 20.83m²
>
> 나. 탈수 Cake 용적
>
> [풀이]
>
> ① 탈수 전 고형물 $= \dfrac{6{,}000kg}{day} \left| 1.25 \right. = 7{,}500kg/day$
>
> ② 탈수 Cake 용적 $= \dfrac{7{,}500kg_{TS}}{day} \left| \dfrac{100_{SL}}{25_{TS}} \right| \dfrac{m^3}{1{,}000kg}$
>
> $= 30m^3/day$
>
> [답] ∴ 탈수 Cake 용적 = 30m³/day

05

1개월 동안의 대장균의 계수자료가 오름차순으로 주어졌을 때 기하평균과 중간 값은?

[대장균의 계수자료]
1, 13, 60, 85, 168, 234, 330, 331

가. 기하평균

나. 중간 값

> 빈출체크 22년 2회
>
> 가. 기하평균 $= (1 \times 13 \times 60 \times 85 \times 168 \times 234 \times 330 \times 331)^{1/8}$
> $= 64.09$
>
> 나. 중간 값 $= \dfrac{(85 + 168)}{2} = 126.5$

06

소석회[$Ca(OH)_2$]를 이용하여 수중 인(PO_4^{3-}-P)을 제거하고자 한다. 주어진 조건을 이용하여 다음 물음에 답하시오.

[조건]
- 폐수용량 : 2,000m^3/day
- 폐수중 PO_4^{3-}-P 농도 : 10mg/L
- 화학침전 후 유출수의 PO_4^{3-}-P 농도 : 0.2mg/L
- 원자량 P : 31, Ca : 40

가. 제거되는 P의 양(kg/day)
나. 소요되는 $Ca(OH)_2$의 양(kg/day)
다. 침전 슬러지[$Ca_5(PO_4)_3(OH)$]의 함수율은 95%, 비중 1.2일 때 발생하는 침전 슬러지양(m^3/day)은?

빈출 체크 06년 3회 | 18년 1회

가. P 제거량

[풀이] P 제거량 $= \dfrac{(10-0.2)\text{mg}}{L} \Big| \dfrac{2,000 m^3}{day} \Big| \dfrac{10^3 L}{m^3}$

$\Big| \dfrac{kg}{10^6 mg} = 19.6 \text{kg/day}$

[답] ∴ P 제거량 $= 19.6$kg/day

나. 소요 $Ca(OH)_2$의 양

[풀이] $5Ca(OH)_2 : 3PO_4^{3-}-P$
$5 \times 74 \quad : 3 \times 31$
$X \quad\quad : 19.6$kg/day

$X = \dfrac{5 \times 74 \times 19.6}{3 \times 31} = 77.9785$kg/day

[답] ∴ 소요 $Ca(OH)_2$의 양 $= 77.98$kg/day

다. 침전 슬러지양

[풀이]
① $Ca_5(PO_4)_3(OH) : 3P$
$502 \quad\quad\quad : 3 \times 31$
$X \quad\quad\quad\quad : 19.6$kg/day

$X = \dfrac{502 \times 19.6}{3 \times 31} = 105.7978$kg/day

② 슬러지 $= \dfrac{105.7978 \text{kg}_{TS}}{day} \Big| \dfrac{100_{SL}}{5_{TS}} \Big| \dfrac{m^3}{1,200 kg}$

$= 1.7633 m^3/day$

[답] ∴ 침전 슬러지양 $= 1.76 m^3/day$

07

DO의 포화 농도가 9mg/L인 하천의 상류 한 지점에서 DO가 5mg/L라면 물이 6일 흐른 후 하류에서의 DO 농도(mg/L)는?
(단, BOD_u = 10mg/L, $k_1 = 0.1 day^{-1}$, $k_2 = 0.2 day^{-1}$, Base 상용대수)

[식] $D_t = \dfrac{k_1}{k_2 - k_1} L_o (10^{-k_1 \cdot t} - 10^{-k_2 \cdot t}) + D_o \times 10^{-k_2 \cdot t}$

[풀이]
① $D_o = D_s - D = 9 - 5 = 4$mg/L
② $D_t = \dfrac{0.1}{0.2 - 0.1} \times 10 \times (10^{-0.1 \times 6} - 10^{-0.2 \times 6})$
$\quad\quad + (9-5) \times 10^{-0.2 \times 6}$
$= 2.1333$mg/L
③ 6일 후 DO 농도 $= 9 - 2.1333 = 6.8667$mg/L

[답] ∴ 6일 후 DO 농도 $= 6.87$mg/L

08

막 공법의 추진력을 쓰시오.

가. 투석
나. 전기투석
다. 역삼투

가. 투석 : 농도차
나. 전기투석 : 전위차
다. 역삼투 : 정수압차

09

인구 6,000명인 마을에 처리장을 설치하려고 한다. 유입 유량은 380L/인·day, 유입 BOD_5는 225mg/L이다. 처리장은 BOD_5 제거율은 90%, 생성계수 Y_b는 0.65gMLVSS/산화 BOD_5, 내생호흡 계수는 0.06/day, 총 고형물 중 생물학적 분해 가능한 분율은 0.8, MLVSS는 MLSS의 50%일 때 반응조의 부피(m^3)와 MLSS의 농도(mg/L)를 구하시오.
(단, 순슬러지 생산량은 0, 체류시간은 1일, 반송비는 1)

[식] $Q_w \cdot X_w = Y \cdot BOD \cdot Q \cdot \eta - V \cdot k_d \cdot X$

[풀이]

① $Q = \dfrac{380L}{인 \cdot day} \Big| \dfrac{6,000인}{} \Big| \dfrac{m^3}{10^3 L} = 2,280 m^3/day$

② $V = Q \cdot t = (2,280 m^3/day \times 2) \times 1 day = 4,560 m^3$

※ 반응조 부피는 반송비를 고려한 유량을 이용

③ 슬러지 생산량은 0이므로 $Q_w \cdot X_w = 0$

$Y \cdot BOD \cdot Q \cdot \eta = V \cdot k_d \cdot X$

$X = \dfrac{Y \cdot BOD \cdot Q \cdot \eta}{V \cdot k_d}$

$= \dfrac{0.65 gMLVSS}{gBOD_5} \Big| \dfrac{225mg}{L} \Big| \dfrac{2,280 m^3}{day} \Big| \dfrac{}{4,560 m^3} \Big| \dfrac{0.9}{0.06} = 1,096.875 mg/L$

④ $MLSS = \dfrac{1,096.875 mg}{L} \Big| \dfrac{}{0.8} \Big| \dfrac{100}{50} = 2,742.19 mg/L$

[답] ∴ 반응조의 부피 = $4,560 m^3$
     MLSS = $2,742.19 mg/L$

10

다음 무기응집제에 대해 각각 응집에 필요한 칼슘염 형태의 알칼리도를 반응시켜 floc을 형성하는 완전반응식을 적으시오.

가. $FeSO_4 \cdot 7H_2O$ ($Ca(OH)_2$와 반응, 이 반응은 DO를 필요로 함)
나. $Fe_2(SO_4)_3$ ($Ca(HCO_3)_2$와 반응)

가. $2FeSO_4 \cdot 7H_2O + 2Ca(OH)_2 + 0.5O_2$
  $\rightarrow 2Fe(OH)_3 + 2CaSO_4 + 13H_2O$

나. $Fe_2(SO_4)_3 + 3Ca(HCO_3)_2$
  $\rightarrow 2Fe(OH)_3 + 3CaSO_4 + 6CO_2$

11

공기 탈기법과 파과점 염소 주입법의 제거원리(화학식 포함)를 서술하시오.

가. 공기 탈기법
나. 파과점 염소 주입법

빈출 체크 08년 2회 | 10년 1회 | 17년 1회 | 20년 2회

가. 공기 탈기법
- 원리 : 폐수에 공기를 주입하여 암모니아의 분압을 감소시키면 암모니아가 물로부터 분리되어 공기 중으로 날아가는 현상을 이용한 공정
- 화학식
  $NH_4^+ + OH^- \rightleftharpoons NH_3 + H_2O$ … pH 10.5 ~ 11.5

나. 파과점 염소 주입법
- 원리 : 폐수에 파과점 이상으로 염소를 주입하여 암모니아성 질소를 산화시켜 질소 가스나 기타 안정된 화합물로 바꾸는 공정
- 화학식
  $2NH_4^+ + 3Cl_2 \rightarrow N_2\uparrow + 6HCl + 2H^+$ … pH 10 ↑

12

1시간 접촉 후 유리잔류염소 0.5mg/L, 결합잔류염소 0.4mg/L을 만들기 위해 가해주어야 할 NaOCl의 1일 첨가량을 각각의 경우 계산하시오. (단, 유량 24,000m³/day, Na와 Cl의 원자량은 각각 23, 35.5)

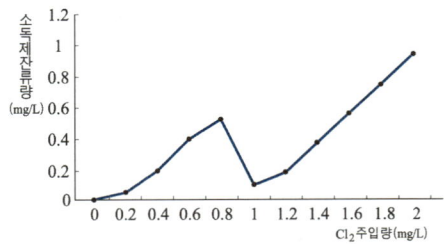

가. 유리잔류염소 0.5mg/L일 시
나. 결합잔류염소 0.4mg/L일 시

빈출 체크 06년 3회 | 09년 3회

가. 유리잔류염소 0.5mg/L일 때 첨가량
[풀이]
① 염소주입량 = $\dfrac{1.6mg}{L} \Big| \dfrac{24,000m^3}{day} \Big| \dfrac{10^3 L}{m^3} \Big| \dfrac{kg}{10^6 mg}$
= 38.4kg/day

②   Cl₂   : NaOCl
    71   : 74.5
38.4kg/day : X

X = $\dfrac{74.5 \times 38.4}{71}$ = 40.2930kg/day

※ 결합잔류염소가 0.1mg/L 존재하므로 소독제 잔류량은 유리잔류염소 0.5mg/L을 더한 0.6mg/L로 계산한다.

[답] ∴ 첨가량 = 40.29kg/day

나. 결합잔류염소 0.4mg/L일 때 첨가량
[풀이]
① 염소주입 = $\dfrac{0.6mg}{L} \Big| \dfrac{24,000m^3}{day} \Big| \dfrac{10^3 L}{m^3} \Big| \dfrac{kg}{10^6 mg}$
= 14.4kg/day

②   Cl₂   : NaOCl
    71   : 74.5
14.4kg/day : X

X = $\dfrac{74.5 \times 14.4}{71}$ = 15.1099kg/day

[답] ∴ 첨가량 = 15.11kg/day

필답형 기출문제 2013 * 2

01

같은 부피의 CFSTR 세 개가 연속으로 있고, 유입수 농도는 150mg/L, 유량은 0.2m³/min, 1차 반응하며 속도상수는 0.25hr⁻¹이다. 이때 다음을 계산하시오. (세 개의 반응기를 거친 유출수 농도 7.5mg/L)

가. 세 반응기의 체류시간의 합(hr)
나. 부피의 합(m³)

가. 체류시간의 합

[식] $\dfrac{C_t}{C_o} = \left(\dfrac{1}{1+k \cdot t}\right)^n$

[풀이]

① $\left(\dfrac{C_t}{C_o}\right)^{1/n} = \dfrac{1}{1+k \cdot t}$

$1 + k \cdot t = \dfrac{1}{\left(\dfrac{C_t}{C_o}\right)^{1/n}}$

$k \cdot t = \dfrac{1}{\left(\dfrac{C_t}{C_o}\right)^{1/n}} - 1$

$t = \left(\dfrac{1}{\left(\dfrac{C_t}{C_o}\right)^{1/n}} - 1\right) \times \dfrac{1}{k}$

② $t = \left(\dfrac{1}{\left(\dfrac{7.5}{150}\right)^{1/3}} - 1\right) \times \dfrac{1}{0.25} = 6.8577 \text{hr}$

③ 체류시간의 합 = $6.8577 \times 3 = 20.5731\text{hr}$

[답] ∴ 체류시간의 합 = 20.57hr

나. 부피의 합

[식] $V = Q \cdot t$

[풀이]

$V = Q \cdot t = \dfrac{0.2\text{m}^3}{\text{min}} \Big| \dfrac{20.57\text{hr}}{} \Big| \dfrac{60\text{min}}{\text{hr}} = 246.84\text{m}^3$

[답] ∴ 부피의 합 = 246.84m³

02

COD가 56mg/L인 폐수에 활성탄 52mg/L를 주입하였더니 평형 COD 값이 4mg/L이 되었고, 20mg/L 주입하니 평형 COD 값은 16mg/L이었다. COD를 9mg/L으로 하기 위해 필요한 활성탄 주입량(mg/L)은?

[식] $\dfrac{X}{M} = k \cdot C^{1/n}$

[풀이]

① $k = \dfrac{X/M}{C^{1/n}} = \dfrac{(56-4)/52}{4^{1/n}}$

② $k = \dfrac{X/M}{C^{1/n}} = \dfrac{(56-16)/20}{16^{1/n}}$

③ ①식 ÷ ②식

$1 = \dfrac{2}{4^{1/n}}$, $4^{1/n} = 2$

$n = 2$, $k = 0.5$

④ $M = \dfrac{X}{k \cdot C^{1/n}} = \dfrac{(56-9)}{0.5 \times 9^{1/2}} = 31.3333 \, mg/L$

[답] ∴ $M = 31.33 \, mg/L$

03

부피가 1,000m³인 활성슬러지 공정에서 MLSS 농도가 3,000mg/L, 고형물 체류시간이 4day일 때, 슬러지 발생량(kg/day)을 계산하시오. (단, 유출 SS는 무시)

[식] $SRT = \dfrac{V \cdot X}{X_r \cdot Q_w + X_e(Q - Q_w)}$

[풀이] ※ m, kg, day 단위로 통일

① 유출 SS는 무시($X_e = 0$)

② $X_r \cdot Q_w = \dfrac{V \cdot X}{SRT}$

$= \dfrac{1{,}000 \, m^3}{} \Big| \dfrac{3{,}000 \, mg}{L} \Big| \dfrac{}{4 \, day} \Big| \dfrac{10^3 \, L}{m^3} \Big| \dfrac{kg}{10^6 \, mg}$

$= 750 \, kg/day$

[답] ∴ 슬러지 발생량 $= 750 \, kg/day$

빈출 체크 20년 4·5회

04

탈질화 과정에서 메탄올을 탄소원으로 공급할 경우 두 단계로 반응이 일어나는데 단계별 일어나는 반응식 및 전체 반응식을 적으시오.

가. 1단계 반응식
나. 2단계 반응식
다. 전체 반응식

가. $6NO_3^- + 2CH_3OH \rightarrow 6NO_2^- + 4H_2O + 2CO_2$

나. $6NO_2^- + 3CH_3OH \rightarrow 3N_2 + 3H_2O + 3CO_2 + 6OH^-$

다. $6NO_3^- + 5CH_3OH \rightarrow 3N_2 + 7H_2O + 5CO_2 + 6OH^-$

05

1차원 정상상태의 수질모델링 실시 후 계산된 BOD 농도를 그림과 같은 결과를 얻었다. 구간 , Ⅲ에서의 농도곡선의 변화현상을 간략히 설명하시오.

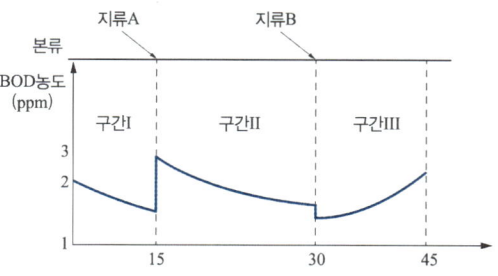

10년 3회

- 구간Ⅱ : 오염도가 심한 지류A와 합류하여 BOD가 증가하고 하천의 하부로 흐르면서 자정
- 구간Ⅲ : 일시적 희석으로 BOD가 낮아지고 하천의 하부로 흐르면서 난분해성 유기물이 생분해성 유기물로 바뀌어 BOD가 증가

06

유분함유폐수 1,000m³/day를 부상분리 공정으로 처리할 때, 처리대상의 직경이 0.012cm, 기름의 밀도 0.8g/cm³, 물의 밀도는 1g/cm³, 물의 점성계수는 0.01g/cm·sec일 때 다음을 계산하시오.

가. 부상속도(m/hr)

나. 최소면적(m²)

08년 2회

가. 부상속도

[식] $V_f = \dfrac{d_p^2 \cdot (\rho - \rho_s) \cdot g}{18\mu}$

[풀이]

① $V_f = \dfrac{0.012^2 \times (1-0.8) \times 980}{18 \times 0.01} = 0.1568 \text{cm/sec}$

② $V_f = \dfrac{0.1568\text{cm}}{\text{sec}} \Big| \dfrac{\text{m}}{100\text{cm}} \Big| \dfrac{3,600\text{sec}}{\text{hr}} = 5.6448 \text{m/hr}$

[답] ∴ 부상속도 = 5.64m/hr

나. 최소면적

[식] $A = \dfrac{Q}{V}$

[풀이] $A = \dfrac{1,000\text{m}^3}{\text{day}} \Big| \dfrac{\text{hr}}{5.64\text{m}} \Big| \dfrac{\text{day}}{24\text{hr}} = 7.3877 \text{m}^2$

[답] ∴ 최소면적 = 7.39m²

07

평형상수 2.2×10^{-8}, pH 6.8에서 HOCl과 OCl⁻의 비율(HOCl/OCl⁻)은?

08년 1회

[식] $HOCl \rightarrow H^+ + OCl^-$, $k = \dfrac{[H^+][OCl^-]}{[HOCl]}$

[풀이] $\dfrac{[HOCl]}{[OCl^-]} = \dfrac{[H^+]}{k} = \dfrac{10^{-6.8}}{2.2 \times 10^{-8}} = 7.2041$

[답] ∴  = 7.20

08

A/O process와 Phostrip process의 처리방법을 서술하시오.
(단, 주요 반응조별 역할포함)

06년 1회 | 20년 2회

가. A/O : 오로지 인만 처리 가능하며 혐기조에서는 유기물 제거 및 인의 방출, 호기조에서는 인의 과잉섭취가 일어남

나. Phostrip : 생물학적, 화학적 처리방법을 조합한 것으로 반송슬러지의 일부를 혐기성 상태인 탈인조로 유입시켜 혐기성 상태에서 인을 방출 및 분리한 후 상등액으로부터 과량 함유된 인을 화학 침전·제거시키는 방법으로 호기조에서는 인의 과잉섭취, 화학처리조에서는 인의 응집침전, 탈인조 슬러지에서는 슬러지를 반송하여 인의 과잉 흡수를 유도함

09

수직고도 30m 위에 있는 곳으로 관의 직경은 20cm, 총 연장은 200m의 배수관을 통해 유량 0.1m³/sec의 물을 양수하고자 한다. 다음을 구하시오.

가. 관로의 마찰손실수두를 고려할 때 펌프의 총 양정(m)
(단, $f = 0.03$)

나. 70%의 효율을 갖는 펌프의 소요동력(kW)
(단, 물의 밀도는 1g/cm³)

06년 1회 | 07년 1회 | 09년 2회 | 11년 1회 | 16년 1회 | 22년 2회

가. 펌프의 총 양정

[식] $H = h + f \times \dfrac{L}{D} \times \dfrac{V^2}{2g} + \dfrac{V^2}{2g}$

[풀이]

① $V = \dfrac{Q}{A} = \dfrac{0.1 m^3}{sec} \Big| \dfrac{4}{\pi \times (0.2m)^2} = 3.1831 m/sec$

② $H = 30 + 0.03 \times \dfrac{200}{0.2} \times \dfrac{(3.1831)^2}{2 \times 9.8} + \dfrac{(3.1831)^2}{2 \times 9.8}$
$= 46.0253m$

[답] ∴ 펌프의 총 양정 = 46.03m

나. 펌프의 소요동력

[식] $P = \dfrac{\rho \cdot g \cdot Q \cdot H}{\eta}$

[풀이]

① $P = \dfrac{1,000kg}{m^3} \Big| \dfrac{9.8m}{sec^2} \Big| \dfrac{0.1m^3}{sec} \Big| \dfrac{46.03m}{0.7}$
$= 64,442 W(kg \cdot m^2/sec^3)$

② $P = \dfrac{64,442W}{\dfrac{kW}{10^3 W}} = 64.442 kW$

[답] ∴ 펌프의 소요동력 = 64.44kW

10

유출수를 250m³/day의 유량으로 탈염하기 위하여 요구되는 막의 면적(m²)은?

[조건]
- 25℃ 물질전달계수 : 0.2068L/day·m²·kPa
- 유입, 유출수의 압력차 : 2,000kPa
- 유입, 유출수의 삼투압차 : 250kPa
- 최저운전온도 10℃, $A_{10℃} = 1.58A_{25℃}$

[식] $A = \dfrac{Q}{K \cdot (P_1 - P_2)}$

[풀이]
① 25℃에서의 막 면적
$= \dfrac{250m^3}{day} \Big| \dfrac{day \cdot m^2 \cdot kPa}{0.2068L} \Big| \dfrac{1}{(2,000-250)kPa} \Big| \dfrac{10^3 L}{m^3}$
$= 690.7986 m^2$

② 10℃에서의 막 면적 $= 1.58 \times 690.7986 = 1,091.4618 m^2$

[답] ∴ 요구되는 막의 면적 = 1,091.46m²

11

SBR 공정의 단계가 다음과 같을 때, 반응의 각 단계를 쓰고 단계별 역할을 서술하시오.

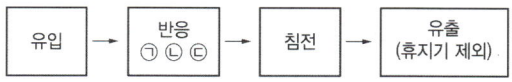

빈출체크 16년 1회 | 20년 2회

㉠ 혐기성 : 유기물 제거 및 인의 방출
㉡ 호기성 : 질산화 및 인의 과잉섭취
㉢ 무산소 : 탈질화

01

10,000ton/day씩 배출되는 폐수가 40mg/L의 질산성질소(177mg/L as NO_3) 함유하고 있고 유출수 허용기준 총질소는 2mg/L, 평균 미생물체류시간 10일, MLSS는 1,500mg/L일 때, 다음 물음에 답하시오. (단, 질소제거 증식계수는 0.8, k_d는 0.04/day, 유입수 DO는 5mg/L, 유출수 부유물질은 10mg/L, 메탄올 요구량 = $2.47NO_3^{-N}$ + $1.53NO_2^{-N}$ + $0.87DO_i$, 폐수 비중 1, 유입수 내 유기물 영향 무시)

가. 반응조의 부피(m^3)를 구하시오.
나. 미생물의 생성량(kg/day)을 구하시오.
다. 메탄올 소비량(kg/day)을 구하시오.

가. 반응조의 부피

[식] $\dfrac{1}{SRT} = \dfrac{Y \cdot (C_i - C_o) \cdot Q}{V \cdot X} - k_d$

[풀이]

① $\dfrac{1}{SRT} + k_d = \dfrac{Y \cdot (C_i - C_o) \cdot Q}{V \cdot X}$

② $V = \dfrac{Y \cdot (C_i - C_o) \cdot Q}{\left(\dfrac{1}{SRT} + k_d\right) \cdot X} = \dfrac{0.8 \times (40-2) \times 10,000}{\left(\dfrac{1}{10} + 0.04\right) \times 1,500}$

$= 1,447.6190 m^3$

[답] ∴ 반응조의 부피 = $1,447.62 m^3$

나. 미생물의 생성량

[식] $X_w \cdot Q_w = Y \cdot (C_i - C_o) \cdot Q - k_d \cdot X \cdot V$

[풀이] $X_w \cdot Q_w = 0.8 \times (0.04 - 0.002) \times 10,000$
$\qquad - 0.04 \times 1,447.6190 \times 1.5$
$= 217.1429 kg/day$

[답] ∴ 미생물의 생성량 = 217.14kg/day

다. 메탄올 소비량

[식] $C_m = 2.47NO_3^{-N} + 1.53NO_2^{-N} + 0.87DO_i$

[풀이]

① $C_m = 2.47 \times 40 + 1.53 \times 0 + 0.87 \times 5 = 103.15 mg/L$

② 메탄올 소비량

$= \dfrac{103.15mg}{L} \bigg| \dfrac{10,000 m^3}{day} \bigg| \dfrac{10^3 L}{m^3} \bigg| \dfrac{kg}{10^6 mg}$

$= 1,031.5 kg/day$

[답] ∴ 메탄올 소비량 = 1,031.5kg/day

02

혐기 소화조에서 유기성분이 75%, 무기성분이 25%인 슬러지를 소화한 후 유기성분이 60%, 무기성분이 40%가 되었을 때의 소화율을 구하고, 투입한 슬러지의 초기 TOC 농도를 측정한 결과 10,000mg/L였다면 슬러지 1m³당 발생하는 가스량(m³)을 구하시오. (단, 슬러지의 유기성분은 포도당인 탄수화물로 구성되어 있으며, 표준상태 기준)

가. 소화율(%)
나. 가스량(m³)

 08년 2회 | 16년 2회

가. 소화율

[식] 소화율(%) $= \left(1 - \dfrac{VS_o/FS_o}{VS_i/FS_i}\right) \times 100$

[풀이] 소화율(%) $= \left(1 - \dfrac{60/40}{75/25}\right) \times 100 = 50\%$

[답] ∴ 소화율(%) = 50%

나. 가스량

[풀이]

① $TOC = \dfrac{10,000mg}{L} \mid \dfrac{1m^3}{} \mid \dfrac{50}{100} \mid \dfrac{10^3 L}{m^3} \mid \dfrac{kg}{10^6 mg} = 5kg$

② $C_6H_{12}O_6 \rightarrow 3CH_4 + 3CO_2$
  $6 \times 12 kg : 3 \times 22.4 m^3 : 3 \times 22.4 m^3$
  $5kg : X : Y$

  $X = \dfrac{3 \times 22.4 \times 5}{6 \times 12} = 4.6667 m^3$

  $Y = \dfrac{3 \times 22.4 \times 5}{6 \times 12} = 4.6667 m^3$

  $X + Y = 4.6667 + 4.6667 = 9.3334 m^3$

[답] ∴ 가스량(m³) = 9.33m³

03

혐기성 소화를 시킨 슬러지의 고형물량이 2%, 비중이 1.4일 때 다음 물음에 답하시오.

가. 슬러지의 비중을 계산하시오. (단, 소수점 세 번째 자리까지)
나. 혐기성 분해 시 호기성 분해보다 슬러지 발생량이 적은 이유는?

가. 슬러지 비중

[식] $\dfrac{100}{\rho_{SL}} = \dfrac{\%_W}{\rho_W} + \dfrac{\%_{TS}}{\rho_{TS}}$

[풀이]

① $\dfrac{100}{\rho_{SL}} = \dfrac{98}{1} + \dfrac{2}{1.4}$

② $\rho_{SL} = \dfrac{100}{\dfrac{98}{1} + \dfrac{2}{1.4}} = 1.0057$

[답] ∴ $\rho_{SL} = 1.006$

나. 혐기성 분해 시 유기물이 분해되어 중간 생성물 형태로 에너지를 갖는 유기물 및 가스상 물질로 전환되기 때문이다.

04

원형관에 유량 0.7m³/sec로 가득 흐르는 주철관의 직경 0.6m, 길이 50m에서 발생하는 마찰손실수두를 Manning 공식을 적용하여 계산하시오. (단, 조도계수는 0.013)

[식] $H = I \cdot L$

[풀이]

① $V = \dfrac{Q}{A} = \dfrac{0.7\text{m}^3}{\text{sec}} \bigg| \dfrac{4}{\pi \times (0.6\text{m})^2} = 2.4757\text{m/sec}$

② $R = \dfrac{D}{4} = \dfrac{0.6}{4} = 0.15\text{m}$

③ $I = \left(\dfrac{V \cdot n}{R^{2/3}}\right)^2 = \left(\dfrac{2.4757 \times 0.013}{0.15^{2/3}}\right)^2 = 0.013$

④ $H = 0.013 \times 50 = 0.65\text{m}$

[답] ∴ $H = 0.65\text{m}$

05

R.O Process와 Electrodialysis의 기본원리를 서술하시오.

가. R.O

나. Electrodialysis

빈출 체크 05년 3회 | 11년 1회 | 16년 3회 | 22년 1회

가. R.O
- 원리 : 농도가 다른 두 용액 사이에 반투막이 있는 경우 일반적으로 삼투압의 차이 때문에 농도가 묽은 용액에서 진한 용액으로 이동한다. 이때 농도가 진한 용액의 상부에 높은 압력을 가해주면 농도가 진한 용액에서 농도가 묽은 용액으로 이동하는 현상

나. Electrodialysis
- 원리 : 이온교환막과 전기투석조의 양단에서 공급되는 직류전류를 구동력으로 하여 전리되어 있는 이온성 물질을 양이온교환막과 음이온교환막을 이용하여 분리하는 막 분리 공정

06

10,000m³/day씩 배출되는 공장의 폐수가 아래 [조건]과 같이 처리되고 있을 때, 고형물 체류시간(SRT)을 구하시오.

[조건]
- 부피 : 2,500m³
- 포기조 내 고형물 농도 : 3,000mg/L
- 반송슬러지 고형물 농도 : 15,000mg/L
- 폐수의 고형물 농도 : 20mg/L
- 폐 Sludge 유량 : 유입유량의 0.5%

[식] $\text{SRT} = \dfrac{V \cdot X}{X_r \cdot Q_w + X_e(Q - Q_w)}$

[풀이] ※ m, kg, day 단위로 통일

① $X = \dfrac{3,000\text{mg}}{\text{L}} \bigg| \dfrac{\text{kg}}{10^6\text{mg}} \bigg| \dfrac{10^3\text{L}}{\text{m}^3} = 3\text{kg/m}^3$

② $X_r = \dfrac{15,000\text{mg}}{\text{L}} \bigg| \dfrac{\text{kg}}{10^6\text{mg}} \bigg| \dfrac{10^3\text{L}}{\text{m}^3} = 15\text{kg/m}^3$

③ $X_e \cdot (Q - Q_w) = \dfrac{20\text{mg}}{\text{L}} \bigg| \dfrac{(10,000 - 10,000 \times 0.005)\text{m}^3}{\text{day}} \bigg| \dfrac{\text{kg}}{10^6\text{mg}} \bigg| \dfrac{10^3\text{L}}{\text{m}^3} = 199\text{kg/day}$

④ $\text{SRT} = \dfrac{2,500 \times 3}{15 \times 10,000 \times 0.005 + 199} = 7.9031\text{day}$

[답] ∴ $\text{SRT} = 7.90\text{day}$

07

2단 고율 살수여과상 처리장에서 BOD$_5$가 200mg/L, 유량은 7.57×10^3m^3/day인 도시폐수를 처리한다. 이 두 여과상은 직경, 깊이, 반송률이 같다. 주어진 조건을 이용하여 최종 유출수의 BOD$_5$를 계산하시오.

[조건]
- 여과상 직경 : 21m
- 여과상 깊이 : 1.68m
- 1차 침전조 제거효율 : 33%
- 반송률 : 1.2
- 1단 여과상의 BOD$_5$ 제거효율 : $E_1 = \dfrac{100}{1+0.443\sqrt{\dfrac{W_0}{V \cdot F}}}$
- 2단 여과상의 BOD$_5$ 제거효율 : $E_2 = \dfrac{100}{1+\dfrac{0.443}{1-E_1}\sqrt{\dfrac{W_1}{V \cdot F}}}$
- W_0, W_1 : 1, 2단 여과상에 가해지는 BOD 부하
- V : 여과상 부피
- 반송계수 : $F = \dfrac{1+R}{(1+0.1R)^2}$

 12년 3회

[식]

① $E_1(\%) = \dfrac{100}{1+0.443\sqrt{\dfrac{W_0}{V \cdot F}}}$

② $E_2(\%) = \dfrac{100}{1+\dfrac{0.443}{1-E_1}\sqrt{\dfrac{W_1}{V \cdot F}}}$

[풀이]

① 1단 여과상의 BOD$_5$ 제거효율

- $W_0 = \dfrac{200\text{mg}}{\text{L}} \Big| \dfrac{7.57 \times 10^3 \text{m}^3}{\text{day}} \Big| \dfrac{67}{100} \Big| \dfrac{10^3 \text{L}}{\text{m}^3} \Big| \dfrac{\text{kg}}{10^6 \text{mg}}$
  $= 1,014.38\text{kg/day}$

- $V = \dfrac{\pi \times (21\text{m})^2}{4} \Big| 1.68\text{m} = 581.8858\text{m}^3$

- $F = \dfrac{1+R}{(1+0.1R)^2} = \dfrac{1+1.2}{(1+0.1 \times 1.2)^2} = 1.7538$

- $E_1(\%) = \dfrac{100}{1+0.443\sqrt{\dfrac{1,014.38}{581.8858 \times 1.7538}}} = 69.3641\%$

② 2단 여과상의 BOD$_5$ 제거효율

- $W_1 = 1,014.38 \times (1-0.693641) = 310.7644\text{kg/day}$

- $E_2(\%) = \dfrac{100}{1+\dfrac{0.443}{1-0.693641}\sqrt{\dfrac{310.7644}{581.8858 \times 1.7538}}}$
  $= 55.6187\%$

③ 배출 BOD$_5$의 농도
$\text{BOD}_5 = 200(1-0.33)(1-0.693641)(1-0.556187)$
$= 18.2195\text{mg/L}$

[답] ∴ 배출 BOD$_5$ 농도 = 18.22mg/L

08

알칼리를 가해 Cd^{2+}을 Cd(OH)$_2$로 제거하고자 한다. Cd(OH)$_2$의 k_{sp}가 4×10^{-14}, pH = 11일 때 Cd^{2+}의 이론적 농도(μg/L)는? (단, Cd 원자량 112.4)

 06년 3회

[풀이]

① Cd(OH)$_2$ → Cd^{2+} + 2OH$^-$
$k_{sp} = [\text{Cd}^{2+}][\text{OH}^-]^2$

$[\text{Cd}^{2+}] = \dfrac{k_{sp}}{[\text{OH}^-]^2} = \dfrac{4 \times 10^{-14}}{(10^{-3})^2} = 4 \times 10^{-8}\text{M}$

② 카드뮴의 농도 $= \dfrac{4 \times 10^{-8}\text{mol}}{\text{L}} \Big| \dfrac{112.4\text{g}}{\text{mol}} \Big| \dfrac{10^6 \mu\text{g}}{\text{g}}$
$= 4.496\mu\text{g/L}$

[답] ∴ 카드뮴의 농도 = 4.50μg

09

A²/O 공법의 계통도의 단계별 명칭을 쓰고, 인의 제거 원리를 적으시오.

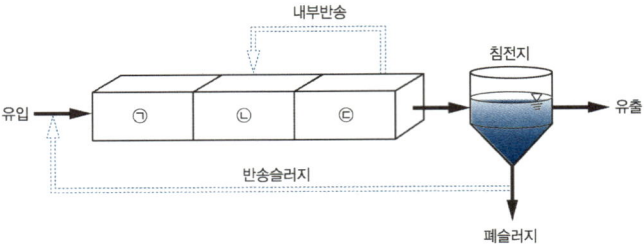

- 단계별 명칭 : ㉠- 혐기조, ㉡- 무산소조, ㉢- 호기조
- 원리 : 혐기조에서 인을 방출시키고 호기조에서 인을 과잉 섭취하여 제거

10

공동현상과 수격작용의 원인 한 가지와 방지대책 두 가지를 쓰시오.

가. 공동현상
- 원인
  - 펌프의 과속으로 유량 급증
  - 펌프와 흡수면 사이의 수직거리가 길 때
  - 관 내의 수온 증가
  - 펌프의 흡입양정이 높을 때
- 방지대책
  - 펌프의 회전수를 감소시켜 필요유효 흡입수두를 작게 함
  - 흡입측의 손실을 가능한 한 작게 하여 가용유효 흡입수두를 크게 함
  - 펌프의 설치위치를 가능한 한 낮추어 가용유효 흡입수두를 크게 함
  - 흡입측 밸브를 완전히 개방하고 펌프를 운전

나. 수격작용
- 원인
  - 정전 등으로 인하여 순간적 정지 및 가동할 때
  - 배관에 급격한 굴곡이 존재할 때
  - 배관의 밸브가 급격하게 개폐될 때
- 방지대책
  - 펌프에 Fly wheel을 붙여 펌프의 관성을 증가시킴
  - 펌프 토출구 부근에 공기탱크를 두거나 부압 발생지점에 흡기밸브를 설치하여 압력 강하 시 공기를 주입
  - 관 내 유속을 낮추거나 관거상황을 변경
  - 토출측 관로에 한 방향 조압수조를 설치

필답형 기출문제 2014 * 1

01

2단 살수여과상 처리장에서 유량이 3,785m³/day인 도시폐수를 처리한다. 이 두 여과상의 부피, 효율, 반송률이 같다. 주어진 조건을 이용하여 공정의 직경(m)을 계산하시오.

[조건]
- 여과상 깊이 : 2m
- 1단 여과상의 BOD_5 제거효율 : $E_1 = \dfrac{100}{1+0.432\sqrt{\dfrac{W}{V \cdot F}}}$
- 유입 BOD 농도 : 195mg/L
- 최종 BOD 농도 : 20mg/L
- 반송률 : 1.8
- 반송계수 : $F = \dfrac{1+R}{(1+0.1R)^2}$

빈출체크 22년 3회

[식] $E(\%) = \dfrac{100}{1+0.432\sqrt{\dfrac{W}{V \cdot F}}}$

[풀이]

① $W = \dfrac{195\text{mg}}{L} \Big| \dfrac{3,785\text{m}^3}{\text{day}} \Big| \dfrac{10^3 L}{\text{m}^3} \Big| \dfrac{\text{kg}}{10^6 \text{mg}} = 738.075 \text{kg/day}$

② $\eta = \left(1 - \dfrac{C_o}{C_i}\right) = \left(1 - \dfrac{20}{195}\right) = 0.8974$

③ $\eta = 1-(1-E)(1-E)$
$(1-E)^2 = 1 - \eta = 0.1026$
$E = 1 - \sqrt{0.1026} = 0.6797$

④ $F = \dfrac{1+R}{(1+R/10)^2} = \dfrac{1+1.8}{(1+1.8/10)^2} = 2.0109$

⑤ $V = \dfrac{W}{F \cdot \left(\dfrac{1/E - 1}{0.432}\right)^2} = \dfrac{738.075}{2.0109 \times \left(\dfrac{1/0.6797 - 1}{0.432}\right)^2}$
$= 308.4595 \text{m}^3$

⑥ $V = A \cdot H = \dfrac{\pi \cdot D^2}{4} \times H$
$D = \sqrt{\dfrac{4V}{\pi \cdot H}} = \sqrt{\dfrac{4 \times 308.4595}{\pi \times 2}} = 14.0133 \text{m}$

[답] ∴ 공정의 직경 = 14.01m

02

수정 Bardenpho 공정의 각 반응조 이름과 역할을 쓰시오.
(단, 내부반송·유기물 제거는 생략)

2차 유입수 → ① → ② → ③ → ④ → ⑤ → 침전조 → 유출

빈출체크 05년 2회 | 10년 1회 | 18년 1회 | 20년 3회 | 20년 4·5회

① 혐기조 : 인의 방출
② 무산소조 : 유입수 및 호기조에서 내부 반송된 반송수 중의 질산성질소 제거
③ 호기조 : 유입수 내 잔류 유기물 제거 및 질산화, 인의 과잉 섭취
④ 무산소조 : 내생탈질과정을 통하여 잔류질산성질소 제거
⑤ 호기조 : 암모니아성 질소 산화 및 인의 재방출 방지

03

MBR의 하수처리 원리를 기술하고, 특성 4가지를 적으시오.

가. 원리
나. 특성

빈출체크 19년 2회 | 22년 2회

가. 원리 : 생물반응조와 분리막 공정을 합친 것으로 유기물, SS, N, P 제거에 효과적인 공법이다.

나. 특성
- 공정의 Compact화 가능
- SRT가 길어 슬러지가 자동산화되어 슬러지 발생량이 적음
- 완벽한 고액 분리 가능
- 막 오염 현상 및 역세척 시 2차 오염 물질 발생
- 높은 MLSS 유지가 가능하며 질산화 효율이 좋음

04

글루코스를 기질로 하여 BOD_u 1kg이 혐기성 분해 시 0℃에, 1기압에서 발생될 수 있는 이론적 메탄가스의 양(Sm^3)을 구하시오.

[풀이]

① $C_6H_{12}O_6 + 6O_2 \rightarrow 6CO_2 + 6H_2O$

   180kg : 6×32kg

   X : 1kg

   $X = \dfrac{180 \times 1}{6 \times 32} = 0.9375 kg$

② $C_6H_{12}O_6 \rightarrow 3CH_4 + 3CO_2$

   180kg : 3×22.4Sm^3

   0.9375kg : Y

   $Y = \dfrac{3 \times 22.4 \times 0.9375}{180} = 0.35 Sm^3$

[답] ∴ 이론적 메탄가스량 = 0.35Sm^3

05

탈산소계수비율 $k_{20℃}/k_{10℃} = 1.7$이다. 20℃에서 탈산소계수가 1.6day^{-1}일 때 30℃에서 탈산소계수(day^{-1})를 계산하시오.

[식] $k_T = k_{20℃} \times \theta^{(T-20)}$

[풀이]

① $\dfrac{k_{20℃}}{k_{10℃}} = \theta^{(20-10)}$, $\theta = (1.7)^{\frac{1}{10}} = 1.0545$

② $k_{30℃} = 1.6 \times 1.0545^{(30-20)} = 2.7201 day^{-1}$

[답] ∴ $k_{30℃} = 2.72 day^{-1}$

06

전도현상은 저수지 바닥에 침전된 유기물을 부상시켜서 저수지의 수질을 악화시키는데, 이런 전도현상이 발생하는 이유를 봄과 가을로 나누어 서술하시오.

빈출 체크 10년 1회 | 17년 3회 | 21년 2회

- 봄 : 겨울에 표수층의 온도가 내려감에 따라 발생한 성층 현상이 봄이 되면서 온도가 높아져 심수층의 밀도보다 크거나 같아지므로 성층이 파괴되며 혼합된다.
- 가을 : 여름에 표수층의 온도가 올라감에 따라 발생한 성층 현상이 가을이 되면서 온도가 낮아져 심수층의 밀도보다 크거나 같아지므로 성층이 파괴되며 혼합된다.

07

공장폐수의 BOD_2는 600mg/L, NH_4^+-N이 10mg/L이 있다. 이 폐수를 활성슬러지법으로 처리할 경우 첨가해야 할 N, P의 양(mg/L)을 구하시오. (단, k_1 = 0.2day^{-1}, 상용대수기준, BOD_5 : N : P = 100 : 5 : 1)

빈출 체크 17년 2회 | 22년 3회

[식] $BOD_t = BOD_u(1-10^{-k_1 \cdot t})$

[풀이]

① $BOD_u = \dfrac{BOD_t}{1-10^{-k_1 \cdot t}} = \dfrac{600}{1-10^{-0.2 \times 2}} = 996.8552 mg/L$

② $BOD_5 = 996.8552 \times (1-10^{-0.2 \times 5}) = 897.1697 mg/L$

③ BOD_5 : N : P = 100 : 5 : 1이므로

$N = 897.1697 \times \dfrac{5}{100} = 44.8585 mg/L$

$P = 897.1697 \times \dfrac{1}{100} = 8.9717 mg/L$

④ 질소는 10mg/L 존재하므로 첨가량에서 빼준다.

[답] ∴ N = 34.86mg/L, P = 8.97mg/L

08

질산성 질소 1g을 탈질하는 데 수소공여체로서 필요한 메탄올의 이론량(g)을 계산하시오.

빈출 체크 10년 3회 | 21년 1회

[풀이] $6NO_3^{-N} : 5CH_3OH$

$6 \times 14 \quad : \quad 5 \times 32$

$1g \quad : \quad X$

$X = \dfrac{5 \times 32 \times 1}{6 \times 14} = 1.9048g$

[답] ∴ 메탄올의 이론량 = 1.90g

09

CFSTR에서 95%의 효율로 처리하고자 한다. 이 물질은 1차 반응, 속도상수는 $0.05hr^{-1}$이다. 또한 유입유량은 300L/hr, 유입농도는 150mg/L이라면 필요한 CFSTR의 부피(m^3)는 얼마인가? (단, 반응은 정상상태)

11년 2회 | 18년 1회 | 22년 2회

[식] $V = \dfrac{Q \cdot (C_o - C_t)}{k \cdot C_t^n}$

[풀이]
① $C_t = C_o(1-\eta) = 150 \times (1-0.95) = 7.5 mg/L$
② $V = \dfrac{300L}{hr} \left| \dfrac{(150-7.5)mg}{L} \right| \dfrac{hr}{0.05} \left| \dfrac{L}{7.5mg} \right| \dfrac{m^3}{10^3 L}$
$= 114 m^3$

[답] ∴ CFSTR 부피 = 114m^3

10

패들 교반장치의 이론 소요동력식은 $P = \dfrac{C_D \cdot \rho \cdot A \cdot V_P^3}{2}$으로 교반조의 부피는 1,000$m^3$, 속도경사를 30/sec로 유지하기 위한 이론적 소요동력(W)과 패들의 면적(m^2)을 구하시오. (단, 점성계수 $\mu = 1.14 \times 10^{-3} N \cdot sec/m^2$, $C_D = 1.8$, $\rho = 1,000 kg/m^3$, $V_P = 0.5 m/sec$)

가. 소요동력(W)
나. 패들의 면적(m^2)

16년 3회 | 22년 1회

가. 소요동력

[식] $P = G^2 \cdot \mu \cdot V$

[풀이] $P = \left(\dfrac{30}{sec}\right)^2 \left| \dfrac{1.14 \times 10^{-3} N \cdot sec}{m^2} \right| \dfrac{1,000 m^3}{}$
$= 1,026 W$

[답] ∴ 소요동력 = 1,026W

나. 패들의 면적

[식] $P = \dfrac{C_D \cdot \rho \cdot A \cdot V_P^3}{2}$

[풀이] $A = \dfrac{2P}{C_D \cdot \rho \cdot V_P^3} = \dfrac{2 \times 1,026}{1.8 \times 1,000 \times 0.5^3}$
$= 9.12 m^2$

[답] ∴ 패들의 면적 = 9.12m^2

11

다음과 같은 조건에서 Glycine[$CH_2(NH_2)COOH$]의 ThOD(g/mol)를 구하시오.

- 1단계 반응 : C와 N은 CO_2와 NH_3로 전환된다.
- 2단계 반응 : NH_3는 NO_2^-를 거쳐서 NO_3^-로 산화된다.

[풀이]
1단계 : $CH_2(NH_2)COOH + 1.5O_2 \rightarrow 2CO_2 + H_2O + NH_3$
2단계 : $NH_3 + 2O_2 \rightarrow H^+ + NO_3^- + H_2O$
Total : $CH_2(NH_2)COOH + 3.5O_2 \rightarrow 2CO_2 + 2H_2O + HNO_3$
  1mol   : $3.5 \times 32g$
ThOD = 112 g/mol

[답] ∴ ThOD = 112 g/mol

필답형 기출문제 2014 * 2

01

100kL/day씩 발생하는 분뇨(TS/SL : 0.05, VS/TS : 0.65)를 소화시켜 슬러지(VS/TS : 0.45)가 생성되었다. VS(kg)제거당 가스 생산량은 $1.2m^3/kg$이라고 할 때 다음의 물음에 답하시오. (단, 분뇨 및 슬러지의 비중 : 1.0)

가. VS제거효율(%)
나. TS제거효율(%)
다. 가스 생산량/분뇨 유입량

가. VS제거효율

[식] $VS제거효율(\%) = \left(1 - \dfrac{VS_o}{VS_i}\right) \times 100$

[풀이]

① $VS_i = \dfrac{100kL}{day} \Big| \dfrac{5_{TS}}{100_{SL}} \Big| \dfrac{65_{VS}}{100_{TS}} = 3.25 kL/day$

② 소화 전·후의 FS는 동일

$FS = \dfrac{100kL}{day} \Big| \dfrac{5_{TS}}{100_{SL}} \Big| \dfrac{35_{FS}}{100_{TS}} = 1.75 kL/day$

③ $TS_o = \dfrac{1.75kL}{day} \Big| \dfrac{100_{TS}}{55_{FS}} = 3.1818 kL/day$

④ $VS_o = \dfrac{3.1818kL}{day} \Big| \dfrac{45}{100} = 1.4318 kL/day$

⑤ $VS제거효율 = \left(1 - \dfrac{1.4318}{3.25}\right) \times 100 = 55.9446\%$

[답] ∴ VS제거효율 = 55.94%

나. TS제거효율

[식] $TS제거효율(\%) = \left(1 - \dfrac{TS_o}{TS_i}\right) \times 100$

[풀이]

① $TS_i = 3.25 + 1.75 = 5 kL/day$

② $TS_o = 1.4318 + 1.75 = 3.1818 kL/day$

③ $TS제거효율(\%) = \left(1 - \dfrac{3.1818}{5}\right) \times 100 = 36.364\%$

[답] ∴ TS제거효율 = 36.36%

다. 가스 생산량/분뇨 유입량

[풀이]

① 가스 생산량 $= \dfrac{(3.25 - 1.4318)kL}{day} \Big| \dfrac{1,000kg}{m^3} \Big| \dfrac{1.2m^3}{kg}$

$= 2,181.84 kL/day$

② 가스 생산량/분뇨 유입량 $= 2,181.84/100 = 21.8184$

[답] ∴ 가스 생산량/분뇨 유입량 = 21.82

02

하천의 초기 용존산소부족량은 2.6mg/L, 최종 BOD는 21mg/L, 탈산소계수는 0.4/day, 자정계수는 2.25일 때 다음을 계산하시오. (단, 상용대수기준, Streeter-Phelps 식 적용)

가. 임계시간(hr)
나. 임계점의 산소부족량(mg/L)

 11년 3회 | 23년 1회

가. 임계시간

[식] $t_c = \dfrac{1}{k_1(f-1)} \log\left[f\left(1-(f-1)\dfrac{D_o}{L_o}\right)\right]$

[풀이]
$t_c = \dfrac{1}{0.4 \times (2.25-1)} \log\left[2.25 \times \left(1-(2.25-1) \times \dfrac{2.6}{21}\right)\right]$
$= 0.5583 \text{day} = \dfrac{0.5583 \text{day}}{} \Big| \dfrac{24 \text{hr}}{\text{day}} = 13.3992 \text{hr}$

[답] ∴ 임계시간 = 13.40hr

나. 임계점의 산소부족량

[식] $D_c = \dfrac{L_o}{f} \times 10^{-k_1 t_c}$

[풀이] $D_c = \dfrac{21}{2.25} \times 10^{-0.4 \times 0.5583} = 5.5811 \text{mg/L}$

[답] ∴ 임계점의 산소부족량 = 5.58mg/L

03

혐기성 조건에서 Glucose가 분해될 때 최종 BOD 1kg당 발생 가능한 메탄가스의 부피는 30℃에서 몇 m^3인지 계산하시오.

 06년 1회 | 09년 2회 | 09년 3회 | 11년 3회 | 20년 4·5회

[풀이]
① $C_6H_{12}O_6 + 6O_2 \rightarrow 6CO_2 + 6H_2O$
  180   : 6×32
   X   : 1kg

$X = \dfrac{180 \times 1}{6 \times 32} = 0.9375 \text{kg}$

② $C_6H_{12}O_6 \rightarrow 3CH_4 + 3CO_2$
  180kg   : 3×22.4Sm^3
  0.9375kg :   Y

$Y = \dfrac{3 \times 22.4 \times 0.9375}{180} = 0.35 Sm^3$

③ 온도 보정

$\dfrac{0.35 Sm^3}{} \Big| \dfrac{273+30}{273} = 0.3885 m^3$

[답] ∴ 메탄가스의 부피 = 0.39m^3

04

포기조 내 혼합액의 DO가 감소하는 원인을 추정하기 위한 알고리즘이다. ㉠, ㉡, ㉢에 해당하는 원인을 적으시오.

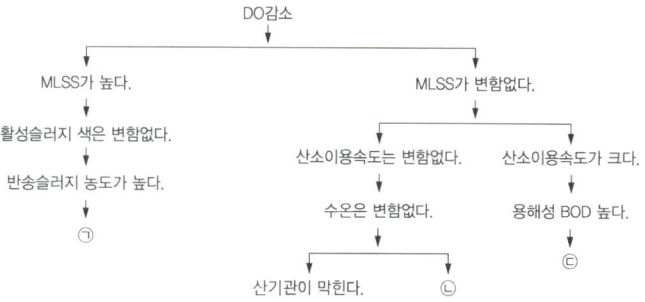

㉠ 미생물량이 증가하여 산소소비량 증가
㉡ SRT 증가 및 포기조 결함
㉢ F/M비가 상승하여 산소소비량 증가

05

회분침강농축을 실험하여 다음의 그래프를 그렸을 때 슬러지 초기 농도가 10g/L였다면 6시간 정치 후 슬러지의 농도(g/L)를 구하시오.

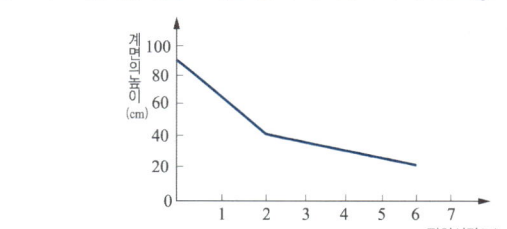

[식] $C_t = C_o \times \dfrac{h_o}{h_t}$

[풀이] $C_t = 10 \times \dfrac{90}{20} = 45 \text{g/L}$

[답] ∴ 슬러지 농도 = 45g/L

06

0.1M NaOH(100mL)를 2M H_2SO_4로 중화적정 시 소비되는 황산(mL)의 양을 계산하시오.

[식] $N \cdot V = N' \cdot V'$

[풀이]

① NaOH 노르말 농도 $= \dfrac{0.1 \text{mol}}{L} \Big| \dfrac{40 \text{g}}{\text{mol}} \Big| \dfrac{\text{eq}}{(40/1)\text{g}} = 0.1 \text{eq/L}$

② H_2SO_4 노르말 농도 $= \dfrac{2 \text{mol}}{L} \Big| \dfrac{98 \text{g}}{\text{mol}} \Big| \dfrac{\text{eq}}{(98/2)\text{g}} = 4 \text{eq/L}$

③ $0.1 \times 100 = 4 \times X$, $X = 2.5 \text{mL}$

[답] ∴ 황산 소비량 = 2.5mL

07

30cm×30cm×30cm 크기의 시스템의 증발산량(cm/day)을 구하시오.

- 1일 차 상자 전체의 무게 : 20.0kg
- 3일 차 상자 전체의 무게 : 19.2kg

 20년 3회

[식] 증발산량 $= \dfrac{Q}{A}$

[풀이]

① 2일의 증발한 수분 $= \dfrac{(20.0-19.2)\text{kg}}{} \Big| \dfrac{\text{L}}{1\text{kg}} \Big| \dfrac{10^3\text{cm}^3}{\text{L}}$

$= 800\text{cm}^3$

※ 2일간 800cm³이 증발했으므로 하루에 400cm³ 증발

② 증발산량 $= \dfrac{400\text{cm}^3}{\text{day}} \Big| \dfrac{1}{30\text{cm} \times 30\text{cm}} = 0.4444\text{cm/day}$

[답] ∴ 증발산량 = 0.44cm/day

08

응집처리 시설에서 황산제이철[$Fe_2(SO_4)_3$]을 응집제로 사용하여 50mg/L로 주입하는 데 유량은 10,000m³/day, SS는 100mg/L, 침전조에서 전체 고형물 제거율은 90%일 때 제거되는 고형물의 양(kg/day)은 얼마인지 계산하시오. (단, 원자량 Fe : 55.8, Ca : 40)

석회와 황산제이철 반응식
$Fe_2(SO_4)_3 + 3Ca(OH)_2 \rightarrow 2Fe(OH)_{3(s)} + 3CaSO_4$

 17년 3회 | 22년 3회

[식] 제거 고형물의 양 = 유입·생성 고형물의 양 × 제거율

[풀이]

① $Fe_2(SO_4)_3$ 주입량 $= \dfrac{50\text{mg}}{\text{L}} \Big| \dfrac{10,000\text{m}^3}{\text{day}} \Big| \dfrac{10^3\text{L}}{\text{m}^3} \Big| \dfrac{\text{kg}}{10^6\text{mg}}$

$= 500\text{kg/day}$

② $Fe_2(SO_4)_3$: $2Fe(OH)_3$
  399.6 : 2×106.8
  500kg/day : X

$X = \dfrac{2 \times 106.8 \times 500}{399.6} = 267.2673\text{kg/day}$

③ 유입 SS량 $= \dfrac{100\text{mg}}{\text{L}} \Big| \dfrac{10,000\text{m}^3}{\text{day}} \Big| \dfrac{10^3\text{L}}{\text{m}^3} \Big| \dfrac{\text{kg}}{10^6\text{mg}}$

$= 1,000\text{kg/day}$

④ 제거 고형물의 양 $= (267.2673 + 1,000) \times 0.9$

$= 1,140.5406\text{kg/day}$

[답] ∴ 제거 고형물의 양 = 1,140.54kg/day

09

배양기에 시료를 넣어 BOD를 측정하는 데 시료의 최종 BOD는 330mg/L, 속도상수는 20℃에서 0.13day^{-1}(밑수 10)이다. 2일 후 배양기의 온도를 25℃ 조절하였다면 시료의 측정된 BOD$_5$(mg/L)를 계산하시오.
(단, θ는 1.047로 가정, 배양기 온도변화에 소모된 시간은 무시함)

[식] $BOD_t = BOD_u(1 - 10^{-k_1 \cdot t})$

[풀이]

① $BOD_2 = 330 \times (1 - 10^{-0.13 \times 2}) = 148.6515 \text{mg/L}$

② 2일 후 최종 BOD
$BOD_t = BOD_u \times 10^{-k_1 \cdot t}$
$= 330 \times 10^{-0.13 \times 2} = 181.3485 \text{mg/L}$

③ $k_T = k_{20℃} \times \theta^{(T-20)}$
$k_{25℃} = 0.13 \times 1.047^{(25-20)} = 0.1636 \text{day}^{-1}$

④ $BOD_3 = 181.3485 \times (1 - 10^{-0.1636 \times 3}) = 122.7733 \text{mg/L}$

⑤ $BOD_5 = 148.6515 + 122.7733 = 271.4248 \text{mg/L}$

[답] ∴ $BOD_5 = 271.42 \text{mg/L}$

10

침전의 4가지 형태를 구분하고 간략히 설명하시오.

- I형 침전(독립, 자유 침전) : 입자들이 상호간의 방해없이 침전하며 침사지, 보통침전지에서 적용하고, Stokes 법칙이 적용되는 침전형태이다.
- II형 침전(응집 침전) : 입자들이 응결, 응집하여 침전 속도가 증가하며 약품침전지에서 적용한다.
- III형 침전(지역, 간섭 침전) : 입자 간에 작용하는 힘에 의해 주변입자들의 침전을 방해하여 입자 서로간의 상대적 위치를 변경시키려 하지 않으며 침전하며 생물학적 2차 침전지에서 적용한다.
- IV형 침전(압밀, 압축 침전) : 입자들이 뭉쳐 생긴 floc 사이의 물이 빠져 나가는 압밀 작용이 발생하며 농축시설에서 적용한다.

11

Sidestream법을 적용한 공법명과 원리를 설명하고, 장점과 단점을 각각 1가지씩 기술하시오.

가. 공정
나. 원리
다. 장점
라. 단점

가. Phostrip 공법

나. 생물학적, 화학적 처리방법을 조합한 것으로 반송슬러지의 일부를 혐기성 상태인 탈인조로 유입시켜 혐기성 상태에서 인을 방출 및 분리한 후 상등액으로부터 과량 함유된 인을 화학 침전·제거시키는 방법

다. 장점
- 기존 활성슬러지 처리장에 쉽게 적용 가능
- 수온, 유입수질의 변동에 영향이 적음
- 인 제거 시 BOD/P비에 의하여 조절되지 않음

라. 단점
- Stripping을 위한 별도의 반응조 필요
- 석회 Scale의 방지대책 필요

필답형 기출문제 2014 * 3

01

어느 폐수는 유량 300m³/day, BOD 2,000mg/L이며 N과 P는 존재하지 않는다. 활성슬러지법으로 처리하기 위해 요구되는 황산암모늄과 인산의 소요량(kg/day)은 각각 얼마인가?
(단, BOD : N : P = 100 : 5 : 1)

가. 황산암모늄의 소요량(kg/day)
나. 인산의 소요량(kg/day)

빈출체크 05년 1회 | 06년 2회 | 23년 3회

가. 황산암모늄의 소요량

[풀이]

① $BOD = \dfrac{2,000mg}{L} \mid \dfrac{300m^3}{day} \mid \dfrac{10^3 L}{m^3} \mid \dfrac{kg}{10^6 mg}$
   $= 600 kg/day$

② 필요 질소의 양 $= 600 \times 0.05 = 30 kg/day$

③ $(NH_4)_2SO_4$:   2N
      132   : 2×14
       X   : 30kg/day

   $X = \dfrac{132 \times 30}{2 \times 14} = 141.4286 kg/day$

[답] ∴ 황산암모늄의 소요량 = 141.43kg/day

나. 인산의 소요량

[풀이]

① 필요 인의 양 $= 600 \times 0.01 = 6 kg/day$

② H_3PO_4 :   P
      98   :   31
       X   : 6kg/day

   $X = \dfrac{98 \times 6}{31} = 18.9677 kg/day$

[답] ∴ 인산의 소요량 = 18.97kg/day

02

농축 슬러지(함수율 97%) 50m³를 탈수시켜 함수율 80%의 탈수 슬러지를 생성하려 한다. 탈수 슬러지의 발생 부피(m³)를 구하시오.
(단, 슬러지 비중은 1이라 한다)

빈출체크 08년 1회 | 20년 4·5회

[식] $V_1(100 - W_1) = V_2(100 - W_2)$

[풀이] $50 \times (100 - 97) = V_2(100 - 80)$
       $V_2 = 7.5 m^3$

[답] ∴ 탈수 슬러지 부피 = 7.5m³

03

50,000m³/day를 처리하는 하수처리장에서 발생되는 슬러지의 농축시설을 아래 조건하에서 설계하고자 한다. 다음 물음에 답하시오.

[조건]
- 1차 슬러지양 : 200m³/day
- 농축시간 : 12hr
- 1차 슬러지 함수율 : 98%
- 농축 슬러지 함수율 : 96.5%
- 2차 슬러지양 : 650m³/day
- 고형물 부하량 : 80kg/m²·day
- 2차 슬러지 함수율 : 99.2%
- 슬러지 비중 : 1

가. 농축시설의 유효용적(m³)
나. 농축시설의 소요수면적(m²)
다. 농축 슬러지양(m³/day)

가. 유효용적

[식] $V = (Q_1 + Q_2) \times t$

[풀이] $V = \dfrac{(200+650)m^3}{day} \left| \dfrac{12hr}{} \right| \dfrac{day}{24hr} = 425m^3$

[답] ∴ 유효용적 = 425m³

나. 소요수면적

[식] $A = \dfrac{슬러지\ 고형물\ 발생량}{고형물\ 부하량}$

[풀이]
① 슬러지 고형물 발생량
$= (200 \times 0.02 + 650 \times 0.008) \times 1,000 = 9,200 kg/day$

② $A = \dfrac{9,200kg}{day} \left| \dfrac{m^2 \cdot day}{80kg} \right. = 115m^2$

[답] ∴ 소요 수면적 = 115m²

다. 농축 슬러지양

[풀이] 농축 슬러지양 $= \dfrac{9,200kg_{TS}}{day} \left| \dfrac{100_{SL}}{3.5_{TS}} \right| \dfrac{m^3}{1,000kg}$
$= 262.8571 m^3/day$

[답] ∴ 농축 슬러지양 = 262.86m³/day

04

하수관에서의 H₂S에 의한 관정부식을 방지하는 방법 3가지를 적으시오. (단, 관거청소, 퇴적물 제거는 정답에서 제외)

빈출체크 07년 2회 | 16년 1회 | 20년 3회 | 21년 3회 | 23년 3회

황화수소 부식(관정부식) 방지대책
- 호기성 상태로 유지하여 황화수소의 생성을 방지
- 환기를 통한 황화수소 희석
- 기상 중으로의 확산 방지
- 황산염 환원 세균의 활동 억제
- 유황산화 세균의 활동 억제
- 방식 재료를 사용하여 관을 방호

05

수중에 NH_4^+와 NH_3가 평형상태에 있을 때 pH = 11, 25℃에서 NH_3 비율(%)을 계산하시오. (단, $k_b = 1.8 \times 10^{-5}$, $NH_3 + H_2O \leftrightarrow NH_4^+ + OH^-$)

06년 1회 | 11년 2회

[식]

① $NH_3 + H_2O \rightleftharpoons NH_4^+ + OH^-$, $k_b = \dfrac{[NH_4^+][OH^-]}{[NH_3]}$

② $NH_3(\%) = \dfrac{NH_3}{NH_3 + NH_4^+} \times 100$

③ 위의 두 식을 연립하면 $NH_3(\%) = \dfrac{1}{1 + \dfrac{k_b}{[OH^-]}} \times 100$

④ $[OH^-] = 10^{-(14-pH)} M$

[풀이]

① $[OH^-] = 10^{-(14-11)} = 10^{-3} M$

② $NH_3(\%) = \dfrac{1}{1 + \dfrac{1.8 \times 10^{-5}}{10^{-3}}} \times 100 = 98.2318\%$

[답] ∴ $NH_3(\%) = 98.23\%$

06

저수량 $4 \times 10^5 m^3$의 저수지에 유해물질의 농도가 30mg/L에서 3mg/L로 변할 때까지 걸리는 시간(year)을 계산하시오.

[조건]
- 유해물질이 투입되기 전 저수지 내의 유해물질 농도는 0
- 저수지는 CFSTR로 가정
- 저수지가 완전 혼합되었다고 가정
- 저수지의 유역면적은 $10^5 m^2$
- 유역의 연평균 강우량은 1,200mm/yr
- 저수지의 유입, 유출량은 강우량에만 의존

06년 2회 | 18년 2회 | 20년 2회 | 23년 1회

[식] $V\dfrac{dC}{dt} = Q \cdot C_o - Q \cdot C_t - k \cdot C_t^n \cdot V$

[풀이]

① $Q = \dfrac{1,200mm}{yr} \Big| \dfrac{10^5 m^2}{} \Big| \dfrac{m}{10^3 mm} = 1.2 \times 10^5 m^3/yr$

② 유입농도와 반응 = 0

$\int_{C_o}^{C_t} \dfrac{1}{C} dC = -\dfrac{Q}{V} \int_0^t dt \rightarrow \ln\dfrac{C_t}{C_o} = -\dfrac{Q}{V} \times t$

③ $t = \dfrac{-\ln(3/30)}{(1.2 \times 10^5)/(4 \times 10^5)} = 7.6753 yr$

[답] ∴ 걸리는 시간 = 7.68yr

07

탈질산화세균은 에너지원 및 세포합성을 위한 탄소원으로서 유기물질을 필요로 하는데, 유기물질을 얻을 수 있는 방법, 형태를 3가지 적으시오.

05년 2회 | 20년 3회

- 메탄올, 에탄올 등과 같은 외부탄소원을 공급
- 하수처리장으로 유입되는 하수 내부의 유기물질
- 미생물의 내생호흡조건에서 발생하는 내생탄소원

08

인구 6,000명인 도시의 하수처리를 위한 산화구를 설치하였다. 유량 380L/인·day, 유입 BOD_5 225mg/L 90%의 효율로 BOD_5 제거한다. 생성계수(Y_b) = 0.5gMLVSS/gBOD_5, 내호흡계수(k_d) 0.06day^{-1}, 총 고형물 중 생물분해가 가능한 분율 0.8, MLVSS는 MLSS의 70%일 때 운전 MLSS농도(mg/L)를 계산하시오. (단, 산화구 반응시간 1day, 반송비 0.5)

[식] $Q_w \cdot X_w = Y \cdot BOD \cdot Q \cdot \eta - V \cdot k_d \cdot X$

[풀이]

① $Q = \dfrac{380L}{인 \cdot day} \Big| \dfrac{6,000인}{} \Big| \dfrac{m^3}{10^3 L} = 2,280 m^3/day$

② $V = Q \cdot t = (2,280 m^3/day \times 1.5) \times 1 day$
   $= 3,420 m^3$

※ 반응조 부피는 반송비를 고려한 유량을 이용

③ 슬러지 생산량은 0이므로 $Q_w \cdot X_w = 0$

$Y \cdot BOD \cdot Q \cdot \eta = V \cdot k_d \cdot X$

$X = \dfrac{Y \cdot BOD \cdot Q \cdot \eta}{V \cdot k_d}$

$= \dfrac{0.5 gMLVSS}{gBOD_5} \Big| \dfrac{225 mg}{L} \Big| \dfrac{2,280 m^3}{day} \Big| \dfrac{}{3,420 m^3}$

$\Big| \dfrac{0.9}{} \Big| \dfrac{}{0.06} = 1,125 mg/L$

④ $MLSS = \dfrac{1,125 mg}{L} \Big| \dfrac{}{0.8} \Big| \dfrac{100}{70} = 2,008.9286 mg/L$

[답] ∴ $MLSS = 2,008.93 mg/L$

09

1g의 박테리아가 하루에 폐수를 20g을 분해하는 것으로 밝혀졌다. 실제 폐수농도가 15mg/L일 때 같은 양의 박테리아가 10g/day의 속도로 폐수를 분해한다면, 폐수의 농도가 5mg/L일 때, 2g의 박테리아에 의한 폐수 분해속도(g/day)를 구하시오. (단, Michaelis-Menten 식 이용)

09년 1회 | 11년 1회 | 11년 3회

[식] $r = R_{max} \times \dfrac{S}{K_m + S}$

[풀이]

① $r = 20 \times \dfrac{5}{15+5} = 5 g_{폐수}/g_{박테리아} \cdot day$

② 폐수 분해속도 = $5 \times 2 = 10 g/day$

[답] ∴ 폐수 분해속도 = 10g/day

10

메탄의 최대수율은 제거 1kg COD당 $0.35m^3 CH_4$임을 증명하고, 유량이 $675m^3/day$, COD는 3,000mg/L, COD 제거효율이 80%일 경우 다음 물음에 답하시오.

가. 증명과정
나. 발생하는 메탄량(m^3/day)

빈출 체크 05년 1회 | 07년 1회 | 07년 3회 | 09년 1회 | 10년 2회 | 12년 2회 | 16년 1회 | 22년 1회

가. 메탄 생성 수율 증명

① $C_6H_{12}O_6 + 6O_2 \rightarrow 6CO_2 + 6H_2O$
  180kg : 6×32kg
   X   : 1kg

$X = \dfrac{180 \times 1}{6 \times 32} = 0.9375 kg$

② $C_6H_{12}O_6 \rightarrow 3CH_4 + 3CO_2$
  180kg : $3 \times 22.4 m^3$
  0.9375kg : Y

$Y = \dfrac{3 \times 22.4 \times 0.9375}{180} = 0.35 m^3$

나. 발생하는 메탄량

[식] 발생하는 메탄량 = 메탄 생성 수율 × COD 제거량

[풀이]

① COD 제거량 = $\dfrac{675 m^3}{day} \Big| \dfrac{3,000 mg}{L} \Big| \dfrac{0.8}{} \Big| \dfrac{10^3 L}{m^3} \Big| \dfrac{kg}{10^6 mg}$
         = 1,620 kg/day

② 발생하는 메탄량 = $\dfrac{0.35 m^3}{kg} \Big| \dfrac{1,620 kg}{day}$ = $567 m^3/day$

[답] ∴ 발생하는 메탄량 = $567 m^3/day$

11

다음의 생물학적 인 제거 공정인 phostrip 공정의 개념도에서 각각의 역할에 대하여 설명하시오.

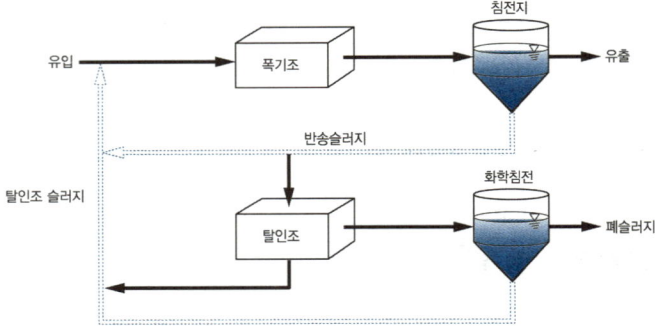

가. 폭기조(유기물제거 제외)
나. 탈인조
다. 화학침전
라. 탈인조 슬러지

빈출 체크 07년 3회 | 09년 1회 | 10년 2회 | 17년 1회 | 21년 1회

가. 폭기조 : 인의 과잉 섭취
나. 탈인조 : 인의 방출
다. 화학침전 : 인의 응집침전
라. 탈인조 슬러지 : 슬러지를 반송하여 인의 과잉 흡수 유도

12

트리할로메탄(THM)의 생성반응속도에 미치는 영향을 서술하시오.

가. 수온
나. pH
다. 불소농도

 07년 3회 | 12년 1회 | 17년 3회

가. 높을수록 THM 생성량 증가
나. 높을수록 THM 생성량 증가
다. 높을수록 THM 생성량 증가

13

연속 회분식 반응조(SBR)의 장점 5가지를 서술하시오.
(연속 흐름 반응조와 비교)

 12년 2회 | 18년 1회

SBR의 장점
- 충격부하에 강하며, MLSS의 누출이 없음
- 슬러지 반송을 위한 펌프가 필요없어 배관과 동력비 절감
- 단일 반응조에서 1주기 중 호기 - 무산소 등의 조건을 설정하여 질산화·탈질화 도모
- 고부하형의 경우 다른 처리방식과 비교하여 적은 부지면적 소요
- 공정의 변경 용이
- 운전방식에 따라 사상균 벌킹 방지

필답형 기출문제 2015 * 1

01

1,000ha 크기의 호수에 강우의 PCB 농도가 100ng/L, 연평균 강우량이 70cm인 강우에 의하여 호수로 직접 유입되는 PCB의 양(ton/yr)을 계산하시오.

빈출체크 08년 1회 | 22년 2회

[식] 유입량 = $Q \cdot C$
[풀이]
① $Q = A \cdot I = \dfrac{1,000\text{ha}}{} \Big| \dfrac{0.7\text{m}}{\text{yr}} \Big| \dfrac{10^4 \text{m}^2}{\text{ha}} = 7 \times 10^6 \text{m}^3/\text{yr}$

② 유입량 $= \dfrac{7 \times 10^6 \text{m}^3}{\text{yr}} \Big| \dfrac{100\mu g}{\text{m}^3} \Big| \dfrac{\text{ton}}{10^{12} \mu g} = 7 \times 10^{-4} \text{ton/yr}$

[답] ∴ 유입량 $= 7 \times 10^{-4}$ ton/yr

02

폐수의 30℃의 BOD_u가 214mg/L일 때, 30℃의 BOD_5는?
(단, 20℃의 $k_1 = 0.1$/day, $\theta = 1.05$)

빈출체크 12년 3회

[식] $BOD_t = BOD_u (1 - 10^{-k_1 \cdot t})$
[풀이]
① $k_T = k_{20℃} \times \theta^{(T-20)}$
$k_{30℃} = 0.1 \times 1.05^{(30-20)} = 0.1629 \text{day}^{-1}$
② $BOD_5 = 214 \times (1 - 10^{-0.1629 \times 5}) = 181.1970 \text{mg/L}$

[답] ∴ 30℃의 $BOD_5 = 181.20$mg/L

03

막 분리 공정에서 사용하는 분리막 모듈의 형식 3가지를 적으시오.

빈출체크 07년 1회 | 18년 2회 | 23년 3회

나선형, 중공사형, 관형, 판형

04

CFSTR에서 95%의 효율로 처리하고자 한다. 이 물질은 1차 반응, 속도상수는 $0.1\,hr^{-1}$이다. 또한 유입유량은 300L/hr, 유입농도는 150mg/L이라면 필요한 CFSTR의 부피(m^3)는 얼마인가? (단, 반응은 정상상태)

빈출체크 08년 3회 | 11년 3회

[식] $V = \dfrac{Q \cdot (C_o - C_t)}{k \cdot C_t}$

[풀이]
① $C_t = C_o(1-\eta) = 150 \times (1-0.95) = 7.5\,mg/L$
② $V = \dfrac{300L}{hr} \Big| \dfrac{(150-7.5)mg}{L} \Big| \dfrac{hr}{0.1} \Big| \dfrac{L}{7.5mg} \Big| \dfrac{m^3}{10^3 L} = 57\,m^3$

[답] ∴ CFSTR 부피 = 57m^3

05

지하수가 4개의 대수층을 통과할 때 수평방향과 수직방향의 평균 투수계수 K_x와 K_y를 구하시오.

K_1	10cm/day	20cm
K_2	50cm/day	5cm
K_3	1cm/day	10cm
K_4	5cm/day	10cm

가. 수평방향 평균투수계수
나. 수직방향 평균투수계수

빈출체크 07년 3회 | 08년 2회 | 09년 3회 | 20년 3회

가. 수평방향 평균투수계수

[식] $K_X = \dfrac{\sum_{i=1}^{n}(K_i \cdot H_i)}{\sum_{i=1}^{n}(H_i)}$

[풀이] $K_X = \dfrac{K_1 \cdot H_1 + K_2 \cdot H_2 + K_3 \cdot H_3 + K_4 \cdot H_4}{H_1 + H_2 + H_3 + H_4}$

$= \dfrac{10 \times 20 + 50 \times 5 + 1 \times 10 + 5 \times 10}{20 + 5 + 10 + 10}$

$= 11.3333\,cm/day$

[답] ∴ 수평방향 평균투수계수 = 11.33cm/day

나. 수직방향 평균투수계수

[식] $K_Y = \dfrac{\sum_{i=1}^{n}(H_i)}{\sum_{i=1}^{n}\left(\dfrac{H_i}{K_i}\right)}$

[풀이] $K_Y = \dfrac{H_1 + H_2 + H_3 + H_4}{\dfrac{H_1}{K_1} + \dfrac{H_2}{K_2} + \dfrac{H_3}{K_3} + \dfrac{H_4}{K_4}}$

$= \dfrac{20 + 5 + 10 + 10}{\dfrac{20}{10} + \dfrac{5}{50} + \dfrac{10}{1} + \dfrac{10}{5}} = 3.1915\,cm/day$

[답] ∴ 수직방향 평균투수계수 = 3.19cm/day

06

여과율 5L/m²·min의 중력식 여과지로 100m³/day의 침전 유출수를 처리하려고 한다. 역세척을 위해 여과지 1기의 운전이 중지될 때의 여과율은 6L/m²·min을 넘지 못한다. 만약 각 여과지가 12시간마다 10분씩 10L/m²·min의 세척률로 역세척되며, 여과 유출수 1L/m²·min이 필요한 표면세척설비가 설치되었을 때, 다음을 계산하시오.

가. 소요 여과지의 개수
나. 역세척에 사용되는 여과용량
   (여과지당 역세척용량/여과지당 처리 폐수 용량)%

 11년 2회 | 19년 1회

가. 소요 여과지

[식] 소요 여과지 = $\dfrac{\text{총 여과면적}}{\text{1기의 여과면적}}$

[풀이]
① 총 여과면적
   $= \dfrac{Q}{V} = \dfrac{100m^3}{day} \Big| \dfrac{m^2 \cdot min}{5L} \Big| \dfrac{day}{1,420min} \Big| \dfrac{10^3 L}{m^3}$
   $= 14.0845 m^2$

② 여과지 1기의 운전 중지 시 여과면적
   $= \dfrac{Q}{V} = \dfrac{100m^3}{day} \Big| \dfrac{m^2 \cdot min}{6L} \Big| \dfrac{day}{1,420min} \Big| \dfrac{10^3 L}{m^3}$
   $= 11.7371 m^2$

③ 1지의 여과 면적 $= 14.0845 - 11.7371 = 2.3474 m^2$

④ 소요 여과지 $= \dfrac{14.0845}{2.3474} = 6$

[답] 소요 여과지의 개수 = 6

나. 역세척에 사용되는 여과용량

[식] 역세척에 사용되는 여과용량(%) $= \dfrac{\text{역세수량}}{\text{여과수량}} \times 100$

[풀이]
① 여과수량 $= 100m^3/day - \dfrac{14.0845m^2}{} \Big| \dfrac{1L}{m^2 \cdot min} \Big| \dfrac{1,420min}{day} \Big| \dfrac{m^3}{10^3 L} = 80 m^3/day$

② 역세수량 $= \dfrac{14.0845m^2}{} \Big| \dfrac{10L}{m^2 \cdot min} \Big| \dfrac{20min}{day} \Big| \dfrac{m^3}{10^3 L}$
   $= 2.8169 m^3/day$

③ 역세척에 사용되는 여과용량
   $= \dfrac{2.8169}{80} \times 100 = 3.5211 \%$

[답] ∴ 역세척에 사용되는 여과용량 = 3.52%

07

Ca(HCO₃)₂, CO₂의 g당량을 구하시오.

가. Ca(HCO₃)₂ 당량(반응식 포함)
나. CO₂ 당량(반응식 포함)

 12년 2회 | 17년 3회

가. $Ca(HCO_3)_2 \rightarrow Ca^{2+} + 2HCO_3^-$

$Ca(HCO_3)_2$의 g당량 $= \dfrac{162g}{2eq} = 81 g/eq$

나. $CO_2 + H_2O \rightarrow CO_3^{2-} + 2H^+$

CO_2의 g당량 $= \dfrac{44g}{2eq} = 22 g/eq$

08

하천수의 기본적인 용존산소 모델식인 Streeter-phelps Model을 표현한 것이다. 빈칸에 알맞은 이름을 적으시오. (단, 단위포함)

$$D_t = \frac{k_1}{k_2 - k_1} L_o (10^{-k_1 t} - 10^{-k_2 t}) + D_o \times 10^{-k_2 t}$$

L_o : (①) D_o : (②) k_1 : (③) k_2 : (④)

빈출체크 06년 3회 | 20년 2회 | 23년 2회

① 최종 BOD(BOD_u) : mg/L
② 초기 DO 부족농도 : mg/L
③ 탈산소계수 : day^{-1}
④ 재포기계수 : day^{-1}

09

관에 $1.2m^3/min$의 물이 흐를 때 생기는 마찰수두손실이 10m가 되려면 관의 길이는 몇 m가 되어야 하는지 계산하시오. (단, 내경은 10cm, 마찰손실계수는 0.015)

빈출체크 05년 3회 | 08년 3회 | 11년 3회 | 18년 1회 | 20년 4·5회

[식] $h = f \times \frac{L}{D} \times \frac{V^2}{2g}$

[풀이]
① $V = \frac{Q}{A} = \frac{1.2m^3}{min} \Big| \frac{4}{\pi(0.1m)^2} \Big| \frac{min}{60sec} = 2.5465 m/sec$

② $L = \frac{h \cdot D \cdot 2g}{f \cdot V^2} = \frac{10 \times 0.1 \times 2 \times 9.8}{0.015 \times 2.5465^2} = 201.5011m$

[답] ∴ 관의 길이 = 201.50m

10

경도가 300mg/L as $CaCO_3$인 폐수 $6,000m^3/day$를 100mg/L as $CaCO_3$로 처리하고자 한다. 허용 파과점 도달시간을 15일로 할 때 습윤상태를 기준으로 한 이온교환수지(kg)를 구하시오. (단, 이온교환수지의 함수율은 40%, 건조무게 기준으로 수지 100g이 250meq의 경도를 제거)

빈출체크 05년 1회

[풀이]
① 제거해야 할 Ca^{2+}
$= \frac{(300-100)g}{m^3} \Big| \frac{6,000m^3}{day} \Big| \frac{1eq}{(100/2)g} \Big| \frac{15day}{}$
$= 360,000 eq$

② 필요 이온교환수지
$= \frac{360,000eq}{} \Big| \frac{100g}{250meq} \Big| \frac{10^3 meq}{eq} \Big| \frac{kg}{10^3 g} = 144,000 kg$

③ 건량을 총량으로 전환
$= \frac{144,000kg}{} \Big| \frac{100_{총량}}{60_{건량}} = 240,000 kg$

[답] ∴ 이온교환수지 = 240,000kg

11

다음에 주어진 조건을 이용하여 탈질에 사용되는 무산소조의 체류시간(hr)을 구하시오.

[조건]
- 유입수 NO_3^{-N} 농도 : 22mg/L
- 유출수 NO_3^{-N} 농도 : 3mg/L
- $U_{DN(20℃)}$: $0.1day^{-1}$
- 온도 : 10℃
- MLVSS 농도 : 4,000mg/L
- DO 농도 : 0.1mg/L
- $U'_{DN} = U_{DN} \times k^{(T-20)}(1-DO)$ (단, $k = 1.09$)

12년 1회

[식] $\theta = \dfrac{S_i - S_o}{U_{DN} \cdot X}$

[풀이]
① $U_{DN} = 0.1 \times 1.09^{(10-20)} \times (1-0.1) = 0.038 day^{-1}$

② $\theta = \dfrac{(22-3)mg}{L} \Big| \dfrac{day}{0.038} \Big| \dfrac{L}{4,000mg} \Big| \dfrac{24hr}{day} = 3hr$

[답] ∴ 무산소조의 체류시간 = 3hr

12

입자(비중 2.6, 직경 0.015mm)가 수중에서 자연침전할 때 속도가 0.56m/hr이었다. 침전속도가 Stokes 법칙에 따를 때 동일조건에서 비중 1.2, 직경 0.03mm인 입자의 침전속도(m/hr)를 구하시오.

23년 3회

[식] $V_g = \dfrac{d_p^2(\rho_p - \rho)g}{18\mu}$

[풀이]
① $0.56 = \dfrac{0.015^2 \times (2.6-1) \times g}{18\mu}$

$\dfrac{g}{\mu} = \dfrac{0.56 \times 18}{0.015^2 \times (2.6-1)} = 28,000$

② $V_g = \dfrac{0.03^2 \times (1.2-1)}{18} \times 28,000 = 0.28 m/hr$

[답] ∴ 입자의 침전속도 = 0.28m/hr

필답형 기출문제 2015 * 2

01

CH_3COOH의 BOD_u가 30mg/L일 때 TOC(mg/L)는?

빈출체크 07년 3회

[풀이] $CH_3COOH + 2O_2 \rightarrow 2CO_2 + 2H_2O$
$\quad\quad\quad 2 \times 32 \quad : \quad 2 \times 12$
$\quad\quad\quad 30mg/L \quad : \quad X$

$$X = \frac{2 \times 12 \times 30}{2 \times 32} = 11.25 mg/L$$

[답] ∴ TOC = 11.25mg/L

02

인구 6,000명인 마을에 처리장을 설치하려고 한다. 유입 유량은 380L/인·day, 유입 BOD_5는 225mg/L이다. 처리장은 BOD_5 제거율은 90%, 생성계수 Y_b는 0.65gMLVSS/산화 BOD_5, 내생호흡 계수는 0.06/day, 총 고형물 중 생물학적 분해 가능한 분율은 0.8, MLVSS는 MLSS의 50%일 때 반응조의 부피(m^3)와 MLSS의 농도(mg/L)를 구하시오. (단, 순슬러지 생산량은 0, 체류시간은 1일, 반송비는 1)

빈출체크 05년 3회 | 10년 3회 | 13년 1회 | 22년 2회

[식] $Q_w \cdot X_w = Y \cdot BOD \cdot Q \cdot \eta - V \cdot k_d \cdot X$

[풀이]

① $Q = \frac{380L}{인 \cdot day} \Big| \frac{6,000인}{} \Big| \frac{m^3}{10^3 L} = 2,280 m^3/day$

② $V = Q \cdot t = (2,280 m^3/day \times 2) \times 1 day = 4,560 m^3$

※ 반응조 부피는 반송비를 고려한 유량을 이용

③ 슬러지 생산량은 0이므로 $Q_w \cdot X_w = 0$

$Y \cdot BOD \cdot Q \cdot \eta = V \cdot k_d \cdot X$

$X = \frac{Y \cdot BOD \cdot Q \cdot \eta}{V \cdot k_d}$

$= \frac{0.65 gMLVSS}{gBOD_5} \Big| \frac{225mg}{L} \Big| \frac{2,280 m^3}{day} \Big| \frac{}{4,560 m^3}$

$\Big| \frac{0.9}{0.06} = 1,096.875 mg/L$

④ $MLSS = \frac{1,096.875 mg}{L} \Big| \frac{1}{0.8} \Big| \frac{100}{50} = 2,742.19 mg/L$

[답] ∴ 반응조의 부피 = 4,560m^3
$\quad\quad$ MLSS = 2,742.19mg/L

03

등비증가법에 따라서 도시인구가 10년간 3.25배 증가했을 때 연평균 인구 증가율(%)은?

[식] $P_n = P(1+r)^n$

[풀이]
① $\dfrac{P_n}{P} = (1+r)^n$

② $\left(\dfrac{P_n}{P}\right)^{1/n} = 1+r$

③ $r = (3.25)^{1/10} - 1 = 0.1251$

[답] ∴ 인구 증가율 = 12.51%

04

기계식 봉스크린에 유속 0.64m/sec인 폐수가 들어올 때 봉의 두께는 10mm, 봉 사이 간격이 30mm일 때 다음 물음에 답하여라.
(단, 손실수두계수는 1.43이고, $A_1 = WD$, $A_2 = 0.75WD$이다)

가. 통과유속(m/sec)
나. 손실수두(m)

가. 통과유속

[식] $Q = A_1 V_1 = A_2 V_2$

[풀이] $V_2 = \dfrac{A_1 \cdot V_1}{A_2} = \dfrac{A_1 \times 0.64}{0.75 A_1} = 0.8533 \text{m/sec}$

[답] ∴ 통과유속 = 0.85m/sec

나. 손실수두

[식] $H = f \times \dfrac{(V_2^2 - V_1^2)}{2g}$

[풀이] $H = 1.43 \times \dfrac{(0.85^2 - 0.64^2)}{2 \times 9.8} = 0.0228 \text{m}$

[답] ∴ 손실수두 = 0.02m

05

폐수에 3.4g의 CH_3COOH와 0.63g의 CH_3COONa를 용해시켰을 때 pH를 구하시오. (단, CH_3COOH의 $k_a = 1.8 \times 10^{-5}$)

[식] $pH = pk_a + \log \dfrac{염}{약산}$

[풀이]
① 염(CH_3COONa) = $\dfrac{0.63\text{g}}{} \Big| \dfrac{\text{mol}}{82\text{g}} = 0.0077 \text{mol}$

② 약산(CH_3COOH) = $\dfrac{3.4\text{g}}{} \Big| \dfrac{\text{mol}}{60\text{g}} = 0.0567 \text{mol}$

③ $pH = \log \dfrac{1}{1.8 \times 10^{-5}} + \log \dfrac{0.0077}{0.0567} = 3.8776$

[답] ∴ pH = 3.88

06

정수시설에서 불화물 침전제로 사용되는 화학약품 2가지를 쓰고 상태(고체, 액체, 기체)도 적으시오.

 05년 3회 | 21년 2회

- $Ca(OH)_2$ - 고체
- Al_2O_3 - 고체
- 골탄 - 고체

07

포도당 1,000mg/L 용액이 있다. 다음 물음에 답하시오. (단, 표준상태 기준)

가. 혐기성 분해 시 생성되는 CH_4(mg/L)의 발생량?

나. 이 용액 1L를 혐기성 분해시킬 때 발생되는 CH_4의 양(mL)은?

13년 1회 | 19년 1회 | 21년 3회

가. CH_4 발생량

[풀이] $C_6H_{12}O_6 \rightarrow 3CH_4 + 3CO_2$

180 : 3×16

1,000mg/L : X

$X = \dfrac{3 \times 16 \times 1,000}{180} = 266.6667 \text{mg/L}$

[답] ∴ CH_4 발생량 = 266.67mg/L

나. CH_4 양

[풀이] $C_6H_{12}O_6 \rightarrow 3CH_4 + 3CO_2$

180mg : 3×22.4mL

1,000mg : Y

$Y = \dfrac{3 \times 22.4 \times 1,000}{180} = 373.3333 \text{mL}$

[답] ∴ CH_4 양 = 373.33mL

08

반감기가 2hr인 반응에서 물질의 농도가 1,000mg/L에서 10mg/L로 감소하는데 걸리는 시간(hr)을 계산하시오. (단, 1차 반응)

 07년 2회 | 08년 3회 | 11년 3회

[식] $\ln \dfrac{C_t}{C_o} = -k \cdot t$

[풀이]

① $\ln \dfrac{50}{100} = -k \cdot 2\text{hr} \rightarrow k = 0.3466 \text{hr}^{-1}$

② $t = \dfrac{\ln \dfrac{C_t}{C_o}}{-k} = \dfrac{\ln \dfrac{10}{1,000}}{-0.3466} = 13.2867 \text{hr}$

[답] ∴ t = 13.29hr

09

유출수를 760m³/day의 유량으로 탈염하기 위하여 요구되는 막의 면적(m^2)은?

[조건]
- 25℃ 물질전달계수 : 0.2068L/day·m^2·kPa
- 유입, 유출수의 압력차 : 2,400kPa
- 유입, 유출수의 삼투압차 : 310kPa
- 최저운전온도 10℃, $A_{10℃} = 1.58 A_{25℃}$

06년 2회 | 18년 3회

[식] $A = \dfrac{Q}{K \cdot (P_1 - P_2)}$

[풀이]
① 25℃에서의 막 면적
$= \dfrac{760m^3}{day} \Big| \dfrac{day \cdot m^2 \cdot kPa}{0.2068L} \Big| \dfrac{1}{(2,400-310)kPa} \Big| \dfrac{10^3 L}{m^3}$
$= 1,758.3963 m^2$

② 10℃에서의 막 면적
$= 1.58 \times 1,758.3963 = 2,778.2662 m^2$

[답] ∴ 요구되는 막의 면적 $= 2,778.27 m^2$

10

5단계 bardenpho 공정에 대한 공정도를 그리고 호기조 반응조의 주된 역할 2가지에 대해 간단히 서술하시오.

가. 공정도(반응조 명칭, 내부반송, 슬러지 반송표시)
나. 호기조의 주된 역할 2가지(단, 유기물 제거는 정답에서 제외)

06년 3회 | 07년 1회 | 07년 2회 | 08년 1회 | 12년 2회
16년 3회 | 18년 2회 | 20년 3회

가. 공정도

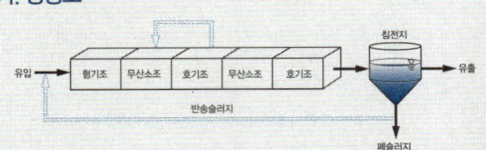

나. 인의 과잉 섭취 및 질산화

11

CO_2 당량(가수분해적용)을 구하시오.

18년 3회 | 20년 4·5회

[풀이]
$CO_2 + H_2O \rightarrow CO_3^{2-} + 2H^+$
H^+가 2개 발생하였으므로 CO_2 당량 = 2eq

[답] ∴ CO_2 당량 = 2eq

필답형 기출문제   2015 * 3

01

2차 반응에 따라 붕괴하는 초기농도가 2.6×10^{-4}M인 오염물질의 20℃ 속도상수가 106.8L/mol·hr일 때 아래 물음에 답하시오.

가. 2시간 후의 물질농도(M)
나. 온도가 30℃로 상승 시 2시간 뒤 농도는(M)? (단, θ값은 1.062)

빈출체크 10년 1회 | 23년 1회

가. 2시간 후의 물질농도

[식] $\dfrac{1}{C_t} - \dfrac{1}{C_o} = k \cdot t$

[풀이]

① $\dfrac{1}{C_t} = k \cdot t + \dfrac{1}{C_o}$ ············· 우항을 통분

② $\dfrac{1}{C_t} = \dfrac{k \cdot t \cdot C_o + 1}{C_o}$ ············· 양변을 역수 취함

③ $C_2 = \dfrac{C_o}{k \cdot 2C_o + 1} = \dfrac{2.6 \times 10^{-4}}{106.8 \times 2 \times 2.6 \times 10^{-4} + 1}$

$= 2.4632 \times 10^{-4}$ M

[답] ∴ $C_2 = 2.46 \times 10^{-4}$ M

나. 30℃로 상승 시 2시간 뒤 농도

[식] ① $k_T = k_{20℃} \times 1.062^{(T-20)}$

② $\dfrac{1}{C_t} - \dfrac{1}{C_o} = k \cdot t$

[풀이]

① $k_{30} = 106.8 \times 1.062^{(30-20)} = 194.9021$ L/mol·hr

② $C_2 = \dfrac{C_o}{k \cdot 2C_o + 1} = \dfrac{2.6 \times 10^{-4}}{194.9021 \times 2 \times 2.6 \times 10^{-4} + 1}$

$= 2.3607 \times 10^{-4}$ M

[답] ∴ $C_2 = 2.36 \times 10^{-4}$ M

02

쟈 테스트(Jar test)의 기본적인 목적 중 3가지를 적으시오.

빈출체크 20년 2회

- 최적의 응집제의 종류 선정
- 최적의 pH, 알칼리도 선정
- 최적의 온도 선정
- 최적의 교반조건 선정

03

고도처리 공법의 공법명과 각 공정의 역할(유기물제거 제외)을 서술하시오.

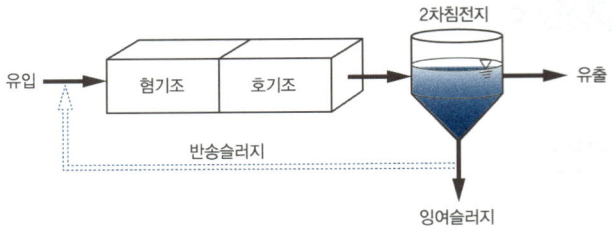

가. 공법명
나. 혐기조 역할
다. 호기조 역할

빈출 체크 05년 3회 | 08년 2회 | 22년 1회

가. A/O 공법
나. 유기물 제거 및 인 방출
다. 인의 과잉 섭취

04

회분식 반응조에서 오염물질의 제거 또는 전환율이 99%가 되게 하고자 한다. 이 회분식 반응조의 체류시간(hr)을 구하시오.
(단, k = 0.35/hr, 1차 반응)

빈출 체크 20년 3회

[식] $V\dfrac{dC}{dt} = Q \cdot C_o - Q \cdot C_t - k \cdot C_t \cdot V$

[풀이]
① 회분식 반응조는 유입, 유출 유량=0
② $\displaystyle\int_{C_o}^{C_t} \dfrac{1}{C} dC = -k \int_0^t dt \;\rightarrow\; \ln\dfrac{C_t}{C_o} = -k \cdot t$
③ $t = \dfrac{-\ln(1/100)}{0.35} = 13.1576\,hr$

[답] ∴ 체류시간 = 13.16 hr

05

입자(비중 3.5, 직경 0.03mm)가 수중에서 자연침전할 때 입자를 완전히 제거하는데 요구되는 침전지의 체류시간(min)을 계산하시오.
(단, Stokes 식을 이용, 수온은 18℃, 수심은 3m, 18℃에서 물의 밀도는 0.998g/cm³, 물의 점도는 9.9×10^{-3} g/cm·sec)

빈출 체크 19년 2회

[식] $V_g = \dfrac{d_p^2(\rho_p - \rho)g}{18\mu}$

[풀이]
① $V_g = \dfrac{0.003^2 \times (3.5 - 0.998) \times 980}{18 \times 9.9 \times 10^{-3}} = 0.1238\,\text{cm/sec}$
② $t = \dfrac{H}{V_g} = \dfrac{3\,m}{} \Big| \dfrac{\sec}{0.1238\,cm} \Big| \dfrac{100\,cm}{m} \Big| \dfrac{\min}{60\,\sec} = 40.3877\,\min$

[답] ∴ 침전지의 체류시간 = 40.39 min

06

슬러지 고형물 함량이 4%에서 7%로 농축되었을 때 슬러지 부피 감소율(%)을 계산하시오. (단, 1일 슬러지 생성량은 $100m^3$, 비중은 1.0이다)

빈출체크 07년 1회 | 21년 2회

[식] 부피 감소율(%) $= \left(1 - \dfrac{V_2}{V_1}\right) \times 100$

[풀이]

① $V_1(100 - W_1) = V_2(100 - W_2)$

$100 \times (100 - 96) = V_2(100 - 93)$

$V_2 = 57.1429 m^3$

② 부피 감소율(%) $= \left(1 - \dfrac{57.1429}{100}\right) \times 100 = 42.8571\%$

[답] ∴ 부피 감소율(%) = 42.86%

07

호기성 조건하에서 폐수의 암모니아를 질산염으로 산화시키려고 한다. 폐수의 암모니아성 질소농도는 22mg/L, 폐수량은 $1,000m^3$일 때 다음을 구하시오.

$0.13NH_4^+ + 0.225O_2 + 0.02CO_2 + 0.005HCO_3^-$
$\rightarrow 0.005C_5H_7O_2N + 0.125NO_3^- + 0.25H^+ + 0.12H_2O$

가. 산소 소모량(kg)
나. 생성세포의 건조 중량(kg)
다. 폐수의 질산성 질소(NO_3^{-N})의 농도(mg/L)

빈출체크 07년 3회 | 09년 1회

가. 산소 소모량

[풀이] $0.13NH_4^+ : 0.225O_2$

$0.13 \times 14 : 0.225 \times 32$

$22kg : X$

$X = \dfrac{0.225 \times 32 \times 22}{0.13 \times 14} = 87.0330 kg$

[답] ∴ 산소 소모량 = 87.03kg

나. 생성세포의 건조 중량

[풀이] $0.13NH_4^+ : 0.005C_5H_7O_2N$

$0.13 \times 14 : 0.005 \times 113$

$22kg : Y$

$Y = \dfrac{0.005 \times 113 \times 22}{0.13 \times 14} = 6.8297 kg$

[답] ∴ 생성세포의 건조 중량 = 6.83kg

다. 질산성 질소의 농도

[풀이] $0.13NH_4^+ : 0.125NO_3^-$

$0.13 \times 14 : 0.125 \times 14$

$22mg/L : Z$

$Z = \dfrac{0.125 \times 14 \times 22}{0.13 \times 14} = 21.1538 mg/L$

[답] ∴ 질산성 질소의 농도 = 21.15mg/L

08

CFSTR에서 95%의 효율로 처리하고자 한다. 이 물질은 0.5차 반응, 속도상수는 $0.05(mg/L)^{1/2}/hr$이다. 또한 유입유량은 300L/hr, 유입농도는 150mg/L이라면 필요한 CFSTR의 부피(m^3)는 얼마인가? (단, 반응은 정상상태)

 06년 1회 | 08년 2회 | 09년 2회 | 10년 2회 | 12년 1회 | 16년 1회

[식] $V = \dfrac{Q \cdot (C_o - C_t)}{k \cdot C_t^{0.5}}$

[풀이]
① $C_t = C_o(1-\eta) = 150 \times (1-0.95) = 7.5 mg/L$

② $V = \dfrac{300L}{hr} \Big| \dfrac{(150-7.5)mg}{L} \Big| \dfrac{hr}{0.05(mg/L)^{0.5}}$

$\Big| \left(\dfrac{L}{7.5mg}\right)^{0.5} \Big| \dfrac{m^3}{10^3 L} = 312.2019 m^3$

[답] ∴ CFSTR 부피 $= 312.20 m^3$

09

글루코스 150mg/L와 벤젠 15mg/L 용액의 총 이론적 산소요구량(mg/L)과 총 유기탄소량(mg/L)을 계산하시오.

가. 총 이론적 산소요구량(mg/L)
나. 총 유기탄소량(mg/L)

 09년 2회 | 11년 3회

가. 총 이론적 산소요구량

[풀이]
① $C_6H_{12}O_6 + 6O_2 \rightarrow 6CO_2 + 6H_2O$
  180 : 6×32
  150mg/L : X

$X = \dfrac{6 \times 32 \times 150}{180} = 160 mg/L$

② $C_6H_6 + 7.5O_2 \rightarrow 6CO_2 + 3H_2O$
  78 : 7.5×32
  15mg/L : Y

$Y = \dfrac{7.5 \times 32 \times 15}{78} = 46.1538 mg/L$

③ 총 이론적 산소요구량
  $= 160 + 46.1538 = 206.1538 mg/L$

[답] ∴ 총 이론적 산소요구량 $= 206.15 mg/L$

나. 총 유기탄소량

[풀이]
① $C_6H_{12}O_6 + 6O_2 \rightarrow 6CO_2 + 6H_2O$
  180 : 6×12
  150mg/L : X

$X = \dfrac{6 \times 12 \times 150}{180} = 60 mg/L$

② $C_6H_6 + 7.5O_2 \rightarrow 6CO_2 + 3H_2O$
  78 : 6×12
  15mg/L : Y

$Y = \dfrac{6 \times 12 \times 15}{78} = 13.8462 mg/L$

③ 총 유기탄소량 $= 60 + 13.8462 = 73.8462 mg/L$

[답] ∴ 총 유기탄소량 $= 73.85 mg/L$

10

막 공법의 추진력을 쓰시오.

가. 투석
나. 전기투석
다. 역삼투

07년 2회 | 07년 3회 | 09년 3회 | 10년 1회 | 13년 1회
16년 2회 | 18년 3회 | 19년 1회 | 20년 4·5회 | 21년 3회

가. 투석 : 농도차
나. 전기투석 : 전위차
다. 역삼투 : 정수압차

11

평균 유량 7,570m³/day인 하수처리장의 1차 침전지를 설계하고자 한다. 1차 침전지에 대한 권장 설계기준은 다음과 같으며 원주 위어의 최대 위어 월류 부하가 적절한가에 대하여 판단하고 그 근거를 설명하시오. (단, 원형침전지 기준)

[조건]
- 최대 월류율 : 89.6m³/day · m²
- 평균 월류율 : 36.7m³/day · m²
- 최소 수면깊이 : 3m
- 최대 위어 월류 부하 : 389m³/day · m
- 최대 유량/평균 유량 : 2.75

05년 2회 | 19년 1회 | 22년 1회

[식] 최대 위어 월류 부하 $= \dfrac{Q_{max}}{\pi D}$

[풀이]

① 평균 월류율 표면적 $= \dfrac{day \cdot m^2}{36.7m^3} | \dfrac{7,570m^3}{day} = 206.2670m^2$

② 최대 월류율 표면적 $= \dfrac{day \cdot m^2}{89.6m^3} | \dfrac{7,570 \times 2.75m^3}{day}$
$= 232.3382m^2$

③ 둘 중 큰 면적인 232.3382m²을 기준으로 함

④ $D = \sqrt{\dfrac{4A}{\pi}} = \sqrt{\dfrac{4 \times 232.3382}{\pi}} = 17.1995m$

⑤ 최대 위어 월류 부하 $= \dfrac{7,570 \times 2.75m^3}{day} | \dfrac{1}{\pi \times 17.1995m}$
$= 385.2679m^3/m \cdot day$

[답] ∴ 최대 위어 월류 부하의 권장기준보다 낮아 적절함

01

SBR 공정의 단계가 다음과 같을 때, 반응의 각 단계를 쓰고 단계별 역할을 서술하시오.

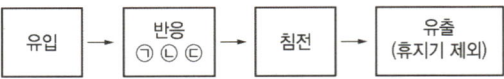

 13년 2회 | 20년 2회

가. 혐기성 : 유기물 제거 및 인의 방출
나. 호기성 : 질산화 및 인의 과잉섭취
다. 무산소 : 탈질화

02

고형물 농도 30,000mg/L의 슬러지를 농축시키기 위한 농축조를 설계하기 위하여 다음과 같은 결과를 얻었다. 농축 슬러지의 고형물 농도가 75,000mg/L가 되기 위하여 소요되는 농축시간(hr)을 계산하시오. (단, 상등수의 고형물 농도는 0이라고 가정, 농축전후의 슬러지의 비중은 모두 1이라고 가정)

정치시간(농축시간)(hr)	0	2	4	6	8	10	12	14
계면높이(cm)	100	60	40	30	25	24	22	20

 07년 3회 | 12년 1회

[식] $h_t = h_o \times \dfrac{C_o}{C_t}$

[풀이] $h_t = 100 \times \dfrac{30,000}{75,000} = 40$cm 이므로 4시간

[답] ∴ 농축시간 = 4hr

03

슬러지 1L를 30분 동안 침강시킨 후의 부피(mL)를 구하시오.
(단, MLSS 3,000mg/L, SVI 100)

 06년 3회

[식] $SVI = \dfrac{SV_{30}(mL/L) \times 10^3}{MLSS(mg/L)}$

[풀이] $SV_{30}(mL/L) = \dfrac{MLSS(mg/L) \times SVI}{10^3}$

$= \dfrac{3,000 \times 100}{10^3} = 300$mL/L

[답] ∴ 부피 = 300mL

04

박테리아($C_5H_7O_2N$)에 대한 이론적인 BOD_5/COD, BOD_5/TOC, TOC/COD의 비를 구하시오. (단, 반응은 1차 반응, 속도상수는 0.1/day, base 상용대수, 화합물은 100% 산화, 박테리아는 분해되어 CO_2, H_2O, NH_3, $BOD_u = COD$)

가. BOD_5/COD
나. BOD_5/TOC
다. TOC/COD

08년 3회 | 10년 2회 | 12년 3회

가. BOD_5/COD

[식] $BOD_t = BOD_u(1 - 10^{-k_1 \cdot t})$

[풀이] $\dfrac{BOD_5}{BOD_u} = \dfrac{BOD_5}{COD} = 1 - 10^{-0.1 \times 5} = 0.6838$

[답] ∴ $\dfrac{BOD_5}{COD} = 0.68$

나. BOD_5/TOC

[식] $BOD_t = BOD_u(1 - 10^{-k_1 \cdot t})$
[풀이]
① $C_5H_7O_2N + 5O_2 \rightarrow 5CO_2 + 2H_2O + NH_3$
    $5 \times 32 \ : \ 5 \times 12$
② $BOD_u = 5 \times 32 = 160$
③ $BOD_5 = 160 \times (1 - 10^{-0.1 \times 5}) = 109.4036$
④ $\dfrac{BOD_5}{TOC} = \dfrac{109.4036}{5 \times 12} = 1.8234$

[답] ∴ $\dfrac{BOD_5}{TOC} = 1.82$

다. TOC/COD

[풀이]
① $C_5H_7O_2N + 5O_2 \rightarrow 5CO_2 + 2H_2O + NH_3$
    $5 \times 32 \ : \ 5 \times 12$
② $\dfrac{TOC}{COD} = \dfrac{5 \times 12}{5 \times 32} = 0.375$

[답] ∴ $\dfrac{TOC}{COD} = 0.38$

05

CFSTR에서 95%의 효율로 처리하고자 한다. 이 물질은 0.5차 반응, 속도상수는 $0.05(mg/L)^{1/2}/hr$이다. 또한 유입유량은 300L/hr, 유입농도는 150mg/L이라면 필요한 CFSTR의 부피(m^3)는 얼마인가? (단, 반응은 정상상태)

06년 1회 | 08년 2회 | 09년 2회 | 10년 2회 | 12년 1회 | 15년 3회

[식] $V = \dfrac{Q \cdot (C_o - C_t)}{k \cdot C_t^{0.5}}$

[풀이]
① $C_t = C_o(1 - \eta) = 150 \times (1 - 0.95) = 7.5 mg/L$
② $V = \dfrac{300L}{hr} \Big| \dfrac{(150 - 7.5)mg}{L} \Big| \dfrac{hr}{0.05(mg/L)^{0.5}}$
   $\Big| \left(\dfrac{L}{7.5mg}\right)^{0.5} \Big| \dfrac{m^3}{10^3 L} = 312.2019 m^3$

[답] ∴ CFSTR 부피 $= 312.20 m^3$

06

폐수량 변동은 표와 같으며 평균 유량 조건하에서 저류지의 체류시간이 6시간이라면 오전 8시에서 오후 8시까지의 저류지의 평균 체류시간을 계산하시오.

일중시간(오전)	0시	2시	4시	6시	8시	10시	12시
평균 유량의 백분율(%)	88	77	69	66	88	102	125
일중시간(오후)	2시	4시	6시	8시	10시	12시	
평균 유량의 백분율(%)	138	148	150	148	99	103	

빈출체크 22년 1회

[식] $V = Q \cdot t$

[풀이]
① 오전 8시 ~ 오후 8시 평균 유량
$= \dfrac{(0.88 + 1.02 + 1.25 + 1.38 + 1.48 + 1.5 + 1.48)Q}{7}$
$= 1.2843Q$

② 저류지의 부피는 변하지 않음
$Q \times 6\text{hr} = 1.2843Q \times t$
$t = 4.6718\text{hr}$

[답] ∴ $t = 4.67\text{hr}$

07

하수관에서의 H_2S에 의한 관정부식을 방지하는 방법 3가지를 적으시오. (단, 관거청소, 퇴적물 제거는 정답에서 제외)

빈출체크 07년 2회 | 14년 3회 | 20년 3회 | 21년 3회 | 23년 3회

황화수소 부식(관정부식) 방지대책
- 호기성 상태로 유지하여 황화수소의 생성을 방지
- 환기를 통한 황화수소 희석
- 기상 중으로의 확산 방지
- 황산염 환원 세균의 활동 억제
- 유황산화 세균의 활동 억제
- 방식 재료를 사용하여 관을 방호

08

1차 반응 조건의 회분식 반응조에서 구성물의 전환율은 90%, 반응상수는 0.35hr^{-1}이라 할 때 회분식 반응조의 체류시간(hr)을 구하시오. (단, 밑수 e를 사용)

빈출체크 09년 1회 | 20년 1회

[식] $V \dfrac{dC}{dt} = Q \cdot C_o - Q \cdot C_t - k \cdot C_t \cdot V$

[풀이]
① 회분식 반응조는 유입, 유출 유량 = 0
② $\displaystyle\int_{C_o}^{C_t} \dfrac{1}{C} dC = -k \int_0^t dt \rightarrow \ln \dfrac{C_t}{C_o} = -k \cdot t$
③ $t = \dfrac{-\ln(10/100)}{0.35} = 6.5788\text{hr}$

[답] ∴ 체류시간 = 6.58hr

09

공기 응집기에서 G값을 100sec^{-1}로 설정했을 때 응집조 10m^{3}에 필요한 공기량(m^3/sec)을 구하시오. (단, 응집조의 깊이는 2.5m, μ = 0.00131N·sec/m^2, 1atm = 10.33mH$_2$O = 101,325N/m^2)

19년 1회

[식] ① $P = G^2 \cdot \mu \cdot V$

② $P = P_a \cdot Q_a \cdot \ln\left[\dfrac{h+10.3}{10.3}\right]$

[풀이]

① $P = \left(\dfrac{100}{\sec}\right)^2 \left|\dfrac{0.00131 N \cdot \sec}{m^2}\right| \dfrac{10 m^3}{} = 131W$

② $Q_a = \dfrac{P}{P_a \cdot \ln\left(\dfrac{h+10.3}{10.3}\right)} = \dfrac{131}{101,325 \times \ln\left(\dfrac{10.3+2.5}{10.3}\right)}$

$= 5.9497 \times 10^{-3} m^3/\sec$

[답] ∴ 필요한 공기량 = $5.95 \times 10^{-3} m^3/\sec$

10

메탄의 최대수율은 제거 1kg COD당 0.35m^{3}CH$_4$임을 증명하고, 유량이 675m^3/day, COD는 3,000mg/L, COD 제거효율이 80%일 경우 다음 물음에 답하시오.

가. 증명과정
나. 발생하는 메탄량(m^3/day)

05년 1회 | 07년 1회 | 07년 3회 | 09년 1회 | 10년 2회 | 12년 2회 | 14년 3회 | 22년 1회

가. 메탄 생성 수율 증명

① $C_6H_{12}O_6 + 6O_2 \rightarrow 6CO_2 + 6H_2O$
   180kg : 6×32kg
   X : 1kg

   $X = \dfrac{180 \times 1}{6 \times 32} = 0.9375 kg$

② $C_6H_{12}O_6 \rightarrow 3CH_4 + 3CO_2$
   180kg : 3×22.4m^3
   0.9375kg : Y

   $Y = \dfrac{3 \times 22.4 \times 0.9375}{180} = 0.35 m^3$

나. 발생하는 메탄량

[식] 발생하는 메탄량 = 메탄 생성 수율 × COD 제거량

[풀이]

① COD 제거량 $= \dfrac{675 m^3}{day} \left|\dfrac{3,000 mg}{L}\right| \dfrac{0.8}{} \left|\dfrac{10^3 L}{m^3}\right| \dfrac{kg}{10^6 mg}$

$= 1,620 kg/day$

② 발생하는 메탄량 $= \dfrac{0.35 m^3}{kg} \left|\dfrac{1,620 kg}{day}\right. = 567 m^3/day$

[답] ∴ 발생하는 메탄량 = $567 m^3/day$

11

수직고도 30m 위에 있는 곳으로 관의 직경은 20cm, 총 연장은 200m의 배수관을 통해 유량 0.1m³/sec의 물을 양수하고자 한다. 다음을 구하시오.

가. 관로의 마찰손실수두를 고려할 때 펌프의 총 양정(m)
  (단, f = 0.03)

나. 70%의 효율을 갖는 펌프의 소요동력(kW)
  (단, 물의 밀도는 1g/cm³)

빈출체크 06년 1회 | 07년 1회 | 09년 2회 | 11년 1회 | 13년 2회 | 22년 2회

가. 펌프의 총 양정

[식] $H = h + f \times \dfrac{L}{D} \times \dfrac{V^2}{2g} + \dfrac{V^2}{2g}$

[풀이]

① $V = \dfrac{Q}{A} = \dfrac{0.1\text{m}^3}{\text{sec}} \Big| \dfrac{4}{\pi \times (0.2\text{m})^2} = 3.1831 \text{m/sec}$

② $H = 30 + 0.03 \times \dfrac{200}{0.2} \times \dfrac{(3.1831)^2}{2 \times 9.8} + \dfrac{(3.1831)^2}{2 \times 9.8}$

  $= 46.0253\text{m}$

[답] ∴ 펌프의 총 양정 = 46.03m

나. 펌프의 소요동력

[식] $P = \dfrac{\rho \cdot g \cdot Q \cdot H}{\eta}$

[풀이]

① $P = \dfrac{1,000\text{kg}}{\text{m}^3} \Big| \dfrac{9.8\text{m}}{\text{sec}^2} \Big| \dfrac{0.1\text{m}^3}{\text{sec}} \Big| \dfrac{46.03\text{m}}{0.7}$

  $= 64,442\text{W}(\text{kg} \cdot \text{m}^2/\text{sec}^3)$

② $P = \dfrac{64,442\text{W}}{10^3\text{W}} \Big| \dfrac{\text{kW}}{} = 64.442\text{kW}$

[답] ∴ 펌프의 소요동력 = 64.44kW

12

수질예측모형분류의 한 방법으로 동적 모형(Dynamic Model)과 정상적 모형(Steady State Model)로 구분할 수 있다. 이 두 모형의 차이점에 대해 설명하시오.

빈출체크 08년 1회 | 21년 1회

- 동적모형 : 시간에 따른 항목의 값이 변화하며 계절별 성층, 강우 유출에 따른 수위 변화 등에 사용하는 모델
- 정상적모형 : 시간에 따른 항목 값의 일정하거나 수렴하며 정상상태 모의를 위해 주로 사용하는 모델

필답형 기출문제 2016 * 2

01

분류식과 합류식의 특성을 알맞게 작성하시오.

구분	분류식	합류식	보기
시설비	( )	( )	저렴, 고가
토사유입	( )	( )	많다, 적다
관거오접 감시	( )	( )	해당없음, 요망
슬러지 함량 내 중금속	( )	( )	큼, 적음
관거 폐쇄	( )	( )	큼, 적음

빈출체크 18년 3회 | 20년 4·5회

구분	분류식	합류식	보기
시설비	(고가)	(저렴)	저렴, 고가
토사유입	(적다)	(많다)	많다, 적다
관거오접 감시	(요망)	(해당없음)	해당없음, 요망
슬러지 함량 내 중금속	(적음)	(큼)	큼, 적음
관거 폐쇄	(큼)	(적음)	큼, 적음

02

다음에 주어진 조건을 이용하여 탈질에 사용되는 무산소조의 체류시간(hr)을 계산하시오.

[조건]
- 유입수 NO_3^--N 농도 : 22mg/L
- 유출수 NO_3^--N 농도 : 3mg/L
- $U_{DN(20℃)}$: 0.1day^{-1}
- 온도 : 10℃
- MLVSS 농도 : 2,000mg/L
- DO 농도 : 0.1mg/L
- $U'_{DN} = U_{DN} \times k^{(T-20)}(1-DO)$ (단, $k = 1.09$)

빈출체크 09년 3회 | 12년 3회 | 22년 3회

[식] $\theta = \dfrac{S_i - S_o}{U_{DN} \cdot X}$

[풀이]
① $U_{DN} = 0.1 \times 1.09^{(10-20)} \times (1-0.1) = 0.038 \text{day}^{-1}$

② $\theta = \dfrac{(22-3)\text{mg}}{L} \Big| \dfrac{\text{day}}{0.038} \Big| \dfrac{L}{2,000\text{mg}} \Big| \dfrac{24\text{hr}}{\text{day}} = 6\text{hr}$

[답] ∴ 무산소조의 체류시간 = 6hr

03

HOCl과 OCl⁻을 이용한 살균 소독공정에서 pH가 6.8, 온도는 20℃, 평형상수가 2.2×10^{-8}이라면 [HOCl]/[OCl⁻]의 비율은?

09년 1회 | 10년 3회 | 18년 1회

[식] $HOCl \rightarrow H^+ + OCl^-$, $k = \dfrac{[H^+][OCl^-]}{[HOCl]}$

[풀이] $\dfrac{[HOCl]}{[OCl^-]} = \dfrac{[H^+]}{k} = \dfrac{10^{-6.8}}{2.2 \times 10^{-8}} = 7.2041$

[답] ∴ $\dfrac{[HOCl]}{[OCl^-]} = 7.20$

04

호소의 부영양화 호소 내 대책 중 물리적 대책 4가지를 적으시오.

20년 1회 | 22년 3회

- 영양염류가 높은 심층수 방류
- 영양염류가 적은 물을 섞어 교환율을 높임
- 차광막을 이용한 빛의 차단으로 조류의 증식을 막음
- 심층폭기나 순환을 시켜 저질토로부터 인이 방출되는 것을 막음
- 수초 및 조류 제거

05

QUAL-Ⅱ 모델 13종의 대상 수질인자 중 추가해야 할 항목 5가지를 적으시오.

[보기]
조류(클로로필-a), 유기질소, 유기인, 아질산성 질소, 질산성질소, 암모니아성 질소, 3개의 보존성 물질, 임의의 비보존성 물질

20년 1회 | 22년 3회

BOD, DO, 용존총인, 대장균, 온도

06

막 공법의 추진력을 쓰시오.

가. 투석
나. 전기투석
다. 역삼투

07년 2회 | 07년 3회 | 09년 3회 | 10년 1회 | 13년 1회 15년 3회 | 18년 3회 | 19년 1회 | 20년 4·5회 | 21년 3회

가. 투석 : 농도차
나. 전기투석 : 전위차
다. 역삼투 : 정수압차

07

활성슬러지법에 의한 하수처리장의 포기조에 대하여 다음 물음에 답하시오.

[조건]
- 유입 BOD_5 농도 : 250mg/L
- 유출 BOD_5 농도 : 20mg/L
- 유입 유량 : 0.25m³/sec
- BOD_5/BOD_u : 0.7
- 잉여슬러지양 : 1,700kg/day
- 공기밀도 : 1.2kg/m³
- 산소전달효율 : 0.08
- 안전율 : 2
- 공기 중 산소의 중량분율 : 0.23

$$O_2(kg/day) = \frac{Q \cdot (S_i - S_o) \cdot (10^3 g/kg)^{-1}}{f} - 1.42(P_x)$$

가. 산소의 필요량(kg/day)
나. 설계 시 공기의 필요량(m³/day)

가. 산소의 필요량

[식] $O_2 = \dfrac{Q \cdot (S_i - S_o) \cdot (10^3 g/kg)^{-1}}{f} - 1.42(P_x)$

[풀이] $O_2 = \dfrac{21,600 \times (250 - 20) \cdot (10^3 g/kg)^{-1}}{0.7}$
$- 1.42 \times 1,700 = 4,683.1429 kg/day$

[답] ∴ 산소의 필요량 = 4,683.14 kg/day

나. 설계 시 공기의 필요량

[풀이] 설계 시 공기의 필요량
$= \dfrac{4,683.14 kg}{day} \Big| \dfrac{100_{Air}}{23_{O_2}} \Big| \dfrac{m^3}{1.2 kg} \Big| \dfrac{100}{8} \Big| \dfrac{2}{}$
$= 424,197.4638 m^3/day$

[답] ∴ 설계 시 공기의 필요량 = 424,197.46 m³/day

08

폭은 12m, 수심은 3.7m, 유속은 0.05m/sec, 동점성 계수(ν)는 $1.31 \times 10^{-6} m^2/sec$일 때 레이놀드 수를 구하시오.

[식] $Re = \dfrac{V \cdot D}{\nu}$, $R = \dfrac{A}{S}$

[풀이]
① $R = \dfrac{HW}{2H + W} = \dfrac{3.7 \times 12}{2 \times 3.7 + 12} = 2.2887 m$
② $D = 4R = 4 \times 2.2887 = 9.1548 m$
③ $Re = \dfrac{0.05 m}{sec} \Big| \dfrac{9.1548 m}{} \Big| \dfrac{sec}{1.31 \times 10^{-6} m^2}$
$= 349,419.8473$

[답] ∴ $Re = 349,419.85$

09

폐수 중의 암모니아성 질소를 Air stripping법으로 제거하기 위해 폐수의 pH를 조절하려고 할 때 수중 암모니아성 질소 중의 암모니아를 95%로 하기 위한 pH를 구하시오. (단, 암모니아성 질소 중에서의 평형은 $NH_3 + H_2O \leftrightarrow NH_4^+ + OH^-$, 평형상수 $k_b = 1.8 \times 10^{-5}$)

빈출 체크 11년 3회 | 21년 1회

[식]

① $NH_3 + H_2O \rightleftarrows NH_4^+ + OH^-$, $k_b = \dfrac{[NH_4^+][OH^-]}{[NH_3]}$

② $NH_3(\%) = \dfrac{NH_3}{NH_3 + NH_4^+} \times 100$

③ 위의 두 식을 연립하면 $NH_3(\%) = \dfrac{1}{1 + \dfrac{k_b}{[OH^-]}} \times 100$

④ $pH = 14 - pOH$

[풀이]

① $[OH^-] = \dfrac{k_b}{\dfrac{100}{NH_3(\%)} - 1} = \dfrac{1.8 \times 10^{-5}}{\dfrac{100}{95} - 1} = 3.42 \times 10^{-4} M$

② $pH = 14 - \log\left(\dfrac{1}{3.42 \times 10^{-4}}\right) = 10.5340$

[답] ∴ $pH = 10.53$

10

혐기 소화조에서 유기성분이 75%, 무기성분이 25%인 슬러지를 소화한 후 유기성분이 60%, 무기성분이 40%가 되었을 때의 소화율을 구하고, 투입한 슬러지의 초기 TOC 농도를 측정한 결과 10,000mg/L이었다면 슬러지 1m³당 발생하는 가스량(m³)을 구하시오. (단, 슬러지의 유기성분은 포도당인 탄수화물로 구성되어 있으며, 표준상태 기준)

가. 소화율(%)
나. 가스량(m³)

빈출 체크 08년 2회 | 13년 1회

가. 소화율

[식] 소화율(%) = $\left(1 - \dfrac{VS_o/FS_o}{VS_i/FS_i}\right) \times 100$

[풀이] 소화율(%) = $\left(1 - \dfrac{60/40}{75/25}\right) \times 100 = 50\%$

[답] ∴ 소화율(%) = 50%

나. 가스량

[풀이]

① $TOC = \dfrac{10,000mg}{L} \Big| \dfrac{1m^3}{} \Big| \dfrac{50}{100} \Big| \dfrac{10^3 L}{m^3} \Big| \dfrac{kg}{10^6 mg} = 5kg$

② $C_6H_{12}O_6 \rightarrow 3CH_4 + 3CO_2$

$6 \times 12 kg : 3 \times 22.4 m^3 : 3 \times 22.4 m^3$

$\quad 5kg \quad : \quad X \quad : \quad Y$

$X = \dfrac{3 \times 22.4 \times 5}{6 \times 12} = 4.6667 m^3$

$Y = \dfrac{3 \times 22.4 \times 5}{6 \times 12} = 4.6667 m^3$

$X + Y = 4.6667 + 4.6667 = 9.3334 m^3$

[답] ∴ 가스량(m³) = 9.33m³

11

흡착제 중 GAC와 PAC의 특성을 2가지 기술하시오.

가. GAC

나. PAC

11년 1회 | 20년 1회 | 22년 3회

가. GAC 특성
- 흡착속도가 느림
- 취급이 용이
- 슬러지 발생이 없음
- 고액분리 용이

나. PAC 특성
- 흡착속도가 빠름
- 분말의 비산이 있어 취급이 어려움
- 슬러지 발생이 많은 편
- 고액분리 어려움

12

수면적부하 28.8m³/m²·day이고, SS의 침강속도 분포가 다음 표와 같은 침전지에서 기대할 수 있는 SS의 제거 효율은 몇 %인가?

침강속도(cm/min)	3	2	1	0.7	0.5
SS백분율	20	25	30	15	10

09년 3회 | 20년 1회 | 23년 2회

[풀이]

① $V_o = \dfrac{28.8\text{m}^3}{\text{m}^2 \cdot \text{day}} \Big| \dfrac{100\text{cm}}{\text{m}} \Big| \dfrac{\text{day}}{24\text{hr}} \Big| \dfrac{\text{hr}}{60\text{min}} = 2\text{cm/min}$

※ 수면적부하보다 클 경우 전부 제거

② $\eta_1 = \dfrac{1}{2} = 0.5$ 이므로 $30 \times 0.5 = 15\%$ 제거

③ $\eta_{0.7} = \dfrac{0.7}{2} = 0.35$ 이므로 $15 \times 0.35 = 5.25\%$ 제거

④ $\eta_{0.5} = \dfrac{0.5}{2} = 0.25$ 이므로 $10 \times 0.25 = 2.5\%$ 제거

⑤ SS 제거 효율 = $20 + 25 + 15 + 5.25 + 2.5 = 67.75\%$

[답] ∴ SS 제거 효율 = 67.75%

필답형 기출문제 2016 * 3

01

SVI가 100이고, 반송슬러지의 양을 폭기조 유입수량에 대하여 0.25로 운전할 때 MLSS의 농도(mg/L)를 계산하시오.

22년 3회

[식] ① $X_r = \dfrac{10^6}{SVI}$

② $R = \dfrac{X}{X_r - X}$

[풀이]

① $X_r = \dfrac{10^6}{100} = 10^4 \text{mg/L}$

② $0.25 = \dfrac{X}{10^4 - X}$

$0.25(10^4 - X) = X$

$2,500 - 0.25X = X$

$1.25X = 2,500,\ X = 2,000 \text{mg/L}$

[답] ∴ MLSS 농도 = 2,000mg/L

02

폐수 중의 암모니아성 질소를 Air stripping법으로 제거하기 위해 폐수의 pH를 조절하려고 할 때 수중 암모니아성 질소 중의 암모니아를 99%로 하기 위한 pH를 구하시오. (단, 암모니아성 질소 중에서의 평형은 $NH_3 + H_2O \leftrightarrow NH_4^+ + OH^-$, 평형상수 $k_b = 1.8 \times 10^{-5}$)

05년 1회 | 07년 2회 | 11년 1회

[식]

① $NH_3 + H_2O \rightleftharpoons NH_4^+ + OH^-$, $k_b = \dfrac{[NH_4^+][OH^-]}{[NH_3]}$

② $NH_3(\%) = \dfrac{NH_3}{NH_3 + NH_4^+} \times 100$

③ 위의 두 식을 연립하면 $NH_3(\%) = \dfrac{1}{1 + \dfrac{k_b}{[OH^-]}} \times 100$

④ $pH = 14 - pOH$

[풀이]

① $[OH^-] = \dfrac{k_b}{\dfrac{100}{NH_3(\%)} - 1} = \dfrac{1.8 \times 10^{-5}}{\dfrac{100}{99} - 1}$

$= 1.782 \times 10^{-3} M$

② $pH = 14 - \log\left(\dfrac{1}{1.782 \times 10^{-3}}\right) = 11.2509$

[답] ∴ $pH = 11.25$

03

패들 교반장치의 이론 소요동력식은 $P = \dfrac{C_D \cdot \rho \cdot A \cdot V_P^3}{2}$으로 교반조의 부피는 1,000m³, 속도경사를 30/sec⁻¹로 유지하기 위한 이론적 소요동력(W)과 패들의 면적(m²)을 구하시오.
(단, 점성계수 $\mu = 1.14 \times 10^{-3} N \cdot sec/m^2$, $C_D = 1.8$, $\rho = 1,000 kg/m^3$, $V_P = 0.5 m/sec$)

가. 소요동력(W)
나. 패들의 면적(m²)

빈출 체크 14년 1회 | 22년 1회

가. 소요동력
[식] $P = G^2 \cdot \mu \cdot V$
[풀이] $P = \left(\dfrac{30}{sec}\right)^2 \left| \dfrac{1.14 \times 10^{-3} N \cdot sec}{m^2} \right| \dfrac{1,000 m^3}{}$
$= 1,026 W$
[답] ∴ 소요동력 = 1,026W

나. 패들의 면적
[식] $P = \dfrac{C_D \cdot \rho \cdot A \cdot V_P^3}{2}$
[풀이] $A = \dfrac{2P}{C_D \cdot \rho \cdot V_P^3} = \dfrac{2 \times 1,026}{1.8 \times 1,000 \times 0.5^3}$
$= 9.12 m^2$
[답] ∴ 패들의 면적 = 9.12m²

04

추적물질을 농도가 100mg/L, 유량이 1L/min로 수심이 얕은 개울에 주입하였다. 이 수심이 얕은 개울의 하류에서 추적물질의 농도가 5.5mg/L로 측정되었다면 수심이 얕은 개울의 유량(m³/sec)은 얼마인가? (단, 추적물질은 수심이 얕은 개울에 존재하지 않음)

빈출 체크 10년 2회 | 22년 1회

[식] $C_m = \dfrac{C_1 \cdot Q_1 + C_2 \cdot Q_2}{Q_1 + Q_2}$
(1 : 추적물질, 2 : 수심이 얕은 개울)
[풀이]
① $5.5 = \dfrac{100 \times 1 + 0 \times Q_2}{1 + Q_2}$
② $5.5 \times (Q_2 + 1) = 100$
③ $Q_2 = \dfrac{100}{5.5} - 1 = 17.1818 L/min$
$= \dfrac{17.1818 L}{min} \left| \dfrac{m^3}{10^3 L} \right| \dfrac{min}{60 sec} = 2.86 \times 10^{-4} m^3/sec$
[답] ∴ 수심이 얕은 개울의 유량 = $2.86 \times 10^{-4} m^3/sec$

05

이온크로마토그래피에서 사용하는 서프레서(Suppressor)의 역할 2가지를 적으시오.

빈출 체크 05년 2회 | 20년 1회

- 분리칼럼으로부터 용리된 각 성분이 검출기에 들어가기 전에 용리액 자체의전도도를 감소
- 목적성분의 전도도를 증가시켜 높은 감도로 음이온을 분석하기 위함
- 시료 중의 바탕 값에 영향을 주는 짝이온 제거

06

슬러지를 가압 탈수시키고자 한다. 주어진 조건을 이용하여 다음 각 물음에 답하시오.

[조건]
- 슬러지 발생량 : 12m^3/day
- 탈수 cake의 고형물 농도 : 30%
- 슬러지 발생량 중의 고형물량 : 500kg/day
- 탈수 여액 중의 고형물 농도 : 0.5%
- 슬러지 내 고형물의 밀도 : 2.5kg/L

가. 탈수 cake의 밀도(kg/L)
나. 탈수 여액의 밀도(kg/L) (소수점 세 번째 자리까지)
다. 1일 여액 발생량(m^3/day)
라. 1일 탈수 cake 발생량(kg/day)

 20년 1회

가. 탈수 cake의 밀도

[식] $\dfrac{100\%}{\rho_{cake}} = \dfrac{\%_W}{\rho_W} + \dfrac{\%_{TS}}{\rho_{TS}}$

[풀이]

① $\dfrac{100}{\rho_{cake}} = \dfrac{70}{1} + \dfrac{30}{2.5}$

② $\rho_{cake} = \dfrac{100}{\dfrac{70}{1} + \dfrac{30}{2.5}} = 1.2195 kg/L$

[답] ∴ 탈수 cake의 밀도 = 1.22kg/L

나. 탈수 여액의 밀도

[식] $\dfrac{100\%}{\rho_{여액}} = \dfrac{\%_W}{\rho_W} + \dfrac{\%_{TS}}{\rho_{TS}}$

[풀이]

① $\dfrac{100}{\rho_{여액}} = \dfrac{99.5}{1} + \dfrac{0.5}{2.5}$

② $\rho_{여액} = \dfrac{100}{\dfrac{99.5}{1} + \dfrac{0.5}{2.5}} = 1.003 kg/L$

[답] ∴ 탈수 여액의 밀도 = 1.003kg/L

다. 여액 발생량

[식] 여액 발생량 = 슬러지 발생량 - cake 발생량

[풀이] ※ 고형물량 기준으로 계산(여액 발생량을 X로 설정)

① 여액 고형물 발생량

$= \dfrac{X m^3}{day} \Big| \dfrac{1.003 kg}{L} \Big| \dfrac{10^3 L}{m^3} \Big| \dfrac{0.5}{100} = 5.015 X \, kg/day$

② cake 고형물 발생량

$= \dfrac{(12-X) m^3}{day} \Big| \dfrac{1.22 kg}{L} \Big| \dfrac{10^3 L}{m^3} \Big| \dfrac{30}{100}$

$= (4,392 - 366X) kg/day$

③ $5.015X = 500 - (4,392 - 366X)$

$X = 10.7816$

[답] ∴ 여액 발생량 = 10.78m^3/day

라. 1일 탈수 cake 발생량

[풀이] cake 발생량 $= \dfrac{(12-10.78) m^3}{day} \Big| \dfrac{1.22 kg}{L} \Big| \dfrac{10^3 L}{m^3}$

$= 1,488.4 kg/day$

[답] ∴ cake 발생량 = 1,488.4kg/day

07

5단계 bardenpho 공정에 대한 공정도를 그리고 호기조 반응조의 주된 역할 2가지에 대해 간단히 서술하시오.

가. 공정도(반응조 명칭, 내부반송, 슬러지 반송표시)
나. 호기조의 주된 역할 2가지(단, 유기물 제거는 정답에서 제외)

06년 3회 | 07년 1회 | 07년 2회 | 08년 1회 | 12년 2회
15년 2회 | 18년 2회 | 20년 3회

가. 공정도

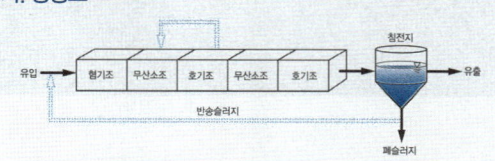

나. 인의 과잉 섭취 및 질산화

08

환경영향평가 중 수질관리 모델링에서 감응도 분석에 대해서 설명하시오.

07년 1회 | 21년 2회

수질관련 반응계수, 유입지천의 유량과 수질, 수리학적 입력계수 또는 오염부하량 등의 입력자료의 변화정도가 수질항목 농도에 미치는 영향을 분석하는 것으로, 어떤 수질항목의 변화율이 입력자료의 변화율보다 클 경우에는 그 수질항목은 입력자료에 대하여 민감하다.

09

R.O Process와 Electrodialysis의 기본원리를 서술하시오.

가. R.O
나. Electrodialysis

05년 3회 | 11년 1회 | 13년 3회 | 22년 1회

가. R.O
- 원리 : 농도가 다른 두 용액 사이에 반투막이 있는 경우 일반적으로 삼투압의 차이 때문에 농도가 묽은 용액에서 진한 용액으로 이동한다. 이때 농도가 진한 용액의 상부에 높은 압력을 가해주면 농도가 진한 용액에서 농도가 묽은 용액으로 이동하는 현상

나. Electrodialysis
- 원리 : 이온교환막과 전기투석조의 양단에서 공급되는 직류전류를 구동력으로 하여 전리되어 있는 이온성 물질을 양이온교환막과 음이온교환막을 이용하여 분리하는 막 분리 공정

10

관 내의 유량측정 방법 중 공정수의 유량을 측정할 수 있는 방법 3가지를 적으시오.

07년 3회

오리피스, 유량측정용 노즐, 피토우관, 자기식 유량측정기

필답형 기출문제 2017 * 1

01

공기 탈기법과 파과점 염소 주입법의 제거원리(화학식 포함)를 서술하시오.

가. 공기 탈기법
나. 파과점 염소 주입법

빈출 체크 08년 2회 | 10년 1회 | 13년 1회 | 20년 2회

가. 공기 탈기법
- 원리 : 폐수에 공기를 주입하여 암모니아의 분압을 감소시키면 암모니아가 물로부터 분리되어 공기 중으로 날아가는 현상을 이용한 공정
- 화학식
  $NH_4^+ + OH^- \rightleftharpoons NH_3 + H_2O$ ⋯ pH 10.5 ~ 11.5

나. 파과점 염소 주입법
- 원리 : 폐수에 파과점 이상으로 염소를 주입하여 암모니아성 질소를 산화시켜 질소 가스나 기타 안정된 화합물로 바꾸는 공정
- 화학식
  $2NH_4^+ + 3Cl_2 \rightarrow N_2\uparrow + 6HCl + 2H^+$ ⋯ pH 10 ↑

02

알칼리염소법으로 CN^- 농도가 200mg/L, 폐수량이 500m³/day인 폐수를 처리하는 데 필요한 이론적인 염소량(kg/day)을 계산하시오.
(단, 반응식은 $2CN^- + 5Cl_2 + 4H_2O \rightarrow 2CO_2 + N_2 + 8HCl + 2Cl^-$ 이다)

[풀이]

① 처리 CN의 량 $= \dfrac{200mg}{L} \Big| \dfrac{500m^3}{day} \Big| \dfrac{10^3 L}{m^3} \Big| \dfrac{kg}{10^6 mg}$

  $= 100 kg/day$

② $2CN^-$: $5Cl_2$
  2×26 : 5×71
  100kg/day : X

  $X = \dfrac{5 \times 71 \times 100}{2 \times 26} = 682.6923 kg/day$

[답] ∴ 이론적 염소량 = 682.69 kg/day

03

SS가 기준치를 초과였을 때 추가적인 고도 처리공정이 필요하여 처리공법을 검토할 때 검토대상이 될 수 있는 공법 3가지는 무엇인가?

빈출 체크 20년 2회

여과, 부상분리, 응집침전법, MBR

04

수격작용(Water hammer) 현상이 일어나는 원인 및 방지대책에 대하여 각각 2가지씩 기술하시오.

가. 원인
나. 방지대책

빈출체크 05년 2회 | 21년 2회 | 21년 3회

가. 원인
- 정전 등으로 인하여 순간적 정지 및 가동할 때
- 배관에 급격한 굴곡이 존재할 때
- 배관의 밸브가 급격하게 개폐될 때

나. 방지대책
- 펌프에 Fly wheel을 붙여 펌프의 관성을 증가시킴
- 펌프 토출구 부근에 공기탱크를 두거나 부압 발생지점에 흡기밸브를 설치하여 압력 강하 시 공기를 주입
- 관 내 유속을 낮추거나 관거상황을 변경
- 토출측 관로에 한 방향 조압수조를 설치

05

적조 현상의 원인이 되는 환경조건 2개와 영양조건(원소명) 3가지를 적으시오.

가. 환경조건
나. 영양조건

빈출체크 21년 2회

가. 환경조건
- 수온의 상승 및 염분농도의 감소
- upwelling 현상으로 인하여 영양염류가 표수층으로 상승
- 정체된 해류 및 수괴의 연직안정도가 클 때

나. 영양조건
인, 질소, 탄소, 규소

06

다음의 생물학적 인 제거 공정인 phostrip 공정의 개념도에서 각각의 역할에 대하여 설명하시오.

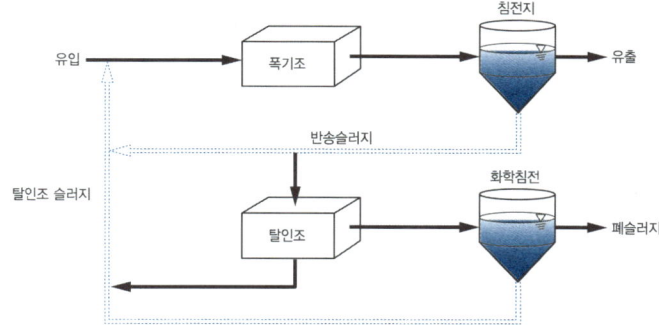

가. 폭기조(유기물제거 제외)
나. 탈인조
다. 화학침전
라. 탈인조 슬러지

빈출체크 07년 3회 | 09년 1회 | 10년 2회 | 14년 3회 | 21년 1회

가. 폭기조 : 인의 과잉 섭취
나. 탈인조 : 인의 방출
다. 화학침전 : 인의 응집침전
라. 탈인조 슬러지 : 슬러지를 반송하여 인의 과잉 흡수 유도

07

유량은 200m³/day, SS농도는 300mg/L인 폐수를 공기부상실험에서 최적 A/S비는 0.05mg Air/mg Solid, 실험온도는 20℃, 이 온도에서 공기의 용해도는 18.7mL/L, 공기의 포화분율은 0.6, 표면부하율은 8L/m²·min, 운전압력이 4atm일 때 반송률(%)을 계산하시오.

05년 2회 | 12년 1회 | 21년 2회

[식] $A/S = \dfrac{1.3 \times S_a(f \cdot P - 1)}{SS} \times R$

[풀이] $R = \dfrac{A/S \cdot SS}{1.3 \times S_a(f \cdot P - 1)} = \dfrac{0.05 \times 300}{1.3 \times 18.7 \times (0.6 \times 4 - 1)}$

$= 0.4407$

[답] ∴ 반송률 = 44.07%

08

도수관로의 기능을 저하시키는 요인 4가지를 기술하시오.

20년 2회 | 23년 3회

- 관재질, 수질, 미세전류 등으로 인한 부식이 발생
- 도수노선이 동수경사선보다 위쪽으로 되어 있는 경우
- 수압 및 온도변화
- 조류 번식에 의한 스케일 형성
- 퇴적물의 누적
- 공동현상 및 수격작용

09

흡착처리공정으로 오염물질이 33μg/L만큼 유입되었다. 흡착하고 남은 양이 0.005mg/L라면 필요한 활성탄의 주입량(mg/L)을 계산하시오. (단, Freundlich의 공식 $\dfrac{X}{M} = k \cdot C^{1/n}$ 이용, k = 28, n = 1.61)

07년 2회 | 20년 1회

[식] $\dfrac{X}{M} = k \cdot C^{1/n}$

[풀이]

① 유입농도 $= \dfrac{33\mu g}{L} \Big| \dfrac{mg}{10^3 \mu g} = 0.033 mg/L$

② $M = \dfrac{X}{k \cdot C^{1/n}} = \dfrac{(0.033 - 0.005)}{28 \times 0.005^{1/1.61}} = 0.0269 mg/L$

[답] ∴ $M = 0.03 mg/L$

10

pH 5인 폐수 2,000m³와 pH 3인 폐수 1,000m³이 혼합한 pH를 구하시오.

20년 2회

[식] $N_m = \dfrac{N_1 \cdot V_1 + N_2 \cdot V_2}{V_1 + V_2}$

[풀이]

① $N_m = \dfrac{10^{-3} \times 1,000 + 10^{-5} \times 2,000}{1,000 + 2,000} = 3.4 \times 10^{-4} N$

② $pH = \log \dfrac{1}{3.4 \times 10^{-4}} = 3.4685$

[답] ∴ pH = 3.47

필답형 기출문제 2017 * 2

01

공동현상과 수격작용의 원인 한 가지와 방지대책 두 가지를 쓰시오.

13년 3회

가. 공동현상
- 원인
  - 펌프의 과속으로 유량 급증
  - 펌프와 흡수면 사이의 수직거리가 길 때
  - 관 내의 수온 증가
  - 펌프의 흡입양정이 높을 때
- 방지대책
  - 펌프의 회전수를 감소시켜 필요유효 흡입수두를 작게 함
  - 흡입측의 손실을 가능한 한 작게하여 가용유효 흡입수두를 크게 함
  - 펌프의 설치위치를 가능한 한 낮추어 가용유효 흡입수두를 크게 함
  - 흡입측 밸브를 완전히 개방하고 펌프를 운전

나. 수격작용
- 원인
  - 정전 등으로 인하여 순간적 정지 및 가동할 때
  - 배관에 급격한 굴곡이 존재할 때
  - 배관의 밸브가 급격하게 개폐될 때
- 방지대책
  - 펌프에 Fly wheel을 붙여 펌프의 관성을 증가시킴
  - 펌프 토출구 부근에 공기탱크를 두거나 부압 발생지점에 흡기밸브를 설치하여 압력 강하 시 공기를 주입
  - 관 내 유속을 낮추거나 관거상황을 변경
  - 토출측 관로에 한 방향 조압수조를 설치

02

폐수의 살균을 위한 염소 접촉조를 설계하고자 할 때 접촉조의 소요 길이(m)를 계산하시오.

[조건]
- 유입 유량 : 2.0m³/sec
- $\dfrac{dN}{dt} = -K \cdot N \cdot t$
- 접촉조 폭 : 2m
- 접촉조 수심 : 2m
- 살균반응속도상수 : 0.1/min² (밑수 e)
- 살균 효율 : 95%
- PFR이라 가정

06년 1회

[식] $V = W \cdot L \cdot H$

[풀이]

① $\dfrac{dN}{dt} = -K \cdot N \cdot t$

② $\dfrac{1}{N} dN = -K \cdot t \, dt$

③ $\displaystyle\int_{N_o}^{N_t} \dfrac{1}{N} dN = -K \int_0^T t \, dt$

④ $\ln \dfrac{N_t}{N_o} = -\dfrac{K \cdot T^2}{2}$

⑤ $T = \sqrt{\dfrac{\ln \dfrac{N_t}{N_o} \times 2}{-K}} = \sqrt{\dfrac{\ln \dfrac{5}{100} \times 2}{-0.1}} = 7.7405 \text{min}$

⑥ $V = Q \cdot t = \dfrac{2.0 \text{m}^3}{\text{sec}} \left| \dfrac{7.7405 \text{min}}{} \right| \dfrac{60 \text{sec}}{\text{min}} = 928.86 \text{m}^3$

⑦ $L = \dfrac{V}{W \cdot H} = \dfrac{928.86}{2 \times 2} = 232.215 \text{m}$

[답] ∴ 접촉조 길이 = 232.22m

03

다음 용어의 정의를 간략히 서술하시오.

가. 1차 반응
나. 0차 반응
다. 슬러지 비저항 계수(단위 기재)
라. 슬러지 용량 지표(단위 기재)
마. 제타전위

07년 3회 | 11년 1회

가. 시간의 변화에 따른 농도의 변화량이 농도의 1제곱에 비례하는 반응
나. 시간의 변화에 따른 농도의 변화량이 농도의 0제곱에 비례하는 반응
다. 슬러지가 탈수되지 않으려는 저항 계수(m/kg)
라. 슬러지의 침강 농축성을 나타내는 지표로 폭기조에서 30분간 혼합액 1L를 침전시킨 후 1g의 고형물이 슬러지로 형성 시 차지하는 부피(mL/g)
마. 콜로이드 입자의 전하와 전하의 효력이 미치는 분산매의 거리를 측정하는 것

04

기름을 제거하기 위한 부상조를 설계하고자 한다. 다음 물음에 답하시오.

[조건]
- 제거대상 유적의 직경 : 200μm
- 유적의 비중 : 0.9
- 액체의 점도 : 0.01g/cm·sec
- 액체의 비중 : 1.0
- 처리유량 : 20,000m³/day
- 부상조의 수심 : 3m
- 부상조의 폭 : 4m
- 유체 흐름은 완전층류라 가정

가. 부상시간(min)
나. 부상조의 소요 길이(m)

빈출체크 20년 1회 | 23년 1회

가. 부상시간

[식] $t = \dfrac{H}{V_f}$

[풀이]
① $d_p = \dfrac{200\mu m}{} \Big| \dfrac{m}{10^6 \mu m} \Big| \dfrac{100cm}{m} = 0.02cm$

② $V_f = \dfrac{d_p^2 \cdot (\rho - \rho_s) \cdot g}{18\mu}$

$= \dfrac{(0.02cm)^2}{} \Big| \dfrac{(1-0.9)g}{cm^3} \Big| \dfrac{980cm}{sec^2} \Big| \dfrac{cm \cdot sec}{18 \times 0.01g}$

$= 0.2178 cm/sec$

③ $t = \dfrac{H}{V_f} = \dfrac{3m}{} \Big| \dfrac{sec}{0.2178cm} \Big| \dfrac{100cm}{m} \Big| \dfrac{min}{60sec}$

$= 22.9568 min$

[답] ∴ 부상시간 = 22.96min

나. 부상조의 소요 길이

[식] $V_f = \dfrac{Q}{L \cdot W}$

[풀이] $L = \dfrac{Q}{V_f \cdot W}$

$= \dfrac{20,000m^3}{day} \Big| \dfrac{sec}{0.2178cm} \Big| \dfrac{1}{4m} \Big| \dfrac{100cm}{m}$

$\Big| \dfrac{day}{24hr} \Big| \dfrac{hr}{3,600sec}$

$= 26.5704m$

[답] ∴ 부상조의 소요 길이 = 26.57m

05

여름철에 호수의 수심에 따른 온도 그래프를 그리고 각 층의 명칭을 쓰시오. (단, 수심은 임의)

빈출체크 10년 1회 | 20년 2회

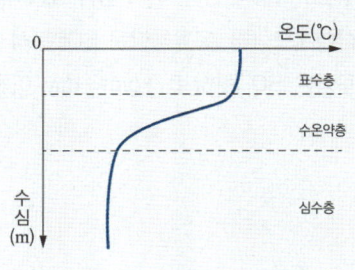

06

다음 무기응집제에 대해 각각 응집에 필요한 칼슘염 형태의 알칼리도를 반응시켜 floc을 형성하는 완전반응식을 적으시오.

가. $FeSO_4 \cdot 7H_2O$ [$Ca(OH)_2$와 반응, 이 반응은 DO를 필요로 함]
나. $Fe_2(SO_4)_3$ ($Ca(HCO_3)_2$와 반응)

빈출체크 08년 2회 | 13년 1회 | 20년 1회

가. $2FeSO_4 \cdot 7H_2O + 2Ca(OH)_2 + 0.5O_2$
　　 $\rightarrow 2Fe(OH)_3 + 2CaSO_4 + 13H_2O$
나. $Fe_2(SO_4)_3 + 3Ca(HCO_3)_2$
　　 $\rightarrow 2Fe(OH)_3 + 3CaSO_4 + 6CO_2$

07

평균 유량이 3,785m³/day, 평균 인농도가 8mg/L인 처리수에서 인을 제거하기 위해 요구되는 액상 Alum의 양(m³/day)을 계산하시오. (단, Al 대 P의 몰(mol)의 비는 2 : 1로 사용, 액상 Alum의 비중량은 1,331kg/m³, 액상 Alum의 Al이 4.37wt%함유로 가정되고 Al의 원자량 27)

빈출체크 05년 1회 | 07년 3회 | 10년 2회

[식] $Alum = \dfrac{\text{제거해야 할 Al의 발생 무게}}{\text{함유량} \times \text{비중량}}$

[풀이]
① 제거해야 할 인의 양(kg/day)
$= \dfrac{3,785m^3}{day} \Big| \dfrac{8mg}{L} \Big| \dfrac{10^3 L}{m^3} \Big| \dfrac{kg}{10^6 mg} = 30.28 kg/day$

② 〈반응비〉 Al : P
　　　　　　2×27 : 31
　　　　　　X : 30.28kg/day

$X = \dfrac{2 \times 27 \times 30.28}{31} = 52.7458 kg/day$

③ $Alum = \dfrac{52.7458 kg}{day} \Big| \dfrac{100}{4.37} \Big| \dfrac{m^3}{1,331 kg} = 0.9068 m^3/day$

[답] ∴ $Alum = 0.91 m^3/day$

08

유입 BOD가 200mg/L, 일평균 유량이 300m³/day, 유출 BOD는 30mg/L 이하로 하고자 한다. 이때 총 유효용적(m³), 1실, 2실의 용적(m³)을 계산하시오. (단, 유효용량은 BOD부하 0.3kg/m³·day 이하, 제1실의 용량은 BOD부하 0.5kg/m³·day 이하)

[식] $BOD부하량 = \dfrac{BOD \cdot Q}{V}$

[풀이]
① $V_{Total} = \dfrac{200mg}{L} \Big| \dfrac{300m^3}{day} \Big| \dfrac{m^3 \cdot day}{0.3kg} \Big| \dfrac{10^3 L}{m^3} \Big| \dfrac{kg}{10^6 mg}$
　　　 $= 200 m^3$

② $V_1 = \dfrac{200mg}{L} \Big| \dfrac{300m^3}{day} \Big| \dfrac{m^3 \cdot day}{0.5kg} \Big| \dfrac{10^3 L}{m^3} \Big| \dfrac{kg}{10^6 mg}$
　　　 $= 120 m^3$

③ $V_2 = 200 - 120 = 80 m^3$

[답] ∴ 총 유효용적 = 200m³, 1실 = 120m³, 2실 = 80m³

09

합류식 하수관거의 장·단점을 두 가지씩 기술하시오.

가. 장점
- 우수를 신속하게 배수하기 위한 지형조건에 적합
- 관거오접이 없음
- 우천 시 수세효과

나. 단점
- 오물이 침전하기 쉬움
- 우천 시 토사 유입
- 대구경관거가 되면 좁은 도로에서의 매설 어려움
- 우천 시 월류

10

공장폐수의 BOD_2는 600mg/L, NH_4^+-N이 10mg/L이 있다. 이 폐수를 활성슬러지법으로 처리할 경우 첨가해야 할 N, P의 양(mg/L)을 구하시오.
(단, $k_1 = 0.2day^{-1}$, 상용대수기준, BOD_5 : N : P = 100 : 5 : 1)

빈출 체크 14년 1회 | 22년 3회

[식] $BOD_t = BOD_u(1 - 10^{-k_1 \cdot t})$

[풀이]

① $BOD_u = \dfrac{BOD_t}{1 - 10^{-k_1 \cdot t}} = \dfrac{600}{1 - 10^{-0.2 \times 2}} = 996.8552 mg/L$

② $BOD_5 = 996.8552 \times (1 - 10^{-0.2 \times 5}) = 897.1697 mg/L$

③ BOD_5 : N : P = 100 : 5 : 1이므로

$N = 897.1697 \times \dfrac{5}{100} = 44.8585 mg/L$

$P = 897.1697 \times \dfrac{1}{100} = 8.9717 mg/L$

※ 질소는 10mg/L 존재하므로 첨가량에서 빼준다.

[답] ∴ $N = 34.86 mg/L$, $P = 8.97 mg/L$

필답형 기출문제 2017 * 3

01

다음 처리장의 조건으로 아래 물음에 답하시오.

[조건]
- 처리 유량 : 2,000m³/day
- MLSS 농도 : 3,000mg/L
- 체류 시간 : 6hr
- 생성수율(Y) : 0.8
- 유입 BOD 농도 : 250mg/L
- 내호흡계수(k_d) : 0.05day⁻¹
- 제거효율 : 90%

가. 세포체류시간(SRT, day)
나. F/M 비(day⁻¹)
다. 슬러지 생산량(kg/day)

빈출체크 09년 2회

가. 세포체류시간

[식] $\dfrac{1}{SRT} = \dfrac{Y \cdot (C_i - C_o) \cdot Q}{V \cdot X} - k_d$

[풀이]

① $\dfrac{1}{SRT} = \dfrac{Y \cdot (C_i - C_o)}{t \cdot X} - k_d$

$= \dfrac{0.8}{} \Big| \dfrac{(250 - 250 \times 0.1)\text{mg}}{L} \Big| \dfrac{}{6\text{hr}} \Big| \dfrac{L}{3,000\text{mg}}$

$\Big| \dfrac{24\text{hr}}{\text{day}} - 0.05\text{day}^{-1} = 0.19\text{day}^{-1}$

② SRT = 5.2632day ··· ①번 식을 구한 후 역수를 취한 것

[답] ∴ 세포체류시간 = 5.26day

나. F/M 비

[식] $F/M = \dfrac{BOD \cdot Q}{V \cdot X}$

[풀이]

① $V = Q \cdot t = \dfrac{2,000\text{m}^3}{\text{day}} \Big| \dfrac{6\text{hr}}{} \Big| \dfrac{\text{day}}{24\text{hr}} = 500\text{m}^3$

② $F/M = \dfrac{250\text{mg}}{L} \Big| \dfrac{2,000\text{m}^3}{\text{day}} \Big| \dfrac{}{500\text{m}^3} \Big| \dfrac{L}{3,000\text{mg}}$

$= 0.3333\text{day}^{-1}$

[답] ∴ F/M = 0.33day⁻¹

다. 슬러지 생산량

[식] $Q_w \cdot X_w = Y \cdot (C_i - C_o) \cdot Q - k_d \cdot X \cdot V$

[풀이]

① $V = Q \cdot t = \dfrac{2,000\text{m}^3}{\text{day}} \Big| \dfrac{6\text{hr}}{} \Big| \dfrac{\text{day}}{24\text{hr}} = 500\text{m}^3$

② $Q_w \cdot X_w$

$= \dfrac{0.8}{} \Big| \dfrac{250\text{mg}}{L} \Big| \dfrac{2,000\text{m}^3}{\text{day}} \Big| \dfrac{90}{100} \Big| \dfrac{10^3 L}{\text{m}^3} \Big| \dfrac{\text{kg}}{10^6 \text{mg}}$

$- \dfrac{0.05}{\text{day}} \Big| \dfrac{3,000\text{mg}}{L} \Big| \dfrac{500\text{m}^3}{} \Big| \dfrac{10^3 L}{\text{m}^3} \Big| \dfrac{\text{kg}}{10^6 \text{mg}}$

$= 285\text{kg/day}$

[답] ∴ 슬러지 생산량 = 285kg/day

02

$Ca(HCO_3)_2$, CO_2의 g당량을 구하시오.

가. $Ca(HCO_3)_2$ 당량(반응식 포함)
나. CO_2 당량(반응식 포함)

빈출 체크 12년 2회 | 15년 1회

가. $Ca(HCO_3)_2 \rightarrow Ca^{2+} + 2HCO_3^-$

$Ca(HCO_3)_2$의 g당량 $= \dfrac{162g}{2eq} = 81g/eq$

나. $CO_2 + H_2O \rightarrow CO_3^{2-} + 2H^+$

CO_2의 g당량 $= \dfrac{44g}{2eq} = 22g/eq$

03

하천의 어느 지점 DO 농도가 5.0mg/L, 탈산소계수는 0.1day^{-1}, 재포기계수는 0.2day^{-1}, BOD_u는 10mg/L일 때 36시간 흐른 뒤의 하류에서의 DO 농도(mg/L)를 계산하시오. (단, 포화 용존산소농도는 9.0mg/L, 소수점 첫 번째 자리까지 구하시오. base 10)

빈출 체크 06년 1회 | 08년 1회 | 08년 3회 | 12년 1회 | 21년 1회

[식] $D_t = \dfrac{k_1}{k_2 - k_1} L_o (10^{-k_1 \cdot t} - 10^{-k_2 \cdot t}) + D_o \times 10^{-k_2 \cdot t}$

[풀이]

① $t = \dfrac{36hr}{} \Big| \dfrac{day}{24hr} = 1.5day$

② $D_o = D_s - D = 9 - 5 = 4mg/L$

③ $D_t = \dfrac{0.1}{0.2 - 0.1} \times 10 \times (10^{-0.1 \times 1.5} - 10^{-0.2 \times 1.5})$
$\quad + 4 \times 10^{-0.2 \times 1.5}$
$= 4.0723 mg/L$

④ $DO = 9 - 4.0723 = 4.9277 mg/L$

[답] ∴ 하류에서의 DO 농도 = 4.9mg/L

04

96% 황산(비중 1.84)을 가지고 0.1N 황산용액 500mL를 제조하려면 96% 황산 몇 mL를 물에 희석해야 하는지 계산하시오.

빈출 체크 20년 4·5회

[식] $N \cdot V = N' \cdot V'$

[풀이]

① $NH_2SO_4 = \dfrac{1.84g}{mL} \Big| \dfrac{96}{100} \Big| \dfrac{1eq}{(98/2)g} \Big| \dfrac{10^3 mL}{1L} = 36.0490N$

② $0.1 \times 500 = 36.0490 \times X$

$X = 1.3870 mL$

[답] ∴ 주입해야 할 황산의 부피 = 1.39mL

05

응집처리 시설에서 황산제이철($Fe_2(SO_4)_3$)을 응집제로 사용하여 50mg/L로 주입하는데 유량은 10,000m³/day, SS는 100mg/L, 침전조에서 전체 고형물 제거율은 90%일 때 제거되는 고형물의 양(kg/day)은 얼마인지 계산하시오. (단, 원자량 Fe : 55.8, Ca : 40)

석회와 황산제이철 반응식
$Fe_2(SO_4)_3 + 3Ca(OH)_2 \rightarrow 2Fe(OH)_{3(s)} + 3CaSO_4$

빈출 체크 14년 2회 | 22년 3회

[식] 제거 고형물의 양 = 유입·생성 고형물의 양 × 제거율

[풀이]

① $Fe_2(SO_4)_3$ 주입량 $= \dfrac{50mg}{L} \Big| \dfrac{10,000m^3}{day} \Big| \dfrac{10^3 L}{m^3} \Big| \dfrac{kg}{10^6 mg}$

$= 500 kg/day$

② $Fe_2(SO_4)_3$: $2Fe(OH)_3$
  399.6 : 2 × 106.8
  500kg/day : X

$X = \dfrac{2 \times 106.8 \times 500}{399.6} = 267.2673 \, kg/day$

③ 유입 SS량 $= \dfrac{100mg}{L} \Big| \dfrac{10,000m^3}{day} \Big| \dfrac{10^3 L}{m^3} \Big| \dfrac{kg}{10^6 mg}$

$= 1,000 kg/day$

④ 제거 고형물의 양 $= (267.2673 + 1,000) \times 0.9$

$= 1,140.5406 \, kg/day$

[답] ∴ 제거 고형물의 양 = 1,140.54 kg/day

06

트리할로메탄(THM)의 생성반응속도에 미치는 영향을 서술하시오.

가. 수온

나. pH

다. 불소농도

빈출 체크 07년 3회 | 12년 1회 | 14년 3회

가. 높을수록 THM 생성량 증가
나. 높을수록 THM 생성량 증가
다. 높을수록 THM 생성량 증가

07

활성탄 재생방법 5가지를 적으시오.

빈출 체크 21년 2회

가열재생법, 약품재생법, 미생물분해법, 수세법, 습식산화법

08

취수원으로 선정 시 고려사항 4가지를 적으시오.

빈출 체크 21년 3회

- 수량이 풍부
- 수질이 좋아야 함
- 가능한 한 높은 곳에 위치
- 가능한 한 수돗물 소비지에서 가까운 곳에 위치

09

전도현상은 저수지 바닥에 침전된 유기물을 부상시켜서 저수지의 수질을 악화시키는데 이런 전도현상이 발생하는 이유를 봄과 가을로 나누어 서술하시오.

비출 체크 10년 1회 | 14년 1회 | 21년 2회

- 봄 : 겨울에 표수층의 온도가 내려감에 따라 발생한 성층 현상이 봄이 되면서 온도가 높아져 심수층의 밀도보다 크거나 같아지므로 성층이 파괴되며 혼합된다.
- 가을 : 여름에 표수층의 온도가 올라감에 따라 발생한 성층 현상이 가을이 되면서 온도가 낮아져 심수층의 밀도보다 크거나 같아지므로 성층이 파괴되며 혼합된다.

10

비점오염저감시설의 오염물질 제거효율을 평가하는 방법 3가지를 적으시오.

평균농도법, 제거효율법, 부하량 합산법

11

혐기성 소화를 시킨 슬러지의 고형물량이 2%, 비중이 1.4일 때 이 슬러지의 비중을 계산하시오. (단, 소수점 세 번째 자리까지)

비출 체크 22년 2회

[식] $\dfrac{100\%}{\rho_{SL}} = \dfrac{\%_W}{\rho_W} + \dfrac{\%_{TS}}{\rho_{TS}}$

[풀이]

① $\dfrac{100}{\rho_{SL}} = \dfrac{98}{1} + \dfrac{2}{1.4}$

② $\rho_{SL} = \dfrac{100}{\dfrac{98}{1} + \dfrac{2}{1.4}} = 1.0057$

[답] ∴ $\rho_{SL} = 1.006$

필답형 기출문제 2018 * 1

01

물의 깊이가 너비의 1.25배인 정방형 급속혼합조에 800m³/day로 유입되는 폐수를 처리하기 위한 급속혼합조의 유효수심(m), 폭(m)을 구하시오. (단, 체류시간은 40초)

20년 2회

[식] $V = W^2 \cdot H$

[풀이]

① $V = Q \cdot t = \dfrac{800m^3}{day} \left| 40sec \right| \dfrac{hr}{3,600sec} \left| \dfrac{day}{24hr} \right.$

　　　$= 0.3704 m^3$

② $H = 1.25W$ 이므로 $V = 1.25W^3$

　　$W = \left(\dfrac{V}{1.25}\right)^{1/3} = \left(\dfrac{0.3704}{1.25}\right)^{1/3} = 0.6667m$

　　$H = 1.25 \times 0.6667 = 0.8334m$

[답] ∴ W = 0.67m, H = 0.83m

02

등비증가법에 따라서 도시인구가 10년간 3.25배 증가했을 때 연평균 인구 증가율(%)은?

15년 1회 | 20년 3회

[식] $P_n = P(1+r)^n$

[풀이]

① $\dfrac{P_n}{P} = (1+r)^n$

② $\left(\dfrac{P_n}{P}\right)^{1/n} = 1+r$

③ $r = (3.25)^{1/10} - 1 = 0.1251$

[답] ∴ 인구 증가율 = 12.51%

03

수정 Bardenpho 공정의 각 반응조 이름과 역할을 쓰시오.
(단, 내부반송·유기물 제거는 생략)

2차 유입수 → ① → ② → ③ → ④ → ⑤ → 침전조 → 유출

05년 2회 | 10년 1회 | 14년 1회 | 20년 3회 | 20년 4·5회

① 혐기조 : 인의 방출
② 무산소조 : 유입수 및 호기조에서 내부 반송된 반송수 중의 질산성질소 제거
③ 호기조 : 유입수 내 잔류 유기물 제거 및 질산화, 인의 과잉 섭취
④ 무산소조 : 내생탈질과정을 통하여 잔류질산성질소 제거
⑤ 호기조 : 암모니아성 질소 산화 및 인의 재방출 방지

04

HOCl과 OCl⁻을 이용한 살균 소독공정에서 pH가 6.8, 온도는 20℃, 평형상수가 2.2×10^{-8}이라면 [HOCl]/[OCl⁻]의 비율은?

[식] $HOCl \rightarrow H^+ + OCl^-$, $k = \dfrac{[H^+][OCl^-]}{[HOCl]}$

[풀이] $\dfrac{[HOCl]}{[OCl^-]} = \dfrac{[H^+]}{k} = \dfrac{10^{-6.8}}{2.2 \times 10^{-8}} = 7.2041$

[답] ∴ $\dfrac{[HOCl]}{[OCl^-]} = 7.20$

05

관에 $0.02m^3$/sec의 물이 흐를 때 생기는 마찰수두손실이 10m가 되려면 관의 길이는 몇 m가 되어야 하는지 계산하시오. (단, 내경은 10cm, 마찰손실계수는 0.015)

[식] $h = f \times \dfrac{L}{D} \times \dfrac{V^2}{2g}$

[풀이]

① $V = \dfrac{Q}{A} = \dfrac{0.02m^3}{sec} \left| \dfrac{4}{\pi(0.1m)^2} \right. = 2.5465 m/sec$

② $L = \dfrac{h \cdot D \cdot 2g}{f \cdot V^2} = \dfrac{10 \times 0.1 \times 2 \times 9.8}{0.015 \times 2.5465^2} = 201.5011m$

[답] ∴ 관의 길이 = 201.50m

06

TS = 325mg/L, FS = 200mg/L, VSS = 55mg/L, TSS = 100mg/L일 때 TDS, VS, FSS, VDS, FDS를 구하시오.

- TS = TDS + TSS
  TDS = TS - TSS = 325 - 100 = 225mg/L
- TS = VS + FS
  VS = TS - FS = 325 - 200 = 125mg/L
- TSS = VSS + FSS
  FSS = TSS - VSS = 100 - 55 = 45mg/L
- VS = VDS + VSS
  VDS = VS - VSS = 125 - 55 = 70mg/L
- TDS = VDS + FDS
  FDS = TDS - VDS = 225 - 70 = 155mg/L

07

고정식 지붕에 비하여 부유식 지붕이 가지는 장점 3가지를 적으시오.

- 부피가 변하기 때문에 운영상의 융통성이 큼
- 소화가스 및 산소의 혼합으로 폭발가스가 될 위험을 최소화
- 스컴이 수중에 잠기게 되어 스컴을 혼합시킬 필요가 없음
- 지붕 아래에 가스저장을 위한 공간이 부여됨

08

CFSTR에서 95%의 효율로 처리하고자 한다. 이 물질은 1차 반응, 속도상수는 0.05hr⁻¹이다. 또한 유입유량은 300L/hr, 유입농도는 150mg/L이라면 필요한 CFSTR의 부피(m³)는 얼마인가? (단, 반응은 정상상태)

11년 2회 | 14년 1회 | 22년 2회

[식] $V = \dfrac{Q \cdot (C_o - C_t)}{k \cdot C_t^n}$

[풀이]
① $C_t = C_o(1-\eta) = 150 \times (1-0.95) = 7.5\,mg/L$

② $V = \dfrac{300L}{hr} \Big| \dfrac{(150-7.5)mg}{L} \Big| \dfrac{hr}{0.05} \Big| \dfrac{L}{7.5mg} \Big| \dfrac{m^3}{10^3 L}$

$= 114\,m^3$

[답] ∴ CFSTR 부피 = 114m³

09

소석회(Ca(OH)₂)를 이용하여 수중 인(PO₄³⁻-P)을 제거하고자 한다. 주어진 조건을 이용하여 다음 물음에 답하시오.

[조건]
- 폐수용량 : 2,000m³/day
- 폐수중 PO₄³⁻-P 농도 : 10mg/L
- 화학침전 후 유출수의 PO₄³⁻-P 농도 : 0.2mg/L
- 원자량 P : 31, Ca : 40

가. 제거되는 P의 양(kg/day)
나. 소요되는 Ca(OH)₂의 양(kg/day)
다. 침전 슬러지[Ca₅(PO₄)₃(OH)]의 함수율은 95%, 비중 1.2일 때 발생하는 침전 슬러지양(m³/day)은?

06년 3회 | 13년 1회

가. P 제거량

[풀이] P 제거량 $= \dfrac{(10-0.2)mg}{L} \Big| \dfrac{2,000m^3}{day} \Big| \dfrac{10^3 L}{m^3}$

$\Big| \dfrac{kg}{10^6 mg} = 19.6\,kg/day$

[답] ∴ P 제거량 = 19.6kg/day

나. 소요 Ca(OH)₂의 양

[풀이] 5Ca(OH)₂ : 3PO₄³⁻-P
5×74 : 3×31
X : 19.6kg/day

$X = \dfrac{5 \times 74 \times 19.6}{3 \times 31} = 77.9785\,kg/day$

[답] ∴ 소요 Ca(OH)₂의 양 = 77.98kg/day

다. 침전 슬러지양

[풀이]
① Ca₅(PO₄)₃(OH) : 3P
502 : 3×31
X : 19.6kg/day

$X = \dfrac{502 \times 19.6}{3 \times 31} = 105.7978\,kg/day$

② 슬러지 $= \dfrac{105.7978\,kg_{TS}}{day} \Big| \dfrac{100_{SL}}{5_{TS}} \Big| \dfrac{m^3}{1,200kg}$

$= 1.7633\,m^3/day$

[답] ∴ 침전 슬러지양 = 1.76m³/day

10

취수시설의 설치장소 선정기준 4가지를 적으시오.

 05년 1회

- 계획취수량을 안정적으로 취수할 수 있어야 함
- 장래에도 양호한 수질을 확보할 수 있어야 함
- 구조상의 안정을 확보할 수 있어야 함
- 하천관리시설 또는 다른 공작물에 근접하지 않아야 함
- 하천개수계획을 실시함에 따라 취수에 지장이 생기지 않아야 함
- 기후변화에 대비 갈수 시와 비상 시 인근의 취수시설의 연계 이용 가능성을 파악할 수 있어야 함

11

연속 회분식 반응조(SBR)의 장점 5가지를 서술하시오.
(연속 흐름 반응조와 비교)

 12년 2회 | 14년 3회

SBR의 장점
- 충격부하에 강하며, MLSS의 누출이 없음
- 슬러지 반송을 위한 펌프가 필요없어 배관과 동력비 절감
- 단일 반응조에서 1주기 중 호기-무산소 등의 조건을 설정하여 질산화·탈질화 도모
- 고부하형의 경우 다른 처리방식과 비교하여 적은 부지면적 소요
- 공정의 변경 용이
- 운전방식에 따라 사상균 벌킹 방지

필답형 기출문제 2018 * 2

01

아래의 주어진 제원을 이용하여 다음을 구하시오.

[제원]
- 폐수량 : 50,000m³/day
- 여과속도 : 180m/day
- 여과지수 : 8지
- 여과지의 가로와 세로비 : [1 : 1]
- 역세속도 : 0.6m/min
- 표세속도 : 0.05m/min
- 세정시간 : 10min(전 여과지에 대해 1일 1회)

가. 1지당 필요한 여과면적(m²)
나. 총 세정 수량(m³/day)

빈출체크 07년 3회 | 10년 2회

가. 1지당 필요한 여과면적

[식] $A = \dfrac{Q}{V}$

[풀이] $A = \dfrac{50,000\text{m}^3}{\text{day}} \Big| \dfrac{\text{day}}{180\text{m}} \Big| \dfrac{1}{8} = 34.7222\text{m}^2$

[답] ∴ 1지당 필요 여과면적 $= 34.72\text{m}^2$

나. 총 세정 수량

[식] 총 세정 수량 = 표세수량 + 역세수량

[풀이]
① 표세수량
$Q = \dfrac{277.7778\text{m}^2}{} \Big| \dfrac{0.05\text{m}}{\text{min}} \Big| \dfrac{10\text{min}}{\text{day}}$
$= 138.8889\text{m}^3/\text{day}$

② 역세수량
$Q = \dfrac{277.7778\text{m}^2}{} \Big| \dfrac{0.6\text{m}}{\text{min}} \Big| \dfrac{10\text{min}}{\text{day}}$
$= 1,666.6667\text{m}^3/\text{day}$

③ 총 세정 수량
$= 138.8889 + 1,666.6667 = 1,805.5556\text{m}^3/\text{day}$

[답] ∴ 총 세정 수량 $= 1,805.56\text{m}^3/\text{day}$

02

회분침강농축을 실험하여 다음의 그래프를 그렸을 때 슬러지 초기 농도가 10g/L였다면 6시간 정치 후 슬러지의 농도(g/L)를 구하시오.

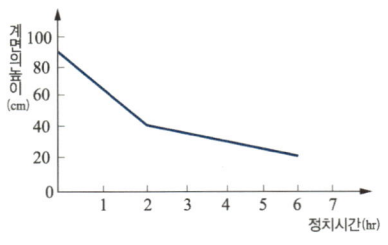

빈출체크 14년 2회 | 21년 2회

[식] $C_t = C_o \times \dfrac{h_o}{h_t}$

[풀이] $C_t = 10 \times \dfrac{90}{20} = 45\text{g/L}$

[답] ∴ 슬러지 농도 $= 45\text{g/L}$

03

포기조 내 혼합액의 DO가 감소하는 원인을 추정하기 위한 알고리즘이다. ㉠, ㉡, ㉢에 해당하는 원인을 적으시오.

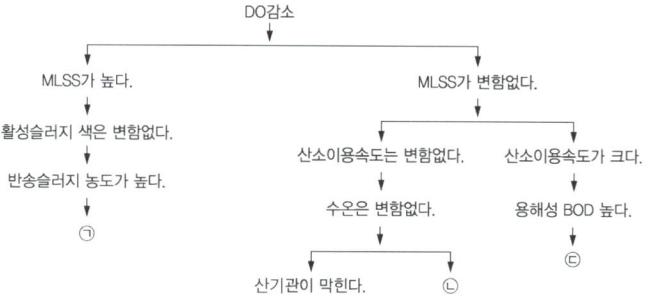

14년 2회 | 20년 2회

㉠ 미생물량이 증가하여 산소소비량 증가
㉡ SRT 증가 및 포기조 결함
㉢ F/M비가 상승하여 산소소비량 증가

04

막 분리 공정에서 사용하는 분리막 모듈의 형식 3가지를 적으시오.

07년 1회 | 15년 1회 | 23년 3회

나선형, 중공사형, 관형, 판형

05

염소소독에 영향을 미치는 인자 5가지를 적으시오.

20년 4·5회

pH, 염소주입량, 접촉시간, 온도, 알칼리도

06

수심 0.5m, 폭 1.2m인 직사각형 단면수로(구배 1/800)의 유량(m^3/min)을 계산하시오.

[단, 소수점 첫 번째 자리까지 계산, $V = \dfrac{87}{1 + \dfrac{r}{\sqrt{R}}} \sqrt{RI}$ (m/sec), 조도계수 0.3]

09년 1회 | 20년 3회

[식] $V = \dfrac{87}{1 + \dfrac{r}{\sqrt{R}}} \sqrt{R \cdot I}$

[풀이]

① $R = \dfrac{HW}{2H+W} = \dfrac{0.5 \times 1.2}{2 \times 0.5 + 1.2} = 0.2727m$

② $V = \dfrac{87}{1 + \dfrac{0.3}{\sqrt{0.2727}}} \times \sqrt{0.2727 \times (1/800)}$

= 1.0202 m/sec

③ $Q = A \cdot V = \dfrac{1.2m \times 0.5m}{} \Big| \dfrac{1.0202m}{sec} \Big| \dfrac{60sec}{min}$

= 36.7272 m^3/min

[답] ∴ 유량 = 36.7 m^3/min

07

저수량 $4 \times 10^5 m^3$의 저수지에 유해물질의 농도가 30mg/L에서 3mg/L로 변할 때까지 걸리는 시간(year)을 계산하시오.

[조건]
- 유해물질이 투입되기 전 저수지 내의 유해물질 농도는 0
- 저수지는 CFSTR로 가정
- 저수지가 완전 혼합되었다고 가정
- 저수지의 유역면적은 $10^5 m^2$
- 유역의 연평균 강우량은 1,200mm/yr
- 저수지의 유입, 유출량은 강우량에만 의존

06년 2회 | 14년 3회 | 20년 2회 | 23년 1회

[식] $V \dfrac{dC}{dt} = Q \cdot C_o - Q \cdot C_t - k \cdot C_t^n \cdot V$

[풀이]

① $Q = \dfrac{1,200mm}{yr} \Big| \dfrac{10^5 m^2}{} \Big| \dfrac{m}{10^3 mm} = 1.2 \times 10^5 m^3/yr$

② 유입농도와 반응 = 0

$\displaystyle\int_{C_o}^{C_t} \dfrac{1}{C} dC = -\dfrac{Q}{V} \int_0^t dt \rightarrow \ln \dfrac{C_t}{C_o} = -\dfrac{Q}{V} \times t$

③ $t = \dfrac{-\ln(3/30)}{(1.2 \times 10^5)/(4 \times 10^5)} = 7.6753 yr$

[답] ∴ 걸리는 시간 = 7.68yr

08

5단계 bardenpho 공정에 대한 공정도를 그리고 호기조 반응조의 주된 역할 2가지에 대해 간단히 서술하시오.

가. 공정도(반응조 명칭, 내부반송, 슬러지 반송표시)
나. '호기조'의 주된 역할 2가지(단, 유기물 제거는 정답에서 제외)

06년 3회 | 07년 1회 | 07년 2회 | 08년 1회 | 12년 2회
15년 2회 | 16년 3회 | 20년 3회

가. 공정도

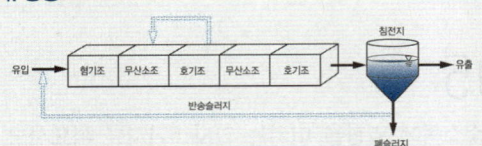

나. 인의 과잉 섭취 및 질산화

09

10,000m^3/day인 평균 유량이 1차 침전지에 유입될 때 권장 설계 기준은 최대표면부하율은 80$m^3/m^2 \cdot$day, 평균표면부하율은 30$m^3/m^2 \cdot$day, 최대유량/평균 유량은 2.8이라면 침전조의 직경을 구하시오. (단, 표준규격 직경은 10m, 15m, 20m, 25m, 30m, 35m)

05년 3회 | 21년 3회

[식] $A = \dfrac{Q}{V_o}$

[풀이]

① 평균면적 = $\dfrac{10,000m^3}{day} \Big| \dfrac{m^2 \cdot day}{30 m^3} = 333.3333 m^2$

② 최대면적 = $\dfrac{10,000 \times 2.8 m^3}{day} \Big| \dfrac{m^2 \cdot day}{80 m^3} = 350 m^2$

③ $D = \sqrt{\dfrac{4A}{\pi}} = \sqrt{\dfrac{4 \times 350}{\pi}} = 21.1100 m$

[답] ∴ 직경이 21.1100m이므로 25m의 규격을 선택

10

지하수가 4개의 대수층을 통과할 때 수평방향과 수직방향의 평균 투수계수 K_x와 K_y를 구하시오.

K_1	10cm/day	20cm
K_2	50cm/day	5cm
K_3	1cm/day	10cm
K_4	5cm/day	10cm

가. 수평방향 평균투수계수

나. 수직방향 평균투수계수

빈출체크 07년 3회 | 09년 3회 | 15년 1회 | 20년 3회

가. 수평방향 평균투수계수

[식] $K_X = \dfrac{\sum_{i=1}^{n}(K_i \cdot H_i)}{\sum_{i=1}^{n}(H_i)}$

[풀이] $K_X = \dfrac{K_1 \cdot H_1 + K_2 \cdot H_2 + K_3 \cdot H_3 + K_4 \cdot H_4}{H_1 + H_2 + H_3 + H_4}$

$= \dfrac{10 \times 20 + 50 \times 5 + 1 \times 10 + 5 \times 10}{20 + 5 + 10 + 10}$

$= 11.3333 \text{cm/day}$

[답] ∴ 수평방향 평균투수계수 = 11.33cm/day

나. 수직방향 평균투수계수

[식] $K_Y = \dfrac{\sum_{i=1}^{n}(H_i)}{\sum_{i=1}^{n}\left(\dfrac{H_i}{K_i}\right)}$

[풀이] $K_Y = \dfrac{H_1 + H_2 + H_3 + H_4}{\dfrac{H_1}{K_1} + \dfrac{H_2}{K_2} + \dfrac{H_3}{K_3} + \dfrac{H_4}{K_4}}$

$= \dfrac{20 + 5 + 10 + 10}{\dfrac{20}{10} + \dfrac{5}{50} + \dfrac{10}{1} + \dfrac{10}{5}} = 3.1915 \text{cm/day}$

[답] ∴ 수직방향 평균투수계수 = 3.19cm/day

필답형 기출문제 2018 * 3

01

다음 일반적인 도시 하수처리 계통도 중 잘못 배열된 시설을 찾고 폭기조 용적을 산출하시오.

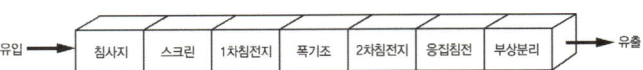

[조건]
- 하수 유량 : 10,000m³/day
- F/M비 : 0.4kgBOD/kgMLSS·day
- 유입수 BOD 농도 : 600mg/L
- MLSS 농도 : 2,500mg/L
- 유입수 SS 농도 : 700mg/L

22년 2회

가. 침사지와 스크린 위치가 바뀌었음
   응집침전 or 부상분리 중 한 가지 사용

나. F/M비

[식] $F/M = \dfrac{BOD \cdot Q}{V \cdot X}$

[풀이] $V = \dfrac{BOD \cdot Q}{F/M \cdot X}$

$= \dfrac{600mg}{L} \Big| \dfrac{10,000m^3}{day} \Big| \dfrac{kg \cdot day}{0.4kg} \Big| \dfrac{L}{2,500mg}$

$= 6,000m^3$

[답] ∴ 폭기조의 부피 = 6,000m³

02

저수량 30,000m³의 저수지에 유해물질의 농도가 50mg/L에서 1mg/L로 변할 때까지 걸리는 시간(year)을 계산하시오.

[조건]
- 유해물질이 투입되기 전 저수지 내의 유해물질 농도는 0
- 저수지가 완전 혼합되었다고 가정
- 저수지의 유역면적은 1.2ha
- 유역의 연평균 강우량은 1,200mm/yr
- 저수지의 유입, 유출량은 강우량에만 의존

11년 1회 | 20년 4·5회

[식] $V\dfrac{dC}{dt} = Q \cdot C_o - Q \cdot C_t - k \cdot C_t^n \cdot V$

[풀이]

① $Q = \dfrac{1,200mm}{yr} \Big| \dfrac{1.2ha}{} \Big| \dfrac{m}{10^3 mm} \Big| \dfrac{10^4 m^2}{ha} = 14,400m^3/yr$

② 유입농도와 반응 = 0

$\displaystyle\int_{C_o}^{C_t} \dfrac{1}{C} dC = -\dfrac{Q}{V} \int_0^t dt \rightarrow \ln\dfrac{C_t}{C_o} = -\dfrac{Q}{V} \times t$

③ $t = \dfrac{-\ln(1/50)}{14,400/(3 \times 10^4)} = 8.1500 yr$

[답] ∴ 걸리는 시간 = 8.15yr

03

환경영향평가 과정 및 수행체계를 완성하시오.

> Screening - 제안행위목적 및 특성기술 - (가) - scoping - (나) -
> (다) - 저감방안설정 - (라) - 평가서작성 - 제안행위승인 - (마)

 21년 3회

가. 대안설정
나. 현황조사
다. 예측 및 평가
라. 대안평가
마. 사업시행

04

유출수를 760m³/day의 유량으로 탈염하기 위하여 요구되는 막의 면적(m²)은?

[조건]
- 25℃ 물질전달계수 : 0.2068L/day·m²·kPa
- 유입, 유출수의 압력차 : 2,400kPa
- 유입, 유출수의 삼투압차 : 310kPa
- 최저운전온도 10℃, $A_{10℃} = 1.58 A_{25℃}$

06년 2회 | 15년 2회

[식] $A = \dfrac{Q}{K \cdot (P_1 - P_2)}$

[풀이]
① 25℃에서의 막 면적
$= \dfrac{760 m^3}{day} \left| \dfrac{day \cdot m^2 \cdot kPa}{0.2068 L} \right| \dfrac{1}{(2,400-310)kPa} \left| \dfrac{10^3 L}{m^3} \right.$
$= 1,758.3963 m^2$

② 10℃에서의 막 면적
$= 1.58 \times 1,758.3963 = 2,778.2662 m^2$

[답] ∴ 요구되는 막의 면적 = 2,778.27m²

05

Stokes 법칙을 이용하여 수온 20℃의 하수 내에서 직경이 5×10^{-3}cm, 비중이 2.3인 구형입자의 침전속도(cm/sec)를 계산하시오.
(단, 20℃ 하수의 동점성 계수는 0.0112cm²/sec, 하수의 비중은 1.1)

[식] $V_g = \dfrac{d_p^2 (\rho_p - \rho) g}{18 \mu}$

[풀이]
① $\mu = \nu \cdot \rho = \dfrac{0.0112 cm^2}{sec} \left| \dfrac{1.1 g}{cm^3} \right. = 0.01232 g/cm \cdot sec$

② $V_g = \dfrac{(5 \times 10^{-3})^2 \times (2.3-1.1) \times 980}{18 \times 0.01232} = 0.1326 cm/sec$

[답] ∴ 구형입자의 침전속도 = 0.13cm/sec

06

정수장의 수질에서 맛과 냄새를 제거하기 위해 적용방법 3가지를 기술하시오.

 11년 1회 | 19년 2회 | 21년 1회 | 22년 1회

염소·오존처리(기체), 흡착처리(고체), 폭기(기체)

07

다음 빈칸에 알맞은 말을 쓰시오.

> 미생물이 새로운 미생물을 형성하기 위하여 유기탄소를 이용하는 생물을 (㉠)이라 하고, 세포합성에 필요한 에너지원으로 빛을 이용하는 생물을 (㉡)이라 부른다. 아질산염이나 질산염을 전자수용체로 사용하는 조건을 (㉢)이라 한다.

빈출체크 22년 1회

㉠ 종속영양계미생물(Heterotrophic)
㉡ 광합성미생물(Phototrophic)
㉢ 무산소조건

08

막 공법의 추진력을 쓰시오.

가. 투석
나. 전기투석
다. 역삼투

빈출체크 07년 2회 | 07년 3회 | 09년 3회 | 10년 1회 | 13년 1회
15년 3회 | 16년 2회 | 19년 1회 | 20년 4·5회 | 21년 3회

가. 투석 : 농도차
나. 전기투석 : 전위차
다. 역삼투 : 정수압차

09

CO_2 당량(가수분해적용)을 구하시오.

빈출체크 15년 2회 | 20년 4·5회

[풀이]
$CO_2 + H_2O \rightarrow CO_3^{2-} + 2H^+$
H^+가 2개 발생하였으므로 CO_2 당량 = 2eq
[답] ∴ CO_2 당량 = 2eq

10

분류식과 합류식의 특성을 알맞게 작성하시오.

구분	분류식	합류식	보기
시설비	( )	( )	저렴, 고가
토사유입	( )	( )	많다, 적다
관거오접 감시	( )	( )	해당없음, 요망
슬러지 함량 내 중금속	( )	( )	큼, 적음
관거 폐쇄	( )	( )	큼, 적음

빈출체크 16년 2회 | 20년 4·5회

구분	분류식	합류식	보기
시설비	(고가)	(저렴)	저렴, 고가
토사유입	(적다)	(많다)	많다, 적다
관거오접 감시	(요망)	(해당없음)	해당없음, 요망
슬러지 함량 내 중금속	(적음)	(큼)	큼, 적음
관거 폐쇄	(큼)	(적음)	큼, 적음

필답형 기출문제

2019 * 1

01

평균 유량 7,570m³/day인 하수처리장의 1차 침전지를 설계하고자 한다. 1차 침전지에 대한 권장 설계기준은 다음과 같으며 원주 위어의 최대 위어 월류 부하가 적절한가에 대하여 판단하고 그 근거를 설명하시오. (단, 원형침전지 기준)

[설계기준]
- 최대 월류율 : 89.6m³/day·m²
- 평균 월류율 : 36.7m³/day·m²
- 최소 수면깊이 : 3m
- 최대 위어 월류 부하 : 389m³/day·m
- 최대 유량/평균 유량 : 2.75

빈출체크 05년 2회 | 15년 3회 | 22년 1회

[식] 최대 위어 월류 부하 $= \dfrac{Q_{max}}{\pi D}$

[풀이]

① 평균 월류율 표면적 $= \dfrac{day \cdot m^2}{36.7 m^3} \Big| \dfrac{7,570 m^3}{day} = 206.2670 m^2$

② 최대 월류율 표면적 $= \dfrac{day \cdot m^2}{89.6 m^3} \Big| \dfrac{7,570 \times 2.75 m^3}{day}$
$= 232.3382 m^2$

③ 둘 중 큰 면적인 232.3382m²을 기준으로 함

④ $D = \sqrt{\dfrac{4A}{\pi}} = \sqrt{\dfrac{4 \times 232.3382}{\pi}} = 17.1995 m$

⑤ 최대 위어 월류 부하 $= \dfrac{7,570 \times 2.75 m^3}{day} \Big| \dfrac{1}{\pi \times 17.1995 m}$
$= 385.2679 m^3/m \cdot day$

[답] ∴ 최대 위어 월류 부하의 권장기준보다 낮아 적절함

02

슬러지를 호기성 소화법으로 처리할 경우 장점과 단점을 각각 3가지만 적으시오. (혐기성 소화법과 비교)

가. 장점
- 최초시공비 절감
- 악취발생 감소
- 운전용이
- 상징수의 수질 양호

나. 단점
- 소화슬러지의 탈수불량
- 포기에 드는 동력비 과다
- 유기물 감소율 저조
- 건설부지 과다
- 저온 시의 효율 저하
- 가치있는 부산물이 생성되지 않음

03

0.025N - $Na_2C_2O_4$ 표준용액 10.0mL에 대하여 0.025N-$KMnO_4$ 용액으로 적정한 결과 적정 소비량은 9.8mL, 공시험 적정 소비량은 0.15mL이었다. 다음 물음에 답하시오.

가. 0.025N - $KMnO_4$ 표준적정액의 역가를 구하시오.
  (소수점 세 번째 자리까지)
나. 폐수 45.0mL를 시료수로 하여 역적정시 0.025N - $KMnO_4$ 표준적정용액 6.50mL가 소비되었다면, 이 폐수의 정확한 COD농도(mg/L)를 계산하시오. (단, 공시험 적정 소비량은 0.30mL)

가. 역가
  [식] $f \cdot N \cdot V = f' \cdot N' \cdot V'$
  [풀이] $1 \times 0.025 \times 10 = f' \times 0.025 \times (9.8 - 0.15)$
  $f' = 1.0363$
  [답] ∴ $f' = 1.036$

나. COD 농도
  [식] $COD = (b-a) \times f \times \dfrac{1,000}{V} \times 0.2$
  [풀이] $COD = (6.5 - 0.3) \times 1.036 \times \dfrac{1,000}{45} \times 0.2$
  $= 28.5476 mg/L$
  [답] ∴ $COD = 28.55 mg/L$

04

포도당 1,000mg/L 용액이 있다. 다음 물음에 답하시오. (표준상태 기준)

가. 혐기성 분해 시 생성되는 CH_4(mg/L)의 발생량?
나. 이 용액 1L를 혐기성 분해시킬 때 발생되는 CH_4의 양(mL)은?

13년 1회 | 15년 2회 | 21년 3회

가. CH_4 발생량
  [풀이] $C_6H_{12}O_6 \rightarrow 3CH_4 + 3CO_2$
  180 : 3×16
  1,000mg/L : X
  $X = \dfrac{3 \times 16 \times 1,000}{180} = 266.6667 mg/L$
  [답] ∴ CH_4 발생량 = 266.67 mg/L

나. CH_4 양
  [풀이] $C_6H_{12}O_6 \rightarrow 3CH_4 + 3CO_2$
  180mg : 3×22.4 mL
  1,000mg : Y
  $Y = \dfrac{3 \times 22.4 \times 1,000}{180} = 373.3333 mL$
  [답] ∴ CH_4 양 = 373.33 mL

05

호수의 부영양화 억제 방법 중 호수 내에서 가능한 통제 대책 3가지를 기술하시오.

- 영양염류가 높은 심층수 방류
- 영양염류가 적은 물을 섞어 교환율을 높임
- 차광막을 이용한 빛의 차단으로 조류의 증식을 막음
- 심층폭기나 순환을 시켜 저질토로부터 인이 방출되는 것을 막음
- 수초 및 조류 제거

06

여과율 5L/m²·min의 중력식 여과지로 100m³/day의 침전 유출수를 처리하려고 한다. 역세척을 위해 여과지 1기의 운전이 중지될 때의 여과율은 6L/m²·min을 넘지 못한다. 만약 각 여과지가 12시간마다 10분씩 10L/m²·min의 세척률로 역세척되며, 여과 유출수 1L/m²·min이 필요한 표면세척설비가 설치되었을 때, 다음을 계산하시오.

가. 소요 여과지의 개수
나. 역세척에 사용되는 여과용량
　　(여과지당 역세척용량/여과지당 처리 폐수 용량)%

 11년 2회 | 15년 1회

가. 소요 여과지

[식] 소요 여과지 $= \dfrac{\text{총 여과면적}}{\text{1지의 여과면적}}$

[풀이]
① 총 여과면적
$= \dfrac{Q}{V} = \dfrac{100\text{m}^3}{\text{day}} \Big| \dfrac{\text{m}^2 \cdot \text{min}}{5\text{L}} \Big| \dfrac{\text{day}}{1,420\text{min}} \Big| \dfrac{10^3\text{L}}{\text{m}^3}$
$= 14.0845\text{m}^2$

② 여과지 1기의 운전 중지 시 여과면적
$= \dfrac{Q}{V} = \dfrac{100\text{m}^3}{\text{day}} \Big| \dfrac{\text{m}^2 \cdot \text{min}}{6\text{L}} \Big| \dfrac{\text{day}}{1,420\text{min}} \Big| \dfrac{10^3\text{L}}{\text{m}^3}$
$= 11.7371\text{m}^2$

③ 1지의 여과 면적 $= 14.0845 - 11.7371 = 2.3474\text{m}^2$

④ 소요 여과지 $= \dfrac{14.0845}{2.3474} = 6$

[답] 소요 여과지의 개수 $= 6$

나. 역세척에 사용되는 여과용량

[식] 역세척에 사용되는 여과용량(%) $= \dfrac{\text{역세수량}}{\text{여과수량}} \times 100$

[풀이]
① 여과수량 $= 100\text{m}^3/\text{day} - \dfrac{14.0845\text{m}^2}{} \Big| \dfrac{1\text{L}}{\text{m}^2 \cdot \text{min}}$

$\Big| \dfrac{1,420\text{min}}{\text{day}} \Big| \dfrac{\text{m}^3}{10^3\text{L}} = 80\text{m}^3/\text{day}$

② 역세수량 $= \dfrac{14.0845\text{m}^2}{} \Big| \dfrac{10\text{L}}{\text{m}^2 \cdot \text{min}} \Big| \dfrac{20\text{min}}{\text{day}} \Big| \dfrac{\text{m}^3}{10^3\text{L}}$
$= 2.8169\text{m}^3/\text{day}$

③ 역세척에 사용되는 여과용량
$= \dfrac{2.8169}{80} \times 100 = 3.5211\%$

[답] ∴ 역세척에 사용되는 여과용량 $= 3.52\%$

07

막 공법의 추진력을 쓰시오.

가. 투석
나. 전기투석
다. 역삼투

 07년 2회 | 07년 3회 | 09년 3회 | 10년 1회 | 13년 1회
15년 3회 | 16년 2회 | 18년 3회 | 20년 4·5회 | 21년 3회

가. 투석 : 농도차
나. 전기투석 : 전위차
다. 역삼투 : 정수압차

08

공기 응집기에서 G값을 100s⁻¹로 설정했을 때 응집조 10m³에 필요한 공기량(m³/sec)을 구하시오. (단, 응집조의 깊이는 2.5m, μ = 0.00131N·sec/m², 1atm = 10.33mH₂O = 101,325N/m²)

빈출 체크 16년 1회

[식] ① $P = G^2 \cdot \mu \cdot V$
② $P = P_a \cdot Q_a \cdot \ln\left[\dfrac{h+10.3}{10.3}\right]$

[풀이]
① $P = \left(\dfrac{100}{\sec}\right)^2 \left|\dfrac{0.00131\text{N}\cdot\sec}{\text{m}^2}\right| \dfrac{10\text{m}^3}{} = 131\text{W}$

② $Q_a = \dfrac{P}{P_a \cdot \ln\left(\dfrac{h+10.3}{10.3}\right)} = \dfrac{131}{101,325 \times \ln\left(\dfrac{10.3+2.5}{10.3}\right)}$

$= 5.9497 \times 10^{-3} \text{m}^3/\sec$

[답] ∴ 필요한 공기량 = 5.95×10^{-3} m³/sec

09

해수담수화 방식 중 상변화 방식에 속하는 방법 2가지, 상불변 방식에 속하는 방법 2가지를 적으시오.

빈출 체크 08년 3회 | 22년 2회

해수담수화 방식

상변화	결정법	냉동법
		가스수화물법
	증발법	다단플래쉬법
		다중효용법
		증기압축법
		투과기화법
상불변	막법	역삼투법
		전기투석법
	용매추출법	

10

침전의 4가지 형태를 구분하고 간략히 설명하시오.

빈출 체크 10년 2회 | 14년 2회

- I형 침전(독립, 자유 침전) : 입자들이 상호간의 방해없이 침전하며 침사지, 보통침전지에서 적용하고, Stokes 법칙이 적용되는 침전형태이다.
- II형 침전(응집 침전) : 입자들이 응결, 응집하여 침전 속도가 증가하며 약품침전지에서 적용한다.
- III형 침전(지역, 간섭 침전) : 입자 간에 작용하는 힘에 의해 주변입자들의 침전을 방해하여 입자 서로 간의 상대적 위치를 변경시키려 하지 않으며 침전하며 생물학적 2차 침전지에서 적용한다.
- IV형 침전(압밀, 압축 침전) : 입자들이 뭉쳐 생긴 floc 사이의 물이 빠져 나가는 압밀 작용이 발생하며 농축시설에서 작용한다.

필답형 기출문제 2019 * 2

01

입자(비중 3.5, 직경 0.03mm)가 수중에서 자연침전할 때 입자를 완전히 제거하는 데 요구되는 침전지의 체류시간(min)을 계산하시오. (단, Stokes 식을 이용, 수온은 18℃, 수심은 3m, 18℃에서 물의 밀도는 0.998g/cm³, 물의 점도는 9.9×10^{-3}g/cm·sec)

빈출 체크 15년 3회

[식] $V_g = \dfrac{d_p^2(\rho_p - \rho)g}{18\mu}$

[풀이]

① $V_g = \dfrac{0.003^2 \times (3.5 - 0.998) \times 980}{18 \times 9.9 \times 10^{-3}} = 0.1238 \text{cm/sec}$

② $t = \dfrac{H}{V_g} = \dfrac{3m}{} \Big| \dfrac{\sec}{0.1238\text{cm}} \Big| \dfrac{100\text{cm}}{m} \Big| \dfrac{\min}{60\sec} = 40.3877 \min$

[답] ∴ 침전지의 체류시간 = 40.39min

02

MBR의 하수처리 원리를 기술하고, 특성 4가지를 적으시오.

가. 원리
나. 특성

빈출 체크 14년 1회 | 22년 2회

가. 원리 : 생물반응조와 분리막 공정을 합친 것으로 유기물, SS, N, P 제거에 효과적인 공법이다.

나. 특성
- 공정의 Compact화 가능
- SRT가 길어 슬러지가 자동산화되어 슬러지 발생량이 적음
- 완벽한 고액 분리 가능
- 막 오염 현상 및 역세척 시 2차 오염 물질 발생
- 높은 MLSS 유지가 가능하며 질산화 효율이 좋음

03

PAC(폴리염화알루미늄)가 갖는 장점 5가지를 기술하시오.
(황산반토와 비교)

빈출 체크 22년 2회

- 황산알루미늄보다 응집성이 우수
- 알칼리도의 저하가 적어 알칼리제의 투입량이 절감됨
- Floc의 형성속도가 빠르고 크기가 커서 침강속도가 빠름
- 저온에서도 응집효과가 좋음
- 응집보조제가 필요없음
- 응집 pH 범위가 넓음

04
정수장의 수질에서 맛과 냄새를 제거하기 위한 적용방법 3가지를 기술하시오.

11년 1회 | 18년 3회 | 21년 1회 | 22년 1회

염소·오존처리, 흡착처리, 폭기

05
처리장의 용존산소는 2.8mg/L, 산소소비율이 0.835mg/L·min인 경우 산소전달계수(hr^{-1})를 구하시오. (단, 20℃ 포화용존산소농도 : 8.7mg/L 소수점 첫 번째 자리까지)

05년 3회

[식] $K_{La} = \dfrac{\gamma}{(C_s - C)}$

[풀이] $K_{La} = \dfrac{0.835\text{mg}}{L \cdot \min} \Big| \dfrac{L}{(8.7-2.8)\text{mg}} \Big| \dfrac{60\min}{hr}$
$= 8.4915 hr^{-1}$

[답] ∴ $K_{La} = 8.5 hr^{-1}$

06
10,000m³/day를 처리하는 하수처리장의 포기조 용량은 2,500m³, 포기조 내의 MLVSS 농도는 3,000mg/L이며 슬러지 폐기량은 50m³/day, 폐기시키는 슬러지의 MLVSS 농도는 15,000mg/L, 처리된 유출수의 VSS 농도는 20mg/L일 때 미생물 평균 체류시간(day)을 계산하시오.

05년 3회 | 10년 3회

[식] $SRT = \dfrac{V \cdot X}{X_r \cdot Q_w + X_e(Q - Q_w)}$

[풀이] $SRT = \dfrac{2,500 \times 3,000}{15,000 \times 50 + 20 \times (10,000 - 50)}$
$= 7.9031 \text{day}$

[답] ∴ $SRT = 7.90 \text{day}$

07
펌프의 특성곡선과 필요유효 흡입수두에 대해서 간략하게 서술하시오.

06년 2회

- 펌프의 특성곡선 : 펌프의 성능을 표시하는 수단으로 규정 회전수에서의 전양정, 펌프효율 등의 관계를 나타내어 펌프의 사용범위를 알 수 있다.
- 필요유효 흡입수두 : 공동현상을 발생시키지 않는 기준으로 펌프설계에 의해 결정된다.

08

300mL BOD병에 60mL의 시료를 넣고 나머지 부분은 희석수로 채운 후 BOD실험을 진행하였다. 초기 DO농도가 8.2mg/L, 5일 후 DO농도가 6.3mg/L일 때 시료의 BOD(mg/L)를 계산하시오.

[식] $BOD = (D_1 - D_2) \times P$
[풀이]
① $P = \dfrac{300}{60} = 5$
② $BOD = (8.2 - 6.3) \times 5 = 9.5 mg/L$
[답] ∴ $BOD = 9.5 mg/L$

09

오존소독에서 오존 접촉방식 2가지를 적으시오.

가압식·산기식 접촉방식

10

$10^7 m^2$ 크기의 호수에 강우의 PCB 농도가 100ng/L, 연평균 강우량이 70cm인 강우에 의하여 호수로 직접 유입되는 PCB의 양(ton/yr)을 계산하시오.

[식] 유입량 $= Q \cdot C$
[풀이]
① $Q = A \cdot I = \dfrac{10^7 m^2}{} \Big| \dfrac{0.7m}{yr} = 7 \times 10^6 m^3/yr$
② 유입량 $= \dfrac{7 \times 10^6 m^3}{yr} \Big| \dfrac{100\mu g}{m^3} \Big| \dfrac{ton}{10^{12} \mu g} = 7 \times 10^{-4} ton/yr$
[답] ∴ 유입량 $= 7 \times 10^{-4} ton/yr$

11

평균 및 첨두유량에 수리종단도 작성하는 이유 3가지를 적으시오.

- 수리학적 경사의 안정성 검토(자연유하 시)
- 펌프시설에 요구되는 소요동력을 산정
- 적절한 굴착깊이 및 첨두유량 등 좋지 않은 상황에서 시설의 정상운전 등을 검토

필답형 기출문제 2019 * 3

01

배수면적의 1/2(유출계수 : 0.6)이 상업지구, 배수면적의 1/3(유출계수 : 0.5)이 주택지구, 배수면적의 1/6(유출계수 : 0.1)이 녹지로 구성, 강우강도는 $I = \dfrac{5,000}{t+40}$mm/hr, 유입시간은 5분, 유역면적은 120ha, 하수관 내 유속은 1.2m/sec인 경우 하수관에서 흘러나오는 우수량(m^3/sec)은 얼마인지 계산하시오. (단, 합리식에 의해 유출량 산정하고 하수관의 길이는 1,500m)

빈출체크 22년 2회

[식] $Q = \dfrac{1}{360} CIA$

[풀이]

① $t = T_i + \dfrac{L}{V} = 5\min + \dfrac{1,500m}{1.2m} \Big| \dfrac{\sec}{60\sec} \Big| \dfrac{\min}{60\sec}$
　 $= 25.8333 \min$

② $I = \dfrac{5,000}{t+40} = \dfrac{5,000}{25.8333+40} = 75.9494$mm/hr

③ $C = \dfrac{C_1 \cdot A_1 + C_2 \cdot A_2 + C_3 \cdot A_3}{A_1 + A_2 + A_3}$
　 $= \dfrac{0.6 \times 60 + 0.5 \times 40 + 0.1 \times 20}{60+40+20} = 0.4833$

④ $Q = \dfrac{0.4833 \times 75.9494 \times 120}{360} = 12.2354 m^3/\sec$

[답] ∴ **우수량** = $12.24 m^3/\sec$

02

혐기성 소화조의 소화가스 발생량이 저하되는 원인 4가지와 대책을 기술하시오.

빈출체크 09년 1회 | 22년 1회

원인	• 저농도 슬러지 유입 • 소화슬러지 과잉배출 • 조 내 온도저하 • 소화가스 누출 • 과다한 산 생성
대책	• 저농도의 경우는 슬러지 농도를 높이도록 노력한다. • 과잉배출의 경우는 배출량을 조절한다. • 저온일 때는 온도를 소정치까지 높인다. 가온시간이 정상인데 온도가 떨어지는 경우는 보일러를 점검한다. • 조 용량감소는 스컴 및 토사퇴적이 원인이므로 준설한다. 또한 슬러지 농도를 높이도록 한다. • 가스누출은 위험하므로 수리한다. • 과다한 산은 과부하, 공장폐수의 영향일 수도 있으므로, 부하조정 또는 배출 원인의 감시가 필요하다.

03

유량은 3,000m³/day, SS농도는 200mg/L인 폐수를 공기부상실험에서 최적 A/S비는 0.06mg Air/mg Solid, 실험온도는 18℃, 이 온도에서 공기의 용해도는 18.7mL/L, 공기의 포화분율은 0.5, 재순환이 없을 때 압력(atm)을 계산하시오.

07년 2회

[식] $A/S = \dfrac{1.3 \times S_a (f \cdot P - 1)}{SS}$

[풀이] $P = \dfrac{1 + \dfrac{A/S \cdot SS}{1.3 S_a}}{f} = \dfrac{1 + \dfrac{0.06 \times 200}{1.3 \times 18.7}}{0.5}$

$= 2.9872\,\text{atm}$

[답] ∴ $P = 2.99\,\text{atm}$

04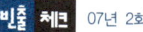

이상적인 완전혼합흐름과 이상적인 관형흐름을 나타내는 지표 중 빈칸에 알맞게 적으시오.

구분	PFR	CMFR
분산		
분산수		

22년 1회

구분	PFR	CMFR
분산	0	1
분산수	0	∞

05

계획 1인 1일 BOD 부하량이 70g(분뇨 18g, 오수 52g)이고, 1인 1일 오수량 350L, 희석수 사용량 50L, 정화조 제거효율이 50%라 하면 정화조 유출수 및 오수가 합류 후 하수관로로 유입할 때 예측되는 하수관로 유입 BOD 농도(mg/L)를 계산하시오.

22년 3회

[식] $C_m = \dfrac{C_1 \cdot Q_1 + C_2 \cdot Q_2}{Q_1 + Q_2}$ (1 : 오수, 2 : 정화조)

[풀이]

① $C_1 = \dfrac{52\,\text{g}}{\text{인} \cdot \text{day}} \Big| \dfrac{\text{인} \cdot \text{day}}{350\,\text{L}} \Big| \dfrac{10^3\,\text{mg}}{\text{g}} = 148.5714\,\text{mg/L}$

② $C_2 = \dfrac{18\,\text{g}}{\text{인} \cdot \text{day}} \Big| \dfrac{\text{인} \cdot \text{day}}{50\,\text{L}} \Big| \dfrac{10^3\,\text{mg}}{\text{g}} \Big| 0.5 = 180\,\text{mg/L}$

③ $C_m = \dfrac{148.5714 \times 350 + 180 \times 50}{350 + 50} = 152.50\,\text{mg/L}$

[답] ∴ 하수관로 유입 BOD 농도 $= 152.50\,\text{mg/L}$

06

COD가 960mg/L인 폐수를 처리하기 위하여 처리조를 설계하고자 한다. MLSS농도는 3,000mg/L, 유출수 COD는 120mg/L 이하여야 한다. 1차 반응을 하며, MLVSS를 기준으로 한 속도상수는 0.548L/g·hr 이며, MLSS의 70%가 MLVSS, 폐수 중 NBDCOD는 95mg/L일 때 반응시간(hr)을 계산하시오.

빈출 체크 22년 1회

[식] $\theta = \dfrac{S_i - S_o}{K \cdot S_o \cdot X}$

[풀이]
① $S_i = COD_i - NBDCOD = 960 - 95 = 865 mg/L$
② $S_o = COD_o - NBDCOD = 120 - 95 = 25 mg/L$
③ $X = MLSS \times 0.7 = 3{,}000 \times 0.7 = 2{,}100 mg/L$
④ $\theta = \dfrac{(865-25)\text{mg}}{L} \Big| \dfrac{\text{g}\cdot\text{hr}}{0.548L} \Big| \dfrac{L}{25\text{mg}} \Big| \dfrac{L}{2{,}100\text{mg}} \Big| \dfrac{10^3\text{mg}}{\text{g}}$
    $= 29.1971 hr$

[답] ∴ 반응시간 = 29.20hr

07

호소의 부영양화 호소 내 대책 중 물리적 대책 4가지를 적으시오.

빈출 체크 09년 1회 | 16년 2회 | 22년 3회

- 영양염류가 높은 심층수 방류
- 영양염류가 적은 물을 섞어 교환율을 높임
- 차광막을 이용한 빛의 차단으로 조류의 증식을 막음
- 심층폭기나 순환을 시켜 저질토로부터 인이 방출되는 것을 막음
- 수초 및 조류 제거

08

생물학적 처리공정에 유량이 1,000m³/day, 500mg/L의 생분해성 SCOD를 함유한 하수가 유입된다. 방류수의 생분해성 SCOD가 10mg/L, VSS가 200mg/L일 때 측정수율(g VSS/g 제거되는 SCOD)을 계산하시오. (단, 반송은 없다)

[풀이]
① 제거 $SCOD = 500 - 10 = 490 mg/L$
② 측정수율 $= \dfrac{200}{490} = 0.4082 g VSS/g SCOD$

[답] ∴ 측정수율 = 0.41 gVSS/gSCOD

09

활성슬러지 공법에서 질산화 미생물량의 변화에 영향을 주는 인자 2가지을 적으시오.

독성물질, 온도, SRT, DO, pH

10

$Mg(OH)_2$ 용액 100mL를 중화시키기 위해 0.01N H_2SO_4 40.4mL가 사용되었을 때 이 용액의 경도를 계산하시오.

22년 3회

[식] $N \cdot V = N' \cdot V'$

[풀이]
① $X \times 100 = 0.01 \times 40.4$
  $X = 4.04 \times 10^{-3} N$

② 경도 $= \dfrac{4.04 \times 10^{-3} \text{eq}}{L} \bigg| \dfrac{(100/2)g}{\text{eq}} \bigg| \dfrac{10^3 \text{mg}}{g}$
  $= 202 \text{mg/L as } CaCO_3$

[답] ∴ 경도 = 202mg/L as $CaCO_3$

11

폐수의 최종 방류수가 수질환경에 미치는 영향을 적게 받는 방법 3가지를 적으시오.

22년 1회

- 방류수 수질기준 강화
- 고도처리 공정 추가 및 강화
- 최종 방류수 주변에 오염물질을 분해 가능한 생물 및 식물을 추가

필답형 기출문제 2020 * 1

01

기름을 제거하기 위한 부상조를 설계하고자 한다. 다음 물음에 답하시오.

[조건]
- 제거대상 유적의 직경 : 200μm
- 유적의 비중 : 0.9
- 액체의 점도 : 0.01g/cm·sec
- 액체의 비중 : 1.0
- 처리유량 : 20,000m³/day
- 부상조의 수심 : 3m
- 부상조의 폭 : 4m
- 유체 흐름은 완전층류라 가정

가. 부상시간(min)
나. 부상조의 소요 길이(m)

빈출 체크 17년 2회 | 23년 1회

가. 부상시간

[식] $t = \dfrac{H}{V_f}$

[풀이]
① $d_p = \dfrac{200\mu m}{} \Big| \dfrac{cm}{10^4 \mu m} = 0.02cm$

② $V_f = \dfrac{d_p^2 \cdot (\rho - \rho_s) \cdot g}{18\mu}$

$= \dfrac{(0.02cm)^2}{} \Big| \dfrac{(1-0.9)g}{cm^3} \Big| \dfrac{980cm}{sec^2} \Big| \dfrac{cm \cdot sec}{18 \times 0.01g}$

$= 0.2178 cm/sec$

③ $t = \dfrac{H}{V_f} = \dfrac{3m}{} \Big| \dfrac{sec}{0.2178cm} \Big| \dfrac{100cm}{m} \Big| \dfrac{min}{60sec}$

$= 22.9568 min$

[답] ∴ 부상시간 = 22.96min

나. 부상조의 소요 길이

[식] $V_f = \dfrac{Q}{L \cdot W}$

[풀이] $L = \dfrac{Q}{V_f \cdot W}$

$= \dfrac{20,000m^3}{day} \Big| \dfrac{sec}{0.2178cm} \Big| \dfrac{1}{4m} \Big| \dfrac{100cm}{m}$

$\Big| \dfrac{day}{24hr} \Big| \dfrac{hr}{3,600sec}$

$= 26.5704m$

[답] ∴ 부상조의 소요 길이 = 26.57m

02

이온크로마토그래피에서 사용하는 서프레서(Suppressor)의 역할을 2가지 적으시오.

빈출 체크 05년 2회 | 16년 3회

- 분리칼럼으로부터 용리된 각 성분이 검출기에 들어가기 전에 용리액 자체의 전도도를 감소
- 목적성분의 전도도를 증가시켜 높은 감도로 음이온을 분석하기 위함
- 시료 중의 바탕 값에 영향을 주는 짝이온 제거

03

정수처리 시 소독방법인 오존소독의 장점 4가지를 적으시오.

- 많은 유기화합물을 빠르게 산화, 분해
- 유기화합물의 생분해성을 높임
- 탈취, 탈색효과가 큼
- 병원균에 대하여 살균작용이 강함
- Virus의 불활성화 효과가 큼
- 철 및 망간의 제거능력이 큼
- 염소요구량을 감소시켜 유기 염소 화합물의 생성량을 감소시킴
- 슬러지가 생기지 않음
- 유지관리가 용이하고 안정

04

흡착처리공정으로 오염물질이 33μg/L만큼 유입되었다. 흡착하고 남은 양이 0.005mg/L라면 필요한 활성탄의 주입량(mg/L)을 계산하시오. (단, Freundlich의 공식 $\dfrac{X}{M} = k \cdot C^{1/n}$ 이용, k = 28, n = 1.61)

빈출 체크 07년 2회 | 17년 1회

[식] $\dfrac{X}{M} = k \cdot C^{1/n}$

[풀이]
① 유입농도 = $\dfrac{33\mu g}{L} \Big| \dfrac{mg}{10^3 \mu g} = 0.033 mg/L$

② $M = \dfrac{X}{k \cdot C^{1/n}} = \dfrac{(0.033 - 0.005)}{28 \times 0.005^{1/1.61}} = 0.0267 mg/L$

[답] ∴ $M = 0.03 mg/L$

05

1차 반응 조건의 회분식 반응조에서 구성물의 전환율은 90%, 반응 상수는 0.35hr^{-1}이라 할 때 회분식 반응조의 체류시간(hr)을 구하시오. (단, 밑수 e를 사용)

빈출 체크 09년 1회 | 16년 1회

[식] $V\dfrac{dC}{dt} = Q \cdot C_o - Q \cdot C_t - k \cdot C_t^n \cdot V$

[풀이]
① 회분식 반응조는 유입, 유출 유량 = 0

② $\displaystyle\int_{C_o}^{C_t} \dfrac{1}{C} dC = -k \int_0^t dt \rightarrow \ln\dfrac{C_t}{C_o} = -k \cdot t$

③ $t = \dfrac{-\ln(10/100)}{0.35} = 6.5788 hr$

[답] ∴ 체류시간 = 6.58hr

06

시료에 중금속이 존재할 때 중금속에 의하여 BOD 측정에 미치는 영향을 서술하시오.

환원성물질의 중금속은 산소를 소비하므로 BOD 측정값이 높아지며 미생물에 독성으로 작용될 경우 미생물이 산소를 소비할 수 없어 BOD 측정값이 낮아진다.

07

정수장의 랑게리아지수가 음의 값을 가져 부식성을 갖는 경우 이를 개선하기 위하여 투입하는 물질을 2가지 적으시오. (단, 물질의 상태도 적을 것)

- 분말소석회($Ca(OH)_2$) - 고체
- 이산화탄소(CO_2) - 기체
- 수산화나트륨($NaOH$) - 고체
- 소다회(Na_2CO_3) - 고체

08

흡착제 중 GAC와 PAC의 특성을 2가지씩 기술하시오.

가. GAC

나. PAC

빈출체크 11년 1회 | 16년 2회 | 22년 3회

가. GAC 특성
- 흡착속도가 느림
- 취급이 용이
- 슬러지 발생이 없음
- 고액분리 용이

나. PAC 특성
- 흡착속도가 빠름
- 분말의 비산이 있어 취급이 어려움
- 슬러지 발생이 많은 편
- 고액분리 어려움

09

소모 BOD = Y, 잔류 BOD = L, 최종 BOD = L_o, 탈산소계수 = k를 이용하여 소모 BOD를 구하는 식을 유도하시오. (단, 1차 반응)

① $\dfrac{dL}{dt} = -k \cdot L \rightarrow \dfrac{1}{L}dL = -k \cdot dt$ ……… **양변을 적분**

② $\int_{L_o}^{L} \dfrac{1}{L}dL = -\int_{0}^{t} k\,dt \rightarrow \ln\dfrac{L}{L_o} = -k \cdot t$

……………………………………… **로그의 밑을 우항으로**

③ $L = L_o \times e^{-k \cdot t}$

④ $Y = L_o - L_o \times e^{-k \cdot t} = L_o(1 - e^{-k \cdot t})$

10

다음은 6가 크롬 환원 침전 공정으로 ㉠과 ㉡에 알맞은 것을 기술하시오.

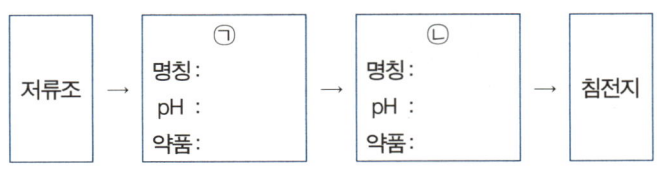

㉠ 명칭 : 환원조
 pH : 2 ~ 3
 약품 : Na_2SO_3, $NaHSO_3$, SO_2, $FeSO_4$ 등

㉡ 명칭 : 중화조
 pH : 8 ~ 9
 약품 : $NaOH$, $Ca(OH)_2$ 등

11

다음 내용에서 알맞은 것을 선택하시오.

- 정류벽의 위치는 유입구에서 (1.5m / 1.2m) 이상 떨어져서 설치하여야 한다.
- 정류벽의 개구면적은 너무 (크면 / 작으면) 정류효과가 줄어 들고 너무 (크면 / 작으면) 정류공 통과부의 유속이 과대하게 되어 지내 수류나 플록 파괴의 점에서 바람직하지 못하다.
- 정류벽 공의 경은 (30cm / 10cm) 전후
- 공의 단면적은 수류의 통과 단면적의 약 (8% / 6%) 정도가 좋다.

- 1.5m
- 크면
- 작으면
- 10cm
- 6%

12

QUAL-II 모델 13종의 대상 수질인자 중 추가해야 할 항목 5가지를 적으시오.

[보기]
조류(클로로필-a), 유기질소, 유기인, 아질산성 질소, 질산성질소, 암모니아성질소, 3개의 보존성 물질, 임의의 비보존성 물질

16년 2회 | 22년 3회

BOD, DO, 용존총인, 대장균, 온도

13

환경영향평가 중 대안 평가기법 3가지를 적으시오.

08년 2회 | 13년 1회 | 17년 2회

- 비용편익분석(Benefit Cost Analysis)
- 목표달성 매트릭스(The Goals-Achievement Matrix)
- 확대 비용편익 분석(ECBA; Extender Cost Benefit Analysis)
- 다목적 계획기법(Multi-Objective Programming)

14

다음 무기응집제에 대해 각각 응집에 필요한 칼슘염 형태의 알칼리도를 반응시켜 floc을 형성하는 완전반응식을 적으시오.

가. $FeSO_4 \cdot 7H_2O$ ($Ca(OH)_2$와 반응, 이 반응은 DO를 필요로 함)
나. $Fe_2(SO_4)_3$ ($Ca(HCO_3)_2$와 반응)

가. $2FeSO_4 \cdot 7H_2O + 2Ca(OH)_2 + 0.5O_2$
  $\rightarrow 2Fe(OH)_3 + 2CaSO_4 + 13H_2O$
나. $Fe_2(SO_4)_3 + 3Ca(HCO_3)_2$
  $\rightarrow 2Fe(OH)_3 + 3CaSO_4 + 6CO_2$

15

배수관을 통해 유량 20m³/min의 물을 양수하고자 한다. 이때 총 양정 17m, 80%의 효율을 갖는 펌프의 소요동력(kW)를 계산하시오. (단, 물의 밀도는 1g/cm³, 여유율은 1.5%)

[식] $P = \dfrac{\rho \cdot g \cdot Q \cdot H}{\eta} \times \alpha$

[풀이]

① $P = \dfrac{1{,}000\text{kg}}{\text{m}^3} \Big| \dfrac{9.8\text{m}}{\sec^2} \Big| \dfrac{20\text{m}^3}{\text{min}} \Big| \dfrac{17\text{m}}{0.8} \Big| \dfrac{\text{min}}{60\sec} \Big| 1.015$

$= 70{,}457.9167\text{W}(\text{kg} \cdot \text{m}^2/\sec^3)$

② $P = \dfrac{70{,}457.9167\text{W}}{} \Big| \dfrac{\text{kW}}{10^3 \text{W}} = 70.4579\text{kW}$

[답] ∴ 펌프의 소요동력 = 70.46kW

16

수면적부하 28.8m³/m²·day이고, SS의 침강속도 분포가 다음 표와 같은 침전지에서 기대할 수 있는 SS의 제거 효율은 몇 %인가?

침강속도(cm/min)	3	2	1	0.7	0.5
SS백분율	20	25	30	15	10

빈출 체크 09년 3회 | 16년 2회 | 23년 2회

[풀이]

① $V_o = \dfrac{28.8\text{m}^3}{\text{m}^2 \cdot \text{day}} \Big| \dfrac{100\text{cm}}{\text{m}} \Big| \dfrac{\text{day}}{24\text{hr}} \Big| \dfrac{\text{hr}}{60\text{min}} = 2\text{cm/min}$

※ 수면적부하보다 클 경우 전부 제거

② $\eta_1 = \dfrac{1}{2} = 0.5$ 이므로 $30 \times 0.5 = 15\%$ 제거

③ $\eta_{0.7} = \dfrac{0.7}{2} = 0.35$ 이므로 $15 \times 0.35 = 5.25\%$ 제거

④ $\eta_{0.5} = \dfrac{0.5}{2} = 0.25$ 이므로 $10 \times 0.25 = 2.5\%$ 제거

⑤ SS 제거 효율 $= 20 + 25 + 15 + 5.25 + 2.5 = 67.75\%$

[답] ∴ SS 제거 효율 = 67.75%

17

폐수에 2.4g의 CH₃COOH와 0.73g의 CH₃COONa를 용해시켰을 때 pH를 구하시오. (단, CH₃COOH의 $k_a = 1.8 \times 10^{-5}$)

빈출 체크 23년 2회

[식] $pH = pk_a + \log \dfrac{\text{염}}{\text{약산}}$

[풀이]

① 염(CH₃COONa) $= \dfrac{0.73\text{g}}{} \Big| \dfrac{\text{mol}}{82\text{g}} = 8.9024 \times 10^{-3} \text{mol}$

② 약산(CH₃COOH) $= \dfrac{2.4\text{g}}{} \Big| \dfrac{\text{mol}}{60\text{g}} = 0.04 \text{mol}$

③ $pH = \log \dfrac{1}{1.8 \times 10^{-5}} + \log \dfrac{8.9024 \times 10^{-3}}{0.04} = 4.0922$

[답] ∴ pH = 4.09

18

슬러지를 가압 탈수시키고자 한다. 주어진 조건을 이용하여 다음 각 물음에 답하시오.

[조건]
- 슬러지 발생량 : 12m³/day
- 탈수 cake의 고형물 농도 : 30%
- 슬러지 발생량 중의 고형물량 : 500kg/day
- 탈수 여액 중의 고형물 농도 : 0.5%
- 슬러지 내 고형물의 밀도 : 2.5kg/L

가. 탈수 cake의 밀도(kg/L)
나. 탈수 여액의 밀도(kg/L) (소수점 세 번째 자리까지)
다. 1일 여액 발생량(m³/day)
라. 1일 탈수 cake 발생량(kg/day)

 16년 3회

가. 탈수 cake의 밀도

[식] $\dfrac{100\%}{\rho_{cake}} = \dfrac{\%_W}{\rho_W} + \dfrac{\%_{TS}}{\rho_{TS}}$

[풀이]

① $\dfrac{100}{\rho_{cake}} = \dfrac{70}{1} + \dfrac{30}{2.5}$

② $\rho_{cake} = \dfrac{100}{\dfrac{70}{1} + \dfrac{30}{2.5}} = 1.2195\text{kg/L}$

[답] ∴ 탈수 cake의 밀도 = 1.22kg/L

나. 탈수 여액의 밀도

[식] $\dfrac{100\%}{\rho_{여액}} = \dfrac{\%_W}{\rho_W} + \dfrac{\%_{TS}}{\rho_{TS}}$

[풀이]

① $\dfrac{100}{\rho_{여액}} = \dfrac{99.5}{1} + \dfrac{0.5}{2.5}$

② $\rho_{여액} = \dfrac{100}{\dfrac{99.5}{1} + \dfrac{0.5}{2.5}} = 1.003\text{kg/L}$

[답] ∴ 탈수 여액의 밀도 = 1.003kg/L

다. 여액 발생량

[식] 여액 발생량 = 슬러지 발생량 - cake 발생량

[풀이] ※ 고형물량 기준으로 계산(여액 발생량을 X로 설정)

① 여액 고형물 발생량
$= \dfrac{X\,m^3}{day} \Big| \dfrac{1.003\text{kg}}{L} \Big| \dfrac{10^3 L}{m^3} \Big| \dfrac{0.5}{100} = 5.015X \text{ kg/day}$

② cake 고형물 발생량
$= \dfrac{(12-X)m^3}{day} \Big| \dfrac{1.22\text{kg}}{L} \Big| \dfrac{10^3 L}{m^3} \Big| \dfrac{30}{100}$
$= (4,392 - 366X)\text{ kg/day}$

③ $5.015X = 500 - (4,392 - 366X)$
$X = 10.7816$

[답] ∴ 여액 발생량 = 10.78m³/day

라. 1일 탈수 cake 발생량

[풀이] cake 발생량 $= \dfrac{(12-10.78)m^3}{day} \Big| \dfrac{1.22\text{kg}}{L} \Big| \dfrac{10^3 L}{m^3}$
$= 1,488.4 \text{ kg/day}$

[답] ∴ cake 발생량 = 1,488.4kg/day

필답형 기출문제 2020 * 2

01

저수량 40만 ton의 보유량을 갖는 호수에 유해물질의 농도가 30mg/L인 오염물질이 유입되었다. 다음 조건을 따를 때 오염물질의 농도가 3mg/L로 감소할 때까지 걸리는 시간(year)을 계산하시오.

[조건]
- 유해물질이 투입되기 전 호수 내의 유해물질 농도는 0
- 호수는 CFSTR로 가정
- 호수가 완전 혼합되었다고 가정
- 호수의 유역면적은 $10^5 m^2$
- 유역의 연평균 강우량은 1,200mm/yr
- 호수의 유입, 유출량은 강우량에만 의존

빈출체크 06년 2회 | 14년 3회 | 18년 2회 | 23년 1회

[식] $V \dfrac{dC}{dt} = Q \cdot C_o - Q \cdot C_t - k \cdot C_t^n \cdot V$

[풀이]

① $Q = \dfrac{1,200mm}{yr} \Big| \dfrac{10^5 m^2}{} \Big| \dfrac{m}{10^3 mm} = 1.2 \times 10^5 m^3/yr$

② 유입농도와 반응 = 0

$\int_{C_o}^{C_t} \dfrac{1}{C} dC = -\dfrac{Q}{V} \int_0^t dt \rightarrow \ln \dfrac{C_t}{C_o} = -\dfrac{Q}{V} \times t$

③ $t = \dfrac{-\ln(3/30)}{(1.2 \times 10^5)/(4 \times 10^5)} = 7.6753 \, yr$

[답] ∴ 걸리는 시간 = 7.68yr

02

공기 탈기법과 파과점 염소 주입법의 원리와 화학식을 쓰시오.

가. 공기 탈기법

나. 파과점 염소 주입법

빈출체크 08년 2회 | 10년 1회 | 13년 1회 | 17년 1회

가. 공기 탈기법
- 원리 : 폐수에 공기를 주입하여 암모니아의 분압을 감소시키면 암모니아가 물로부터 분리되어 공기 중으로 날아가는 현상을 이용한 공정
- 화학식
  $NH_4^+ + OH^- \rightleftharpoons NH_3 + H_2O$ ··· pH 10.5 ~ 11.5

나. 파과점 염소 주입법
- 원리 : 폐수에 파과점 이상으로 염소를 주입하여 암모니아성 질소를 산화시켜 질소 가스나 기타 안정된 화합물로 바꾸는 공정
- 화학식
  $2NH_4^+ + 3Cl_2 \rightarrow N_2 \uparrow + 6HCl + 2H^+$ ··· pH 10 ↑

03

공장폐수 중 TCE와 PCE를 가스크로마토그래피로 분석하고자 한다. 이때 전처리 방법 3가지와 TCE와 PCE에 공통으로 사용할 수 있는 가스크로마토그래피 검출기를 적으시오.

가. 전처리 방법
나. 검출기

가. Solid phase micro extraction, Headspace, Purge&trap 등
나. ECD(전자포획 검출기)

04

SS가 기준치를 초과하였을 때 추가적인 고도 처리공정이 필요하여 처리공법을 검토할 때 검토대상이 될 수 있는 공법 3가지를 적으시오.

17년 1회

여과, 부상분리, 응집침전법, MBR

05

하천수의 기본적인 용존산소 모델식인 Streeter-phelps Model을 표현한 것이다. 빈칸에 알맞은 이름을 적으시오. (단, 단위포함)

$$D_t = \frac{k_1}{k_2 - k_1} L_o (10^{-k_1 t} - 10^{-k_2 t}) + D_o \times 10^{-k_2 t}$$

L_o : (①) D_o : (②) k_1 : (③) k_2 : (④)

06년 3회 | 15년 1회 | 23년 2회

① 최종 BOD(BOD_u) : mg/L
② 초기 DO 부족농도 : mg/L
③ 탈산소계수 : day^{-1}
④ 재포기계수 : day^{-1}

06

SBR 공정의 단계가 다음과 같을 때, 반응의 각 단계를 쓰고 단계별 역할을 서술하시오.

13년 2회 | 16년 1회

㉠ 혐기성 : 유기물 제거 및 인의 방출
㉡ 호기성 : 질산화 및 인의 과잉섭취
㉢ 무산소 : 탈질화

07

pH 5인 폐수 2,000m³와 pH 3인 폐수 1,000m³가 혼합된 폐수의 pH를 구하시오.

17년 1회

[식] $N_m = \dfrac{N_1 \cdot V_1 + N_2 \cdot V_2}{V_1 + V_2}$

[풀이]

① $N_m = \dfrac{10^{-3} \times 1,000 + 10^{-5} \times 2,000}{1,000 + 2,000} = 3.4 \times 10^{-4} N$

② $pH = \log \dfrac{1}{3.4 \times 10^{-4}} = 3.4685$

[답] ∴ pH = 3.47

08

여름철에 호수의 수심에 따른 온도 그래프를 그리고 각 층의 명칭을 쓰시오. (단, 수심은 임의)

10년 1회 | 17년 2회

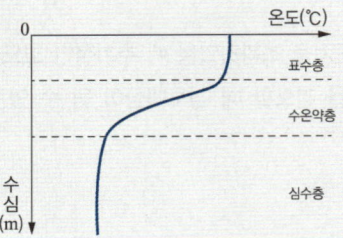

09

쟈 테스트(Jar test)의 기본적인 목적 중 3가지를 적으시오.

15년 3회

- 최적의 응집제의 종류 선정
- 최적의 pH, 알칼리도 선정
- 최적의 온도 선정
- 최적의 교반조건 선정

10

포기조 내 혼합액의 DO가 감소하는 원인을 추정하기 위한 알고리즘이다. ㉠, ㉡, ㉢에 해당하는 원인을 적으시오.

14년 2회 | 18년 2회

㉠ 미생물량이 증가하여 산소소비량 증가
㉡ SRT 증가 및 포기조 결함
㉢ F/M비가 상승하여 산소소비량 증가

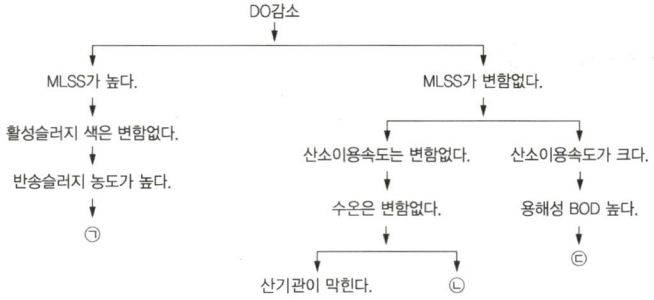

11

도수관로의 기능을 저하시키는 요인 4가지를 기술하시오.

빈출 체크 17년 1회 | 23년 3회

- 관재질, 수질, 미세전류 등으로 인한 부식이 발생
- 도수노선이 동수경사선보다 위쪽으로 되어 있는 경우
- 수압 및 온도변화
- 조류 번식에 의한 스케일 형성
- 퇴적물의 누적
- 공동현상 및 수격작용에 의해

12

A 하천의 최소유량 30m³/day, 평균 유량 2,000m³/day, 최대유량 6,000m³/day라 할 때 A하천의 하상계수를 구하시오.

[식] 하상계수 $= \dfrac{Q_{max}}{Q_{min}}$

[풀이] 하상계수 $= \dfrac{6{,}000\,\text{m}^3/\text{day}}{30\,\text{m}^3/\text{day}} = 200$

[답] ∴ 하상계수 = 200

13

A/O process와 Phostrip process의 처리방법을 서술하시오.
(단, 주요 반응조별 역할포함)

빈출 체크 06년 1회 | 13년 2회

가. A/O : 오로지 인만 처리 가능하며 혐기조에서는 유기물 제거 및 인의 방출, 호기조에서는 인의 과잉섭취가 일어남

나. Phostrip : 생물학적, 화학적 처리방법을 조합한 것으로 반송슬러지의 일부를 혐기성 상태인 탈인조로 유입시켜 혐기성 상태에서 인을 방출 및 분리한 후 상등액으로부터 과량 함유된 인을 화학 침전·제거시키는 방법으로 호기조에서는 인의 과잉섭취, 화학처리조에서는 인의 응집침전, 탈인조 슬러지에서는 슬러지를 반송하여 인의 과잉 흡수를 유도

14

어떠한 입자가 0.6cm/sec의 속도로 침전되고 있다. 점성계수 0.0101 g/cm·sec, 비중 2.67인 입자의 직경(cm)을 계산하시오.

[식] $V_g = \dfrac{d_p^2(\rho_p - \rho)g}{18\mu}$

[풀이]

① d_p에 대한 식으로 정리 → $d_p = \sqrt{\dfrac{18\mu \cdot V_g}{(\rho_p - \rho)g}}$

② $d_p = \sqrt{\dfrac{18 \times 0.0101 \times 0.6}{(2.67-1) \times 980}} = 8.1640 \times 10^{-3}\,\text{cm}$

[답] ∴ 입자의 직경 $= 8.16 \times 10^{-3}$cm

15

전염소처리와 중간염소처리의 염소제 주입 지점은?

가. 전염소처리 염소제 주입 지점

나. 중간염소처리 염소제 주입 지점

빈출체크 13년 1회 | 23년 1회

가. 착수정, 혼화지 사이
나. 응집침전지, 여과지 사이

16

슬러지의 일반적 탈수처리방법 4가지를 쓰시오.

원심분리, 가압여과, 진공여과, 벨트프레스, 천일건조상법

17

정수처리에서 이용되는 급속여과법과 완속여과법을 건설비, 유지관리비, 세균제거의 관점으로 장단점을 기술하시오.

급속여과법의 특성
- 여과지의 면적이 작아 건설비가 적게 듦
- 기계를 이용한 청소로 경비 많이 소모
- 살균처리가 되지 않아 여과 후 염소살균 필요

18

물의 깊이가 너비의 1.25배인 정방형 급속혼합조에 800m³/day로 유입되는 폐수를 처리하기 위한 급속혼합조의 유효수심(m), 폭(m)을 구하시오. (단, 체류시간은 40초)

빈출체크 18년 1회

[식] $V = W^2 \cdot H$

[풀이]

① $V = Q \cdot t = \dfrac{800m^3}{day} \Big| \dfrac{40sec}{} \Big| \dfrac{hr}{3,600sec} \Big| \dfrac{day}{24hr}$

$= 0.3704 m^3$

② $H = 1.25W$ 이므로 $V = 1.25W^3$

$W = \left(\dfrac{V}{1.25}\right)^{1/3} = \left(\dfrac{0.3704}{1.25}\right)^{1/3} = 0.6667m$

$H = 1.25 \times 0.6667 = 0.8334m$

[답] ∴ W = 0.67m, H = 0.83m

필답형 기출문제

2020 * 3

01

총 인 농도가 20μg/L에서 100μg/L로 한달 만에 상승했다. 호수 바닥 면적은 1km², 수심은 5m일 때 총 인의 용출율(mg/m²·day)을 구하시오. (단, 한달은 30day로 계산)

빈출 체크 10년 1회

[식] 총 인 용출율 = $\dfrac{\text{총 인 증가량}}{\text{호수 바닥 면적}}$

[풀이]
① 총 인 증가량
$$= \dfrac{80\mu g}{L \cdot month} \bigg| \dfrac{5m \times 1km^2}{1} \bigg| \dfrac{(10^3 m)^2}{1km^2} \bigg| \dfrac{mg}{10^3 \mu g} \bigg| \dfrac{10^3 L}{m^3}$$
$$= 4 \times 10^8 \, mg/month$$

② 총 인 용출율
$$= \dfrac{4 \times 10^8 \, mg}{month} \bigg| \dfrac{month}{30 day} \bigg| \dfrac{1}{1km^2} \bigg| \dfrac{1km^2}{(10^3 m)^2}$$
$$= 13.3333 \, mg/m^2 \cdot day$$

[답] ∴ 총 인 용출율 = 13.33 mg/m²·day

02

30cm×30cm×30cm 크기의 시스템의 증발산량(cm/day)을 구하시오.

- 1일 차 상자 전체의 무게 : 20.0kg
- 3일 차 상자 전체의 무게 : 19.2kg

빈출 체크 14년 2회

[식] 증발산량 = $\dfrac{Q}{A}$

[풀이]
① 2일의 증발한 수분 = $\dfrac{(20.0 - 19.2)kg}{1} \bigg| \dfrac{L}{1kg} \bigg| \dfrac{10^3 cm^3}{L}$
$$= 800 \, cm^3$$

※ 2일간 800cm³이 증발했으므로 하루에 400cm³ 증발

② 증발산량 = $\dfrac{400 \, cm^3}{day} \bigg| \dfrac{1}{30cm \times 30cm} = 0.4444 \, cm/day$

[답] ∴ 증발산량 = 0.44 cm/day

03

관 내의 유량측정 방법 중 공정수의 유량을 측정할 수 있는 방법을 3가지 적으시오. (단, 피토우관은 제외한다)

빈출 체크 07년 3회 | 16년 3회

유량측정용 노즐, 오리피스, 자기식유량측정기

04

20,000명이 사는 소도시에 유량이 450L/인·day, 체류시간 2.5hr, 표면부하율 40m³/m²·day인 침전지를 설치하고자 할 때 침전지의 소요직경(m) 및 높이(m)를 계산하시오.

[식] $V = Q \cdot t$, $A = \dfrac{\pi D^2}{4}$

[풀이]

① $Q = \dfrac{450L}{인 \cdot day} \Big| \dfrac{20{,}000인}{} \Big| \dfrac{m^3}{10^3 L} = 9{,}000 \, m^3/day$

② $V = \dfrac{9{,}000 m^3}{day} \Big| \dfrac{2.5hr}{} \Big| \dfrac{day}{24hr} = 937.5 \, m^3$

③ $A = \dfrac{Q}{V_o} = \dfrac{9{,}000 m^3}{day} \Big| \dfrac{m^2 \cdot day}{40 m^3} = 225 \, m^2$

④ $D = \sqrt{\dfrac{4A}{\pi}} = \sqrt{\dfrac{4 \times 225 m^2}{\pi}} = 16.9257 \, m$

⑤ $H = \dfrac{V}{A} = \dfrac{937.5 m^3}{225 m^2} = 4.1667 \, m$

[답] ∴ D = 16.93m, H = 4.17m

05

하수관에서의 H₂S에 의한 관정부식을 방지하는 방법 3가지를 적으시오. (단, 관거청소, 퇴적물 제거는 정답에서 제외)

빈출체크 07년 2회 | 14년 3회 | 16년 1회 | 21년 3회 | 23년 3회

황화수소 부식(관정부식) 방지대책
- 호기성 상태로 유지하여 황화수소의 생성을 방지
- 환기를 통한 황화수소 희석
- 기상 중으로의 확산 방지
- 황산염 환원 세균의 활동 억제
- 유황산화 세균의 활동 억제
- 방식 재료를 사용하여 관을 방호

06

수정 Bardenpho 공정의 각 반응조 이름과 역할을 쓰시오.
(단, 내부반송·유기물 제거는 생략)

2차 유입수 → ① → ② → ③ → ④ → ⑤ → 침전조 → 유출

빈출체크 05년 2회 | 10년 1회 | 14년 1회 | 18년 1회 | 20년 4·5회

① 혐기조 : 인의 방출
② 무산소조 : 유입수 및 호기조에서 내부 반송된 반송수 중의 질산성질소 제거
③ 호기조 : 유입수 내 잔류 유기물 제거 및 질산화, 인의 과잉 섭취
④ 무산소조 : 내생탈질과정을 통하여 잔류질산성질소 제거
⑤ 호기조 : 암모니아성 질소 산화 및 인의 재방출 방지

07

A공정의 BOD 제거율이 40%, BOD 중 용해성 BOD 20%라고 할 때 부유물질의 제거율(%)을 구하시오. (단, 부유물질은 비용해성 BOD 제거에 따라 제거됨)

[식] SS 제거율 = BOD 제거율 × 비용해성 BOD
[풀이]
① BOD = SBOD + IBOD
→ BOD 중 용해성 BOD(SBOD) 20%이므로 비용해성 BOD(IBOD)는 80%
② SS 제거율 = BOD 제거율 × 비용해성 BOD
= 0.4 × 0.8 = 0.32
③ SS 제거율 = 0.32 × 100 = 32%
[답] ∴ SS제거율 = 32%

08

회분식 반응조에서 오염물질의 제거 또는 전환율이 99%가 되게 하고자 한다. 이 회분식 반응조의 체류시간(hr)을 구하시오. (단, k = 0.35/hr, 1차 반응)

빈출체크 15년 3회

[식] $V\dfrac{dC}{dt} = Q \cdot C_o - Q \cdot C_t - k \cdot C_t^n \cdot V$

[풀이]
① 회분식 반응조는 유입, 유출 유량 = 0
② $\int_{C_o}^{C_t} \dfrac{1}{C} dC = -k \int_0^t dt \rightarrow \ln \dfrac{C_t}{C_o} = -k \cdot t$
③ $t = \dfrac{-\ln(1/100)}{0.35} = 13.1576\,hr$

[답] ∴ 체류시간 = 13.16hr

09

탈질산화세균은 에너지원 및 세포합성을 위한 탄소원으로서 유기물질을 필요로 하는데 유기물질을 얻을 수 있는 방법 및 형태 3가지를 적으시오.

빈출체크 05년 2회 | 14년 3회

· 메탄올, 에탄올 등과 같은 외부탄소원을 공급
· 하수처리장으로 유입되는 하수 내부의 유기물질
· 미생물의 내생호흡조건에서 발생하는 내생탄소원

10

5단계 bardenpho 공정에 대한 공정도를 그리고 호기조 반응조의 주된 역할 2가지에 대해 간단히 서술하시오.
가. 공정도(반응조 명칭, 내부반송, 슬러지 반송표시)
나. '호기조'의 주된 역할 2가지(단, 유기물 제거는 정답에서 제외)

빈출체크 06년 3회 | 07년 1회 | 07년 2회 | 08년 1회 | 12년 2회
15년 2회 | 16년 3회 | 18년 2회

가. 공정도

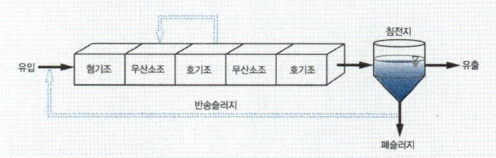

나. 인의 과잉 섭취 및 질산화

11

유량 200m³/day, pH 2인 황산화수소를 수산화나트륨(나트륨 함량 90%)으로 중화시킬 때 필요한 수산화나트륨의 양(kg/day)을 구하시오.

[식] $NV = N'V'$

[풀이] $V' = \dfrac{200m^3}{day} \Big| \dfrac{10^{-2}eq}{L} \Big| \dfrac{40g}{eq} \Big| \dfrac{10^3 L}{m^3} \Big| \dfrac{kg}{10^3 g} \Big| \dfrac{1}{0.9}$

$= 88.8889 kg/day$

[답] ∴ 수산화나트륨의 양 = 88.89kg/day

12

질산화는 질산화를 일으키는 Autotrophic bacteria에 의해 NH_4^+가 2단계를 거쳐 NO_3로 변하는데 각 단계 반응식(관련 미생물 포함)과 전체 반응식을 기술하시오.

빈출체크 12년 2회

- 아질산화 : $NH_4^+ + 1.5O_2 \rightarrow NO_2^- + H_2O + 2H^+$
  [*Nitrosomonas*]
- 질산화 : $NO_2^- + 0.5O_2 \rightarrow NO_3^-$
  [*Nitrobacter*]
- Total : $NH_4^+ + 2O_2 \rightarrow NO_3^- + H_2O + 2H^+$

13

슬러지 소화조에서 사용하는 부유식 지붕에 대한 장점 3가지를 기술하시오.

- 부피가 변하므로 운영상의 융통성이 큼
- 소화가스와 산소가 혼합되어 폭발가스가 될 위험을 최소화
- 스컴이 수중에 잠기게 되므로 스컴을 혼합시킬 필요가 없음
- 지붕 아래에 가스저장을 위한 공간이 부여됨

14

등비증가법에 따라서 도시인구가 10년간 3.25배 증가했을 때 연평균 인구 증가율(%)은?

빈출체크 15년 1회 | 18년 1회

[식] $P_n = P(1+r)^n$

[풀이]

① $\dfrac{P_n}{P} = (1+r)^n$

② $\left(\dfrac{P_n}{P}\right)^{1/n} = 1+r$

③ $r = (3.25)^{1/10} - 1 = 0.1251$

[답] ∴ 인구 증가율 = 12.51%

15

지하수가 4개의 대수층을 통과할 때 수평방향과 수직방향의 평균 투수계수 K_x와 K_y를 구하시오.

K_1	10cm/day	20cm
K_2	50cm/day	5cm
K_3	1cm/day	10cm
K_4	5cm/day	10cm

가. 수평방향 평균투수계수

나. 수직방향 평균투수계수

 07년 3회 | 09년 3회 | 15년 1회 | 18년 2회

가. 수평방향 평균투수계수

[식] $K_X = \dfrac{\sum_{i=1}^{n}(K_i \cdot H_i)}{\sum_{i=1}^{n}(H_i)}$

[풀이] $K_X = \dfrac{K_1 \cdot H_1 + K_2 \cdot H_2 + K_3 \cdot H_3 + K_4 \cdot H_4}{H_1 + H_2 + H_3 + H_4}$

$= \dfrac{10 \times 20 + 50 \times 5 + 1 \times 10 + 5 \times 10}{20 + 5 + 10 + 10}$

$= 11.3333 \text{cm/day}$

[답] ∴ 수평방향 평균투수계수 = 11.33cm/day

나. 수직방향 평균투수계수

[식] $K_Y = \dfrac{\sum_{i=1}^{n}(H_i)}{\sum_{i=1}^{n}\left(\dfrac{H_i}{K_i}\right)}$

[풀이] $K_Y = \dfrac{H_1 + H_2 + H_3 + H_4}{\dfrac{H_1}{K_1} + \dfrac{H_2}{K_2} + \dfrac{H_3}{K_3} + \dfrac{H_4}{K_4}}$

$= \dfrac{20 + 5 + 10 + 10}{\dfrac{20}{10} + \dfrac{5}{50} + \dfrac{10}{1} + \dfrac{10}{5}} = 3.1915 \text{cm/day}$

[답] ∴ 수직방향 평균투수계수 = 3.19cm/day

16

알칼리염소법으로 CN^- 농도가 200mg/L, 폐수량이 500m³/day인 폐수를 처리하는 데 필요한 이론적인 염소량(ton/day)을 계산하시오. (단, 반응식은 $2CN^- + 5Cl_2 + 4H_2O \rightarrow 2CO_2 + N_2 + 8HCl + 2Cl^-$이다)

[풀이]

① 처리 CN의 량 $= \dfrac{200\text{mg}}{\text{L}} \left| \dfrac{500\text{m}^3}{\text{day}} \right| \dfrac{10^3\text{L}}{\text{m}^3} \left| \dfrac{\text{ton}}{10^9\text{mg}} \right.$

$= 0.1 \text{ton/day}$

② $2CN^-$: $5Cl_2$

2×26 : 5×71

0.1ton/day : X

$X = \dfrac{5 \times 71 \times 0.1}{2 \times 26} = 0.6827$

[답] ∴ 이론적 염소량 = 0.68ton/day

17

수심 0.5m, 폭 1.2m인 직사각형 단면수로(구배 1/800)의 유량 (m^3/min)을 계산하시오. (단, 소수점 첫 번째 자리까지 계산, $V = \dfrac{87}{1 + \dfrac{r}{\sqrt{R}}} \sqrt{RI}$ (m/sec), 조도계수 0.3)

09년 1회 | 18년 2회

[식] $V = \dfrac{87}{1 + \dfrac{r}{\sqrt{R}}} \sqrt{R \cdot I}$

[풀이]

① $R = \dfrac{H \cdot W}{2H + W} = \dfrac{0.5 \times 1.2}{2 \times 0.5 + 1.2} = 0.2727 \text{m}$

② $V = \dfrac{87}{1 + \dfrac{0.3}{\sqrt{0.2727}}} \times \sqrt{0.2727 \times (1/800)}$

　　$= 1.0202 \text{m/sec}$

③ $Q = A \cdot V = \dfrac{1.2\text{m} \times 0.5\text{m}}{} \Big| \dfrac{1.0202\text{m}}{\text{sec}} \Big| \dfrac{60\text{sec}}{\text{min}}$

　　$= 36.7272 \text{m}^3/\text{min}$

[답] ∴ 유량 $= 36.7 \text{m}^3/\text{min}$

18

접촉산화법 단점 5가지를 기술하시오.

09년 1회

- 초기 건설비가 큼
- 부하가 클 경우 매체의 폐쇄위험
- 매체를 균일하게 포기교반하는 설정이 어려움
- 미생물량 및 영향인자를 정상상태로 유지하기 위한 조작이 어려움
- 사수부가 발생할 우려가 있음

필답형 기출문제 2020 * 4·5

01

Cu^{2+} = 30mg/L, Zn^{2+} = 15mg/L, Ni^{2+} = 20mg/L를 함유한 폐수량 5,000m³/day을 양이온 교환수지 10^5g $CaCO_3/m^3$으로 제거하고자 한다. 10일 주기로 양이온 교환수지가 재생된다고 할 때, 한 주기에 필요한 양이온 교환수지의 양(m³)을 계산하시오.
(단, 원자량 Cu : 64, Zn : 65, Ni : 59)

[식] $V = \dfrac{\text{폐수의 g당량}}{\text{양이온 교환수지}}$

[풀이]
① 폐수의 g당량

$= \left(\dfrac{30mg}{L} \middle| \dfrac{g}{10^3 mg} \middle| \dfrac{eq}{(64/2)g} + \dfrac{15mg}{L} \middle| \dfrac{g}{10^3 mg} \right.$

$\left. \middle| \dfrac{eq}{(65/2)g} + \dfrac{20mg}{L} \middle| \dfrac{g}{10^3 mg} \middle| \dfrac{eq}{(59/2)g} \right)$

$\times \dfrac{(100/2)g}{eq} \middle| \dfrac{10^3 L}{m^3} \middle| \dfrac{5,000m^3}{day} \middle| \dfrac{10day}{}$

$= 5.1925 \times 10^6 \, gCaCO_3$

② $V = \dfrac{5.1925 \times 10^6 \, gCaCO_3}{10^5 \, gCaCO_3/m^3} = 51.925 m^3$

[답] ∴ $V = 51.93 m^3$

02

막 공법의 추진력을 쓰시오.

가. 투석
나. 전기투석
다. 역삼투

07년 2회 | 07년 3회 | 09년 3회 | 10년 1회 | 13년 1회
15년 3회 | 16년 2회 | 18년 3회 | 19년 1회 | 21년 3회

가. 투석 : 농도차
나. 전기투석 : 전위차
다. 역삼투 : 정수압차

03

혐기성소화조에서 스컴 형성 시 일어날 수 있는 현상과 스컴을 방지하거나 파괴할 수 있는 방법 3가지를 각각 적으시오.

가. 스컴 형성 시 일어날 수 있는 현상
- 바이오가스관의 막힘 현상 발생
- 가스 발생 저해
- 소화조의 유효용량 감소하여 과부하 상태가 될 수 있음
- 소화 억제

나. 스컴 방지 및 파괴 방법
- 수면에 설치된 레이크(rake)나 스크루를 회전시키는 방법
- 펌프를 사용하여 상징수를 수면상부와 하부에 설치된 노즐을 통하여 스컴층 위에 살수하는 방법
- 소화가스를 소화조의 수면부근에 주입하여 교반시키는 방법

04

활성슬러지법에 의한 하수처리장의 포기조에 대하여 다음 물음에 답하시오.

[조건]
- 유입 BOD_5 농도 : 250mg/L
- 유출 BOD_5 농도 : 20mg/L
- 유입 유량 : 0.25m³/sec
- BOD_5/BOD_u : 0.7
- 잉여슬러지양 : 1,700kg/day
- 공기밀도 : 1.2kg/m³
- 산소전달효율 : 0.08
- 안전율 : 2
- 공기 중 산소의 중량분율 : 0.23

$$O_2(kg/day) = \frac{Q \cdot (S_i - S_o) \cdot (10^3 g/kg)^{-1}}{f} - 1.42(P_x)$$

가. 산소의 필요량(kg/day)
나. 설계 시 공기의 필요량(m³/day)

[빈출체크] 06년 2회 | 09년 2회 | 16년 2회

가. 산소의 필요량

[식] $O_2 = \dfrac{Q \cdot (S_i - S_o) \cdot (10^3 g/kg)^{-1}}{f} - 1.42(P_x)$

[풀이] $O_2 = \dfrac{21,600 \times (250 - 20) \cdot (10^3 g/kg)^{-1}}{0.7}$
$- 1.42 \times 1,700 = 4,683.1429 kg/day$

[답] ∴ 산소의 필요량 = 4,683.14kg/day

나. 설계 시 공기의 필요량

[풀이] 설계 시 공기의 필요량
$= \dfrac{4,683.14 kg}{day} \left| \dfrac{100_{Air}}{23_{O_2}} \right| \dfrac{m^3}{1.2kg} \left| \dfrac{100}{8} \right| \dfrac{2}{}$

$= 424,197.4638 m^3/day$

[답] ∴ 설계 시 공기의 필요량 = 424,197.46m³/day

05

분류식과 합류식의 특성을 알맞게 작성하시오.

구분	분류식	합류식	보기
시설비	( )	( )	저렴, 고가
토사유입	( )	( )	많다, 적다
관거오접 감시	( )	( )	해당없음, 요망
슬러지 함량 내 중금속	( )	( )	큼, 적음
관거 폐쇄	( )	( )	큼, 적음

 16년 2회 | 18년 3회

구분	분류식	합류식	보기
시설비	(고가)	(저렴)	저렴, 고가
토사유입	(적다)	(많다)	많다, 적다
관거오접 감시	(요망)	(해당없음)	해당없음, 요망
슬러지 함량 내 중금속	(적음)	(큼)	큼, 적음
관거 폐쇄	(큼)	(적음)	큼, 적음

06

관에 $0.02m^3$/sec의 물이 흐를 때 생기는 마찰수두손실이 10m가 되려면 관의 길이는 몇 m가 되어야 하는지 계산하시오.
(단, 내경은 10cm, 마찰손실계수는 0.015)

05년 3회 | 08년 3회 | 11년 3회 | 15년 1회 | 18년 1회

[식] $h = f \times \dfrac{L}{D} \times \dfrac{V^2}{2g}$

[풀이]

① $V = \dfrac{Q}{A} = \dfrac{0.02m^3}{sec} \Big| \dfrac{4}{\pi(0.1m)^2} = 2.5465 m/sec$

② $L = \dfrac{h \cdot D \cdot 2g}{f \cdot V^2} = \dfrac{10 \times 0.1 \times 2 \times 9.8}{0.015 \times 2.5465^2} = 201.5011m$

[답] ∴ 관의 길이 = 201.50m

07

혐기성 조건에서 Glucose가 분해될 때 최종 BOD 1kg당 발생 가능한 메탄가스의 부피는 30℃에서 몇 m^3인지 계산하시오.

06년 1회 | 09년 2회 | 09년 3회 | 11년 3회 | 14년 2회

[풀이]

① $C_6H_{12}O_6 + 6O_2 \rightarrow 6CO_2 + 6H_2O$
   180 : 6×32
   X : 1kg

   $X = \dfrac{180 \times 1}{6 \times 32} = 0.9375 kg$

② $C_6H_{12}O_6 \rightarrow 3CH_4 + 3CO_2$
   180kg : $3 \times 22.4 Sm^3$
   0.9375kg : Y

   $Y = \dfrac{3 \times 22.4 \times 0.9375}{180} = 0.35 Sm^3$

③ 온도 보정

   $\dfrac{0.35 Sm^3}{} \Big| \dfrac{273+30}{273} = 0.3885 m^3$

[답] ∴ 메탄가스의 부피 = 0.39m^3

08

수정 Bardenpho 공정의 각 반응조 이름과 역할을 쓰시오.
(단, 내부반송·유기물 제거는 생략)

2차 유입수 → ① → ② → ③ → ④ → ⑤ → 침전조 → 유출

빈출 체크 05년 2회 | 10년 1회 | 14년 1회 | 18년 1회 | 20년 3회

① 혐기조 : 인의 방출
② 무산소조 : 유입수 및 호기조에서 내부 반송된 반송수 중의 질산성질소 제거
③ 호기조 : 유입수 내 잔류 유기물 제거 및 질산화, 인의 과잉 섭취
④ 무산소조 : 내생탈질과정을 통하여 잔류질산성질소 제거
⑤ 호기조 : 암모니아성 질소 산화 및 인의 재방출 방지

09

저수량 $30,000m^3$의 저수지에 유해물질의 농도가 50mg/L에서 1mg/L로 변할 때까지 걸리는 시간(year)을 계산하시오.

[조건]
- 유해물질이 투입되기 전 저수지 내의 유해물질 농도는 0
- 저수지가 완전 혼합되었다고 가정
- 저수지의 유역면적은 1.2ha
- 유역의 연평균 강우량은 1,200mm/yr
- 저수지의 유입, 유출량은 강우량에만 의존

빈출 체크 11년 1회 | 18년 3회

[식] $V \dfrac{dC}{dt} = Q \cdot C_o - Q \cdot C_t - k \cdot C_t^n \cdot V$

[풀이]

① $Q = \dfrac{1{,}200mm}{yr} \Big| \dfrac{1.2ha}{} \Big| \dfrac{m}{10^3 mm} \Big| \dfrac{10^4 m^2}{ha}$
$= 14{,}400 m^3/yr$

② 유입농도, 반응 = 0
$\int_{C_o}^{C_t} \dfrac{1}{C} dC = -\dfrac{Q}{V} \int_0^t dt \rightarrow \ln \dfrac{C_t}{C_o} = -\dfrac{Q}{V} \times t$

③ $t = \dfrac{\ln(1/50)}{-(14{,}400/30{,}000)} = 8.1500 yr$

[답] ∴ 걸리는 시간 = 8.15yr

10

Fenton 산화법의 목적, 시약, 최적 pH를 기술하시오.

빈출 체크 06년 1회

- 목적 : 생물학적 분해 불가능한 고분자 물질을 생물학적 분해 가능한 저분자 물질로 전환
- 시약 : H_2O_2, 철염
- 최적 pH : 3 ~ 5

11

염소소독에 영향을 미치는 인자 5가지를 적으시오.

빈출 체크 08년 2회

pH, 염소주입량, 접촉시간, 온도, 알칼리도

12

폐수에 3.4g의 CH_3COOH와 0.63g의 CH_3COONa를 용해시켰을 때 pH를 구하시오. (단, CH_3COOH의 $k_a = 1.8 \times 10^{-5}$)

빈출 체크 08년 2회 | 08년 3회 | 15년 2회

[식] $pH = pk_a + \log \dfrac{염}{약산}$

[풀이]

① 염(CH_3COONa) = $\dfrac{0.63g}{} \Big| \dfrac{mol}{82g} = 0.0077 mol$

② 약산(CH_3COOH) = $\dfrac{3.4g}{} \Big| \dfrac{mol}{60g} = 0.0567 mol$

③ $pH = \log \dfrac{1}{1.8 \times 10^{-5}} + \log \dfrac{0.0077}{0.0567} = 3.8776$

[답] ∴ $pH = 3.88$

13

배양기에 시료를 넣어 BOD를 측정하는데 시료의 최종 BOD는 330mg/L, 속도상수는 20℃에서 0.13day^{-1}(밑수 10)이다. 2일 후 배양기의 온도를 25℃ 조절하였다면 시료의 측정된 BOD_5를 계산하시오. (단, θ는 1.047로 가정, 배양기 온도변화에 소모된 시간은 무시함)

빈출 체크 14년 2회

[식] $BOD_t = BOD_u (1 - 10^{-k_1 \cdot t})$

[풀이]

① $BOD_2 = 330 \times (1 - 10^{-0.13 \times 2}) = 148.6515 mg/L$

② 2일 후 최종 BOD

$BOD_t = BOD_u \times 10^{-k_1 \cdot t}$
$= 330 \times 10^{-0.13 \times 2} = 181.3485 mg/L$

③ $k_T = k_{20℃} \times \theta^{(T-20)}$

$k_{25℃} = 0.13 \times 1.047^{(25-20)} = 0.1636 day^{-1}$

④ $BOD_3 = 181.3485 \times (1 - 10^{-0.1636 \times 3}) = 122.7733 mg/L$

⑤ $BOD_5 = 148.6515 + 122.7733 = 271.4248 mg/L$

[답] ∴ $BOD_5 = 271.42 mg/L$

14

A공장의 유출수의 BOD 농도(mg/L)를 아래의 조건을 이용하여 계산하시오.

[조건]
- 급수인구 : 50,000명
- 급수 보급률 : 50%
- 평균 급수량 : 400L/인·day
- COD 배출량 : 50g/인·day
- COD 처리 효율 : 90%
- 하수량 : 급수량×0.8
- 하수도 보급률 : 50%
- BOD/COD : 0.7

빈출 체크 23년 3회

[풀이]

① 발생 하수량 = $\dfrac{400L}{인 \cdot day} \Big| \dfrac{50,000인}{} \Big| \dfrac{50}{100} \Big| \dfrac{80}{100} \Big| \dfrac{50}{100} \Big| \dfrac{m^3}{10^3 L}$

$= 4,000 m^3/day$

② 유출 BOD의 량 = $\dfrac{50g}{인 \cdot day} \Big| \dfrac{50,000인}{} \Big| \dfrac{50}{100} \Big| \dfrac{70}{100} \Big| \dfrac{10}{100}$

$= 87,500 g/day$

③ 유출수의 BOD 농도 = $\dfrac{87,500g}{day} \Big| \dfrac{day}{4,000 m^3} \Big| \dfrac{10^3 mg}{g} \Big| \dfrac{m^3}{10^3 L}$

$= 21.875 mg/L$

[답] ∴ 유출수의 BOD 농도 = 21.88 mg/L

15

탈질화 과정에서 메탄올을 탄소원으로 공급할 경우 두 단계로 반응이 일어나는데 단계별 일어나는 반응식 및 전체 반응식을 적으시오.

가. 1단계 반응식
나. 2단계 반응식
다. 전체 반응식

빈출 체크 13년 2회

가. $6NO_3^- + 2CH_3OH \rightarrow 6NO_2^- + 4H_2O + 2CO_2$
나. $6NO_2^- + 3CH_3OH \rightarrow 3N_2 + 3H_2O + 3CO_2 + 6OH^-$
다. $6NO_3^- + 5CH_3OH \rightarrow 3N_2 + 7H_2O + 5CO_2 + 6OH^-$

16

농축 슬러지(함수율 97%) $50m^3$를 탈수시켜 함수율 80%의 탈수 슬러지를 생성하려 한다. 탈수 슬러지의 발생 부피(m^3)를 구하시오. (단, 슬러지 비중은 1이라 한다)

빈출 체크 08년 1회 | 14년 3회

[식] $V_1(100-W_1) = V_2(100-W_2)$
[풀이] $50 \times (100-97) = V_2(100-80)$
$V_2 = 7.5m^3$
[답] ∴ 탈수 슬러지 부피 $= 7.5m^3$

17

CO_2 당량(가수분해적용)을 구하시오.

빈출 체크 15년 2회 | 18년 3회

[풀이]
$CO_2 + H_2O \rightarrow CO_3^{2-} + 2H^+$
H^+가 2개 발생하였으므로 CO_2 당량 $= 2eq$
[답] ∴ CO_2 당량 $= 2eq$

18

96% 황산(비중 1.84)을 가지고 0.1N 황산용액 500mL를 제조하려면 96% 황산 몇 mL를 물에 희석해야 하는지 계산하시오.

빈출 체크 17년 3회

[식] $N \cdot V = N' \cdot V'$
[풀이]
① $N = \dfrac{1.84g}{mL} \Big| \dfrac{96}{100} \Big| \dfrac{1eq}{(98/2)g} \Big| \dfrac{10^3 mL}{L} = 36.0490N$
② $0.1 \times 500 = 36.0490 \times X$
$X = 1.3870 mL$
[답] ∴ 주입해야 할 황산의 부피 $= 1.39mL$

01

120m³/day의 슬러지(함수율 : 95%, 비중 1)를 탈수하려고 한다. 염화제일철 및 소석회를 슬러지 고형물의 건조중량당 각각 5%, 20%를 첨가하여 15kg/m²·hr의 여과속도로 탈수하여 수분 75%의 탈수 Cake를 얻으려고 할 때 다음을 계산하시오.

가. 여과기 여과면적(m²)
나. 탈수 Cake 용적(m³/day)

빈출 체크 13년 1회

가. 여과기 여과면적

[식] 고형물 부하 = $\dfrac{TS}{A}$

[풀이]

① $TS = \dfrac{120m^3}{day} \left| \dfrac{5_{TS}}{100_{SL}} \right| \dfrac{1,000kg}{m^3} = 6,000kg/day$

② $A = \dfrac{6,000kg}{day} \left| \dfrac{m^2 \cdot hr}{15kg} \right| \dfrac{day}{24hr} \left| 1.25 = 20.8333m^2 \right.$

[답] ∴ 여과기 여과면적 = 20.83m²

나. 탈수 Cake 용적

[풀이]

① 탈수 전 고형물 = $\dfrac{6,000kg}{day} \left| 1.25 = 7,500kg/day \right.$

② 탈수 Cake 용적 = $\dfrac{7,500kg_{TS}}{day} \left| \dfrac{100_{SL}}{25_{TS}} \right| \dfrac{m^3}{1,000kg}$

   $= 30m^3/day$

[답] ∴ 탈수 Cake 용적 = 30m³/day

02

다음의 생물학적 인 제거 공정인 phostrip 공정의 개념도에서 각각의 역할에 대하여 설명하시오.

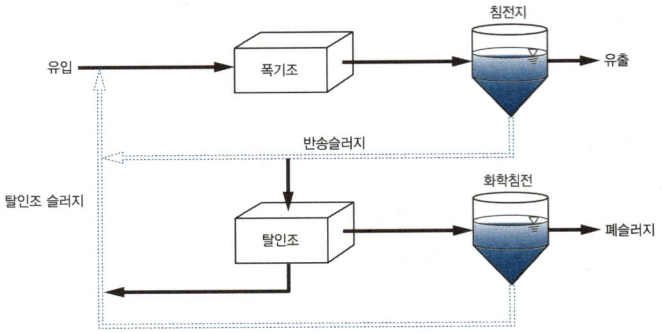

가. 폭기조(유기물제거 제외)
나. 탈인조
다. 화학침전
라. 탈인조 슬러지

빈출체크 07년 3회 | 09년 1회 | 10년 2회 | 14년 3회 | 17년 1회

가. 폭기조 : 인의 과잉 섭취
나. 탈인조 : 인의 방출
다. 화학침전 : 인의 응집침전
라. 탈인조 슬러지 : 슬러지를 반송하여 인의 과잉 흡수 유도

03

정수장의 수질에서 맛과 냄새를 제거하기 위해 적용방법 3가지를 기술하시오.

빈출체크 11년 1회 | 18년 3회 | 19년 2회 | 22년 1회

염소·오존처리(기체), 흡착처리(고체), 폭기(기체)

04

산기식 포기장치를 설계할 때 필요한 기초자료 5가지를 쓰시오.

- 계획 하수량
- 유기물 질량
- 유입수 BOD 농도
- F/M비
- MLSS 농도
- 폭기시간

05

정수처리에 있어서 무기물질을 제거하고자 한다. 적절한 공법 3가지와 공법 선택 시 고려사항 3가지를 각각 적으시오.

가. 공법

나. 공법 선택 시 고려해야 할 사항

가. • 염소소독   • 응집처리
   • 막여과법   • 용존공기부상법
   • 여과처리(완속, 급속)

나. • 원수의 수질 특성   • 처리수의 목표수질
   • 현재의 수질조건   • 운영관리능력 및 유지관리방안

06

하천의 어느 지점 DO 농도가 5.0mg/L, 탈산소계수는 0.1day^{-1}, 재포기계수는 0.2day^{-1}, BOD_u는 10mg/L일 때 36시간 흐른 뒤의 하류에서의 DO 농도(mg/L)를 계산하시오. (단, 포화 용존산소농도는 9.0mg/L, 소수점 첫 번째 자리까지 구하시오. base 10)

빈출 체크 06년 1회 | 08년 1회 | 08년 3회 | 12년 1회 | 17년 3회

[식]

$$D_t = \frac{k_1}{k_2 - k_1} L_o (10^{-k_1 \cdot t} - 10^{-k_2 \cdot t}) + D_o \times 10^{-k_2 \cdot t}$$

[풀이]

① $t = \frac{36hr}{} | \frac{day}{24hr} = 1.5 day$

② $D_o = D_s - D = 9 - 5 = 4 mg/L$

③ $D_t = \frac{0.1}{0.2 - 0.1} \times 10 \times (10^{-0.1 \times 1.5} - 10^{-0.2 \times 1.5})$
   $+ 4 \times 10^{-0.2 \times 1.5}$
   $= 4.0723 mg/L$

④ $DO = 9 - 4.0723 = 4.9277 mg/L$

[답] ∴ 하류에서의 DO 농도 = 4.9mg/L

07

폐수 중의 암모니아성 질소를 Air stripping법으로 제거하기 위해 폐수의 pH를 조절하려고 할 때 수중 암모니아성 질소 중의 암모니아를 95%로 하기 위한 pH를 구하시오. (단, 암모니아성 질소 중에서의 평형은 $NH_3 + H_2O \leftrightarrow NH_4^+ + OH^-$, 평형상수 $k_b = 1.8 \times 10^{-5}$)

빈출 체크 11년 3회 | 16년 2회

[식]

① $NH_3 + H_2O \rightleftharpoons NH_4^+ + OH^-$, $k_b = \frac{[NH_4^+][OH^-]}{[NH_3]}$

② $NH_3(\%) = \frac{NH_3}{NH_3 + NH_4^+} \times 100$

③ 위의 두 식을 연립하면 $NH_3(\%) = \frac{1}{1 + \frac{k_b}{[OH^-]}} \times 100$

④ $pH = 14 - pOH$

[풀이]

① $[OH^-] = \frac{k_b}{\frac{100}{NH_3(\%)} - 1} = \frac{1.8 \times 10^{-5}}{\frac{100}{95} - 1} = 3.42 \times 10^{-4} M$

② $pH = 14 - \log\left(\frac{1}{3.42 \times 10^{-4}}\right) = 10.5340$

[답] ∴ $pH = 10.53$

08

$C_5H_7O_2N$의 BOD : NOD = 5 : 2일 때 비율을 유도하시오.

 08년 3회

① $C_5H_7O_2N + 5O_2 \rightarrow 5CO_2 + NH_3 + 2H_2O$
② $NH_3 + 2O_2 \rightarrow HNO_3 + H_2O$

09

COD측정 시 과망간산칼륨($KMnO_4$)용액으로 적정할 때 60 ~ 80℃로 유지하며 적정하는 이유를 서술하시오. (단, 온도가 높을 때와 낮을 때로 나누어 설명)

 08년 1회

- 온도 높을 때 : $KMnO_4$가 분해되어 COD 과대평가 유발
- 온도 낮을 때 : $KMnO_4$가 산화반응이 느려 종말점 찾기 어려움

10

질산성 질소 1g을 탈질하는 데 수소공여체로서 필요한 메탄올의 이론량(g)을 계산하시오.

 10년 3회 | 14년 1회

[풀이] $6NO_3^- \text{-N} : 5CH_3OH$

$\quad 6 \times 14 \ : \ 5 \times 32$
$\quad\quad 1g \ : \ X$

$X = \dfrac{5 \times 32 \times 1}{6 \times 14} = 1.9048g$

[답] ∴ 메탄올의 이론량 = 1.90g

11

폭은 12m, 수심은 3.7m, 유속은 0.05m/sec, 동점성 계수(ν)는 $1.31 \times 10^{-6} m^2$/sec일 때 레이놀즈 수를 구하시오.

 06년 1회 | 10년 2회 | 16년 2회

[식] $Re = \dfrac{V \cdot D}{\nu}$

[풀이]

① $R = \dfrac{A}{S} = \dfrac{3.7 \times 12}{3.7 \times 2 + 12} = 2.2887m$

② $D = 4R = 4 \times 2.2887 = 9.1548m$

③ $Re = \dfrac{0.05m}{sec} \Big| \dfrac{9.1548m}{} \Big| \dfrac{sec}{1.31 \times 10^{-6} m^2}$

$\quad = 349,419.8473$

[답] ∴ $Re = 349,419.85$

12

폐수처리방법 선정 시 고려해야 할 사항 5가지를 쓰시오.

- 유입수량, 유입수질, 방류수 수질 및 제거효율
- 유량 및 수질부하 변동
- 처리방법의 안전성
- 유지관리의 용이성
- 용지면적 및 주위환경
- 경제성
- 기존시설과의 호환성
- 지역적 조건과 친환경적 시설 고려
- 기기 및 제어 장비의 수급가능성

13

시추공에서 1,200m³/day으로 양수하면서 1,000m 떨어진 관측정에서의 시간별 수위강하를 반대수지에 도시하였더니 아래 그래프와 같았다. 이때 대수층의 저류계수(S)와 투수량계수(T)를 Jacob의 방법에 의해 구하시오. (단, $T = 2.3Q/4\pi\triangle S$, $S = 2.25T \cdot t_o/r^2$)

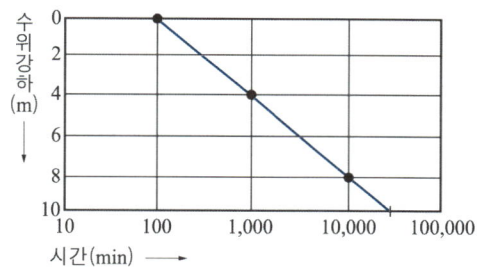

가. 저류계수(S, 유효숫자 세자리)
나. 투수량계수(T, m²/min)

가. [풀이] $S = \dfrac{2.25 \times 0.0381 \text{m}^2}{\text{min}} \Big| \dfrac{100\text{min}}{} \Big| \dfrac{}{(1,000\text{m})^2}$

$= 8.5725 \times 10^{-6}$

[답] ∴ $S = 8.57 \times 10^{-6}$

나. [풀이] $T = \dfrac{2.3 \times 1,200 \text{m}^3}{\text{day}} \Big| \dfrac{}{4\pi} \Big| \dfrac{}{4\text{m}} \Big| \dfrac{\text{day}}{1,440\text{min}}$

$= 0.0381 \text{m}^2/\text{min}$

※ 100 → 1,000 or 1,000 → 10,000에서의 변화량이 4이므로 $\triangle S = 4\text{m}$

[답] ∴ $T = 0.04 \text{m}^2/\text{min}$

14

시궁창이나 오염된 하천의 바닥이 검게 변하는(Black muck 현상) 이유를 설명하시오.

시궁창이나 오염된 하천의 바닥에서는 혐기성 상태에서 생성된 황화수소(H_2S)가 수중의 철, 망간 등의 금속이온과 결합하여 검은색 화합물(황화철)을 만들어내기 때문이다.

15

수질시료 중 반드시 유리용기에만 보존해야 하는 측정항목 4가지를 기술하시오.

 07년 1회

유기인, PCB, 페놀, 휘발성 유기화합물, 노말헥산추출물질, 냄새

16

수질예측모형분류의 한 방법으로 동적모형(Dynamic Model)과 정상적모형(Steady State Model)로 구분할 수 있다. 이 두 모형의 차이점에 대해 설명하시오.

 08년 1회 | 16년 1회

- 동적모형 : 시간에 따른 항목의 값이 변화하며 계절별 성층, 강우 유출에 따른 수위 변화 등에 사용하는 모델
- 정상적모형 : 시간에 따른 항목의 값이 일정하거나 수렴하며 정상상태 모의를 위해 주로 사용하는 모델

17

수온이 15.5℃, 직경이 0.6m, 유량 0.7m³/sec, 길이 50m인 하수관에서 발생하는 손실수두(m)를 계산하시오. (단, Manning 공식 이용, 만관, n = 0.013)

[식] $H = I \cdot L$

[풀이] ① $V = \dfrac{1}{n} \cdot I^{1/2} \cdot R^{2/3} \Rightarrow I = \left(\dfrac{n \cdot V}{R^{2/3}}\right)^2$

② $V = \dfrac{Q}{A} = \dfrac{0.7\text{m}^3}{\text{sec}} \left| \dfrac{1}{\left(\dfrac{\pi \cdot (0.6\text{m})^2}{4}\right)} \right. = 2.4757 \text{m/sec}$

③ $R = \dfrac{D}{4} = \dfrac{0.6\text{m}}{4} = 0.15\text{m}$

④ $I = \left(\dfrac{0.013 \times 2.4757}{0.15^{\frac{2}{3}}}\right)^2 = 0.0130$

⑤ $H = 0.0130 \times 50 = 0.65\text{m}$

[답] ∴ 손실수두 = 0.65m

18

수온 20℃에서 평균직경 0.2mm, 비중 1.01의 모든 구형 독립입자를 제거할 수 있도록 침전지가 이론적으로 설계되었다. 구형 독립입자의 직경 0.1mm, 비중 1.03일 때 이 침전지의 이론적인 제거율(%)을 구하시오.

[식] $\eta = \dfrac{V_g}{V_o}$

[풀이] ① $1 = \dfrac{\dfrac{0.2^2(1.01-1)g}{18\mu}}{V_o} \rightarrow V_o = \dfrac{0.2^2(1.01-1)g}{18\mu}$

② $\eta = \dfrac{\dfrac{0.1^2(1.03-1)g}{18\mu}}{\dfrac{0.2^2(1.01-1)g}{18\mu}} = 0.75 \rightarrow 75\%$

[답] ∴ 이론적 제거율 = 75%

필답형 기출문제 2021 * 2

01

회분침강농축을 실험하여 다음의 그래프를 그렸을 때 슬러지 초기 농도가 10g/L였다면 6시간 정치 후 슬러지의 농도(g/L)를 구하시오.

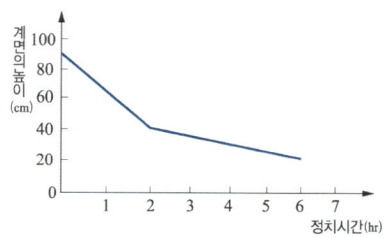

빈출 체크 14년 2회 | 18년 2회

[식] $C_t = C_o \times \dfrac{h_o}{h_t}$

[풀이] $C_t = 10 \times \dfrac{90}{20} = 45 g/L$

[답] ∴ 슬러지 농도 = 45g/L

02

환경영향평가 중 수질관리 모델링에서 감응도 분석에 대해서 설명하시오.

빈출 체크 07년 1회 | 16년 3회

수질관련 반응계수, 유입지천의 유량과 수질, 수리학적 입력계수 또는 오염부하량 등의 입력자료의 변화정도가 수질항목 농도에 미치는 영향을 분석하는 것으로, 어떤 수질항목의 변화율이 입력자료의 변화율보다 클 경우에는 그 수질항목은 입력자료에 대하여 민감하다.

03

활성탄 재생방법 5가지를 적으시오.

빈출 체크 17년 3회

가열재생법, 약품재생법, 미생물분해법, 수세법, 습식산화법

04

화학적 산소요구량(COD) 측정에 있어서 사용되는 계산식과 구성 항목에 대하여 쓰시오.

가. 계산식
나. 구성항목

가. $COD(mg/L) = (b-a) \times f \times \dfrac{1,000}{V} \times 0.2$

나.
- a : 바탕시험 적정에 소비된 과망간산칼륨용액(0.005M)의 양(mL)
- b : 시료의 적정에 소비된 과망간산칼륨용액(0.005M)의 양(mL)
- f : 과망간산칼륨용액(0.005M) 농도계수
- V : 시료의 양(mL)

빈출 체크 07년 1회 | 15년 3회

05

슬러지가 4%에서 7%로 농축되었을 때 슬러지 부피 감소율(%)을 계산하시오. (단, 1일 슬러지 생성량은 100m³, 비중은 1.0이다)

[식] 부피 감소율(%) = $\left(1 - \dfrac{V_2}{V_1}\right) \times 100$

[풀이]
① $V_1(100 - W_1) = V_2(100 - W_2)$
  $100 \times (100 - 96) = V_2(100 - 93)$
  $V_2 = 57.1429 m^3$

② 부피 감소율(%) = $\left(1 - \dfrac{57.1429}{100}\right) \times 100 = 42.8571\%$

[답] ∴ 부피 감소율(%) = 42.86%

06

폐수의 살균을 위한 염소 접촉조를 설계하고자 할 때 접촉조의 소요 길이(m)를 계산하시오.

[조건]
- 유입 유량 : 1.2m³/sec
- 접촉조 폭 : 2m
- 접촉조 수심 : 2m
- 살균 효율 : 95%
- $\dfrac{dN}{dt} = -K \cdot N \cdot t$
- 살균반응속도상수 : 0.1/min² (밑수 e)
- PFR이라 가정

[식] $V = W \cdot L \cdot H$

[풀이]
① $\dfrac{dN}{dt} = -K \cdot N \cdot t$

② $\dfrac{1}{N} dN = -K \cdot t \, dt$

③ $\int_{N_0}^{N_t} \dfrac{1}{N} dN = -K \int_0^T t \, dt$

④ $\ln \dfrac{N_t}{N_0} = -\dfrac{K \cdot T^2}{2}$

⑤ $T = \sqrt{\dfrac{\ln \dfrac{N_t}{N_0} \times 2}{-K}} = \sqrt{\dfrac{\ln \dfrac{5}{100} \times 2}{-0.1}} = 7.7405 \, min$

⑥ $V = Q \cdot t = \dfrac{1.2 m^3}{sec} \left| \dfrac{7.7405 min}{} \right| \dfrac{60 sec}{min} = 557.316 m^3$

⑦ $L = \dfrac{V}{W \cdot H} = \dfrac{557.316}{2 \times 2} = 139.329 m$

[답] ∴ 접촉조 길이 = 139.33m

07

유량은 200m³/day, SS농도는 300mg/L인 폐수를 공기부상실험에서 최적 A/S비는 0.05mgAir/mg Solid, 실험온도는 20℃, 이 온도에서 공기의 용해도는 18.7mL/L, 공기의 포화분율은 0.6, 표면부하율은 8L/m²·min, 운전압력이 4atm일 때 반송률(%)을 계산하시오.

빈출 체크 05년 2회 | 12년 1회 | 17년 1회

[식] $A/S = \dfrac{1.3 \times S_a(f \cdot P - 1)}{SS} \times R$

[풀이] $R = \dfrac{A/S \cdot SS}{1.3 \times S_a(f \cdot P - 1)} = \dfrac{0.05 \times 300}{1.3 \times 18.7 \times (0.6 \times 4 - 1)}$

$= 0.4407$

[답] ∴ 반송률 = 44.07%

08

오수처리장 건설을 위해 터파기(가로 20m×세로 50m×깊이 4m)로 판 잔토를 10대의 덤프트럭으로 운반 처리하고자 한다. 트럭 1대의 적재용적이 6m³, 1회 운행시간이 20분이라 할 때, 10대의 트럭으로 운반 시 소요되는 시간(day)을 계산하시오. (단, 트럭의 1일 작업시간 = 8시간, 작업효율 90%, 토량환산계수 $f = 0.8$)

[식] $Q = \dfrac{V \cdot f \cdot \eta}{C_m}$

- Q : 작업량(m³/hr)
- f : 토량환산계수
- η : 작업효율
- C_m : 작업당 소요 시간

[풀이]

① $Q = \dfrac{6m^3 \times 0.8 \times 0.9}{20min} \times \dfrac{60min}{hr} = 12.96 m^3/hr$

② $t = \dfrac{20m \times 50m \times 4m}{} \Big| \dfrac{hr \cdot 대}{12.96m^3} \Big| \dfrac{}{10대} \Big| \dfrac{day}{8hr}$

$= 3.8580 day$

[답] ∴ 트럭으로 운반 시 소요시간 = 3.86day

09

유도결합플라즈마 발광광도법(ICP)은 시료가 에어로졸 상태로 관에 도입되므로 거의 완전한 원자화가 일어나 고강도로 목적물질을 측정할 수 있다. 이 장치의 원리에 대해 서술하시오.

시료를 고주파유도코일에 의하여 형성된 알곤 플라스마에 도입하여 6,000~8,000K에서 여기된 원자가 바닥상태로 이동할 때 방출하는 발광선 및 발광강도를 측정한다.

10

물에 차아염소산염(OCl^-)을 주입하여 살균 및 소독을 할 때, 물의 pH(증가, 감소, 변화 없음) 변화를 화학식을 이용하여 서술하시오.

빈출체크 08년 2회 | 11년 2회

$OCl^- + H_2O \rightarrow HOCl + OH^-$으로 수산화이온이 생성되어 pH는 증가하는 방향으로 변화

11

수격작용(Water hammer) 현상이 일어나는 원인 및 방지대책에 대하여 각각 2가지씩 기술하시오.

가. 원인
나. 방지대책

빈출체크 05년 2회 | 17년 1회 | 21년 3회

가. 원인
- 정전 등으로 인하여 순간적 정지 및 가동할 때
- 배관에 급격한 굴곡이 존재할 때
- 배관의 밸브가 급격하게 개폐될 때

나. 방지대책
- 펌프에 Fly wheel을 붙여 펌프의 관성을 증가시킴
- 펌프 토출구 부근에 공기탱크를 두거나 부압 발생지점에 흡기밸브를 설치하여 압력 강하 시 공기를 주입
- 관 내 유속을 낮추거나 관거상황을 변경
- 토출측 관로에 한 방향 조압수조를 설치

12

적조 현상의 원인이 되는 환경조건 2개와 영양조건(원소명) 3가지를 적으시오.

가. 환경조건
나. 영양조건

빈출체크 17년 1회

가. 환경조건
- 수온의 상승 및 염분농도의 감소
- upwelling 현상으로 인하여 영양염류가 표수층으로 상승
- 정체된 해류 및 수괴의 연직안정도가 클 때

나. 영양조건
인, 질소, 탄소, 규소

13

슬러지벌킹(Sludge bulking) 현상이 발생되는 원인과 이에 대한 방지대책을 각각 3가지씩 설명하시오.

가. 원인
나. 방지대책

가.
- DO 부족
- 유기성 폐수 중 무기질이 적음
- 영양물질 부족
- MLSS의 농도 일정하지 않음
- 염류농도 크게 변동
- 유량, 수질 크게 변동

나.
- DO 농도 조절
- 영양물질을 적절하게 첨가
- 반송율을 조절하여 MLSS의 적정농도 유지
- 염소, 과산화수소를 반송슬러지에 주입
- Fungi의 성장을 감소시킴

14

액상슬러지 중의 가연성물질을 고온, 고압에서 보조연료 없이 공기 중의 산소를 산화제로 이용하는 습식산화법의 장점 5가지를 적으시오.

- 부지면적이 작다.
- 유기물 제거율이 좋고 생성물의 양이 적다.
- 악취발생 문제가 없고 대기오염문제를 해결하기 쉽다.
- 발열반응이기 때문에 에너지 요구량이 낮다.
- 발생하는 재는 약품을 첨가하지 않아도 쉽게 탈수된다.
- 단시간에 처리가 가능하며 위생적이다.

15

표준 활성슬러지법과 비교하여 막분리 활성슬러지법(MBR공법)의 장점 3가지만 쓰시오.

- 공정의 Compact화
- 슬러지 발생량이 적음
- 완벽한 고액 분리 가능
- 질산화 효율이 좋음

16

0.1M NaOH(100mL)를 2M H_2SO_4로 중화적정 시 소비되는 황산의 양(mL)을 계산하시오.

빈출 체크 06년 1회 | 14년 2회

[식] $N \cdot V = N' \cdot V'$

[풀이]

① NaOH 노르말 농도 = $\dfrac{0.1\text{mol}}{\text{L}} \Big| \dfrac{40\text{g}}{\text{mol}} \Big| \dfrac{\text{eq}}{(40/1)\text{g}} = 0.1\text{eq/L}$

② H_2SO_4 노르말 농도 = $\dfrac{2\text{mol}}{\text{L}} \Big| \dfrac{98\text{g}}{\text{mol}} \Big| \dfrac{\text{eq}}{(98/2)\text{g}} = 4\text{eq/L}$

③ $0.1 \times 100 = 4 \times X$, $X = 2.5\text{mL}$

[답] ∴ 황산 소비량 = 2.5mL

17

전도현상은 저수지 바닥에 침전된 유기물을 부상시켜서 저수지의 수질을 악화시키는데, 발생하는 이유를 봄과 가을로 나누어서 서술하시오.

빈출 체크 10년 1회 | 14년 1회 | 17년 3회

- 봄 : 겨울에 표수층의 온도가 내려감에 따라 발생한 성층현상이 봄이 되면서 온도가 높아져 심수층의 밀도보다 크거나 같아지므로 성층이 파괴되며 혼합된다.
- 가을 : 여름에 표수층의 온도가 올라감에 따라 발생한 성층현상이 가을이 되면서 온도가 낮아져 심수층의 밀도보다 크거나 같아지므로 성층이 파괴되며 혼합된다.

18

정수시설에서 불화물 침전제로 사용되는 화학약품을 2가지 쓰고 상태(고체, 액체, 기체)도 적으시오.

빈출 체크 05년 3회 | 16년 2회

- $Ca(OH)_2$ - 고체
- Al_2O_3 - 고체
- 골탄 - 고체

필답형 기출문제 2021 * 3

01

TS = 325mg/L, FS = 200mg/L, VSS = 55mg/L, TSS = 100mg/L일 때 TDS, VS, FSS, VDS, FDS를 구하시오.

빈출 체크 10년 1회 | 18년 1회

- TS = TDS + TSS
  TDS = TS − TSS = 325 − 100 = 225mg/L
- TS = VS + FS
  VS = TS − FS = 325 − 200 = 125mg/L
- TSS = VSS + FSS
  FSS = TSS − VSS = 100 − 55 = 45mg/L
- VS = VDS + VSS
  VDS = VS − VSS = 125 − 55 = 70mg/L
- TDS = VDS + FDS
  FDS = TDS − VDS = 225 − 70 = 155mg/L

02

아래의 주어진 제원을 이용하여 다음을 구하시오.

[제원]
- 처리 수량 : 50,000m³/day
- 여과지수 : 5지
- 여과속도 : 5m³/m² · hr
- 역세척 시간(1회당) : 20min
- 하루 역세척 횟수 : 6회
- 1지 규격 : 길이 : 폭 = 2 : 1

가. 하루 중 여과시간(hr/day)
나. 이론적 소요 여과 면적(m²) (1지당)
다. 여과지의 길이(m)와 폭(m)

빈출 체크 08년 3회

가. 하루 중 여과시간
[풀이]
① 여과시간 = 24hr − 역세척 시간
② 역세척 시간 = $\dfrac{20\text{min}}{1회} \bigg| \dfrac{6회}{\text{day}} \bigg| \dfrac{\text{hr}}{60\text{min}} = 2\text{hr/day}$
③ 여과시간 = 24 − 2 = 22hr
[답] ∴ 하루 중 여과시간 = 22hr/day

나. 이론적 소요 여과 면적(1지당)
[식] $V = \dfrac{Q}{A}$

[풀이] $A = \dfrac{Q}{V} = \dfrac{50,000\text{m}^3}{\text{day}} \bigg| \dfrac{\text{m}^2 \cdot \text{hr}}{5\text{m}^3} \bigg| \dfrac{\text{day}}{22\text{hr}} \bigg| \dfrac{1}{5}$
   = 90.9091m²
[답] ∴ 이론적 소요 여과 면적 = 90.91m²

다. 여과지의 길이와 폭
[풀이]
① 길이 : 폭 = 2 : 1이므로 길이 = 2 × 폭
② 여과 면적 = 길이 × 폭 = 2 × 폭²
③ 90.9091m² = 2 × 폭² → 폭 = 6.742m, 길이 = 13.484m
[답] ∴ 폭 = 6.74m, 길이 = 13.48m

03

pH 3인 폐수를 배출하는 공장 A와 pH 10인 폐수를 배출하는 공장 B의 폐수가 합쳐졌을 때의 pH를 계산하시오. (단, 폐수 용량비 A : B = 2 : 5)

[식] $pH = \log \dfrac{1}{[H^+]}$

[풀이] ① $N_m = \dfrac{N_1 \cdot V_1 - N_2 \cdot V_2}{V_1 + V_2}$

$= \dfrac{10^{-3} \times 2 - 10^{-4} \times 5}{2+5} = 2.1429 \times 10^{-4} N$

② $pH = \log \dfrac{1}{2.1429 \times 10^{-4}} = 3.6690$

[답] ∴ pH = 3.67

04

05년 3회 | 18년 2회

10,000m³/day인 평균 유량이 1차 침전지에 유입될 때 권장 설계기준은 최대표면부하율은 80m³/m²·day, 평균표면부하율은 30m³/m²·day, 최대유량/평균 유량은 2.8이라면 침전조의 직경을 구하시오. (단, 표준규격 직경은 10m, 15m, 20m, 25m, 30m, 35m)

[식] $A = \dfrac{Q}{V_0}$

[풀이]

① 평균면적 $= \dfrac{10,000 m^3}{day} | \dfrac{m^2 \cdot day}{30 m^3} = 333.3333 m^2$

② 최대면적 $= \dfrac{10,000 \times 2.8 m^3}{day} | \dfrac{m^2 \cdot day}{80 m^3} = 350 m^2$

③ $D = \sqrt{\dfrac{4A}{\pi}} = \sqrt{\dfrac{4 \times 350}{\pi}} = 21.1100 m$

[답] ∴ 직경이 21.1100m이므로 25m의 규격을 선택

05

13년 1회 | 15년 2회 | 19년 1회

포도당 1,000mg/L 용액이 있다. 다음 물음에 답하시오. (표준상태 기준)

가. 혐기성 분해 시 생성되는 CH₄(mg/L)의 발생량?
나. 이 용액 1L를 혐기성 분해시킬 때 발생되는 CH₄의 양(mL)은?

가. CH_4 발생량

[풀이] $C_6H_{12}O_6 \rightarrow 3CH_4 + 3CO_2$

180 : 3×16

1,000mg/L : X

$X = \dfrac{3 \times 16 \times 1,000}{180} = 266.6667 mg/L$

[답] ∴ CH_4 발생량 = 266.67 mg/L

나. CH_4 양

[풀이] $C_6H_{12}O_6 \rightarrow 3CH_4 + 3CO_2$

180mg : 3×22.4mL

1,000mg : Y

$Y = \dfrac{3 \times 22.4 \times 1,000}{180} = 373.3333 mL$

[답] ∴ CH_4 양 = 373.33 mL

06

폐수 중의 암모니아성 질소를 Air stripping법으로 제거하기 위해 폐수의 pH를 조절하려고 할 때 수중 암모니아성질소 중의 암모니아를 98%로 하기 위한 pH를 구하시오. (단, 암모니아성질소 중에서의 평형은 $NH_3 + H_2O \leftrightarrow NH_4^+ + OH^-$, 평형상수 $k_b = 1.8 \times 10^{-5}$)

[식]

① $NH_3 + H_2O \rightleftharpoons NH_4^+ + OH^-$, $k_b = \dfrac{[NH_4^+][OH^-]}{[NH_3]}$

② $NH_3(\%) = \dfrac{NH_3}{NH_3 + NH_4^+} \times 100$

③ 위의 두 식을 연립하면 $NH_3(\%) = \dfrac{1}{1 + \dfrac{k_b}{[OH^-]}} \times 100$

④ $pH = 14 - pOH$

[풀이]

① $[OH^-] = \dfrac{k_b}{\dfrac{100}{NH_3(\%)} - 1} = \dfrac{1.8 \times 10^{-5}}{\dfrac{100}{98} - 1} = 8.82 \times 10^{-4} M$

② $pH = 14 - \log\left(\dfrac{1}{8.82 \times 10^{-4}}\right) = 10.9455$

[답] ∴ $pH = 10.95$

07

유출계수는 0.7, 강우강도는 $I = \dfrac{3,600}{t+30}$ mm/hr, 유입시간은 5분, 유역면적은 2km², 하수관 내 유속은 40m/min인 경우 하수관에서 흘러나오는 우수량(m³/sec)은 얼마인지 계산하시오. (단, 합리식에 의해 유출량을 산정하고 하수관의 길이는 1km)

빈출 체크 10년 3회

[식] $Q = \dfrac{1}{360} CIA$

[풀이]

① $t = T_i + \dfrac{L}{V} = 5\min + \dfrac{1km}{40m} \left|\dfrac{\min}{} \right| \dfrac{10^3 m}{km} = 30\min$

② $I = \dfrac{3,600}{t+30} = \dfrac{3,600}{30+30} = 60 mm/hr$

③ $A = \dfrac{2km^2}{} \left| \dfrac{100ha}{km^2} \right. = 200ha$

④ $Q = \dfrac{0.7 \times 60 \times 200}{360} = 23.3333 m^3/sec$

[답] ∴ 우수량 $= 23.33 m^3/sec$

08

D_{10} : 0.053, D_{30} : 0.1, D_{60} : 0.42일 때 유효경(mm)과 균등계수를 구하시오.

[풀이] 유효경(D_{10}) = 0.053mm

균등계수 $= \dfrac{D_{60}}{D_{10}} = 7.9245$

[답] 유효경 = 0.053mm, 균등계수 = 7.92

09

하수관에서의 H_2S에 의한 관정부식을 방지하는 방법 3가지를 적으시오. (단, 관거청소, 퇴적물 제거는 정답에서 제외)

빈출체크 07년 2회 | 14년 3회 | 16년 1회 | 20년 3회 | 23년 3회

황화수소 부식(관정부식) 방지대책
- 호기성 상태로 유지하여 황화수소의 생성을 방지
- 환기를 통한 황화수소 희석
- 기상 중으로의 확산 방지
- 황산염 환원 세균의 활동 억제
- 유황산화 세균의 활동 억제
- 방식 재료를 사용하여 관을 방호

10

수격작용(Water hammer) 현상이 일어나는 원인 및 방지대책에 대하여 각각 2가지씩 기술하시오.

가. 원인
나. 방지대책

빈출체크 05년 2회 | 17년 1회 | 21년 2회

가. 원인
- 정전 등으로 인하여 순간적 정지 및 가동할 때
- 배관에 급격한 굴곡이 존재할 때
- 배관의 밸브가 급격하게 개폐될 때

나. 방지대책
- 펌프에 Fly wheel을 붙여 펌프의 관성을 증가시킴
- 펌프 토출구 부근에 공기탱크를 두거나 부압 발생지점에 흡기밸브를 설치하여 압력 강하 시 공기를 주입
- 관 내 유속을 낮추거나 관거상황을 변경
- 토출측 관로에 한 방향 조압수조를 설치

11

활성탄 재생방법 중 건식가열, 약품재생, 전기화학적 재생, 생물학적 재생 원리를 설명하시오.

가. 건식가열법
나. 약품재생법
다. 전기화학적 재생
라. 생물학적 재생

가. 재생방법 중 가장 확실한 방법으로 활성탄의 세공 내에 포함되어 있는 수분을 100~200℃로 증발하여 재생
나. 흡착하기 어려운 조건에서 재생액을 통과시켜 피흡착 물질을 탈착하여 재생
다. 양극에 활성탄을 충전시킨 후 물의 전기분해로 양극에서 산화반응이 일어나 피흡착 물질을 교환하여 재생
라. 활성탄 충전층에 호기성 미생물을 보내 활성탄 표면의 흡착 유기물을 미생물 거동에 의해 분해

12

공정표 작성방법 중 막대식과 네트워크식의 장점, 단점, 용도를 각각 2개씩 적으시오.

가. 막대식 공정표
- 장점
- 단점
- 용도

나. 네트워크식 공정표
- 장점
- 단점
- 용도

가. • 장점
  - 작성이 단순하여 경험이 적어도 작성 용이
  - 공정별 착수 및 종료일이 명시되어 판단 용이
  - 각 공정 및 전체공정이 일목요연하게 정리되어 각 작업의 시작과 종료를 명확히 볼 수 있음
• 단점
  - 공정별 상호관계, 순서 등 시간과 관련성이 없음
  - 여유시간, 작업 상호 관계를 파악하기 어려움
  - 횡선 길이에 따라 진척도를 객관적으로 판단해야 함
• 용도
  - 공사규모가 비교적 작은 공사
  - 단순작업

나. • 장점
  - 각각 관련 작업이 정해진 기호로 도식화되어 있어 내용 파악 쉬움
  - 전자계산기의 이용으로 광범위한 공정계획 수립 가능
  - 공정이 원활하게 추진, 여유시간 관리가 편함
  - 작업의 개시, 종료일, 여유의 유무 및 그 일정을 수치로 파악 가능하여 인원 계획 및 기자재 계획이 원활
  - 계획 관리 면에서 신뢰도가 높음
• 단점
  - 다른 공정표에 비해 작성 시간 많이 소요
  - 작성 및 검사에 특별한 기능 요구
  - 공정 세분화의 어려움
  - 공정표의 표시법, 공정표 수정이 어려움
• 용도
  - 대형공사, 복합적 관리가 필요한 공사
  - 완성일이 표시되어 있는 공사

13

A공장의 처리장의 냉각수에 대한 온배수가 지속적으로 유입되면서 열오염에 의한 수생 생태계의 변화 4가지를 적으시오.

• 수중생물이 독성물질에 대한 예민도가 증가하여 병원균 혹은 유해물질의 적은 유입으로도 심각한 피해 발생
• 수온 증가 시 수중 산소 함량이 낮아짐
• 신진대사 속도가 빨라짐에 따라 산소요구량이 증가하여 폐사
• 수역 종 구조가 저온성에서 고온성으로 변함
• 플랑크톤의 번식이 왕성함

14

막 공법의 추진력을 쓰시오.

가. 투석
나. 전기투석
다. 역삼투

가. 농도차
나. 전위차
다. 정수압차

15

취수원으로 선정 시 고려사항 4가지를 적으시오.

- 수량이 풍부해야 함
- 수질이 좋아야 함
- 가능한 한 높은 곳에 위치해야 함
- 가능한 한 수돗물 소비지에서 가까운 곳에 위치해야 함

16

호소의 부영양화 대책 3가지를 적으시오.

- 조류가 급증하기 전인 봄철에 황산구리($CuSO_4$)를 투여
- 수계로 들어오는 화학비료 및 오수를 처리할 수 있는 처리장을 설치
- 철 또는 알루미늄 염을 투여하여 인산염을 침전
- 영양염류가 적은 물을 섞어 교환율을 높임
- 차광막을 이용한 빛의 차단으로 조류의 증식을 막음
- 심층폭기나 순환을 시켜 저질토로부터 인이 방출되는 것을 막음

17

환경영향평가 과정 및 수행체계를 완성하시오.

Screening - 제안행위목적 및 특성기술 - (가) - scoping - (나) - (다) - 저감방안설정 - (라) - 평가서작성 - 제안행위승인 - (마)

가. 대안설정
나. 현황조사
다. 예측 및 평가
라. 대안평가
마. 사업시행

18

정수장에서 사용되는 GAC 제조 공정을 설명하시오.

석탄 → 분쇄 및 성형 → 건류탄화(500 ~ 800℃) → 파쇄 → 수증기 활성화(800 ~ 1,000℃) → 분체

필답형 기출문제 2022 * 1

01
폐수의 최종 방류수가 수질환경에 미치는 영향을 적게 받는 방법 3가지를 적으시오.

빈출체크 19년 3회
- 방류수 수질기준 강화
- 고도처리 공정 추가 및 강화
- 최종 방류수 주변에 오염물질을 분해 가능한 생물 및 식물을 추가

02
다음 빈칸에 알맞은 말을 쓰시오.

> 미생물이 새로운 미생물을 형성하기 위하여 유기탄소를 이용하는 생물을 (㉠)이라 하고, 세포합성에 필요한 에너지원으로 빛을 이용하는 생물을 (㉡)이라 부른다. 아질산염이나 질산염을 전자수용체로 사용하는 조건을 (㉢)이라 한다.

빈출체크 18년 3회
- ㉠ 종속영양계미생물(Heterotrophic)
- ㉡ 광합성미생물(Phototrophic)
- ㉢ 무산소조건

03
다음은 이상적인 완전혼합흐름과 이상적인 관형흐름을 나타내는 지표이다. 빈칸을 채우시오.

구분	PFR	CMFR
분산		
분산수		

빈출체크 19년 3회

구분	PFR	CMFR
분산	0	1
분산수	0	∞

04

평균 유량 7,570m³/day인 하수처리장의 1차 침전지를 설계하고자 한다. 1차 침전지에 대한 권장 설계기준은 다음과 같으며 원주 위어의 최대 위어 월류 부하가 적절한가에 대하여 판단하고 그 근거를 설명하시오. (단, 원형침전지 기준)

[설계기준]
- 최대 월류율 : 89.6m³/day·m²
- 평균 월류율 : 36.7m³/day·m²
- 최소 수면깊이 : 3m
- 최대 위어 월류 부하 : 389m³/day·m
- 최대 유량/평균 유량 : 2.75

 05년 2회 | 15년 3회 | 19년 1회

[식] 최대 위어 월류 부하 = $\dfrac{Q_{max}}{\pi D}$

[풀이]

① 평균 월류율 표면적 = $\dfrac{day \cdot m^2}{36.7m^3} \Big| \dfrac{7,570m^3}{day} = 206.2670m^2$

② 최대 월류율 표면적 = $\dfrac{day \cdot m^2}{89.6m^3} \Big| \dfrac{7,570 \times 2.75 m^3}{day}$
$= 232.3382 m^2$

③ 둘 중 큰 면적인 232.3382m²을 기준으로 함

④ D = $\sqrt{\dfrac{4A}{\pi}} = \sqrt{\dfrac{4 \times 232.3382}{\pi}} = 17.1995m$

⑤ 최대 위어 월류 부하 = $\dfrac{7,570 \times 2.75 m^3}{day} \Big| \dfrac{1}{\pi \times 17.1995m}$
$= 385.2679 m^3/m \cdot day$

[답] ∴ 최대 위어 월류 부하의 권장기준보다 낮아 적절함

05

정수장의 수질에서 맛과 냄새를 제거하기 위한 적용방법 3가지를 기술하시오.

 11년 1회 | 18년 3회 | 19년 2회 | 21년 1회

염소·오존처리, 흡착처리, 폭기

06

혐기성 소화조의 소화가스 발생량이 저하되는 원인 4가지와 대책을 기술하시오.

 09년 1회 | 19년 3회

원인	• 저농도 슬러지 유입 • 소화슬러지 과잉배출 • 조 내 온도저하 • 소화가스 누출 • 과다한 산 생성
대책	• 저농도의 경우는 슬러지 농도를 높이도록 노력한다. • 과잉배출의 경우는 배출량을 조절한다. • 저온일 때는 온도를 소정치까지 높인다. 가온시간이 정상인데 온도가 떨어지는 경우는 보일러를 점검한다. • 조 용량감소는 스컴 및 토사퇴적이 원인이므로 준설한다. 또한 슬러지 농도를 높이도록 한다. • 가스누출은 위험하므로 수리한다. • 과다한 산은 과부하, 공장폐수의 영향일 수도 있으므로, 부하조정 또는 배출 원인의 감시가 필요하다.

07

300mL BOD병에 50mL의 시료를 넣고 나머지 부분은 희석수로 채운 후 BOD실험을 진행하였다. 초기 DO 농도가 8mg/L, 5일 후 DO 농도가 6mg/L일 때 시료의 BOD(mg/L)를 계산하시오.

[식] $BOD = (D_1 - D_2) \times P$

[풀이]

① $P = \dfrac{300}{50} = 6$

② $BOD = (8-6) \times 6 = 12 mg/L$

[답] ∴ BOD = 12mg/L

08

아래의 주어진 제원을 이용하여 다음을 구하시오.

[제원]
- 폐수량 : 80,000m³/day
- 여과지수 : 10지
- 역세속도 : 50cm/min
- 역세시간 : 6min
- 여과속도 : 120m/day
- 표세속도 : 30cm/min
- 표세시간 : 3min

가. 1지당 필요한 여과면적(m²)
나. 1지당 소요 세척수량(m³)

가. 1지당 필요한 여과면적

[식] $A = \dfrac{Q}{V}$

[풀이]

$A = \dfrac{80,000 m^3}{day} \Big| \dfrac{day}{120m} \Big| \dfrac{1}{10} = 66.6667 m^2$

[답] ∴ 1지당 필요한 여과면적 = 66.67m²

나. 1지당 소요 세정수량(m³)

[식] 1지당 소요 세정수량 = 1지당 표세수량 + 1지당 역세수량

[풀이]

① 1지당 표세수량 = $\dfrac{0.3m}{min} \Big| \dfrac{66.6667 m^2}{1} \Big| \dfrac{3min}{1} = 60 m^3$

② 1지당 역세수량
$= \dfrac{0.5m}{min} \Big| \dfrac{66.6667 m^2}{1} \Big| \dfrac{6min}{1} = 200.0001 m^3$

③ 1지당 소요 세정수량 = 60 + 200.0001 = 260.0001m³

[답] ∴ 1지당 소요 세정수량 = 260m³

09

R.O Process와 Electrodialysis의 기본원리를 서술하시오.

가. R.O
나. Electrodialysis

빈출체크 05년 3회 | 11년 1회 | 13년 3회 | 16년 3회

가. R.O
- 원리 : 농도가 다른 두 용액 사이에 반투막이 있는 경우 일반적으로 삼투압의 차이 때문에 농도가 묽은 용액에서 진한 용액으로 이동한다. 이때 농도가 진한 용액의 상부에 높은 압력을 가해주면 농도가 진한 용액에서 농도가 묽은 용액으로 이동하는 현상

나. Electrodialysis
- 원리 : 이온교환막과 전기투석조의 양단에서 공급되는 직류전류를 구동력으로 하여 전리되어 있는 이온성 물질을 양이온교환막과 음이온교환막을 이용하여 분리하는 막 분리 공정

10

추적물질을 농도가 100mg/L, 유량이 1L/min로 수심이 얕은 개울에 주입하였다. 이 수심이 얕은 개울의 하류에서 추적물질의 농도가 5.5mg/L로 측정되었다면 수심이 얕은 개울의 유량(m³/sec)은 얼마인가? (단, 추적물질은 수심이 얕은 개울에 존재하지 않음)

빈출 체크 10년 2회 | 16년 3회

[식] $C_m = \dfrac{C_1 \cdot Q_1 + C_2 \cdot Q_2}{Q_1 + Q_2}$

(1 : 추적물질, 2 : 수심이 얕은 개울)

[풀이]

① $5.5 = \dfrac{100 \times 1 + 0 \times Q_2}{1 + Q_2}$

② $5.5 \times (Q_2 + 1) = 100$

③ $Q_2 = \dfrac{100}{5.5} - 1 = 17.1818 \text{L/min}$

$= \dfrac{17.1818\text{L}}{\text{min}} \left| \dfrac{\text{m}^3}{10^3 \text{L}} \right| \dfrac{\text{min}}{60\text{sec}} = 2.86 \times 10^{-4} \text{m}^3/\text{sec}$

[답] ∴ 수심이 얕은 개울의 유량 = 2.86×10^{-4} m³/sec

11

패들 교반장치의 이론 소요동력식은 $P = \dfrac{C_D \cdot \rho \cdot A \cdot V_P^3}{2}$으로 교반조의 부피는 1,000m³, 속도경사를 30/sec⁻¹로 유지하기 위한 이론적 소요동력(W)과 패들의 면적(m²)을 구하시오. (단, 점성계수 $\mu = 1.14 \times 10^{-3}$ N·sec/m², $C_D = 1.8$, $\rho = 1,000$kg/m³, $V_P = 0.5$m/sec)

가. 소요동력(W)

나. 패들의 면적(m²)

빈출 체크 14년 1회 | 16년 3회

가. 소요동력

[식] $P = G^2 \cdot \mu \cdot V$

[풀이] $P = \left(\dfrac{30}{\text{sec}}\right)^2 \left| \dfrac{1.14 \times 10^{-3} \text{N} \cdot \text{sec}}{\text{m}^2} \right| \dfrac{1,000 \text{m}^3}{}$

$= 1,026 \text{W}$

[답] ∴ 소요동력 = 1,026W

나. 패들의 면적

[식] $P = \dfrac{C_D \cdot \rho \cdot A \cdot V_P^3}{2}$

[풀이] $A = \dfrac{2P}{C_D \cdot \rho \cdot V_P^3} = \dfrac{2 \times 1,026}{1.8 \times 1,000 \times 0.5^3}$

$= 9.12 \text{m}^2$

[답] ∴ 패들의 면적 = 9.12m²

12

폐수량 변동은 표와 같으며 평균 유량 조건하에서 저류지의 체류시간이 6시간이라면 오전 8시에서 오후 8시까지의 저류지의 평균 체류시간을 계산하시오.

일중시간(오전)	0시	2시	4시	6시	8시	10시	12시
평균 유량의 백분율(%)	88	77	69	66	88	102	125
일중시간(오후)	2시	4시	6시	8시	10시	12시	
평균 유량의 백분율(%)	138	148	150	148	99	103	

16년 1회

[식] $V = Q \cdot t$

[풀이]
① 오전 8시 ~ 오후 8시 평균 유량
$$= \frac{(0.88 + 1.02 + 1.25 + 1.38 + 1.48 + 1.5 + 1.48)Q}{7}$$
$$= 1.2843Q$$

② 저류지의 부피는 변하지 않음
$Q \times 6hr = 1.2843Q \times t$
$t = 4.6718hr$

[답] ∴ $t = 4.67hr$

13

고도처리 공법의 공법명과 각 공정의 역할(유기물제거 제외)을 서술하시오.

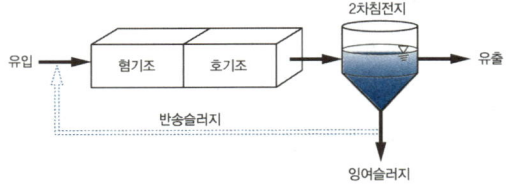

가. 공법명
나. 혐기조 역할
다. 호기조 역할

05년 3회 | 08년 2회 | 15년 3회

가. A/O 공법
나. 유기물 제거 및 인 방출
다. 인의 과잉 섭취

14

슬러지 1L를 30분 동안 침강시킨 후의 부피(cm^3)를 구하시오.
(단, MLSS 3,000mg/L, SVI 100)

[식] $SVI = \dfrac{SV_{30}(cm^3/L) \times 10^3}{MLSS(mg/L)}$

[풀이] $SV_{30}(cm^3/L) = \dfrac{MLSS(mg/L) \times SVI}{10^3}$

$$= \frac{3,000 \times 100}{10^3} = 300 cm^3/L$$

[답] ∴ 부피 = 300cm^3

15

메탄의 최대수율은 제거 1kg COD당 $0.35m^3 CH_4$임을 증명하고, 유량이 $675m^3/day$, COD는 3,000mg/L, COD 제거효율이 80%일 경우 다음 물음에 답하시오.

가. 증명과정
나. 발생하는 메탄량(m^3/day)

 05년 1회 | 07년 1회 | 07년 3회 | 09년 1회 | 10년 2회
12년 2회 | 14년 3회 | 16년 1회

가. 메탄 생성 수율 증명

① $C_6H_{12}O_6 + 6O_2 \rightarrow 6CO_2 + 6H_2O$
　　180kg　：6×32kg
　　　X　：1kg
　　$X = \dfrac{180 \times 1}{6 \times 32} = 0.9375kg$

② $C_6H_{12}O_6 \rightarrow 3CH_4 + 3CO_2$
　　180kg　：$3 \times 22.4m^3$
　　0.9375kg：　Y
　　$Y = \dfrac{3 \times 22.4 \times 0.9375}{180} = 0.35m^3$

나. 발생하는 메탄량

[식] 발생하는 메탄량 = 메탄 생성 수율 × COD 제거량
[풀이]

① COD 제거량 = $\dfrac{675m^3}{day} \bigg| \dfrac{3,000mg}{L} \bigg| \dfrac{0.8}{} \bigg| \dfrac{10^3 L}{m^3} \bigg| \dfrac{kg}{10^6 mg}$
　　　　　　　$= 1,620 kg/day$

② 발생하는 메탄량 $= \dfrac{0.35m^3}{kg} \bigg| \dfrac{1,620kg}{day} = 567m^3/day$

[답] ∴ 발생하는 메탄량 = $567m^3/day$

16

침사지(수심 3.7m, 폭 12m)에서 유속이 0.05m/sec일 경우 프루드 수 (Fr, Froude Number)는? (단, $Fr = \dfrac{V^2}{gR}$)

[식] $Fr = \dfrac{V^2}{gR}$

[풀이]

① $R = \dfrac{H \cdot W}{2H + W} = \dfrac{3.7 \times 12}{2 \times 3.7 + 12} = 2.2887m$

② $Fr = \dfrac{0.05^2}{9.8 \times 2.2887} = 1.1146 \times 10^{-4}$

[답] ∴ $Fr = 1.11 \times 10^{-4}$

17

직경 0.5m로 판 자유수면 정호에서 양수 전의 지하수위는 불투수층 위로 20m였다. 100m³/hr로 양수할 때 양수정으로부터 10m와 20m 떨어진 관측정의 수위는 각각 2m와 1m로 저하하였다. 대수층의 투수계수(m/hr)와 양수정에서의 수위저하(m)는 얼마인가?

(단, $Q = \dfrac{\pi k}{2.3} \times \dfrac{H^2 - h_o^2}{\log(R/r_o)} = \dfrac{\pi k(h_2^2 - h_1^2)}{\ln(r_2/r_1)}$)

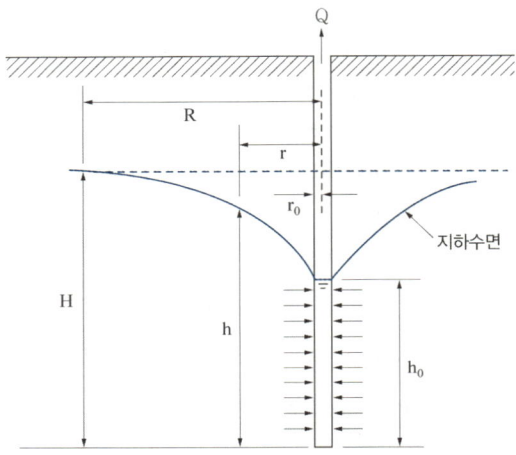

- 투수계수

[식] $Q = \dfrac{\pi k(h_2^2 - h_1^2)}{\ln(r_2/r_1)}$

[풀이]
① $100 = \dfrac{\pi k(19^2 - 18^2)}{\ln(20/10)}$
② $k = 0.5963 \, m/hr$

[답] ∴ 투수계수 = 0.60m/hr

- 양수정에서의 수위저하

[식] $Q = \dfrac{\pi k(h_2^2 - h_1^2)}{\ln(r_2/r_1)}$

[풀이]
① $100 = \dfrac{\pi \times 0.5963 \times (18^2 - x^2)}{\ln(10/0.25)}$
② $x = 11.2732 \, m$
③ 수위저하 = 20 - 11.2732 = 8.7268m

[답] ∴ 양수정에서의 수위저하 = 8.73m

18

COD가 960mg/L인 폐수를 처리하기 위하여 처리조를 설계하고자 한다. MLSS농도는 3,000mg/L, 유출수 COD는 120mg/L 이하여야 한다. 1차 반응을 하며, MLVSS를 기준으로 한 속도상수는 0.548L/g·hr 이며, MLSS의 70%가 MLVSS, 폐수 중 NBDCOD는 95mg/L일 때 반응시간(hr)을 계산하시오.

19년 3회

[식] $\theta = \dfrac{S_i - S_o}{K \cdot S_o \cdot X}$

[풀이]
① $S_i = COD_i - NBDCOD = 960 - 95 = 865 \, mg/L$
② $S_o = COD_o - NBDCOD = 120 - 95 = 25 \, mg/L$
③ $X = MLSS \times 0.7 = 3,000 \times 0.7 = 2,100 \, mg/L$
④ $\theta = \dfrac{(865-25)mg}{L} \Big| \dfrac{g \cdot hr}{0.548L} \Big| \dfrac{L}{25mg} \Big| \dfrac{L}{2,100mg} \Big| \dfrac{10^3 mg}{g}$
= 29.1971hr

[답] ∴ 반응시간 = 29.20hr

필답형 기출문제 2022 * 2

01

배수면적의 1/2(유출계수 : 0.6)이 상업지구, 배수면적의 1/3(유출계수 : 0.5)이 주택지구, 배수면적의 1/6(유출계수 : 0.1)이 녹지로 구성, 강우강도는 $I = \dfrac{5,000}{t+40}$ mm/hr, 유입시간은 5분, 유역면적은 120ha, 하수관 내 유속은 1.2m/sec인 경우 하수관에서 흘러나오는 우수량(m^3/sec)은 얼마인지 계산하시오. (단, 합리식에 의해 유출량 산정하고 하수관의 길이는 1,500m)

빈출 체크 19년 3회

[식] $Q = \dfrac{1}{360} CIA$

[풀이]

① $t = T_i + \dfrac{L}{V} = 5\min + \dfrac{1,500m}{1.2m} | \dfrac{\sec}{} | \dfrac{\min}{60\sec}$
   $= 25.8333 \min$

② $I = \dfrac{5,000}{t+40} = \dfrac{5,000}{25.8333+40} = 75.9494 \text{mm/hr}$

③ $C = \dfrac{C_1 \cdot A_1 + C_2 \cdot A_2 + C_3 \cdot A_3}{A_1 + A_2 + A_3}$
   $= \dfrac{0.6 \times 60 + 0.5 \times 40 + 0.1 \times 20}{60 + 40 + 20} = 0.4833$

④ $Q = \dfrac{0.4833 \times 75.9494 \times 120}{360} = 12.2354 \text{m}^3/\sec$

[답] ∴ 우수량 = 12.24 m^3/sec

02

해수담수화 방식 중 상변화 방식에 속하는 방법 2가지, 상불변 방식에 속하는 방법 2가지를 적으시오.

빈출 체크 08년 3회 | 19년 1회

해수담수화 방식

상변화	결정법	냉동법
		가스수화물법
	증발법	다단플래쉬법
		다중효용법
		증기압축법
		투과기화법
상불변	막법	역삼투법
		전기투석법
	용매추출법	

03

수직고도 30m 위에 있는 곳으로 관의 직경은 20cm, 총 연장은 200m의 배수관을 통해 유량 0.1m³/sec의 물을 양수하고자 할 때, 다음을 구하시오.

가. 관로의 마찰손실수두를 고려할 때 펌프의 총 양정(m)
(단, $f = 0.03$)

나. 70%의 효율을 갖는 펌프의 소요동력(kW)
(단, 물의 밀도는 1g/cm³)

빈출체크 06년 1회 | 07년 1회 | 09년 2회 | 11년 1회 | 13년 2회 | 16년 1회

가. 펌프의 총 양정

[식] $H = h + f \times \dfrac{L}{D} \times \dfrac{V^2}{2g} + \dfrac{V^2}{2g}$

[풀이]

① $V = \dfrac{Q}{A} = \dfrac{0.1\text{m}^3}{\text{sec}} \bigg| \dfrac{4}{\pi \times (0.2\text{m})^2} = 3.1831\text{m/sec}$

② $H = 30 + 0.03 \times \dfrac{200}{0.2} \times \dfrac{(3.1831)^2}{2 \times 9.8} + \dfrac{(3.1831)^2}{2 \times 9.8}$
    $= 46.0253\text{m}$

[답] ∴ 펌프의 총 양정 = 46.03m

나. 펌프의 소요동력

[식] $P = \dfrac{\rho \cdot g \cdot Q \cdot H}{\eta}$

[풀이]

① $P = \dfrac{1{,}000\text{kg}}{\text{m}^3} \bigg| \dfrac{9.8\text{m}}{\text{sec}^2} \bigg| \dfrac{0.1\text{m}^3}{\text{sec}} \bigg| \dfrac{46.03\text{m}}{} \bigg| \dfrac{1}{0.7}$
    $= 64{,}442\text{W}(\text{kg} \cdot \text{m}^2/\text{sec}^3)$

② $P = \dfrac{64{,}442\text{W}}{} \bigg| \dfrac{\text{kW}}{10^3\text{W}} = 64.442\text{kW}$

[답] ∴ 펌프의 소요동력 = 64.44kW

04

A처리장에서 원수를 호수로부터 처리장까지 수송하려고 한다. 취수구 깊이가 호수(깊이 180m) 수표면 3.7m 아래에 있으며 펌프를 이용하여 원수를 호수 수표면에서 높이 6m에 있는 처리장 입구까지 수송한다. 펌프 흡입손실수두 3m, 배출손실수두 2m로 가정, 처리장에서는 44,000명에게 물을 공급하며 평균적 물 소비량은 0.76m³/cap·day이다. 이때 취수펌프모터의 소요마력을 구하시오.
(단, 총 펌프효율 = 72%)

[식] $P = \dfrac{\rho \cdot g \cdot Q \cdot H}{\eta}$

[풀이]

① $Q = \dfrac{0.76\text{m}^3}{\text{cap} \cdot \text{day}} \bigg| \dfrac{44{,}000\text{명}}{} \bigg| \dfrac{\text{day}}{24\text{hr}} \bigg| \dfrac{\text{hr}}{3{,}600\text{sec}}$
    $= 0.3870\text{m}^3/\text{sec}$

② $H = 6 + 3 + 2 = 11\text{m}$ (※ 취수구 아래는 제외)

③ $P = \dfrac{1{,}000 \times 9.8 \times 0.3870 \times 11}{0.72} = 57{,}942.5\text{W}$

④ PS, HP 풀이

ⓐ $57{,}942.5\text{W} \times \dfrac{1\text{PS}}{735.5\text{W}} = 78.7797\text{PS}$

ⓑ $57{,}942.5\text{W} \times \dfrac{1\text{HP}}{746\text{W}} = 77.6709\text{HP}$

[답] ∴ 소요마력 = 78.78PS or 77.67HP

05

1개월 동안의 대장균의 계수자료가 오름차순으로 주어졌을 때 기하평균과 중간 값은?

[대장균의 계수자료]
1, 13, 60, 85, 168, 234, 330, 331

가. 기하평균
나. 중간 값

빈출 체크 13년 1회

가. 기하평균 $= (1 \times 13 \times 60 \times 85 \times 168 \times 234 \times 330 \times 331)^{1/8}$
$= 64.09$

나. 중간 값 $= \dfrac{(85 + 168)}{2} = 126.5$

06

MBR의 하수처리 원리를 기술하고, 특성 4가지를 적으시오.

가. 원리
나. 특성

빈출 체크 14년 1회 | 19년 2회

가. 원리 : 생물반응조와 분리막 공정을 합친 것으로 유기물, SS, N, P 제거에 효과적인 공법이다.

나. 특성
- 공정의 Compact화 가능
- SRT가 길어 슬러지가 자동산화되어 슬러지 발생량이 적음
- 완벽한 고액 분리 가능
- 막 오염 현상 및 역세척 시 2차 오염 물질 발생
- 높은 MLSS 유지가 가능하며 질산화 효율이 좋음

07

1,000ha 크기의 호수에 강우의 PCB 농도가 100ng/L, 연평균 강우량이 70cm인 강우에 의하여 호수로 직접 유입되는 PCB의 양(ton/yr)을 계산하시오.

빈출 체크 08년 1회 | 15년 1회

[식] 유입량 $= Q \cdot C$

[풀이]

① $Q = A \cdot I = \dfrac{1,000\text{ha}}{} \Big| \dfrac{0.7\text{m}}{\text{yr}} \Big| \dfrac{10^4 \text{m}^2}{\text{ha}} = 7 \times 10^6 \text{m}^3/\text{yr}$

② 유입량 $= \dfrac{7 \times 10^6 \text{m}^3}{\text{yr}} \Big| \dfrac{100 \mu\text{g}}{\text{m}^3} \Big| \dfrac{\text{ton}}{10^{12} \mu\text{g}} = 7 \times 10^{-4} \text{ton/yr}$

[답] ∴ 유입량 $= 7 \times 10^{-4}$ ton/yr

08

혐기성 소화를 시킨 슬러지의 고형물량이 2%, 비중이 1.4일 때 이 슬러지의 비중을 계산하시오. (단, 소수점 세 번째 자리까지)

빈출 체크 17년 3회

[식] $\dfrac{100\%}{\rho_{SL}} = \dfrac{\%_W}{\rho_W} + \dfrac{\%_{TS}}{\rho_{TS}}$

[풀이]
① $\dfrac{100}{\rho_{SL}} = \dfrac{98}{1} + \dfrac{2}{1.4}$

② $\rho_{SL} = \dfrac{100}{\dfrac{98}{1} + \dfrac{2}{1.4}} = 1.0057$

[답] ∴ $\rho_{SL} = 1.006$

09

다음 일반적인 도시 하수처리 계통도 중 잘못 배열된 시설을 찾고 폭기조 용적을 산출하시오.

[조건]
- 하수 유량 : 10,000m³/day
- F/M비 : 0.4kgBOD/kgMLSS·day
- 유입수 BOD 농도 : 600mg/L
- MLSS 농도 : 2,500mg/L
- 유입수 SS 농도 : 700mg/L

빈출 체크 18년 3회

가. 침사지와 스크린 위치가 바뀌었음
   응집침전 또는 부상분리 중 한가지 사용

나. 폭기조의 용적

[식] $F/M = \dfrac{BOD \cdot Q}{V \cdot X}$

[풀이] $V = \dfrac{BOD \cdot Q}{F/M \cdot X}$

$= \dfrac{600mg}{L} \left| \dfrac{10,000m^3}{day} \right| \dfrac{kg \cdot day}{0.4kg} \left| \dfrac{L}{2,500mg} \right.$

$= 6,000m^3$

[답] ∴ 폭기조의 용적 = 6,000m³

10

CFSTR에서 95%의 효율로 처리하고자 한다. 이 물질은 1차 반응, 속도상수는 0.05hr⁻¹이다. 또한 유입유량은 300L/hr, 유입농도는 150mg/L이라면 필요한 CFSTR의 부피(m³)는 얼마인가? (단, 반응은 정상상태)

빈출 체크 11년 2회 | 14년 1회 | 18년 1회

[식] $V = \dfrac{Q \cdot (C_o - C_t)}{k \cdot C_t}$

[풀이]
① $C_t = C_o(1-\eta) = 150 \times (1-0.95) = 7.5mg/L$

② $V = \dfrac{300L}{hr} \left| \dfrac{(150-7.5)mg}{L} \right| \dfrac{hr}{0.05} \left| \dfrac{L}{7.5mg} \right| \dfrac{m^3}{10^3L}$

$= 114m^3$

[답] ∴ CFSTR 부피 = 114m³

11

취수시설의 설치장소 선정기준 4가지를 적으시오. (단, 양호한 수질 제외)

- 계획취수량을 안정적으로 취수할 수 있어야 함
- 구조상의 안정을 확보할 수 있어야 함
- 하천관리시설 또는 다른 공작물에 근접하지 않아야 함
- 하천개수계획을 실시함에 따라 취수에 지장이 생기지 않아야 함
- 기후변화에 대비 갈수 시와 비상 시 인근의 취수시설의 연계이용 가능성을 파악

12

PAC(폴리염화알루미늄)가 갖는 장점 5가지를 기술하시오. (황산반토와 비교)

빈출 체크 19년 2회

- 황산알루미늄보다 응집성이 우수
- 알칼리도의 저하가 적어 알칼리제의 투입량이 절감됨
- Floc의 형성속도가 빠르고 크기가 커서 침강속도가 빠름
- 저온에서도 응집효과가 좋음
- 응집보조제가 필요 없음
- 응집 pH 범위가 넓음

13

인구 6,000명인 마을에 처리장을 설치하려고 한다. 유입 유량은 380L/인·day, 유입 BOD_5는 225mg/L이다. 처리장은 BOD_5 제거율은 90%, 생성계수 Y_b는 0.65gMLVSS/산화 BOD_5, 내생호흡 계수는 0.06/day, 총 고형물 중 생물학적 분해 가능한 분율은 0.8, MLVSS는 MLSS의 50%일 때 반응조의 부피(m^3)와 MLSS의 농도(mg/L)를 구하시오. (단, 순슬러지 생산량은 0, 체류시간은 1일, 반송비는 1)

빈출 체크 05년 3회 | 10년 3회 | 13년 1회 | 15년 2회

[식] $Q_w \cdot X_w = Y \cdot BOD \cdot Q \cdot \eta - V \cdot k_d \cdot X$

[풀이]

① $Q = \dfrac{380L}{인 \cdot day} | 6,000인 | \dfrac{m^3}{10^3 L} = 2,280 m^3/day$

② $V = Q \cdot t = (2,280 m^3/day \times 2) \times 1 day = 4,560 m^3$

※ 반응조 부피는 반송비를 고려한 유량을 이용

③ 슬러지 생산량은 0이므로 $Q_w \cdot X_w = 0$

$Y \cdot BOD \cdot Q \cdot \eta = V \cdot k_d \cdot X$

$X = \dfrac{Y \cdot BOD \cdot Q \cdot \eta}{V \cdot k_d}$

$= \dfrac{0.65 gMLVSS}{gBOD_5} | \dfrac{225 mg}{L} | \dfrac{2,280 m^3}{day} | \dfrac{1}{4,560 m^3} |$

$| \dfrac{0.9}{0.06} = 1,096.875 mg/L$

④ $MLSS = \dfrac{1,096.875 mg}{L} | \dfrac{1}{0.8} | \dfrac{100}{50} = 2,742.19 mg/L$

[답] ∴ 반응조의 부피 = $4,560 m^3$
  MLSS = 2,742.19 mg/L

14

다음은 호수의 부영양화 정도를 나타내는 TSI에 대한 설명이다. 다음 물음에 답하시오.

가. TSI의 기준이 되는 대표적인 수질인자 3가지를 서술하시오.

나. TSI가 클수록 수질인자 (   )가 (커져/작아져) (빈영양호/부영양호) 이다.

가. 투명도, Chlorophyll-a, T-P
나. TSI가 클수록 투명도가 작아져 부영양호이다.
  TSI가 클수록 Chlorophyll-a가 커져 부영양호이다.
  TSI가 클수록 T-P가 커져 부영양호이다.

15

정상류, 비정상류, 등류, 비등류에 대해 서술하시오.

- 정상류(Steady Flow) : 유체의 유동 특성(압력, 밀도, 속도, 온도 등)이 시간이 경과함에 따라 변하지 않는 흐름
- 비정상류(Unsteady Flow) : 유체의 유동 특성(압력, 밀도, 속도, 온도 등)이 시간이 경과함에 따라 변하는 흐름
- 등류(Uniform Flow) : 수로의 모든 단면에 있어서 수리학적 특성이 동일한 흐름(변하지 않음)
- 비등류(Nonuniform Flow) : 수로의 모든 단면에서 수리학적 특성이 다른 흐름(변함)

16

유입 BOD가 1,000mg/L, 유량이 400m³/day를 살수여상으로 유출 BOD 52mg/L로 처리한다고 할 때, 살수여상의 BOD 용적부하(kg/m³ · day)를 구하시오. (단, 수량부하 20m³/m² · day, 높이 2.5m, 재순환비 2.5)

[식] BOD 용적부하 $= \dfrac{BOD \cdot Q}{V} = \dfrac{BOD \cdot Q}{A \cdot H}$

[풀이]

① $\dfrac{Q_r}{Q} = 2.5 \Rightarrow Q_r = 2.5Q$

② $\dfrac{Q + Q_r}{A} = 20\,m^3/m^2 \cdot day$

$\Rightarrow A = \dfrac{400 + 2.5 \times 400}{20} = 70\,m^2$

③ BOD 용적부하 $= \dfrac{400m^3}{day} \Big| \dfrac{1,000mg}{L} \Big| \dfrac{kg}{10^6 mg} \Big| \dfrac{10^3 L}{m^3}$

$\Big| \dfrac{}{70m^2} \Big| \dfrac{}{2.5m} = 2.2857\,kg/m^3 \cdot day$

[답] ∴ BOD 용적부하 = 2.29kg/m³ · day

17

BOD_5는 235ppm, 최종 BOD는 350ppm일 때 다음을 구하시오.
(단, 상용대수)

가. 5일 산화율(%)
나. 산화율 50%까지 소요되는 시간(day) (단, 반응상수 = 0.1/day)
다. 온도 보정식이 1.047일 경우 25℃에서의 반응상수

가. 5일 산화율(%)

[식] 5일 산화율(%) = $\dfrac{BOD_5}{BOD_u} \times 100$

[풀이]

5일 산화율(%) = $\dfrac{235}{350} \times 100 = 67.1429\%$

[답] ∴ 5일 산화율(%) = 67.14%

나. 산화율 50%까지 소요되는 시간

[식] $BOD_t = BOD_u \times 10^{-k \cdot t}$

[풀이]

① $\dfrac{BOD_t}{BOD_u} = 10^{-k \cdot t}$ …… 양변에 로그를 취함

② $\log \dfrac{BOD_t}{BOD_u} = -k \cdot t$ …… $-k$를 나눠줌

③ $t = \dfrac{\log \dfrac{BOD_t}{BOD_u}}{-k} = \dfrac{\log \dfrac{175}{350}}{-0.1} = 3.0103 \text{day}$

[답] ∴ 산화율 50%까지 소요되는 시간 = 3.01day

다. 25℃에서의 반응상수

[식] $k_{(t℃)} = k_{20℃} \times 1.047^{(t-20)}$

[풀이] $k_{(25℃)} = 0.1 \times 1.047^{(25-20)} = 0.1258/\text{day}$

[답] ∴ 25℃에서의 반응상수 = 0.13/day

18

아래의 그래프 가, 나, 다, 라에 대한 분해성 및 미생물에 미치는 영향에 대해 서술하시오.

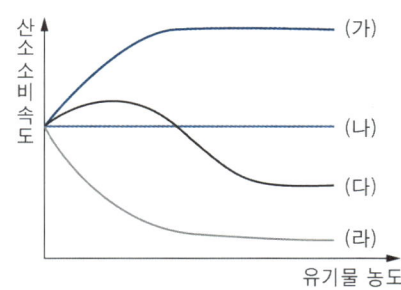

가. 일반적인 유기물로, 미생물에 의한 유기물 분해는 초기에 순응시간이 필요하여 지체기간이 나타나지만 분해 속도가 급격히 증가하다가 최대속도 도달 시 평형을 이루게 된다.
나. 미생물이 분해하지 못하는 유기물이다.
다. 유기물 농도가 낮을 경우엔 미생물이 유기물을 분해하고, 농도가 높아질 경우 독성작용으로 인해 미생물이 감소하여 산소 소비속도가 줄어든다.
라. 독성작용으로 인해 미생물이 감소하여 산소 소비속도가 줄어들게 하는 유기물이다.

필답형 기출문제 2022 * 3

01
급속혼화조에 4,700m³/day로 유입되는 폐수를 교반하기 위한 이론적 소요마력을 구하시오. (단, 속도경사 950sec⁻¹, 점성계수 10.02×10⁻⁴N·sec/m², 1분)

[식] $P = G^2 \cdot \mu \cdot V$

[풀이]

① $P = \left(\dfrac{950}{\text{sec}}\right)^2 \left|\dfrac{10.02 \times 10^{-4} \text{N} \cdot \text{sec}}{\text{m}^2}\right| \dfrac{4,700 \text{m}^3}{\text{day}} \left|\dfrac{1\min}{}\right|$

$\dfrac{\text{day}}{24\text{hr}} \left|\dfrac{\text{hr}}{60\min}\right| = 2,951.5510\text{W}$

② PS, HP 풀이

ⓐ $2,951.5510\text{W} \times \dfrac{1\text{PS}}{735.5\text{W}} = 4.0130\text{PS}$

ⓑ $2,951.5510\text{W} \times \dfrac{1\text{HP}}{746\text{W}} = 3.9565\text{HP}$

[답] ∴ 소요마력 = 4.01PS or 3.96HP

빈출 체크 09년 1회 | 16년 2회 | 19년 3회

02
호소의 부영양화 호소 내 대책 중 물리적 대책 4가지를 적으시오.

- 영양염류가 높은 심층수 방류
- 영양염류가 적은 물을 섞어 교환율을 높임
- 차광막을 이용한 빛의 차단으로 조류의 증식을 막음
- 심층폭기나 순환을 시켜 저질토로부터 인이 방출되는 것을 막음
- 수초 및 조류 제거

03
QUAL-II 모델 13종의 대상 수질인자 중 추가해야 할 항목 5가지를 적으시오.

[보기]
조류(클로로필-a), 유기질소, 유기인, 아질산성 질소, 질산성질소, 암모니아성질소, 3개의 보존성 물질, 임의의 비보존성 물질

빈출 체크 16년 2회 | 20년 1회

BOD, DO, 용존총인, 대장균, 온도

04

다음 빈칸에 알맞은 것을 선택하시오.

- 정류벽의 위치는 유입구에서 (1.5m / 1.2m) 이상 떨어져서 설치하여야 한다.
- 정류벽의 개구면적은 너무 (크면 / 작으면) 정류효과가 줄어들고 너무 (크면 / 작으면) 정류공 통과부의 유속이 과대하게 되어 지내 수류나 플록 파괴의 점에서 바람직하지 못하다.
- 정류벽 공의 경은 (30cm / 10cm) 전후
- 공의 단면적은 수류의 통과 단면적의 약 (8% / 6%) 정도가 좋다.

20년 1회

- 1.5m
- 크면, 작으면
- 10cm
- 6%

05

흡착제 중 GAC와 PAC의 특성을 2가지씩 기술하시오.

가. GAC

나. PAC

11년 1회 | 16년 2회 | 20년 1회

가. GAC 특성
- 흡착속도가 느림
- 취급이 용이
- 슬러지 발생이 없음
- 고액분리 용이

나. PAC 특성
- 흡착속도가 빠름
- 분말의 비산이 있어 취급이 어려움
- 슬러지 발생이 많은 편
- 고액분리 어려움

06

$Mg(OH)_2$ 용액 100mL를 중화시키기 위해 0.01N H_2SO_4 40.4mL가 사용되었을 때 이 용액의 경도를 계산하시오.

19년 3회

[식] $N \cdot V = N' \cdot V'$

[풀이]

① $X \times 100 = 0.01 \times 40.4$

$X = 4.04 \times 10^{-3} N$

② 경도 $= \dfrac{4.04 \times 10^{-3} eq}{L} \Big| \dfrac{(100/2)g}{eq} \Big| \dfrac{10^3 mg}{g}$

$= 202 mg/L \, as \, CaCO_3$

[답] ∴ 경도 = 202mg/L as $CaCO_3$

07

원자흡수분광광도법 분석오차의 원인 5가지를 쓰시오.

- 표준시료의 선택의 부적당 및 제조의 잘못
- 분석시료의 처리방법과 희석의 부적당
- 표준시료와 분석시료의 조성이나 물리적 화학적 성질의 차이
- 공존물질에 의한 간섭
- 광원램프의 드리프트(Drift) 열화
- 광원부 및 파장선택부의 광학계의 조정 불량
- 측광부의 불안정 또는 조절 불량
- 분무기 또는 버너의 오염이나 폐색
- 가연성 가스 및 조연성 가스의 유량이나 압력의 변동
- 불꽃을 투과하는 광속의 위치의 조정 불량
- 검정곡선 작성의 잘못
- 계산의 잘못

08

다음에 주어진 조건을 이용하여 탈질에 사용되는 무산소조의 체류시간을 계산하시오.

[조건]
- 유입수 NO_3^{-N} 농도 : 22mg/L
- 유출수 NO_3^{-N} 농도 : 3mg/L
- $U_{DN(20℃)}$: 0.1day^{-1}
- 온도 : 10℃
- MLVSS 농도 : 2,000mg/L
- DO 농도 : 0.1mg/L
- $U'_{DN} = U_{DN} \times k^{(T-20)}(1-DO)$ (단, $k = 1.09$)

빈출체크 09년 3회 | 12년 3회 | 16년 2회

[식] $\theta = \dfrac{S_i - S_o}{U_{DN} \cdot X}$

[풀이]
① $U_{DN} = 0.1 \times 1.09^{(10-20)} \times (1-0.1) = 0.038 \text{day}^{-1}$

② $\theta = \dfrac{(22-3)\text{mg}}{L} \Big| \dfrac{\text{day}}{0.038} \Big| \dfrac{L}{2,000\text{mg}} \Big| \dfrac{24\text{hr}}{\text{day}} = 6\text{hr}$

[답] ∴ 무산소조의 체류시간 = 6hr

09

직경이 450mm, 하수관의 경사가 1%로 매설되어 있는 원형관의 만류 시 유속(m/sec) 및 유량(m³/sec)을 계산하시오. (단, Manning 공식 이용, n = 0.015)

[식] $V = \dfrac{1}{n} \cdot I^{1/2} \cdot R^{2/3}$

[풀이]

① $R = \dfrac{D}{4}$ (만류 시 원형관)

② $V = \dfrac{1}{n} \cdot I^{1/2} \cdot \left(\dfrac{D}{4}\right)^{2/3}$

$= \dfrac{1}{0.015} \times 0.01^{1/2} \times \left(\dfrac{0.45}{4}\right)^{2/3} = 1.5536 \text{m/sec}$

③ $Q = A \cdot V = \dfrac{\pi \times 0.45^2}{4} \times 1.5536 = 0.2471 \text{m}^3/\text{sec}$

[답] ∴ $V = 1.55 \text{m/sec}, \; Q = 0.25 \text{m}^3/\text{sec}$

10

빈출 체크 14년 1회 | 17년 2회

공장폐수의 BOD_2는 600mg/L, NH_4^+-N이 10mg/L이 있다. 이 폐수를 활성슬러지법으로 처리할 경우 첨가해야 할 N, P의 양(mg/L)을 구하시오. (단, k_1 = 0.2day⁻¹, 상용대수기준, BOD_5 : N : P = 100 : 5 : 1)

[식] $BOD_t = BOD_u(1-10^{-k_1 \cdot t})$

[풀이]

① $BOD_u = \dfrac{BOD_t}{1-10^{-k_1 \cdot t}} = \dfrac{600}{1-10^{-0.2 \times 2}} = 996.8552 \text{mg/L}$

② $BOD_5 = 996.8552 \times (1-10^{-0.2 \times 5}) = 897.1697 \text{mg/L}$

③ $BOD_5 : N : P = 100 : 5 : 1$이므로

$N = 897.1697 \times \dfrac{5}{100} = 44.8585 \text{mg/L}$

$P = 897.1697 \times \dfrac{1}{100} = 8.9717 \text{mg/L}$

④ 질소는 10mg/L 존재하므로 첨가량에서 빼준다.

[답] ∴ N = 34.86mg/L, P = 8.97mg/L

11

호수에서 질량보존법칙을 이용한 물질수지식을 쓰시오.
(단, 1차 반응, 완전혼합을 가정하며 반응속도상수는 k로 한다)

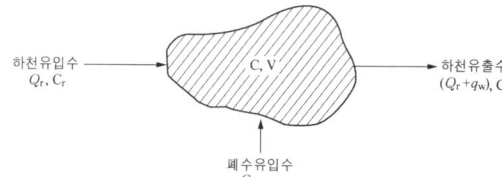

축적 = 유입 - 유출 - 반응

$V\dfrac{dC}{dt} = (Q_r \cdot C_r + q_w \cdot C_w) - (Q_r + q_w)C - k \cdot C \cdot V$

12

계획 1인 1일 BOD 부하량이 70g(분뇨 18g, 오수 52g)이고, 1인 1일 오수량 350L, 희석수 사용량 50L, 정화조 제거효율이 50%라 하면 정화조 유출수 및 오수가 합류 후 하수관로로 유입할 때 예측되는 하수관로 유입 BOD 농도(mg/L)를 계산하시오.

19년 3회

[식] $C_m = \dfrac{C_1 \cdot Q_1 + C_2 \cdot Q_2}{Q_1 + Q_2}$ (1 : 오수, 2 : 정화조)

[풀이]

① $C_1 = \dfrac{52\text{g}}{\text{인} \cdot \text{day}} \Big| \dfrac{\text{인} \cdot \text{day}}{350\text{L}} \Big| \dfrac{10^3 \text{mg}}{\text{g}} = 148.5714 \text{mg/L}$

② $C_2 = \dfrac{18\text{g}}{\text{인} \cdot \text{day}} \Big| \dfrac{\text{인} \cdot \text{day}}{50\text{L}} \Big| \dfrac{10^3 \text{mg}}{\text{g}} \Big| 0.5 = 180 \text{mg/L}$

③ $C_m = \dfrac{148.5714 \times 350 + 180 \times 50}{350 + 50} = 152.50 \text{mg/L}$

[답] ∴ 하수관로 유입 BOD 농도 = 152.50mg/L

13

0.025N-Na₂C₂O₄ 표준용액 10.0mL에 대하여 0.025N-KMnO₄ 용액으로 적정한 결과 적정 소비량은 9.8mL, 공시험 적정 소비량은 0.15mL이었다. 다음 물음에 답하시오.

가. 역가

나. 폐수 50.0mL를 시료수로 하여 역적정 시 0.025N-KMnO₄ 표준 적정용액 7.70mL가 소비되었다면, 이 폐수의 정확한 COD 농도(mg/L)를 계산하시오. (단, 공시험 적정 소비량은 0.20mL)

가. 역가

[식] $f \cdot N \cdot V = f' \cdot N' \cdot V'$

[풀이] $1 \times 0.025 \times 10 = f' \times 0.025 \times (9.8 - 0.15)$

$\quad f' = 1.0363$

[답] ∴ $f' = 1.036$

나. COD 농도

[식] $COD = (b-a) \times f \times \dfrac{1,000}{V} \times 0.2$

[풀이]

$COD = (7.7 - 0.2) \times 1.036 \times \dfrac{1,000}{50} \times 0.2 = 31.08 \text{mg/L}$

[답] ∴ COD = 31.08mg/L

14

슬러지를 혐기성 소화법으로 처리할 경우 장점과 단점을 각각 3가지를 적으시오. (단, 호기성 소화법과 비교)

- 장점
  - 유효한 자원인 메탄이 생성된다.
  - 처리 후 슬러지 생성량이 적다.
  - 동력비 및 유지관리비가 적게 든다.
- 단점
  - 높은 온도(35, 55℃)를 요구한다.
  - 초기 운전 시나 온도, 부하량의 변화 등 운전조건이 변화할 때 그에 적응하는 시간이 길다.
  - NH_3, H_2S에 의한 악취가 발생한다.

15

원형수로의 유속은 0.6m/sec, 관의 구배는 40‰, 조도계수가 0.013 이라면 Manning공식에 의한 수로의 직경(cm)을 계산하시오.

 06년 3회 | 12년 3회

[식] $V = \dfrac{1}{n} \cdot I^{1/2} \cdot R^{2/3}$

[풀이]

① $R = \dfrac{D}{4}$ (절반 채워진 원형관)

② $V = \dfrac{1}{n} \cdot I^{1/2} \cdot \left(\dfrac{D}{4}\right)^{2/3}$ 의 식을 D에 대한 식으로 변경

③ $\left(\dfrac{D}{4}\right)^{2/3} = \dfrac{n \cdot V}{I^{1/2}}$, $D = 4 \cdot \left(\dfrac{n \cdot V}{I^{1/2}}\right)^{3/2}$

④ $D = 4 \times \left(\dfrac{0.013 \times 0.6}{0.04^{1/2}}\right)^{3/2} = 0.0308\text{m}$

$= \dfrac{0.0308\text{m}}{} \Big| \dfrac{100\text{cm}}{\text{m}} = 3.08\text{cm}$

[답] ∴ D = 3.08cm

16

SVI가 100이고, 반송슬러지의 양을 폭기조 유입수량에 대하여 0.25로 운전할 때 MLSS의 농도(mg/L)를 계산하시오.

 16년 3회

[식]

① $X_r = \dfrac{10^6}{SVI}$

② $R = \dfrac{X}{X_r - X}$

[풀이]

① $X_r = \dfrac{10^6}{100} = 10^4 \text{mg/L}$

② $0.25 = \dfrac{X}{10^4 - X}$

$0.25(10^4 - X) = X$

$2{,}500 - 0.25X = X$

$1.25X = 2{,}500$, $X = 2{,}000\text{mg/L}$

[답] ∴ MLSS 농도 = 2,000mg/L

17

응집처리 시설에서 황산제이철[$Fe_2(SO_4)_3$]을 응집제로 사용하여 50mg/L로 주입하는 데 유량은 10,000m³/day, SS는 100mg/L, 침전조에서 전체 고형물 제거율은 90%일 때 제거되는 고형물의 양(kg/day)은 얼마인지 계산하시오. (단, 원자량 Fe : 55.8, Ca : 40)

[석회와 황산제이철 반응식]
$Fe_2(SO_4)_3 + 3Ca(OH)_2 \rightarrow 2Fe(OH)_{3(s)} + 3CaSO_4$

14년 2회 | 17년 3회

[식] 제거 고형물의 양 = 유입·생성 고형물의 양 × 제거율

[풀이]

① $Fe_2(SO_4)_3$ 주입량 $= \dfrac{50mg}{L} | \dfrac{10,000m^3}{day} | \dfrac{10^3 L}{m^3} | \dfrac{kg}{10^6 mg}$
$= 500 kg/day$

② $Fe_2(SO_4)_3 : 2Fe(OH)_3$
399.6 : 2×106.8
500kg/day : X

$X = \dfrac{2 \times 106.8 \times 500}{399.6} = 267.2673 kg/day$

③ 유입 SS량 $= \dfrac{100mg}{L} | \dfrac{10,000m^3}{day} | \dfrac{10^3 L}{m^3} | \dfrac{kg}{10^6 mg}$
$= 1,000 kg/day$

④ 제거 고형물의 양 $= (267.2673 + 1,000) \times 0.9$
$= 1,140.5406 kg/day$

[답] ∴ 제거 고형물의 양 = 1,140.54kg/day

18

2단 살수여과상 처리장에서 유량이 3,785m³/day인 도시폐수를 처리한다. 이 두 여과상의 부피, 효율, 반송률이 같다. 주어진 조건을 이용하여 공정의 직경(m)을 계산하시오.

[조건]
- 여과상 깊이 : 2m
- 1단 여과상의 BOD_5 제거효율 : $E_1 = \dfrac{100}{1 + 0.432\sqrt{\dfrac{W}{V \cdot F}}}$
- 유입 BOD 농도 : 195mg/L
- 최종 BOD 농도 : 20mg/L
- 반송률 : 1.8
- 반송계수 : $F = \dfrac{1+R}{(1+0.1R)^2}$

14년 1회

[식] $E(\%) = \dfrac{100}{1 + 0.432\sqrt{\dfrac{W}{V \cdot F}}}$

[풀이]

① $W = \dfrac{195mg}{L} | \dfrac{3,785m^3}{day} | \dfrac{10^3 L}{m^3} | \dfrac{kg}{10^6 mg} = 738.075 kg/day$

② $\eta = \left(1 - \dfrac{C_o}{C_i}\right) = \left(1 - \dfrac{20}{195}\right) = 0.8974$

③ $\eta = 1 - (1-E)(1-E)$
$(1-E)^2 = 1 - \eta = 0.1026$
$E = 1 - \sqrt{0.1026} = 0.6797$

④ $F = \dfrac{1+R}{(1+R/10)^2} = \dfrac{1+1.8}{(1+1.8/10)^2} = 2.0109$

⑤ $V = \dfrac{W}{F \cdot \left(\dfrac{1/E - 1}{0.432}\right)^2} = \dfrac{738.075}{2.0109 \times \left(\dfrac{1/0.6797 - 1}{0.432}\right)^2}$
$= 308.4595 m^3$

⑥ $V = A \cdot H = \dfrac{\pi \cdot D^2}{4} \times H$

$D = \sqrt{\dfrac{4V}{\pi \cdot H}} = \sqrt{\dfrac{4 \times 308.4595}{\pi \times 2}} = 14.0133 m$

[답] ∴ 공정의 직경 = 14.01m

필답형 기출문제 2023 * 1

01
흡광광도 분석 장치의 구성을 순서대로 쓰시오.

광원부 → 파장선택부 → 시료부 → 측광부

02
다음은 펌프의 종류별 특성에 대한 표이다. 빈칸에 알맞은 것을 쓰시오.

형식	전양정	펌프구경
(가)	3 ~ 12	400 이상
(나)	5 이하	400 이상
(다)	4 이상	80 이상
(라)	5 ~ 20	300 이상

가. 사류펌프
나. 축류펌프
다. 원심펌프
라. 원심사류펌프

03
수질모델링 수립절차 중 감응도 분석(Sensitivity analysis)에서 수질항목이 입력자료에 대해 민감할 때의 의미는 무엇인지 쓰시오.

어떠한 수질항목의 변화율이 입력자료의 변화율보다 클 경우

04

호소의 부영양화 대책 3가지를 적으시오.

빈출체크 21년 3회

- 조류가 급증하기 전인 봄철에 황산구리($CuSO_4$)를 투여
- 수계로 들어오는 화학비료 및 오수를 처리할 수 있는 처리장을 설치
- 철 또는 알루미늄 염을 투여하여 인산염을 침전
- 영양염류가 적은 물을 섞어 교환율을 높임
- 차광막을 이용한 빛의 차단으로 조류의 증식을 막음
- 심층폭기나 순환을 시켜 저질토로부터 인이 방출되는 것을 막음

05

유출수에 아질산성 질소 15mg/L, 암모니아성 질소 50mg/L 함유되어 있을 때 완전 질산화에 소요되는 이론적 산소 요구량(mg/L)을 구하시오.

[풀이]

① $NO_2^{-N} + 0.5O_2 \rightarrow NO_3^{-N}$

    14   : 0.5×32

  15mg/L :   X

$$X = \frac{0.5 \times 32 \times 15}{14} = 17.1429 \text{mg/L}$$

② $NH_3^{-N} + 2O_2 \rightarrow NO_3^{-N} + H^+ + H_2O$

    14   : 2×32

  50mg/L :   Y

$$Y = \frac{2 \times 32 \times 50}{14} = 228.5714 \text{mg/L}$$

③ $X + Y = 17.1429 + 228.5714 = 245.7143 \text{mg/L}$

[답] ∴ 총 이론적 산소 요구량 = 245.71mg/L

06

유출계수는 0.9, 강우량은 2시간 동안 10cm이며 유역면적은 10^4ha 라고 할 때 우수량은 얼마인지 계산하시오. (단, 합리식을 사용하여 계산)

[식] $Q = \frac{1}{360} CIA$

[풀이]

① $I = \frac{10cm}{2hr} | \frac{10mm}{cm} = 50 \text{mm/hr}$

② $Q = \frac{0.9 \times 50 \times 10^4}{360} = 1,250 \text{m}^3$

[답] ∴ 우수량 = 1,250m^3/sec

07

도시와 공장폐수가 유량 150L/sec, BOD 300mg/L으로 하수처리장으로 유입되고 있다. 도시의 인구는 40,000명이며 공장폐수는 유량 10L/sec, 부하량 200kg/day라고 할 때 공장폐수의 BOD 농도(mg/L)와 도시의 생활하수 부하량(g/인·day)을 구하시오.

공장폐수 BOD 농도

[풀이]

$$C = \frac{200\text{kg}}{\text{day}} \Big| \frac{\text{sec}}{10\text{L}} \Big| \frac{10^6\text{mg}}{\text{kg}} \Big| \frac{\text{hr}}{3,600\text{sec}} \Big| \frac{\text{day}}{24\text{hr}}$$

$= 231.4815\text{mg/L}$

[답] ∴ 공장폐수 BOD 농도 = 231.48mg/L

생활하수 부하량

[풀이]

① 하수처리장 부하량

$$= \frac{300\text{mg}}{\text{L}} \Big| \frac{150\text{L}}{\text{sec}} \Big| \frac{\text{g}}{10^3\text{mg}} \Big| \frac{3,600\text{sec}}{\text{hr}} \Big| \frac{24\text{hr}}{\text{day}}$$

$= 3,888,000\text{g/day}$

② 공장폐수 부하량 $= \frac{200\text{kg}}{\text{day}} \Big| \frac{10^3\text{g}}{\text{kg}} = 200,000\text{g/day}$

③ 생활하수 부하량

$= (3,888,000 - 200,000)\text{g/day} \div 40,000\text{인}$

$= 92.2\text{g/인} \cdot \text{day}$

[답] ∴ 생활하수 부하량 = 92.2g/인·day

08

저수량 40만 ton의 보유량을 갖는 호수에 유해물질의 농도가 30mg/L인 오염물질이 유입되었다. 다음 조건을 따를 때 오염물질의 농도가 3mg/L로 감소할 때까지 걸리는 시간(year)을 계산하시오.

[조건]
- 유해물질이 투입되기 전 호수 내의 유해물질 농도는 0
- 호수는 CFSTR로 가정
- 호수가 완전 혼합되었다고 가정
- 호수의 유역면적은 10^5m^2
- 유역의 연평균 강우량은 1,200mm/yr
- 호수의 유입, 유출량은 강우량에만 의존
- 밀도 1톤/m^3

빈출체크 06년 2회 | 14년 3회 | 18년 2회 | 20년 2회

[식] $V\dfrac{dC}{dt} = Q \cdot C_o - Q \cdot C_t - k \cdot C_t^n \cdot V$

[풀이]

① $Q = \dfrac{1,200\text{mm}}{\text{yr}} \Big| \dfrac{10^5\text{m}^2}{} \Big| \dfrac{\text{m}}{10^3\text{mm}} = 1.2 \times 10^5 \text{m}^3/\text{yr}$

② 유입농도와 반응 = 0

$$\int_{C_o}^{C_t} \frac{1}{C}dC = -\frac{Q}{V}\int_0^t dt \rightarrow \ln\frac{C_t}{C_o} = -\frac{Q}{V} \times t$$

③ $t = \dfrac{-\ln(3/30)}{(1.2 \times 10^5)/(4 \times 10^5)} = 7.6753\text{yr}$

[답] ∴ 걸리는 시간 = 7.68yr

09

기름을 제거하기 위한 부상조를 설계하고자 한다. 다음 물음에 답하시오.

[조건]
- 제거대상 유적의 직경 : 200μm
- 유적의 비중 : 0.9
- 액체의 점도 : 0.01g/cm·sec
- 액체의 비중 : 1.0
- 처리유량 : 20,000m³/day
- 부상조의 수심 : 3m
- 부상조의 폭 : 4m
- 유체 흐름은 완전층류라 가정

가. 부상시간(min)
나. 부상조의 소요 길이(m)

17년 2회 | 20년 1회

가. 부상시간

[식] $t = \dfrac{H}{V_f}$

[풀이]

① $d_p = \dfrac{200\mu m}{} \Big| \dfrac{cm}{10^4 \mu m} = 0.02 cm$

② $V_f = \dfrac{d_p^2 \cdot (\rho - \rho_s) \cdot g}{18\mu}$

$= \dfrac{(0.02cm)^2}{} \Big| \dfrac{(1-0.9)g}{cm^3} \Big| \dfrac{980cm}{sec^2} \Big| \dfrac{cm \cdot sec}{18 \times 0.01g}$

$= 0.2178 cm/sec$

③ $t = \dfrac{H}{V_f} = \dfrac{3m}{} \Big| \dfrac{sec}{0.2178cm} \Big| \dfrac{100cm}{m} \Big| \dfrac{min}{60sec}$

$= 22.9568 min$

[답] ∴ 부상시간 = 22.96min

나. 부상조의 소요 길이

[식] $V_f = \dfrac{Q}{L \cdot W}$

[풀이] $L = \dfrac{Q}{V_f \cdot W}$

$= \dfrac{20,000m^3}{day} \Big| \dfrac{sec}{0.2178cm} \Big| \dfrac{1}{4m} \Big| \dfrac{100cm}{m}$

$\Big| \dfrac{day}{24hr} \Big| \dfrac{hr}{3,600sec}$

$= 26.5704m$

[답] ∴ 부상조의 소요 길이 = 26.57m

10

전염소처리와 중간염소처리의 염소제 주입 지점은?

가. 전염소처리 염소제 주입 지점
나. 중간염소처리 염소제 주입 지점

13년 1회 | 20년 2회

가. 착수정, 혼화지 사이
나. 응집침전지, 여과지 사이

11

2차 반응에 따라 붕괴하는 초기농도가 2.6×10^{-4}M인 오염물질의 10℃ 속도상수가 106.8L/mol·hr일 때 아래 물음에 답하시오.

가. 2시간 후의 물질농도(M)는?
나. 온도가 30℃로 상승 시 2시간 뒤 농도(M)는? (단, θ값은 1.062)

빈출체크 10년 1회 | 15년 3회

가. 2시간 후의 물질농도

[식] $\dfrac{1}{C_t} - \dfrac{1}{C_o} = k \cdot t$

[풀이]

① $\dfrac{1}{C_t} = k \cdot t + \dfrac{1}{C_o}$ ·············· 우항을 통분

② $\dfrac{1}{C_t} = \dfrac{k \cdot t \cdot C_o + 1}{C_o}$ ·············· 양변을 역수 취함

③ $C_2 = \dfrac{C_o}{k \cdot 2C_o + 1} = \dfrac{2.6 \times 10^{-4}}{106.8 \times 2 \times 2.6 \times 10^{-4} + 1}$
$= 2.4632 \times 10^{-4}$M

[답] ∴ $C_2 = 2.46 \times 10^{-4}$M

나. 2시간 뒤 농도

[식]

① $k_T = k_{10℃} \times 1.062^{(T-10)}$

② $\dfrac{1}{C_t} - \dfrac{1}{C_o} = kt$

[풀이]

① $k_{30} = 106.8 \times 1.062^{(30-10)} = 355.6818$L/mol·hr

② $C_2 = \dfrac{C_o}{k 2C_o + 1} = \dfrac{2.6 \times 10^{-4}\text{M}}{355.6818 \times 2 \times 2.6 \times 10^{-4} + 1}$
$= 2.1942 \times 10^{-4}$M

[답] ∴ $C_2 = 2.19 \times 10^{-4}$M

12

A^2/O 공법의 계통도의 단계별 명칭을 쓰고, 인의 제거 원리를 적으시오.

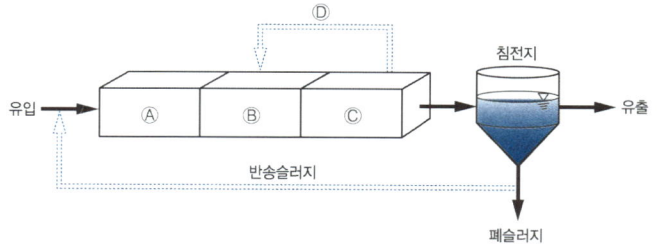

빈출체크 05년 1회 | 13년 3회

A단계 혐기조 - 인의 방출
B단계 무산소조 - 탈질미생물에 의한 탈질화
C단계 호기조 - 인의 과잉섭취, 호기성 미생물에 의한 질산화
D단계 내부반송 - 호기조 일부 슬러지를 무산소조로 이동

13

하천의 초기 용존산소부족량은 2.6mg/L, 최종 BOD는 21mg/L, 탈산소계수는 0.4/day, 자정계수는 2.25일 때 다음을 계산하시오. (단, 상용대수기준, Streeter-Phelps 식 적용)

가. 임계시간(hr)
나. 임계점의 산소부족량(mg/L)

가. 임계시간

[식] $t_c = \dfrac{1}{k_1(f-1)} \log\left[f\left(1-(f-1)\dfrac{D_o}{L_o}\right)\right]$

[풀이]
$t_c = \dfrac{1}{0.4 \times (2.25-1)} \log\left[2.25 \times \left(1-(2.25-1)\times \dfrac{2.6}{21}\right)\right]$
$= 0.5583\text{day} = \dfrac{0.5583\text{day}}{} \Big| \dfrac{24\text{hr}}{\text{day}} = 13.3992\text{hr}$

[답] ∴ 임계시간 = 13.40hr

나. 임계점의 산소부족량

[식] $D_c = \dfrac{L_o}{f} \times 10^{-k_1 \cdot t_c}$

[풀이]
$D_c = \dfrac{21}{2.25} \times 10^{-0.4 \times 0.5583} = 5.5811\text{mg/L}$

[답] ∴ 임계점의 산소부족량 = 5.58mg/L

14

pH가 4인 시료에 HCO_3^- : 3eq/L, CO_3^{2-} : 0.02eq/L가 있다고 할 때 알칼리도(g/L)를 계산하시오.

[풀이]
① $[OH^-] = 10^{-pOH} = 10^{-10}$
② $\text{Alk} = \dfrac{3\text{ep}}{L} \Big| \dfrac{100\text{g}}{2\text{eq}} + \dfrac{0.02\text{eq}}{L} \Big| \dfrac{100\text{g}}{2\text{eq}} + \dfrac{10^{-10}\text{eq}}{L} \Big| \dfrac{100\text{g}}{2\text{eq}}$
  $= 151\text{g/L}$

[답] ∴ 알칼리도 = 151g/L

15

다음은 펌프장시설의 계획하수량에 대한 표이다. 빈칸에 알맞은 것을 쓰시오.

하수배제방식	펌프장의 종류	계획하수량
분류식	중계펌프장, 소규모펌프장, 유입·방류펌프장	(가)
	빗물펌프장	(나)
합류식	중계펌프장, 소규모펌프장, 유입·방류펌프장	(다)
	빗물펌프장	(라)

가. 계획시간 최대오수량
나. 계획우수량
다. 우천 시 계획오수량
라. 합류식관로 계획하수량 - 우천 시 계획오수량

16

1,200m³/day의 하수를 처리하는 침전조가 있다. 하수 중 입자를 100% 제거할 수 있는 침강속도(m/day)와 입자의 최소 입경(mm)을 계산하시오. (단, 침강속도는 Stokes 법칙을 따르며, 침전조 길이는 15m, 폭은 8m, 입자의 밀도 1.1g/cm³, 점성계수는 0.1058g/cm·sec)

가. 침강속도

[식] $\eta = \dfrac{V_g}{V_o}$

[풀이]

① $V_o = \dfrac{Q}{A} = \dfrac{1,200\text{m}^3}{\text{day}} \Big| \dfrac{1}{15\text{m} \times 8\text{m}} = 10\text{m/day}$

② $1 = \dfrac{V_g}{V_o} \rightarrow V_g = V_o = 10\text{m/day}$

[답] ∴ 침강속도 = 10m/day

나. 입자의 최소 입경

[식] $d_p = \sqrt{\dfrac{18\mu \cdot V_g}{(\rho_p - \rho)g}}$

[풀이]

※ CGS 단위로 통일

① $g = \dfrac{9.8\text{m}}{\text{sec}^2} \Big| \dfrac{100\text{cm}}{\text{m}} = 980\text{cm/sec}^2$

② $V_g = \dfrac{10\text{m}}{\text{day}} \Big| \dfrac{100\text{cm}}{\text{m}} \Big| \dfrac{\text{day}}{24\text{hr}} \Big| \dfrac{\text{hr}}{3,600\text{sec}}$
   $= 0.0116\text{cm/sec}$

③ $d_p = \sqrt{\dfrac{18 \times 0.1058 \times 0.0116}{(1.1-1) \times 980}} = 0.01501\text{cm}$
   $\rightarrow 0.1501\text{mm}$

[답] ∴ 입자의 최소 입경 = 0.15mm

17

Cu^{2+} = 30mg/L, Zn^{2+} = 15mg/L, Ni^{2+} = 20mg/L를 함유한 폐수량 5,000m³/day을 양이온 교환수지 10^5g $CaCO_3$/m³으로 제거하고자 한다. 10일 주기로 양이온 교환수지가 재생된다고 할 때, 한 주기에 필요한 양이온 교환수지의 양(m³)을 계산하시오. (단, 원자량 Cu : 63.55, Zn : 65.38, Ni : 58.70)

[식] $V = \dfrac{\text{폐수의 g당량}}{\text{양이온 교환수지}}$

[풀이]

① 폐수의 g당량
$= \left(\dfrac{30\text{mg}}{\text{L}} \Big| \dfrac{\text{g}}{10^3\text{mg}} \Big| \dfrac{\text{eq}}{(63.55/2)\text{g}} + \dfrac{15\text{mg}}{\text{L}} \Big| \dfrac{\text{g}}{10^3\text{mg}} \Big| \right.$
$\left. \dfrac{\text{eq}}{(65.38/2)\text{g}} + \dfrac{20\text{mg}}{\text{L}} \Big| \dfrac{\text{g}}{10^3\text{mg}} \Big| \dfrac{\text{eq}}{(58.70/2)\text{g}} \right)$
$\times \dfrac{(100/2)\text{g}}{\text{eq}} \Big| \dfrac{10^3\text{L}}{\text{m}^3} \Big| \dfrac{5,000\text{m}^3}{\text{day}} \Big| \dfrac{10\text{day}}{}$
$= 5.2111 \times 10^6 \text{gCaCO}_3$

② $V = \dfrac{5.2111 \times 10^6 \text{gCaCO}_3}{10^5 \text{gCaCO}_3/\text{m}^3} = 52.111\text{m}^3$

[답] ∴ V = 52.11m³

18

부상조와 응집침전지를 이용하여 SS를 제거하고자 한다. 아래의 주어진 제원을 이용하여 다음을 구하시오.

[조건]
- 유입유량 : 0.57m³/min
- 침강성 물질 : 240mg/L
- 남은 침강성 물질 : 20mg/L
- 비침강성 물질 : 120mg/L
- 남은 비침강성 물질 : 10mg/L
- A/S : 0.03
- 공기의 용해도 : 18.6mL/L
- 공기의 포화분율 : 0.85
- 표면부하율 : 0.11m³/m²·min
- 압력 : 414kPa
- 슬러지 밀도 : 1g/cm³
- 함수율 : 97%
- 침전물 제거 1g당 명반 50mg 소요

가. 반송유량(L/min)
나. 부상조 최소면적(m²)
다. 침전 슬러지양(L/min)

가. 반송유량

[식] $A/S = \dfrac{1.3 \times S_a(f \cdot P - 1)}{SS} \times R$

[풀이]

① $P = 1atm + \dfrac{414kPa}{} \Big| \dfrac{atm}{101.325kPa} = 5.0859atm$

② $0.03 = \dfrac{1.3 \times 18.6 \times (0.85 \times 5.0859 - 1)}{120} \times R$

→ $R = 0.0448$

③ $R = \dfrac{Q_r}{Q}$

→ $Q_r = \dfrac{0.57m^3}{min} \Big| \dfrac{10^3 L}{m^3} \Big| \dfrac{0.0448}{} = 25.536 L/min$

[답] ∴ 반송유량 = 25.54L/min

나. 부상조 최소면적

[식] $A = \dfrac{Q_T}{V_o}$

[풀이]

$A = \dfrac{(0.57 + 0.57 \times 0.0448)m^3}{min} \Big| \dfrac{m^2 \cdot min}{0.11m^3} = 5.4140 m^2$

[답] ∴ 부상조 최소면적 = 5.41m²

다. 침전 슬러지양

[풀이]

① 침전 고형물

$= \dfrac{(240 - 20)mg}{L} \Big| \dfrac{0.57m^3}{min} \Big| \dfrac{10^3 L}{m^3} \Big| \dfrac{g}{10^3 mg}$

$= 125.4 g/min$

② 침전 명반

$= \dfrac{(240 - 20)mg}{L} \Big| \dfrac{0.57m^3}{min} \Big| \dfrac{10^3 L}{m^3} \Big| \dfrac{g}{10^3 mg} \Big|$

$\dfrac{50mg}{g} \Big| \dfrac{g}{10^3 mg}$

$= 6.27 g/min$

③ 침전 슬러지양

$= \dfrac{(125.4 + 6.27)g}{min} \Big| \dfrac{L}{1,000g} \Big| \dfrac{100}{3} = 4.389 L/min$

[답] ∴ 침전 슬러지양 = 4.39L/min

필답형 기출문제 2023 * 2

01

하수관에서의 H_2S에 의한 관정부식을 방지하는 방법 3가지 및 반응식을 적으시오.

가. 반응식 : $H_2S + 2O_2 \rightarrow H_2SO_4$

나. 방지대책
- 호기성 상태로 유지하여 황화수소의 생성을 방지
- 관거를 청소하고 미생물의 생식 장소 제거
- 환기를 통한 황화수소 희석
- 기상 중으로의 확산 방지
- 황산염 환원 세균의 활동 억제
- 유황산화 세균의 활동 억제
- 방식 재료를 사용하여 관을 방호

02

하수의 성분이 CO_3^{2-} 농도 32mg/L, HCO_3^- 농도 56mg/L이며 pH가 10인 경우 총 알칼리도를 계산하시오.

빈출체크 07년 1회

[식] Alk(mg/L as $CaCO_3$)

$$= \sum_{i=1}^{n} \left(C_i \times \frac{(100/2)}{(Mw_i / 알칼리도 유발물질의 가수)} \right)$$

[풀이]

① $[OH^-] = 10^{-(14-pH)} = 10^{-4} M$

$[OH^-]$ 농도 $= \dfrac{10^{-4} \text{mol}}{L} \left| \dfrac{17\text{g}}{\text{mol}} \right| \dfrac{10^3 \text{mg}}{\text{g}} = 1.7 \text{mg/L}$

② Alk(mg/L as $CaCO_3$)

$= 1.7 \times \dfrac{(100/2)}{(17/1)} + 32 \times \dfrac{(100/2)}{(60/2)} + 56 \times \dfrac{(100/2)}{(61/1)}$

$= 104.235 \text{mg/L}$

[답] ∴ Alk = 104.24mg/L as $CaCO_3$

03

처리장의 포화 용존산소농도는 12mg/L, 용존산소가 8mg/L에서 2mg/L로 감소할 때 산소전달율의 차이는 몇 배인지 구하시오.

[식] $K_{La} = \dfrac{\gamma}{(C_s - C)}$

[풀이]
① 용존산소 8mg/L : 산소전달율 = $4K_{La}$
② 용존산소 2mg/L : 산소전달율 = $10K_{La}$
③ 산소전달율의 차 = $10K_{La}/4K_{La}$ = 2.5

[답] ∴ 산소전달계수의 차이 = 2.5배

04

유량 1,000m³/day인 100,000m³의 크기를 갖는 호수에 근처 공장에서 발생되는 염소가 호수로 들어오고 있으며 염소의 부하는 1,000kg/day이다. 초기 염소 농도는 30mg/L이며 호수 내 염소 농도 300mg/L가 될 때까지의 소요시간(day)를 계산하시오. (단, 호수는 완전혼합 반응조이며 염소는 반응하지 않는다)

[식] $\ln\dfrac{(C_o - C_2)}{(C_o - C_1)} = -\dfrac{Q}{V} \cdot t$

[풀이]
① $C_o = \dfrac{1,000\text{kg}}{\text{day}} \Big| \dfrac{\text{day}}{1,000\text{m}^3} \Big| \dfrac{10^6 \text{mg}}{\text{kg}} \Big| \dfrac{\text{m}^3}{10^3 \text{L}} = 1,000\text{mg/L}$
② $t = \ln\dfrac{(1,000-300)}{(1,000-30)} \times \left(-\dfrac{100,000}{1,000}\right) = 32.6216\text{day}$

[답] ∴ 소요시간 = 32.62day

05

A공장에서 유량 600m³/day, BOD_u 200mg/L의 폐수가 유량 172,800m³/day, BOD_u 10mg/L인 하천으로 유입되고 있다. 폐수가 하천에서 혼합 후 10km 흐른 지점의 BOD 농도를 계산하시오. (단, 탈산소계수 0.1/day(상용대수), 하천의 유속은 3m/min)

[식] $BOD_t = BOD_u \times 10^{-k_1 \cdot t}$

[풀이]
① $t = \dfrac{L}{V} = \dfrac{10\text{km}}{3\text{m}} \Big| \dfrac{\text{min}}{} \Big| \dfrac{10^3 \text{m}}{\text{km}} \Big| \dfrac{\text{hr}}{60\text{min}} \Big| \dfrac{\text{day}}{24\text{hr}}$
   $= 2.3148\text{day}$
② $C_m = \dfrac{C_1 \cdot Q_1 + C_2 \cdot Q_2}{Q_1 + Q_2} = \dfrac{200 \times 600 + 10 \times 172,800}{600 + 172,800}$
   $= 10.6574\text{mg/L}$
③ $BOD_{10} = 10.6574 \times 10^{-0.1 \times 2.3148} = 6.2542\text{mg/L}$

[답] ∴ 10km 하류의 BOD 농도 = 6.25mg/L

06

공장폐수의 시료 분석결과를 이용하여 다음 물음에 답하시오.

[설계기준]
- COD : 556mg/L
- BOD_5 : 312mg/L
- SCOD : 421mg/L
- $SBOD_5$: 250.5mg/L
- TSS : 154mg/L
- VSS : 126.6mg/L
- K : 1.6

가. NBDCOD(mg/L)

나. NBDICOD(mg/L)

다. NBDSS(mg/L)

가. NBDCOD

[식] $COD = NBDCOD + BDCOD(= BOD_u)$

[풀이]
① $NBDCOD = COD - BDCOD(= BOD_u)$
② $BOD_u = K \cdot BOD_5$
③ $NBDCOD = 556 - 1.6 \times 312 = 56.8mg/L$

[답] ∴ NBDCOD = 56.8mg/L

나. NBDICOD

[식] $COD = ICOD + SCOD$
$BDCOD = BDICOD + BDSCOD$

[풀이]
① $ICOD = COD - SCOD = 556 - 421 = 135mg/L$
② $BDICOD$
$= BDCOD - BDSCOD = K(BOD_5 - SBOD_5)$
$= 1.6(312 - 250.5) = 98.4mg/L$
③ NBDICOD
$= ICOD - BDICOD$
$= 135 - 98.4 = 36.6mg/L$

[답] ∴ NBDICOD = 36.6mg/L

다. NBDSS

[식] $TSS = VSS + FSS$

$NBDSS = FSS + VSS \times \dfrac{NBDICOD}{ICOD}$

[풀이]
① $FSS = TSS - VSS = 154 - 126.6 = 27.4mg/L$
② $NBDSS = 27.4 + 126.6 \times \dfrac{36.6}{135} = 61.7227mg/L$

[답] ∴ NBDSS = 61.72mg/L

07

중온 혐기성 소화법과 비교한 고온 혐기성 소화법의 장점 2가지를 쓰시오.

- 병원성 세균의 사멸율이 높다.
- 소화시간이 짧다.
- 메탄 생성속도가 빠르다.
- 소요되는 반응조 용적이 줄어든다.
- 유기물 제거효율이 향상된다.

08

입자의 부상분리 방법 3가지를 서술하시오.

- 용존공기부상 : 공기주입, 압력펌프, 가압조 및 부상조의 네 가지 중요 요소로 되어 있으며 Henry의 법칙에 따라 고압 공기로 포화된 가압수를 순간적으로 감압 시 발생되는 미세 기포가 고형물 입자에 부착되어 상승 분리되는 원리를 이용한 방법
- 공기부상 : 산기장치를 이용하여 물속에 공기를 직접 주입하여 입자를 수표면에 부상시키는 방법
- 진공공기부상 : 폐수를 직접 폭기시켜 하수를 포화시킨 후 진공 탱크에 주입하여 기포를 발생시켜 입자를 수표면에 부상시키는 방법

09

다음은 수질 모델링 절차에 대한 내용이다. 빈칸에 알맞은 것을 쓰시오.

모델의 설계 및 자료수집 → (가) → 보정 → (나) → (다) → 수질예측 및 평가

가. 모델링 프로그램 선택 및 운영
나. 검증
다. 감응도 분석

10

다음은 수중의 부유물질이나 용해성물질 등의 불순물을 제거하기 위한 완속여과와 급속여과에 관련된 제원이다. 빈칸 (가) ~ (라)에 알맞은 것을 쓰시오.

구분	완속여과	급속여과
여과속도	(가)	120 ~ 150m/day
모래층의 두께	70 ~ 90cm	(나)
모래의 유효경	(다)	0.45 ~ 1.1mm
균등계수	2.0 이하	(라)

가. 4 ~ 5m/day
나. 60 ~ 70cm(최대 120cm)
다. 0.3 ~ 0.45mm
라. 1.70 이하

11

하천수의 기본적인 용존산소 모델식인 Streeter-phelps Model을 표현한 것이다. 빈칸에 알맞은 이름을 적으시오. (단, 단위포함)

$$D_t = \frac{k_1}{k_2-k_1}L_o(10^{-k_1 t} - 10^{-k_2 t}) + D_o \times 10^{-k_2 t}$$

L_o : (①) D_o : (②) k_1 : (③) k_2 : (④)

빈출 체크 06년 3회 | 15년 1회 | 20년 2회

① 최종 BOD(BOD_u) : mg/L
② 초기 DO 부족농도 : mg/L
③ 탈산소계수 : day^{-1}
④ 재포기계수 : day^{-1}

12

원자흡수분광광도법의 용어에 대한 설명이다. 알맞은 용어를 쓰시오.

가. 물질의 원자증기층을 빛이 통과할 때 각각 특유한 파장의 빛을 흡수한다. 이 빛을 분산하여 얻어지는 스펙트럼
나. 목적하는 스펙트럼선에 가까운 파장을 갖는 다른 스펙트럼선
다. 원자가 외부로부터 빛을 흡수했다가 다시 먼저 상태로 돌아갈 때 방사하는 스펙트럼선
라. 파장에 대한 스펙트럼선의 강도를 나타내는 곡선

가. 원자흡광스펙트럼
나. 근접선
다. 공명선
라. 선프로파일

13

상수 소독을 위하여 염소 480kg/day을 주입하였을 때 가해주어야 할 NaOCl 첨가량(L/min)을 계산하시오. (단, 염소의 중량분율 10wt%, 비중 1)

[풀이]

$NaOCl = \frac{480kg}{day} | \frac{L}{1kg} | \frac{100}{10} | \frac{day}{24hr} | \frac{hr}{60min} = 3.3333 L/min$

[답] ∴ NaOCl 주입량 = 3.33 L/min

14

유출계수는 0.6, 강우강도는 $I = \dfrac{5,400}{t+35}\,\text{mm/hr}$, 유입시간은 10분, 유역면적은 100ha, 하수관 내 유속은 1m/sec인 경우 하수관에서 흘러나오는 우수량(m^3/sec)과 관경(m)은 얼마인지 계산하시오.
(단, 합리식에 의해 유출량을 산정하고 하수관의 길이는 800m)

- 우수량

  [식] $Q = \dfrac{1}{360}CIA$

  [풀이]

  ① $t = T_i + \dfrac{L}{V} = 10\min + \dfrac{800\text{m}}{1\text{m}}\Big|\dfrac{\sec}{1\text{m}}\Big|\dfrac{\min}{60\sec}$
     $= 23.3333\min$

  ② $I = \dfrac{5,400}{t+35} = \dfrac{5,400}{23.3333+35} = 92.5715\,\text{mm/hr}$

  ③ $Q = \dfrac{0.6 \times 92.5715 \times 100}{360} = 15.4286\,m^3/\sec$

  [답] ∴ 우수량 = 15.43 m^3/sec

- 관경

  [식] $Q = AV$

  [풀이]

  ① $Q = AV = \dfrac{\pi D^2}{4} \times V \rightarrow D = \sqrt{\dfrac{4Q}{\pi V}}$

  ② $D = \sqrt{\dfrac{4 \times 15.4286}{\pi \times 1}} = 4.4322\,\text{m}$

  [답] ∴ 관경 = 4.43m

15

수면적부하 28.8$m^3/m^2 \cdot$day이고, SS의 침강속도 분포가 다음 표와 같은 침전지에서 기대할 수 있는 SS의 제거 효율은 몇 %인가?

침강속도(cm/min)	3	2	1	0.7	0.5
SS백분율	20	25	30	15	10

09년 3회 | 16년 2회 | 20년 1회

[풀이]

① $V_o = \dfrac{28.8m^3}{m^2 \cdot day}\Big|\dfrac{100cm}{m}\Big|\dfrac{day}{24hr}\Big|\dfrac{hr}{60min} = 2\,cm/min$

※ 수면적부하보다 클 경우 전부 제거

② $\eta_1 = \dfrac{1}{2} = 0.5$이므로 $30 \times 0.5 = 15\%$ 제거

③ $\eta_{0.7} = \dfrac{0.7}{2} = 0.35$이므로 $15 \times 0.35 = 5.25\%$ 제거

④ $\eta_{0.5} = \dfrac{0.5}{2} = 0.25$이므로 $10 \times 0.25 = 2.5\%$ 제거

⑤ SS 제거 효율 = $20 + 25 + 15 + 5.25 + 2.5 = 67.75\%$

[답] ∴ SS 제거 효율 = 67.75%

16

폐수에 2.4g의 CH_3COOH와 0.73g의 CH_3COONa를 용해시켰을 때 pH를 구하시오. (단, CH_3COOH의 $k_a = 1.8 \times 10^{-5}$)

 20년 1회

[식] $pH = pk_a + \log \dfrac{염}{약산}$

[풀이]

① 염(CH_3COONa) = $\dfrac{0.73g}{} \Big| \dfrac{mol}{82g} = 8.9024 \times 10^{-3} mol$

② 약산(CH_3COOH) = $\dfrac{2.4g}{} \Big| \dfrac{mol}{60g} = 0.04 mol$

③ $pH = \log \dfrac{1}{1.8 \times 10^{-5}} + \log \dfrac{8.9024 \times 10^{-3}}{0.04} = 4.0922$

[답] ∴ pH = 4.09

17

30,300m³/day의 하수가 침전조에 유입되고 있다. 표면부하율은 24.4m³/m²·day, 체류시간은 6시간이라고 할 때 침전조의 폭, 길이, 수심을 구하시오. (단, 침전조 길이 : 폭 = 2 : 1)

[식] $V_o = \dfrac{Q}{A} = \dfrac{H}{t}$

[풀이]

① $H = V_o \times t = \dfrac{24.4 m^3}{m^2 \cdot day} \Big| \dfrac{6hr}{} \Big| \dfrac{day}{24hr} = 6.1m$

② $A = \dfrac{Q}{V_o} = \dfrac{30,300 m^3}{day} \Big| \dfrac{m^2 \cdot day}{24.4 m^3} = 1,241.8033 m^2$

③ $A = L \times W$, $L = W \times 2$

$A = 2W^2 \rightarrow$

$W = \sqrt{\dfrac{A}{2}} = \sqrt{\dfrac{1,241.8033}{2}} = 24.9179 m$

$L = 24.9179 \times 2 = 49.8358 m$

[답] ∴ 폭 = 24.92m, 길이 = 49.84m, 수심 = 6.1m

18

톱니형 위어가 설치된 원추형 침전지의 유입 폐수량 18,000m³/day, 직경 40m, 유효높이 3m, 바닥 깊이 1.2m일 경우 다음 물음에 답하시오. (단, 위어의 월류길이는 원주 ÷ 2)

가. 수리학적 체류시간(hr)
나. 표면부하율(m³/m²·day)
다. 월류부하율(m³/m·day)

가. 수리학적 체류시간

[식] $t = \dfrac{V}{Q}$

[풀이]
[※ 1 : 원기둥(상부), 2 : 원뿔(하부)]

① $V_T = V_1 + V_2$
$= A_1 \times H_1 + \dfrac{1}{3} \times A_2 \times H_2$
$= \dfrac{\pi \times 40^2}{4} \times 3 + \dfrac{1}{3} \times \dfrac{\pi \times 40^2}{4} \times 1.2$
$= 4,272.566 m^3$

② $t = \dfrac{4,272.566 m^3}{\dfrac{18,000 m^3}{day} \Big| \dfrac{day}{24hr}} = 5.6968 hr$

[답] ∴ 수리학적 체류시간 = 5.70hr

나. 표면부하율

[식] $V_o = \dfrac{Q}{A}$

[풀이]
$V_o = \dfrac{18,000}{\dfrac{\pi \times 40^2}{4}} = 14.3239 m^3/m^2 \cdot day$

[답] ∴ 표면부하율 = 14.32m³/m²·day

다. 월류부하율

[식] 월류부하율 $= \dfrac{Q}{L}$

[풀이]
① $L = \dfrac{\pi D}{2} = \dfrac{\pi \times 40}{2} = 62.8319 m$

② 월류부하율 $= \dfrac{18,000}{62.8319} = 286.4787 m^3/m \cdot day$

[답] ∴ 월류부하율 = 286.48m³/m·day

필답형 기출문제 2023 * 3

01

어느 폐수는 유량 300m³/day, BOD 2,000mg/L이며 N과 P는 존재하지 않는다. 활성슬러지법으로 처리하기 위해 요구되는 황산암모늄과 인산의 소요량(kg/day)은 각각 얼마인가?
(단, BOD : N : P = 100 : 5 : 1)

가. 황산암모늄의 소요량(kg/day)
나. 인산의 소요량(kg/day)

빈출체크 05년 1회 | 06년 2회 | 14년 3회

가. 황산암모늄의 소요량
[풀이]
① $BOD = \dfrac{2,000\text{mg}}{L} \Big| \dfrac{300\text{m}^3}{\text{day}} \Big| \dfrac{10^3 L}{\text{m}^3} \Big| \dfrac{\text{kg}}{10^6 \text{mg}}$
$= 600\text{kg/day}$
② 필요 질소의 양 $= 600 \times 0.05 = 30\text{kg/day}$
③ $(NH_4)_2SO_4$: 2N
   132 : 2×14
   X : 30kg/day
   $X = \dfrac{132 \times 30}{2 \times 14} = 141.4286\text{kg/day}$
[답] ∴ 황산암모늄의 소요량 = 141.43kg/day

나. 인산의 소요량
[풀이]
① 필요 인의 양 $= 600 \times 0.01 = 6\text{kg/day}$
② H_3PO_4 : P
   98 : 31
   X : 6kg/day
   $X = \dfrac{98 \times 6}{31} = 18.9677\text{kg/day}$
[답] ∴ 인산의 소요량 = 18.97kg/day

02

막 분리 공정에서 사용하는 분리막 모듈의 형식 3가지를 적으시오.

빈출체크 07년 1회 | 15년 1회 | 18년 2회

나선형, 중공사형, 관형, 판형

03

시료 1L에 0.7kg $C_8H_{12}O_3N_2$가 존재할 때 $C_8H_{12}O_3N_2$ 1kg당 $C_5H_7O_2N$ 0.5kg을 합성한다. 이때 $C_8H_{12}O_3N_2$가 최종산물과 미생물로 완전 산화될 때 필요한 산소량(kg/L)을 계산하시오.
(단, 최종산물은 CO_2, H_2O, NH_3)

08년 3회

[풀이]

① $C_8H_{12}O_3N_2 + 3O_2 \rightarrow C_5H_7O_2N + 3CO_2 + NH_3 + H_2O$
　　　184　　　　　　：　　113
　　　 X　　　　　　：　0.5×0.7 kg/L

$$X = \frac{184 \times 0.5 \times 0.7}{113} = 0.5699 \text{ kg/L}$$

② $C_8H_{12}O_3N_2 + 3O_2 \rightarrow C_5H_7O_2N + 3CO_2 + NH_3 + H_2O$
　　　184　　：　3×32
　0.5699 kg/L　：　Y

$$Y = \frac{3 \times 32 \times 0.5699}{184} = 0.2973 \text{ kg/L}$$

③ $C_8H_{12}O_3N_2 + 8O_2 \rightarrow 8CO_2 + 2NH_3 + 3H_2O$
　　　184　　　：　8×32
　(0.7−0.5699) kg/L　：　Z

$$Z = \frac{8 \times 32 \times (0.7 - 0.5699)}{184} = 0.181 \text{ kg/L}$$

④ 필요한 산소량 = 0.2973 + 0.181 = 0.4783 kg/L

[답] ∴ 필요한 산소량 = 0.48 kg/L

04

COD가 50mg/L인 폐수에 활성탄 20mg/L를 흡착제로 주입시켰더니 COD가 15mg/L가 되었고, 활성탄 50mg/L를 주입시켰더니 COD가 5mg/L가 되었다. COD를 8mg/L로 하기 위한 주입하여야 하는 활성탄의 양(mg/L)을 계산하시오. (단, Freundich 등온흡착식 적용)

11년 3회

[식] $\dfrac{X}{M} = k \cdot C^{1/n}$

[풀이]

① $k = \dfrac{X/M}{C^{1/n}} = \dfrac{(50-15)/20}{15^{1/n}}$

② $k = \dfrac{X/M}{C^{1/n}} = \dfrac{(50-5)/50}{5^{1/n}}$

③ ①식 ÷ ②식

$1 = \dfrac{1.9444}{3^{1/n}}$

$3^{1/n} = 1.9444$　⋯⋯⋯⋯ 양변에 log를 취함

$\log 3^{1/n} = \log 1.9444$

$\dfrac{1}{n} = \dfrac{\log 1.9444}{\log 3}$

$n = \dfrac{\log 3}{\log 1.9444} = 1.6522$, $k = 0.3398$

④ $M = \dfrac{X}{k \cdot C^{1/n}} = \dfrac{(50-8)}{0.3398 \times 8^{1/1.6522}} = 35.1097 \text{ mg/L}$

[답] ∴ M = 35.11 mg/L

05

하수관에서의 H_2S에 의한 관정부식을 방지하는 방법 3가지를 적으시오. (단, 관거청소, 퇴적물 제거는 정답에서 제외)

 07년 2회 | 14년 3회 | 16년 1회 | 20년 3회 | 21년 3회

황화수소 부식(관정부식) 방지대책
- 호기성 상태로 유지하여 황화수소의 생성을 방지
- 환기를 통한 황화수소 희석
- 기상 중으로의 확산 방지
- 황산염 환원 세균의 활동 억제
- 유황산화 세균의 활동 억제
- 방식 재료를 사용하여 관을 방호

06

COD가 820mg/L인 폐수를 처리하기 위하여 처리조를 설계하고자 한다. MLSS농도는 3,000mg/L, 유출수 COD 농도는 180mg/L, 1차 반응이다. MLVSS를 기준으로 한 속도상수는 20℃에서 0.532L/g·hr이며, MLSS의 70%가 MLVSS, 폐수 중 NBDCOD는 155mg/L일 때 반응시간(hr)을 계산하시오.

 06년 3회 | 12년 1회

[식] $\theta = \dfrac{S_i - S_o}{K \cdot S_o \cdot X}$

[풀이]
① $S_i = COD_i - NBDCOD = 820 - 155 = 665 mg/L$
② $S_o = COD_o - NBDCOD = 180 - 155 = 25 mg/L$
③ $X = MLSS \times 0.7 = 3,000 \times 0.7 = 2,100 mg/L$
④ $\theta = \dfrac{(665-25)mg}{L} \Big| \dfrac{g \cdot hr}{0.532L} \Big| \dfrac{L}{25mg} \Big| \dfrac{L}{2,100mg} \Big| \dfrac{10^3 mg}{g}$
   $= 22.9144 hr$

[답] ∴ 반응시간 = 22.91hr

07

유출수를 300m³/day의 유량으로 탈염하기 위하여 요구되는 막의 면적(m²)은?

[조건]
- 25℃ 물질전달계수 : 0.20L/day·m²·kPa
- 유입, 유출수의 압력차 : 2,400kPa
- 유입, 유출수의 삼투압차 : 300kPa
- 최저운전온도 10℃, $A_{10℃} = 1.58 A_{25℃}$

[식] $A = \dfrac{Q}{K \cdot (P_1 - P_2)}$

[풀이]
① 25℃에서의 막 면적
$= \dfrac{300m^3}{day} \Big| \dfrac{day \cdot m^2 \cdot kPa}{0.20L} \Big| \dfrac{1}{(2,400-300)kPa} \Big| \dfrac{10^3 L}{m^3}$
$= 714.2857 m^2$

② 10℃에서의 막 면적
$= 1.58 \times 714.2857 = 1,128.5714 m^2$

[답] ∴ 요구되는 막의 면적 = 1,128.57m²

08

입자(비중 2.6, 직경 0.015mm)가 수중에서 자연침전할 때 속도가 0.56m/hr이었다. 침전속도가 Stokes 법칙에 따를 때 동일조건에서 비중 1.2, 직경 0.03mm인 입자의 침전속도(m/hr)를 구하시오.

빈출 체크 15년 1회

[식] $V_g = \dfrac{d_p^2(\rho_p - \rho)g}{18\mu}$

[풀이]

① $0.56 = \dfrac{0.015^2 \times (2.6-1) \times g}{18\mu}$

$\dfrac{g}{\mu} = \dfrac{0.56 \times 18}{0.015^2 \times (2.6-1)} = 28,000$

② $V_g = \dfrac{0.03^2 \times (1.2-1)}{18} \times 28,000 = 0.28 \text{m/hr}$

[답] ∴ 입자의 침전속도 = 0.28m/hr

09

QUAL-II 모델 중 수질인자 6가지를 쓰시오.

- 조류(클로로필-a)
- BOD
- DO
- 용존총인
- 대장균
- 온도
- 유기질소
- 유기인
- 아질산성 질소
- 질산성 질소
- 암모니아성 질소
- 3개의 보존성 물질
- 임의의 비보존성 물질

10

도수관로의 기능을 저하시키는 요인을 4가지만 기술하시오.

빈출 체크 17년 1회 | 20년 2회

- 관재질, 수질, 미세전류 등으로 인한 부식이 발생
- 도수노선이 동수경사선보다 위쪽으로 되어 있는 경우
- 수압 및 온도변화
- 조류 번식에 의한 스케일 형성
- 퇴적물의 누적
- 공동현상 및 수격작용에 의해

11

 11년 2회

저수량 $3 \times 10^5 m^3$의 저수지에 유해물질의 농도가 20mg/L에서 1mg/L로 변할 때까지 걸리는 시간(year)을 계산하시오.

[조건]
- 유해물질이 투입되기 전 저수지 내의 유해물질 농도는 0
- 저수지가 완전 혼합되었다고 가정
- 저수지의 유역면적은 $10^5 m^2$
- 유역의 연평균 강우량은 1,200mm/yr
- 저수지의 유입, 유출량은 강우량에만 의존

[식] $V \dfrac{dC}{dt} = Q \cdot C_o - Q \cdot C_t - k \cdot C_t^n \cdot V$

[풀이]

① $Q = \dfrac{1,200mm}{yr} \Big| \dfrac{10^5 m^2}{} \Big| \dfrac{m}{10^3 mm} = 1.2 \times 10^5 m^3/yr$

② 유입농도와 반응 = 0

$\int_{C_o}^{C_t} \dfrac{1}{C} dC = -\dfrac{Q}{V} \int_0^t dt \rightarrow \ln \dfrac{C_t}{C_o} = -\dfrac{Q}{V} \times t$

③ $t = \dfrac{\ln(1/20)}{-(1.2 \times 10^5 / 3 \times 10^5)} = 7.4893 yr$

[답] ∴ 걸리는 시간 = 7.49yr

12

 20년 4·5회

A공장의 유출수의 BOD 농도(mg/L)를 아래의 조건을 이용하여 계산하시오.

[조건]
- 급수인구 : 50,000명
- 급수 보급률 : 50%
- 평균 급수량 : 400L/인·day
- COD 배출량 : 50g/인·day
- COD 처리 효율 : 90%
- 하수량 : 급수량×0.8
- 하수도 보급률 : 50%
- BOD/COD : 0.7

[풀이]

① 발생 하수량 $= \dfrac{400L}{인 \cdot day} \Big| \dfrac{50,000인}{} \Big| \dfrac{50}{100} \Big| \dfrac{80}{100} \Big| \dfrac{50}{100} \Big| \dfrac{m^3}{10^3 L}$

$= 4,000 m^3/day$

② 유출 BOD의 양 $= \dfrac{50g}{인 \cdot day} \Big| \dfrac{50,000인}{} \Big| \dfrac{50}{100} \Big| \dfrac{70}{100} \Big| \dfrac{10}{100}$

$= 87,500 g/day$

③ 유출수의 BOD 농도 $= \dfrac{87,500g}{day} \Big| \dfrac{day}{4,000m^3} \Big| \dfrac{10^3 mg}{g} \Big| \dfrac{m^3}{10^3 L}$

$= 21.875 mg/L$

[답] ∴ 유출수의 BOD 농도 = 21.88mg/L

13

수질오염공정시험기준 시료의 전처리 방법 중 산분해법의 종류 3가지를 서술하시오.

- 질산법
  유기함량이 비교적 높지 않은 시료의 전처리에 사용한다.
- 질산 - 염산법
  금속의 수산화물, 산화물, 인산염 및 황화물을 함유하고 있는 시료에 적용한다.
- 질산 - 황산법
  유기물 등을 많이 함유하고 있는 대부분의 시료에 적용한다.
- 질산 - 과염소산법
  유기물을 다량 함유하고 있으면서 산분해가 어려운 시료에 적용한다.
- 질산 - 과염소산 - 불화수소산
  다량의 점토질 또는 규산염을 함유한 시료에 적용한다.

14

유량 27.8m³/sec로 사각 개수로(폭 3m, 수심 1m)에 폐수가 흐를 때 수로의 경사(I)를 계산하시오. (단, Manning 공식 적용, 조도계수 = 0.016)

빈출 체크 12년 2회

[식] $V = \dfrac{1}{n} \cdot I^{1/2} \cdot R^{2/3}$

[풀이]

① $R = \dfrac{HW}{2H+W} = \dfrac{1 \times 3}{2 \times 1 + 3} = 0.6m$

② $V = \dfrac{Q}{A} = \dfrac{27.8m^3}{sec} \Big| \dfrac{1}{3m \times 1m} = 9.2667 m/sec$

③ $V = \dfrac{1}{n} \cdot I^{1/2} \cdot R^{2/3}$의 식을 I에 대한 식으로 변경

④ $I = \left(\dfrac{V \cdot n}{R^{2/3}}\right)^2 = \left(\dfrac{9.2667 \times 0.016}{0.6^{2/3}}\right)^2 = 0.0434$

[답] ∴ I = 0.04

15

COD 분석법 중 $KMnO_4$와 $K_2Cr_2O_7$에 대한 산화제 환원 반응식을 적으시오.

$KMnO_4 : MnO_4^- + 5e^- + 8H^+ \rightarrow Mn^{2+} + 4H_2O$

$K_2Cr_2O_7 : Cr_2O_7^{2-} + 6e^- + 14H^+ \rightarrow 2Cr^{3+} + 7H_2O$

16

활성슬러지 혼합액의 고형물을 0.3%에서 4%로 농축하고자 할 때 가압순환 흐름이 있는 경우의 부상농축기를 설계하고자 한다. 다음 조건을 이용하여 물음에 답하시오.

[조건]
- A/S = 0.008
- 온도 = 20℃
- 공기용해도 = 18.7mL/L
- 압력 = 275kPa
- 용존 공기 비율 = 0.5
- 슬러지 유량 = 400m³/day
- 표면부하율 = 8L/m²·min

가. 반송유량(m³/day)

나. 최소면적(m²)

가. 반송유량

[식] $A/S = \dfrac{1.3 \times S_a(f \cdot P - 1)}{SS} \times R$

[풀이]

① $P = 1\text{atm} + \dfrac{275\text{kPa}}{} | \dfrac{1\text{atm}}{101.325\text{kPa}} = 3.714\text{atm}$

② $R = \dfrac{A/S \cdot SS}{1.3 \times S_a(f \cdot P - 1)}$

$= \dfrac{0.008 \times 3,000}{1.3 \times 18.7 \times (0.5 \times 3.714 - 1)}$

$= 1.1520$

③ $R = \dfrac{Q_r}{Q}$

$Q_r = R \times Q = 1.1520 \times 400 = 460.8\text{m}^3/\text{day}$

[답] ∴ 반송유량 = 460.78m³/day

나. 최소면적

[식] $V_o = \dfrac{Q_T}{A}$

[풀이]

$A = \dfrac{Q_T}{V_o}$

$= \dfrac{(400 + 460.8)\text{m}^3}{\text{day}} \Big| \dfrac{\text{m}^2 \cdot \text{min}}{8\text{L}} \Big| \dfrac{10^3\text{L}}{\text{m}^3} \Big| \dfrac{\text{hr}}{60\text{min}} \Big| \dfrac{\text{day}}{24\text{hr}}$

$= 74.7222\text{m}^2$

[답] ∴ 최소면적 = 74.72m²

17

공장폐수의 시료 분석결과를 이용하여 다음 물음에 답하시오.

[분석결과]
- COD : 538mg/L
- BOD_5 : 308mg/L
- SCOD : 412mg/L
- $SBOD_5$: 245mg/L
- TSS : 150mg/L
- VSS : 124mg/L
- K : 1.5

가. NBDCOD(mg/L)
나. NBDSS(mg/L)

가. NBDCOD

[식] $COD = NBDCOD + BDCOD(= BOD_u)$

[풀이]
① $NBDCOD = COD - BDCOD(= BOD_u)$
② $BOD_u = K \cdot BOD_5$
③ $NBDCOD = 538 - 1.5 \times 308 = 76mg/L$

[답] ∴ NBDCOD = 76mg/L

나. NBDSS

[식] $COD = ICOD + SCOD$
$BDCOD = BDICOD + BDSCOD$
$TSS = VSS + FSS$
$NBDSS = FSS + VSS \times \dfrac{NBDICOD}{ICOD}$

[풀이]
① $ICOD = COD - SCOD = 538 - 412 = 126mg/L$
② $BDICOD$
$= BDCOD - BDSCOD = K(BOD_5 - SBOD_5)$
$= 1.5 \times (308 - 245) = 94.5mg/L$
③ $NBDICOD = ICOD - BDICOD$
$= 126 - 94.5 = 31.5mg/L$
④ $FSS = TSS - VSS = 150 - 124 = 26mg/L$
⑤ $NBDSS = 26 + 124 \times \dfrac{31.5}{126} = 57mg/L$

[답] ∴ NBDSS = 57mg/L

18

가정하수 및 공장폐수가 하수처리장으로 유입되고 있다. 하수처리장에서 처리 후 하천으로의 방류 BOD 기준이 3mg/L라고 할 때 BOD 제거효율(%)을 구하시오.

[조건]
- 인구 : 20,000명
- 가정하수 : 200L/인·day
- 가정하수 BOD 부하 : 0.05kg/인·day
- 공장폐수 유량 : 500m³/day
- 공장폐수 BOD 농도 : 200mg/L
- 하수처리장 유량 : 30,000m³/day
- 하수처리장 BOD 농도 : 0mg/L

[식] $C_m = \dfrac{C_1 Q_1 + C_2 Q_2}{Q_1 + Q_2}$

$\eta(\%) = \left(1 - \dfrac{C_o}{C_i}\right) \times 100$

[풀이]
(1 : 가정, 2 : 공장)

① $C_1 = \dfrac{0.05\text{kg}}{\text{인}\cdot\text{day}} \Big| \dfrac{\text{인}\cdot\text{day}}{200\text{L}} \Big| \dfrac{10^6 \text{mg}}{\text{kg}} = 250\text{mg/L}$

② $Q_1 = \dfrac{200\text{L}}{\text{인}\cdot\text{day}} \Big| \dfrac{\text{m}^3}{10^3 \text{L}} \Big| \dfrac{20,000\text{인}}{} = 4,000\text{m}^3/\text{day}$

③ $C_m = \dfrac{250 \times 4,000 + 200 \times 500}{4,000 + 500} = 244.4444\text{mg/L}$

④ $3 = \dfrac{0 \times 30,000 + C_o \times 4,500}{30,000 + 4,500} \rightarrow C_o = 23\text{mg/L}$

④ $\eta(\%) = \left(1 - \dfrac{23}{244.4444}\right) \times 100 = 90.5909\%$

[답] ∴ BOD 제거효율 = 90.59%

필답형 기출문제 2024 * 1

01

20,000명이 사는 소도시에 유량이 450L/인·day, 체류시간 2.5hr, 표면부하율 40m³/m²·day인 침전지를 설치하고자 할 때 침전지의 소요직경(m) 및 높이(m)를 계산하시오.

[식] $V = Q \cdot t$, $A = \dfrac{\pi D^2}{4}$

[풀이]

① $Q = \dfrac{450L}{인 \cdot day} \Big| \dfrac{20,000인}{} \Big| \dfrac{m^3}{10^3 L} = 9,000 \, m^3/day$

② $V = \dfrac{9,000 m^3}{day} \Big| \dfrac{2.5hr}{} \Big| \dfrac{day}{24hr} = 937.5 \, m^3$

③ $A = \dfrac{Q}{V_o} = \dfrac{9,000 m^3}{day} \Big| \dfrac{m^2 \cdot day}{40 m^3} = 225 \, m^2$

④ $D = \sqrt{\dfrac{4A}{\pi}} = \sqrt{\dfrac{4 \times 225 m^2}{\pi}} = 16.9257 \, m$

⑤ $H = \dfrac{V}{A} = \dfrac{937.5 m^3}{225 m^2} = 4.1667 \, m$

[답] ∴ D = 16.93m, H = 4.17m

02

수온이 15.5℃, 직경이 0.6m, 유량 0.7m³/sec, 길이 50m인 하수관에서 발생하는 손실수두(m)를 계산하시오. (단, Manning 공식 이용, 만관, n = 0.013)

[식] $H = I \cdot L$

[풀이]

① $V = \dfrac{1}{n} \cdot I^{1/2} \cdot R^{2/3} \Rightarrow I = \left(\dfrac{n \cdot V}{R^{2/3}} \right)^2$

② $V = \dfrac{Q}{A} = \dfrac{0.7 m^3}{sec} \Big| \dfrac{1}{\left(\dfrac{\pi \cdot (0.6m)^2}{4} \right)} = 2.4757 \, m/sec$

③ $R = \dfrac{D}{4} = \dfrac{0.6m}{4} = 0.15 \, m$

④ $I = \left(\dfrac{0.013 \times 2.4757}{0.15^{\frac{2}{3}}} \right)^2 = 0.0130$

⑤ $H = 0.0130 \times 50 = 0.65 \, m$

[답] ∴ 손실수두 = 0.65m

03

폐수의 살균을 위한 염소 접촉조를 설계하고자 할 때 접촉조의 소요 길이(m)를 계산하시오.

[조건]
- 유입 유량 : 1.2m³/sec
- 접촉조 폭 : 2m
- 접촉조 수심 : 2m
- 살균 효율 : 95%
- $\frac{dN}{dt} = -K \cdot N \cdot t$
- 살균반응속도상수 : 0.1/min²(밑수 e)
- PFR이라 가정

 17년 2회

[식] $V = W \cdot L \cdot H$

[풀이]

① $\frac{dN}{dt} = -K \cdot N \cdot t$

② $\frac{1}{N}dN = -K \cdot t\,dt$

③ $\int_{N_o}^{N_t} \frac{1}{N}dN = -K \int_0^T t\,dt$

④ $\ln\frac{N_t}{N_o} = -\frac{K \cdot T^2}{2}$

⑤ $T = \sqrt{\frac{\ln\frac{N_t}{N_o} \times 2}{-K}} = \sqrt{\frac{\ln\frac{5}{100} \times 2}{-0.1}} = 7.7405\,min$

⑥ $V = Q \cdot t = \frac{1.2m^3}{sec} | \frac{7.7405min}{} | \frac{60sec}{min} = 557.316\,m^3$

⑦ $L = \frac{V}{W \cdot H} = \frac{557.316}{2 \times 2} = 139.329\,m$

[답] ∴ 접촉조 길이 = 139.33m

04

액상슬러지 중의 가연성물질을 고온, 고압에서 보조연료 없이 공기 중의 산소를 산화제로 이용하는 습식산화법의 장점 5가지를 적으시오.

- 부지면적이 작다.
- 유기물 제거율이 좋고 생성물의 양이 적다.
- 악취발생 문제가 없고 대기오염문제를 해결하기 쉽다.
- 발열반응이기 때문에 에너지 요구량이 낮다.
- 발생하는 재는 약품을 첨가하지 않아도 쉽게 탈수된다.
- 단시간에 처리가 가능하며 위생적이다.

05

다음 처리장의 조건으로 아래 물음에 답하시오.

[조건]
- 처리 유량 : 2,000m³/day
- MLSS 농도 : 3,000mg/L
- 체류 시간 : 6hr
- 생성수율(Y) : 0.8
- 유입 BOD 농도 : 250mg/L
- 내호흡계수(k_d) : 0.05day⁻¹
- 제거효율 : 90%

가. 세포체류시간(SRT, day)
나. F/M 비(day⁻¹)
다. 슬러지 생산량(kg/day)

 17년 3회

가. 세포체류시간

[식] $\dfrac{1}{SRT} = \dfrac{Y \cdot (C_i - C_o) \cdot Q}{V \cdot X} - k_d$

[풀이]

① $\dfrac{1}{SRT} = \dfrac{Y \cdot (C_i - C_o)}{t \cdot X} - k_d$

$= \dfrac{0.8}{1} \left| \dfrac{(250 - 250 \times 0.1)\text{mg}}{L} \right| \dfrac{1}{6\text{hr}} \left| \dfrac{L}{3,000\text{mg}} \right.$

$\left| \dfrac{24\text{hr}}{\text{day}} - 0.05\text{day}^{-1} = 0.19\text{day}^{-1}\right.$

② $SRT = 5.2632\text{day}$ … ①번 식을 구한 후 역수를 취한 것

[답] ∴ 세포체류시간 = 5.26day

나. F/M 비

[식] $F/M = \dfrac{BOD \cdot Q}{V \cdot X}$

[풀이]

① $V = Q \cdot t = \dfrac{2,000\text{m}^3}{\text{day}} \left| \dfrac{6\text{hr}}{1} \right| \dfrac{\text{day}}{24\text{hr}} = 500\text{m}^3$

② $F/M = \dfrac{250\text{mg}}{L} \left| \dfrac{2,000\text{m}^3}{\text{day}} \right| \dfrac{1}{500\text{m}^3} \left| \dfrac{L}{3,000\text{mg}}\right.$

$= 0.3333\text{day}^{-1}$

[답] ∴ F/M = 0.33day⁻¹

다. 슬러지 생산량

[식] $Q_w \cdot X_w = Y \cdot (C_i - C_o) \cdot Q - k_d \cdot X \cdot V$

[풀이]

① $V = Q \cdot t = \dfrac{2,000\text{m}^3}{\text{day}} \left| \dfrac{6\text{hr}}{1} \right| \dfrac{\text{day}}{24\text{hr}} = 500\text{m}^3$

② $Q_w \cdot X_w$

$= \dfrac{0.8}{1} \left| \dfrac{250\text{mg}}{L} \right| \dfrac{2,000\text{m}^3}{\text{day}} \left| \dfrac{90}{100} \right| \dfrac{10^3 L}{\text{m}^3} \left| \dfrac{\text{kg}}{10^6 \text{mg}}\right.$

$- \dfrac{0.05}{\text{day}} \left| \dfrac{3,000\text{mg}}{L} \right| \dfrac{500\text{m}^3}{1} \left| \dfrac{10^3 L}{\text{m}^3} \right| \dfrac{\text{kg}}{10^6 \text{mg}}$

$= 285\text{kg/day}$

[답] ∴ 슬러지 생산량 = 285kg/day

06

소모 BOD = Y, 잔류 BOD = L, 최종 BOD = L_o, 탈산소계수 = k를 이용하여 소모 BOD를 구하는 식을 유도하시오. (단, 1차 반응, 밑수 10)

① $\dfrac{dL}{dt} = -k \cdot L \rightarrow \dfrac{1}{L}dL = -k \cdot dt$ ...... 양변을 적분

② $\int_{L_o}^{L} \dfrac{1}{L} dL = -\int_{0}^{t} k \, dt \rightarrow \log\dfrac{L}{L_o} = -k \cdot t$

.... 로그의 밑을 우항으로

③ $L = L_o \times 10^{-k \cdot t}$

④ $Y = L_o - L_o \times 10^{-k \cdot t} = L_o(1 - 10^{-k \cdot t})$

07

시추공에서 1,200m³/day로 양수하면서 1,000m 떨어진 관측정에서의 시간별 수위강하를 반대수지에 도시하였더니 아래 그래프와 같았다. 이때 대수층의 저류계수(S)와 투수량계수(T)를 Jacob의 방법에 의해 구하시오. (단, $T = 2.3Q/4\pi\triangle S$, $S = 2.25T \cdot t_o/r^2$)

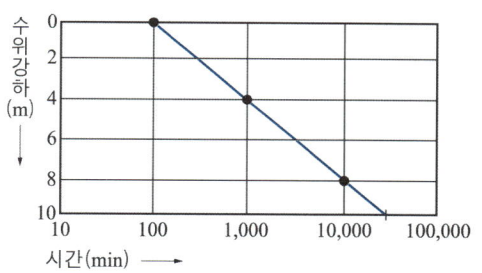

가. 저류계수(S, 유효숫자 세자리)
나. 투수량계수(T, m²/min)

가. [풀이] $S = \dfrac{2.25 \times 0.0381 m^2}{min} \Big| \dfrac{100 min}{} \Big| \dfrac{}{(1,000 m)^2}$

$= 8.5725 \times 10^{-6}$

[답] ∴ $S = 8.57 \times 10^{-6}$

나. [풀이] $T = \dfrac{2.3 \times 1,200 m^3}{day} \Big| \dfrac{}{4\pi} \Big| \dfrac{}{4m} \Big| \dfrac{day}{1,440 min}$

$= 0.0381 m^2/min$

※ 100 → 1,000 or 1,000 → 10,000에서의 변화량이 4이므로 $\triangle S = 4m$

[답] ∴ $T = 0.04 m^2/min$

08

연수제로 사용하는 물질 3가지와 상태(고·액·기체)를 쓰시오.

- 소석회($Ca(OH)_2$) - 고체
- 소다회(Na_2CO_3) - 고체
- 수산화소듐($NaOH$) - 고체

09

정수처리 여과지로 사용하는 여재 2가지를 쓰시오.

- 모래
- 안트라사이트
- 자갈

10

모래여과지 사용할 때 수두손실에 영향을 주는 설계인자 4가지를 쓰시오.

- 여과속도
- 여층의 두께
- 물의 점도
- 균등계수
- 유효경

11

유량 $4m^3/sec$, DO 7mg/L인 하천에서 DO가 최소 5mg/L 이상이어야 자정능력이 있을 때 자연정화 효과에 필요한 산소량(kg/day)을 구하시오.

[풀이]

필요 산소량 $= \dfrac{(7-5)\text{mg}}{L} | \dfrac{4m^3}{sec} | \dfrac{3,600\text{sec}}{hr} | \dfrac{24hr}{day} | \dfrac{kg}{10^6 mg} | \dfrac{10^3 L}{m^3}$

$= 691.2 kg/day$

[답] ∴ 필요 산소량 $= 691.2 kg/day$

12

1g의 박테리아가 하루에 폐수를 20g을 분해하는 것으로 밝혀졌다. 실제 폐수농도가 15mg/L일 때 같은 양의 박테리아가 10g/day의 속도로 폐수를 분해한다면, 폐수의 농도가 5mg/L일 때, 2g의 박테리아에 의한 폐수 분해속도(g/day)를 구하시오. (단, Michaelis-Menten 식 이용)

빈출체크 09년 1회 | 11년 1회 | 11년 3회

[식] $r = R_{max} \times \dfrac{S}{K_m + S}$

[풀이]

① $r = 20 \times \dfrac{5}{15+5} = 5 g_{폐수}/g_{박테리아} \cdot day$

② 폐수 분해속도 $= 5 \times 2 = 10 g/day$

[답] ∴ 폐수 분해속도 $= 10 g/day$

13

시료채취 시 유의사항 3가지 쓰시오.

- 시료의 목적시료의 성질을 대표할 수 있는 위치에서 시료채취용기 또는 채수기를 사용하여 채취하여야 한다.
- 시료채취용기는 시료를 채우기 전에 시료로 3회 이상 씻은 다음 사용한다.
- 시료채취량은 시험항목 및 시험횟수에 따라 차이가 있으나 보통 3~5L 정도이어야 한다.
- 시료채취 시에 시료채취기간, 보존제 사용여부, 매질 등 분석결과에 영향을 미칠 수 있는 사항을 기재하여 분석자가 참고할 수 있도록 한다.
- 용존가스, 환원성 물질, 휘발성유기화합물, 냄새, 유류 및 수소이온 등을 측정하기 위한 시료를 채취할 때에는 운반 중 공기와의 접촉이 없도록 시료용기에 가득 채운 후 빠르게 뚜껑을 닫는다.

※ 수질환경기사 필기 p.253~255 "시료채취 시 유의사항" 참고

14

호소의 부영양화 대책 3가지를 적으시오.

빈출 체크 23년 1회

- 조류가 급증하기 전인 봄철에 황산구리($CuSO_4$)를 투여
- 수계로 들어오는 화학비료 및 오수를 처리할 수 있는 처리장을 설치
- 철 또는 알루미늄 염을 투여하여 인산염을 침전
- 영양염류가 적은 물을 섞어 교환율을 높임
- 차광막을 이용한 빛의 차단으로 조류의 증식을 막음
- 심층폭기나 순환을 시켜 저질토로부터 인이 방출되는 것을 막음

15

환경영향평가 과정 및 수행체계를 완성하시오.

빈출 체크 18년 3회

사업방향결정 - (가) - (나) - (다) - (라) - 대안평가 - (마)

가. 대안설정
나. 현황조사
다. 예측 및 평가
라. 저감방안설정
마. 사후관리

16

활성탄 재생방법 3가지를 적으시오.

- 가열재생법
- 약품재생법
- 미생물분해법
- 수세법
- 습식산화법

17

어떠한 입자가 0.6cm/sec의 속도로 침전되고 있다. 점성계수 0.0101g/cm·sec, 비중 2.67인 입자의 직경(cm)을 계산하시오.

[식] $V_g = \dfrac{d_p^2(\rho_p - \rho)g}{18\mu}$

[풀이]

① d_p에 대한 식으로 정리 → $d_p = \sqrt{\dfrac{18\mu \cdot V_g}{(\rho_p - \rho)g}}$

② $d_p = \sqrt{\dfrac{18 \times 0.0101 \times 0.6}{(2.67-1) \times 980}} = 8.1640 \times 10^{-3}$ cm

[답] ∴ 입자의 직경 = 8.16×10^{-3} cm

18

유기성 폐수를 활성슬러지법으로 처리하기 위해 실내에서 연속실험을 하여 다음과 같은 실험식을 얻었을 때 다음 조건을 활용하여 1일 발생하는 잉여슬러지량(kg)을 구하시오.

$\Delta S = 0.5 IR - 0.085 S + I$

ΔS : 슬러지 증식량(kg/day)

IR : BOD 제거량(kg/day)

S : 포기조 내 MLSS량(kg/day)

I : 원폐수로부터 유입된 SS량(kg/day)

- 유량 : 1,000m³/day
- MLSS : 6,000mg/L
- 원수 SS 농도 : 200mg/L
- 유입 BOD 농도 : 350mg/L
- 유출 BOD 농도 : 50mg/L
- 포기조 용량 : 200m³

[풀이]

① $IR = \dfrac{(350-50)\text{mg}}{L} \Big| \dfrac{1,000\text{m}^3}{\text{day}} \Big| \dfrac{\text{kg}}{10^6\text{mg}} \Big| \dfrac{10^3 L}{\text{m}^3}$
$= 300$ kg/day

② $S = \dfrac{6,000\text{mg}}{L} \Big| \dfrac{200\text{m}^3}{} \Big| \dfrac{\text{kg}}{10^6\text{mg}} \Big| \dfrac{10^3 L}{\text{m}^3} = 1,200$ kg

③ $I = \dfrac{200\text{mg}}{L} \Big| \dfrac{1,000\text{m}^3}{\text{day}} \Big| \dfrac{\text{kg}}{10^6\text{mg}} \Big| \dfrac{10^3 L}{\text{m}^3} = 200$ kg/day

④ $\Delta S = 0.5 IR - 0.085 S + I$
$= 0.5 \times 300 - 0.085 \times 1,200 + 200 = 248$ kg/day

[답] ∴ 잉여슬러지량 = 248 kg/day

필답형 기출문제 2024 * 2

01

A공장의 폐수의 TKN 농도 70mg/L, NH_3^{-N} 농도 20mg/L, NO_2^{-N} 농도 1mg/L, NO_3^{-N} 농도 2mg/L이며, 폐수량이 12,000m³/day라면 A공장의 폐수의 총 질소 부하량(kg/day)을 계산하시오.

[풀이] ① 총 질소 = TKN + NO_3^{-N} + NO_2^{-N}
= 70 + 2 + 1 = 73mg/L
② 총 질소 부하량 = 876kg/day
[답] 876kg/day

02

50,000m³, 수심 4m인 호수의 유입량은 7,000m³/day, 유출량은 7,000m³/day이다. 해당 호수의 오염원이 다음과 같을 때 정상상태에서의 오염물질 농도(mg/L)를 구하시오.
(단, 분해상수 k : 0.25day⁻¹)

[오염원]
- 유입수 오염물질 농도 : 5mg/L
- 공장폐수 배출량 : 40kg/day
- 대기에서 수표면에 들어오는 공기 중 오염물질 부하량 : 0.2g/m² · day

[식] $Q \cdot C_o - Q \cdot C_t - k \cdot C_t \cdot V = 0$

[풀이] ① 유입수 오염물질량
$$= \frac{5\text{mg}}{\text{L}} \bigg| \frac{7,000\text{m}^3}{\text{day}} \bigg| \frac{10^3\text{L}}{\text{m}^3} \bigg| \frac{\text{kg}}{10^6\text{mg}} = 35\text{kg/day}$$

② 대기 중 유입 오염물질량
$$= \frac{0.2\text{g}}{\text{m}^2 \cdot \text{day}} \bigg| \frac{(50,000\text{m}^3 \div 4\text{m})}{} \bigg| \frac{\text{kg}}{10^3\text{g}}$$
$$= 2.5\text{kg/day}$$

③ 유입 오염물질 총량
$$= 35 + 40 + 2.5 = 77.5\text{kg/day}$$

④ 유입농도
$$= \frac{77.5\text{kg}}{\text{day}} \bigg| \frac{\text{day}}{7,000\text{m}^3} \bigg| \frac{10^6\text{mg}}{\text{kg}} \bigg| \frac{\text{m}^3}{10^3\text{L}}$$
$$= 11.0714\text{mg/L}$$

⑤ $7,000 \times 11.0714 - 7,000 \times C_t - 0.25 \times C_t \times 50,000 = 0$

$$C_t = \frac{7,000 \times 11.0714}{7,000 + 0.25 \times 50,000} = 3.9743\text{mg/L}$$

[답] ∴ 오염물질 농도 = 3.97mg/L

03

200mg/L의 질산성질소 100m³/day를 처리하기 위한 메탄올 요구량 (L/day)을 구하시오. (단, COD/N = 5, 메탄올 비중 0.8, 순도 90%)

[풀이] ① $N = \dfrac{100m^3}{day} \Big| \dfrac{200mg}{L} \Big| \dfrac{10^3 L}{m^3} \Big| \dfrac{kg}{10^6 mg} = 20 kg/day$

② COD = 5N 이므로 COD = 100kg/day

③ [반응식] $CH_3OH + 1.5O_2 \rightarrow CO_2 + 2H_2O$
    32 : 1.5×32
    X : 100kg/day

$X = \dfrac{32 \times 100}{1.5 \times 32} = 66.6667 kg/day$

④ 순도·비중 적용

$X = \dfrac{66.6667 kg}{day} \Big| \dfrac{L}{0.8 kg} \Big| \dfrac{100}{90} = 92.5926 L/day$

[답] ∴ 메탄올 요구량 = 92.59L/day

04

박테리아를 무게기준으로 분석한 결과 C : 53%, H : 6%, O : 29%, N : 12%일 때 최소 정수비를 C, H, O, N 순서로 나타내시오.

[풀이]

① $C : \dfrac{53}{12} = 4.4167$, $H : \dfrac{6}{1} = 6$, $O : \dfrac{29}{16} = 1.8125$,

$N : \dfrac{12}{14} = 0.8571$

② 가장 작은 N을 기준으로 $C : \dfrac{4.4167}{0.8571} = 5.1531$,

$H : \dfrac{6}{0.8571} = 7.0004$, $O : \dfrac{1.8125}{0.8571} = 2.1147$

③ 따라서, C : H : O : N = 5 : 7 : 2 : 1

[답] ∴ $C_5H_7O_2N$

05

완전혼합 활성슬러지 공정의 [조건]이 아래와 같을 때 다음을 계산하시오.

[조건]
- 포기조 유입유량 : 0.32m³/sec
- MLVSS : 2,400mg/L
- 원폐수 BOD_5 : 240mg/L
- 폐수온도 : 20℃
- 원폐수 TSS : 280mg/L
- VSS/TSS : 0.8
- 포기조 유입수 BOD_5 농도 : 161.5mg/L
- k_d : 0.06day^{-1}
- 유출수 BOD_5 : 5.7mg/L
- Y : 0.5mgVSS/mgBOD_5
- SRT : 10day
- BOD_5/BOD_u : 0.67

가. 포기조 부피(m³)
나. 포기조 체류시간(HRT, hr)
다. 포기조 폭 및 길이의 규격(단, 폭 : 길이 = 1 : 2, 깊이 = 4.4m)

가. 포기조 부피

[식] $\dfrac{1}{SRT} = \dfrac{Y \cdot (C_i - C_o) \cdot Q}{V \cdot X} - k_d$

[풀이] $V = Y \times \dfrac{(C_i - C_o) \cdot Q}{(1/SRT + k_d) \cdot X}$

$= \dfrac{0.5}{} \Big| \dfrac{(161.5 - 5.7)\text{mg}}{L} \Big| \dfrac{0.32\text{m}^3}{\text{sec}}$

$\Big| \dfrac{\text{day}}{(1/10 + 0.06)} \Big| \dfrac{L}{2,400\text{mg}} \Big| \dfrac{3,600\text{sec}}{\text{hr}} \Big| \dfrac{24\text{hr}}{\text{day}}$

$= 5,608.8\text{m}^3$

[답] ∴ 포기조 부피 = 5,608.8m³

나. 포기조 체류시간

[식] $V = Q \cdot t$

[풀이] $t = \dfrac{5,608.8\text{m}^3}{} \Big| \dfrac{\text{sec}}{0.32\text{m}^3} \Big| \dfrac{\text{hr}}{3,600\text{sec}} = 4.8688\text{hr}$

[답] ∴ 포기조 체류시간 = 4.87hr

다. 포기조 폭 및 길이의 규격

[식] $V = A \cdot H$

[풀이]

① $A = \dfrac{5,608.8\text{m}^3}{4.4\text{m}} = 1,274.7273\text{m}^2$

② 폭(W) : 길이(L) = 1 : 2 이므로 L = 2W
$A = L \cdot W = 2W^2 = 1,274.7273\text{m}^2$
$W = 25.2461\text{m},\ L = 50.4922\text{m}$

[답] ∴ W = 25.25m, L = 50.49m

06

쟈 테스트(Jar test)의 기본적인 목적 중 3가지를 적으시오.

빈출 체크 20년 2회

- 최적의 응집제의 종류 선정
- 최적의 pH, 알칼리도 선정
- 최적의 온도 선정
- 최적의 교반조건 선정

07

관에 0.02m³/sec의 물이 흐를 때 생기는 마찰수두손실이 10m가 되려면 관의 길이는 몇 m가 되어야 하는지 계산하시오. (단, 내경은 10cm, 마찰손실계수는 0.015)

빈출 체크 05년 3회 | 08년 3회 | 11년 3회 | 15년 1회 | 20년 4·5회

[식] $h = f \times \dfrac{L}{D} \times \dfrac{V^2}{2g}$

[풀이]

① $V = \dfrac{Q}{A} = \dfrac{0.02\text{m}^3}{\text{sec}} \Big| \dfrac{4}{\pi(0.1\text{m})^2} = 2.5465\text{m/sec}$

② $L = \dfrac{h \cdot D \cdot 2g}{f \cdot V^2} = \dfrac{10 \times 0.1 \times 2 \times 9.8}{0.015 \times 2.5465^2} = 201.5011\text{m}$

[답] ∴ 관의 길이 = 201.50m

08

Sidestream법을 적용한 공법과 원리를 설명하고, 장점과 단점을 각각 1가지씩 기술하시오.

가. 공법명
나. 원리
다. 장점
라. 단점

가. Phostrip 공법

나. 생물학적, 화학적 처리방법을 조합한 것으로 반송슬러지의 일부를 혐기성 상태인 탈인조로 유입시켜 혐기성 상태에서 인을 방출 및 분리한 후 상등액으로부터 과량 함유된 인을 화학 침전·제거시키는 방법

다. 장점
  - 기존 활성슬러지 처리장에 쉽게 적용 가능
  - 수온, 유입수질의 변동에 영향이 적음
  - 인 제거 시 BOD/P비에 의하여 조절되지 않음

라. 단점
  - Stripping을 위한 별도의 반응조 필요
  - 석회 Scale의 방지대책 필요

09

MBR 공법의 장점 2가지를 쓰시오.

- 침전조 및 여과조가 필요 없어 부지면적을 줄일 수 있다.
- SRT가 길어 슬러지 발생량이 적다.
- 완벽한 고액분리가 가능하며 높은 MLSS 유지가 가능하다.
- 슬러지 침강성에 관계없이 안정적으로 처리할 수 있다.

10

유량은 200m³/day, SS농도는 300mg/L인 폐수를 공기부상실험에서 최적 A/S비는 0.05mg Air/mg Solid, 실험온도는 20℃, 이 온도에서 공기의 용해도는 18.7mL/L, 공기의 포화분율은 0.6, 표면부하율은 8L/m²·min, 운전압력이 4atm일 때 반송률(%)을 계산하시오.

빈출 체크 05년 2회 | 12년 1회 | 21년 2회

[식] $A/S = \dfrac{1.3 \times S_a(f \cdot P - 1)}{SS} \times R$

[풀이] $R = \dfrac{A/S \cdot SS}{1.3 \times S_a(f \cdot P - 1)} = \dfrac{0.05 \times 300}{1.3 \times 18.7 \times (0.6 \times 4 - 1)}$

$= 0.4407$

[답] ∴ 반송률 = 44.07%

11

pH 2인 폐수 1,000m³/day를 배출하는 공장 A와 pH 7인 폐수 10,000m³/day 배출하는 공장 B의 폐수가 합쳐졌을 때의 pH를 계산하시오.

[식] $pH = \log\dfrac{1}{[H^+]}$

[풀이] ① $N_m = \dfrac{N_1 \cdot V_1 + N_2 \cdot V_2}{V_1 + V_2}$

$= \dfrac{10^{-2} \times 1,000 + 10^{-7} \times 10,000}{1,000 + 10,000}$

$= 9.0918 \times 10^{-4} N$

② $pH = \log\dfrac{1}{9.0918 \times 10^{-4}} = 3.0414$

[답] ∴ pH = 3.04

빈출 체크 13년 3회

12

공동현상과 수격작용의 원인 한 가지와 방지대책 두 가지를 쓰시오.

가. 공동현상
- 원인
  - 펌프의 과속으로 유량 급증
  - 펌프와 흡수면 사이의 수직거리가 길 때
  - 관 내의 수온 증가
  - 펌프의 흡입양정이 높을 때
- 방지대책
  - 펌프의 회전수를 감소시켜 필요유효 흡입수두를 작게 함
  - 흡입측의 손실을 가능한 한 작게 하여 가용유효 흡입수두를 크게 함
  - 펌프의 설치위치를 가능한 한 낮추어 가용유효 흡입수두를 크게 함
  - 흡입측 밸브를 완전히 개방하고 펌프를 운전

나. 수격작용
- 원인
  - 정전 등으로 인하여 순간적 정지 및 가동할 때
  - 배관에 급격한 굴곡이 존재할 때
  - 배관의 밸브가 급격하게 개폐될 때
- 방지대책
  - 펌프에 Fly wheel을 붙여 펌프의 관성을 증가시킴
  - 펌프 토출구 부근에 공기탱크를 두거나 부압 발생지점에 흡기밸브를 설치하여 압력 강하 시 공기를 주입
  - 관 내 유속을 낮추거나 관거상황을 변경
  - 토출측 관로에 한 방향 조압수조를 설치

13

부유식 생물막 공법보다 부착식 생물막 공법이 갖는 문제점 3가지를 쓰시오.

- 이차침전지에서 미세한 SS가 유출되기 쉽고, 처리수의 투명도가 나쁘다.
- 질산화가 일어나기 쉬우며 pH가 저하되는 경우도 있다.
- 기온에 따른 처리효율의 영향이 크다.
- 악취 및 벌레가 발생할 수 있다.

14

약품주입을 고려한 침전 및 여과공정의 정수처리 시 고려사항 각각 3가지씩 쓰시오.

가. 침전
나. 여과

가.
- 침전지의 침강면적
- 플록의 침강속도
- 유량

나.
- 크립토스포리디움 등의 병원성 미생물로 원수가 오염될 우려가 있는 경우
- 원수탁도가 30NTU 이상인 경우
- 응집제는 원수 중의 현탁물질을 플록형태로 응집시켜 침전되기 쉽게 한다.

15

5배 희석된 식종액의 배양 전 및 5일 배양 후의 DO는 각각 8.2mg/L, 3.0mg/L이다. 사용한 식종희석액은 희석액 1L에 대해 생하수 1mL를 가한 후 생하수를 30배 희석하여 BOD를 측정한 결과 배양 전 및 배양 후의 DO는 각각 7.4mg/L, 4.2mg/L이었다. 이때 공장폐수의 BOD를 구하시오.

[풀이]
① 생하수 $BOD = (D_1 - D_2) \times P = (7.4 - 4.2) \times 30$
$= 96 mg/L$

② 식종희석수 $BOD = \dfrac{96}{1,000} = 0.096 mg/L$

③ 5배희석 $BOD = (D_1 - D_2) = (8.2 - 3.0)$
$= 5.2 mg/L$

④ $C_m = \dfrac{C_1 \cdot Q_1 + C_2 \cdot Q_2}{Q_1 + Q_2}$

$5.2 = \dfrac{0.096 \times 4 + C_2 \times 1}{4 + 1} \rightarrow C_2 = 25.616 mg/L$

[답] ∴ 공장폐수의 BOD = 25.62mg/L

16

식물성 플랑크톤을 명·암병법으로 분석한다. 초기 DO 8mg/L, 명·암병 설치 3시간 후 DO값은 9.5mg/L, 7.4mg/L일 때 다음 물음에 답하시오. (단, 탈산소계수 0.15day^{-1}, 명·암병과 같은 장소에 놓아둔 병의 최종 BOD 10mg/L)

가. 호흡량(mg/L·day)

나. 광합성량(mg/L·day)

가. 호흡량

[풀이]

① 유기물 분해

$$BOD_t = BOD_u(1 - 10^{-k \cdot t})$$
$$= 10 \times \left(1 - 10^{-0.15\text{day}^{-1} \times 3\text{hr} \times \frac{\text{day}}{24\text{hr}}}\right)$$
$$= 0.4225 \text{mg/L}$$

② 호흡에 의한 소모량 = $0.6 - 0.4225 = 0.1775 \text{mg/L}$

③ 호흡량 = $\frac{0.1775\text{mg}}{L} | \frac{24\text{hr}}{3\text{hr}} | \frac{}{\text{day}} = 1.42 \text{mg/L} \cdot \text{day}$

[답] ∴ 호흡량 = 1.42mg/L·day

나. 광합성량

[풀이]

① 광합성 산소량 = $(9.5-8) + (8-7.4) = 2.1 \text{mg/L}$

② 광합성량 = $\frac{2.1\text{mg}}{L} | \frac{24\text{hr}}{3\text{hr}} | \frac{}{\text{day}} = 16.8 \text{mg/L} \cdot \text{day}$

[답] ∴ 광합성량 = 16.8mg/L·day

17

Alum 50mg/L를 반응기로 처리해서 90% 제거할 때 걸리는 시간(min)을 구하시오. (단, K = 90/day)

가. 완전혼합반응기

나. 압출류형 반응기

가. [식] $Q \cdot C_o - Q \cdot C_t - k \cdot C_t \cdot V = 0$

[풀이] ① $Q \cdot C_o - Q \cdot C_t - k \cdot C_t \cdot V = 0$ … Q로 나눔

② $C_o - C_t - k \cdot C_t \cdot t = 0$

$\rightarrow t = \frac{C_o - C_t}{k \cdot C_t} = \frac{50 - 50(1-0.90)}{90 \times 50(1-0.90)}$

$= 0.1 \text{day}$

③ $\frac{0.1\text{day}}{} | \frac{24\text{hr}}{\text{day}} | \frac{60\text{min}}{\text{hr}} = 144 \text{min}$

[답] ∴ 시간 = 144min

나. [식] $\ln \frac{C_t}{C_o} = -k \cdot t$

[풀이] ① $\ln \frac{50(1-0.90)}{50} = -90 \times t \rightarrow t = 0.0256 \text{day}$

② $\frac{0.0256\text{day}}{} | \frac{24\text{hr}}{\text{day}} | \frac{60\text{min}}{\text{hr}} = 36.864 \text{min}$

[답] ∴ 시간 = 36.86min

18

COD 시료 40mL 중 염소이온을 Ag_2SO_4 50mg/L를 이용하여 AgCl 침전 시 Cl 이온 농도(mg/L)를 구하시오. (단, Ag : 108, Cl : 35.5, S : 32, O : 16)

[풀이]

① [반응식] $Ag_2SO_4 + 2Cl^- \rightarrow 2AgCl + SO_4^{2-}$
  312 : 2×35.5
  50mg : X

$$X = \frac{50 \times 2 \times 35.5}{312} = 11.3782 mg$$

② 염소이온농도 $= \frac{11.3782mg}{40mL} \bigg| \frac{10^3 mL}{L} = 284.455 mg/L$

[답] ∴ 염소이온농도 = 284.46mg/L

필답형 기출문제 2024 * 3

01

유출계수는 0.7, 강우강도는 $I = \dfrac{3,600}{t+30}$ mm/hr, 유입시간은 5분, 유역면적은 2km², 하수관 내 유속은 40m/min인 경우 하수관에서 흘러나오는 우수량(m³/sec)은 얼마인지 계산하시오. (단, 합리식에 의해 유출량을 산정하고 하수관의 길이는 1km)

 10년 3회

[식] $Q = \dfrac{1}{360} CIA$

[풀이]

① $t = T_i + \dfrac{L}{V} = 5\min + \dfrac{1km}{40m/\min} \cdot \dfrac{10^3 m}{km} = 30\min$

② $I = \dfrac{3,600}{t+30} = \dfrac{3,600}{30+30} = 60$ mm/hr

③ $A = \dfrac{2km^2}{} \cdot \dfrac{100ha}{km^2} = 200$ ha

④ $Q = \dfrac{0.7 \times 60 \times 200}{360} = 23.3333 m^3/sec$

[답] ∴ 우수량 $= 23.33 m^3/sec$

02

수격작용(Water hammer) 현상이 일어나는 원인 및 방지대책에 대하여 각각 2가지씩 기술하시오.

가. 원인

나. 방지대책

 17년 1회 | 21년 2회 | 21년 3회

가. 원인
- 정전 등으로 인하여 순간적 정지 및 가동할 때
- 배관에 급격한 굴곡이 존재할 때
- 배관의 밸브가 급격하게 개폐될 때

나. 방지대책
- 펌프에 Fly wheel을 붙여 펌프의 관성을 증가시킴
- 펌프 토출구 부근에 공기탱크를 두거나 부압 발생지점에 흡기밸브를 설치하여 압력 강하 시 공기를 주입
- 관 내 유속을 낮추거나 관거상황을 변경
- 토출측 관로에 한 방향 조압수조를 설치

03

다음 괄호에 알맞은 것을 쓰시오. [5점]

폐수 중의 질소는 주로 (ㄱ) 질소 화합물과 (ㄴ) 질소 화합물로 나뉠 수 있으며 (ㄷ) 질소 화합물은 (ㄷ), (ㄹ), 질산 이온으로 구성되어 있다. 호기성 환경에서 장시간 폭기를 시키면 (ㅁ)로 전부 산화된다.

ㄱ. 유기성
ㄴ. 무기성
ㄷ. 암모니아 이온
ㄹ. 아질산 이온
ㅁ. 질산 이온

04

D_{10} : 0.053, D_{30} : 0.1, D_{60} : 0.42일 때 유효경(mm)과 균등계수를 구하시오.

[풀이] 유효경(D_{10}) = 0.053mm

$$균등계수 = \frac{D_{60}}{D_{10}} = 7.9245$$

[답] 유효경 = 0.053mm, 균등계수 = 7.92

05

종합환경영향평가 기법 중 "상호작용 매트릭스"에 대해서 기술하시오.

환경 인자에 영향을 주는 체크리스트 외의 계획 활동을 통합하여 평가하는 방법

06

다음 그림에 나온 기호를 활용해서 vollenweider model 미분방정식을 작성하시오.

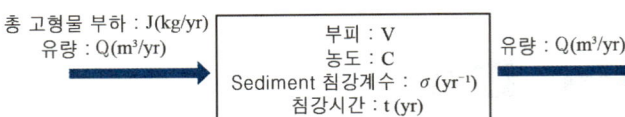

$$V\frac{dC}{dt} = J - Q \cdot C - \sigma \cdot V \cdot C$$

07

하천의 어느 지점 DO 농도가 5.0mg/L, 탈산소계수는 0.1day^{-1}, 재포기계수는 0.2day^{-1}, BOD_u는 10mg/L일 때 36시간 흐른 뒤의 하류에서의 DO 농도(mg/L)를 계산하시오. (단, 포화 용존산소농도는 9.0mg/L, base 10)

빈출체크 06년 1회 | 08년 1회 | 08년 3회 | 12년 1회 | 17년 3회

[식]
$$D_t = \frac{k_1}{k_2 - k_1} L_o (10^{-k_1 \cdot t} - 10^{-k_2 \cdot t}) + D_o \times 10^{-k_2 \cdot t}$$

[풀이]

① $t = \dfrac{36hr}{} \Big| \dfrac{day}{24hr} = 1.5 day$

② $D_o = D_s - D = 9 - 5 = 4 mg/L$

③ $D_t = \dfrac{0.1}{0.2 - 0.1} \times 10 \times (10^{-0.1 \times 1.5} - 10^{-0.2 \times 1.5})$
  $\quad + 4 \times 10^{-0.2 \times 1.5}$
  $\quad = 4.0723 mg/L$

④ $DO = 9 - 4.0723 = 4.9277 mg/L$

[답] ∴ 하류에서의 DO 농도 = 4.93mg/L

08

등비증가법에 따라서 도시인구가 10년간 3.25배 증가했을 때 연평균 인구 증가율(%)은?

빈출 체크 18년 1회 | 20년 3회

[식] $P_n = P(1+r)^n$

[풀이]
① $\dfrac{P_n}{P} = (1+r)^n$
② $\left(\dfrac{P_n}{P}\right)^{1/n} = 1+r$
③ $r = (3.25)^{1/10} - 1 = 0.1251$

[답] ∴ 인구 증가율 = 12.51%

09

SS가 기준치를 초과였을 때 추가적인 고도 처리공정이 필요하여 처리공법을 검토할 때 검토대상이 될 수 있는 공법 3가지는 무엇인가?

빈출 체크 20년 2회

여과, 부상분리, 응집침전법, MBR

10

침전의 4가지 형태를 구분하고 간략히 설명하시오.

빈출 체크 10년 2회 | 19년 1회

- I형 침전(독립, 자유 침전) : 입자들이 상호 간의 방해없이 침전하며 침사지, 보통침전지에서 적용하고, Stokes 법칙이 적용되는 침전형태이다.
- II형 침전(응집 침전) : 입자들이 응결, 응집하여 침전 속도가 증가하며 약품침전지에서 적용한다.
- III형 침전(지역, 간섭 침전) : 입자 간에 작용하는 힘에 의해 주변입자들의 침전을 방해하여 입자 서로간의 상대적 위치를 변경시키려 하지 않으며 침전하며 생물학적 2차 침전지에서 적용한다.
- IV형 침전(압밀 압축 침전) : 입자들이 뭉쳐 생긴 floc 사이의 물이 빠져 나가는 압밀 작용이 발생하며 농축시설에서 작용한다.

11

고형물 농도 30,000mg/L의 슬러지를 농축시키기 위한 농축조를 설계하기 위하여 다음과 같은 결과를 얻었다. 농축 슬러지의 고형물 농도가 75,000mg/L가 되기 위하여 소요되는 농축시간(hr)을 계산하시오. (단, 상등수의 고형물 농도는 0이라고 가정, 농축전후의 슬러지의 비중은 모두 1이라고 가정)

정치시간(농축시간)(hr)	0	2	4	6	8	10	12	14
계면높이(cm)	100	60	40	30	25	24	22	20

빈출체크 12년 1회 | 16년 1회

[식] $h_t = h_o \times \dfrac{C_o}{C_t}$

[풀이] $h_t = 100 \times \dfrac{30,000}{75,000} = 40\,cm$ 이므로 4시간

[답] ∴ 농축시간 = 4hr

12

하천 내 A와 B 사이의 거리가 400m이고 유속이 10m/min이다. A지점 BOD = 6.0mg/L, B지점 BOD = 5.9mg/L로 측정되었을 때 탈산소계수 값을 구하여라. (단, k_1 단위는 day^{-1}, 상용대수, 1차반응)

[풀이] ① $t = \dfrac{400m}{} \Big| \dfrac{min}{10m} \Big| \dfrac{hr}{60min} \Big| \dfrac{day}{24hr} = 0.0278\,day$

② $\log \dfrac{5.9}{6} = -k_1 \times 0.0278$

$k_1 = 0.2626\,day^{-1}$

[답] ∴ 탈산소계수 = 0.26day^{-1}

13

알칼리를 가해 Cd^{2+}을 $Cd(OH)_2$로 제거하고자 한다. $Cd(OH)_2$의 k_{sp}가 4×10^{-14}, pH = 11일 때 Cd^{2+}의 이론적 농도($\mu g/L$)는? (단, Cd 원자량 112.4)

빈출체크 13년 3회

[풀이]
① $Cd(OH)_2 \rightarrow Cd^{2+} + 2OH^-$

$k_{sp} = [Cd^{2+}][OH^-]^2$

$[Cd^{2+}] = \dfrac{k_{sp}}{[OH^-]^2} = \dfrac{4 \times 10^{-14}}{(10^{-3})^2} = 4 \times 10^{-8}\,M$

② 카드뮴의 농도

$= \dfrac{4 \times 10^{-8}\,mol}{L} \Big| \dfrac{112.4g}{mol} \Big| \dfrac{10^6 \mu g}{g} = 4.496\,\mu g/L$

[답] ∴ 카드뮴의 농도 = 4.50 $\mu g/L$

14

화학적 산소요구량(COD) 측정에 있어서 사용되는 계산식과 구성항목에 대하여 쓰시오.

가. 계산식

나. 구성항목

가. $COD(mg/L) = (b-a) \times f \times \dfrac{1,000}{V} \times 0.2$

나. • a : 바탕시험 적정에 소비된 과망간산칼륨용액(0.005M)의 양(mL)
   • b : 시료의 적정에 소비된 과망간산칼륨용액(0.005M)의 양(mL)
   • f : 과망간산칼륨용액(0.005M) 농도계수
   • V : 시료의 양(mL)

15

폐수의 성분이 COD 4,510, SCOD 1,820, BOD$_5$ 1,510, SBOD$_5$ 970, VSS 1,445, TS 3,020, TSS 1,740, BOD$_u$ = 1.7 BOD$_5$일 경우 다음 물음에 답하시오.

가. k값을 구하시오(day^{-1})(상용대수).
나. 2일 후 BOD 값을 구하시오.
다. 용해된 SS 농도를 구하시오.
라. NBDCOD 농도를 구하시오.
마. NBDVSS 농도를 구하시오.

가. [식] $BOD_t = BOD_u(1-10^{-k \cdot t})$

[풀이] ① $BOD_5 = BOD_u(1-10^{-k \times 5})$

② $1 = \dfrac{BOD_u}{BOD_5}(1-10^{-k \times 5})$

→ $1 = 1.7 \times (1-10^{-k \times 5})$

→ $k = 0.0771 \text{day}^{-1}$

[답] ∴ $k = 0.08 \text{day}^{-1}$

나. [식] $BOD_t = BOD_0 \times 10^{-k \cdot t}$

[풀이] $BOD_2 = 1,510 \times 10^{-0.0771 \times 2}$
$= 1,058.7098 \text{mg/L}$

[답] ∴ $BOD_2 = 1,058.71 \text{mg/L}$

다. [식] $TS = TDS + TSS$

[풀이] $TDS = TS - TSS = 3,020 - 1,740$
$= 1,280 \text{mg/L}$

[답] ∴ $TDS = 1,280 \text{mg/L}$

라. [식] $COD = BDCOD + NBDCOD$

[풀이] ① $BDCOD = 1.7 \times BOD_5 = 1.7 \times 1,510$
$= 2,567 \text{mg/L}$

② $NBDCOD$
$= COD - BDCOD = 4,510 - 2,567$
$= 1,943 \text{mg/L}$

[답] ∴ $NBDCOD = 1,943 \text{mg/L}$

마. [식] $NBDVSS = VSS \times \dfrac{NBDICOD}{ICOD}$

[풀이] ① $IBOD = BOD - SBOD = 1,510 - 970$
$= 540 \text{mg/L}$

② $BDICOD = 1.7 \times IBOD_5 = 1.7 \times 540$
$= 918 \text{mg/L}$

③ $NBDICOD$
$= ICOD - BDICOD = 2,690 - 918$
$= 1,772 \text{mg/L}$

④ $ICOD = COD - SCOD = 4,510 - 1,820$
$= 2,690 \text{mg/L}$

⑤ $NBDVSS = 1,445 \times \dfrac{1,772}{2,690}$
$= 951.8736 \text{mg/L}$

[답] ∴ $NBDVSS = 951.87 \text{mg/L}$

16

평균급수율이 450L/인·day이고 인구가 10만명이고, 급수보급률이 0.9, 최대급수율은 평균급수율의 1.5배일 때 다음을 구하여라.

가. 계획1일 평균급수량(m^3/day)
나. 계획1일 최대급수량(m^3/day)
다. 시간 최대급수량(m^3/day)
　(단, 중·소도시 지역일 때 1.5를 곱해준다)
라. 위와 같을 때 정수장 설계용량(m^3/day)

가. [풀이] 계획 1일 평균급수량
$$= \frac{450L}{인 \cdot day} \left| \frac{100{,}000인}{} \right| \frac{0.9}{} \left| \frac{m^3}{10^3 L} \right.$$
$$= 40{,}500 m^3/day$$
　[답] ∴ 계획1일 평균급수량 = $40{,}500 m^3$/day

나. [풀이] 계획1일 최대급수량
$$= \frac{450L}{인 \cdot day} \left| \frac{100{,}000인}{} \right| \frac{0.9}{} \left| \frac{m^3}{10^3 L} \right| 1.5$$
$$= 60{,}750 m^3/day$$
　[답] ∴ 계획1일 최대급수량 = $60{,}750 m^3$/day

다. [풀이] 시간 최대급수량
$$= \frac{450L}{인 \cdot day} \left| \frac{100{,}000인}{} \right| \frac{0.9}{} \left| \frac{m^3}{10^3 L} \right| 1.5 \left| 1.5 \right.$$
$$= 91{,}125 m^3/day$$
　[답] ∴ 시간 최대급수량 = $91{,}125 m^3$/day

라. [풀이] 정수장 설계용량
$$= \frac{450L}{인 \cdot day} \left| \frac{100{,}000인}{} \right| \frac{0.9}{} \left| \frac{m^3}{10^3 L} \right| 1.5$$
$$= 60{,}750 m^3/day$$
　[답] ∴ 정수장 설계용량 = $60{,}750 m^3$/day

17

공장폐수 BOD를 측정하기 위해 식종 희석수로 5배 희석하고 부란 전의 용존산소를 측정해 보니 8mg/L, 5일 동안 부란 후 용존산소는 4mg/L이었다. 사용한 식종 희석액은 희석액 1L에 대해 식종액으로 생하수를 5mL의 비율로 가한 것이며, 별도의 이 생하수를 40배 희석하여 BOD를 측정하여 보니 부란 전의 용존산소는 7.6mg/L, 부란 후의 용존산소는 5mg/L이었다. 이 검수의 BOD를 구하시오.

[풀이]
① 생하수 BOD = $(D_1 - D_2) \times P = (7.6 - 5) \times 40$
　　　　　　= 104 mg/L
② 식종희석수 BOD = $\frac{104}{200} = 0.52$ mg/L
③ 5배희석 BOD = $(D_1 - D_2) = (8 - 4) = 4$ mg/L
④ $C_m = \frac{C_1 \cdot Q_1 + C_2 \cdot Q_2}{Q_1 + Q_2}$

$4 = \frac{0.52 \times 4 + C_2 \times 1}{4 + 1}$ → $C_2 = 17.92$ mg/L

[답] ∴ BOD = 17.92 mg/L

18

불투수층 위의 하수는 측벽에서만 유입되며 집수매거의 수심 2m, 집수매거의 길이 200m, 영향반경 150m, 지하수심 5m이다. 양수시험에 의해 투수계수를 측정하여 0.005m/sec의 값을 얻었을 때 취수량(m³/day)을 구하시오.

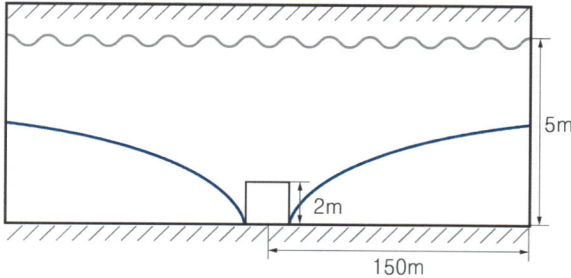

[식] $Q = \dfrac{KL}{R}(H^2 - h_o^2)$

[풀이] ① $Q = \dfrac{0.005 \times 200}{150}(5^2 - 2^2) = 0.14 \, \text{m/sec}$

② $Q = \dfrac{0.14\text{m}}{\text{sec}} \Big| \dfrac{3{,}600\text{sec}}{\text{hr}} \Big| \dfrac{24\text{hr}}{\text{day}} = 12{,}096 \, \text{m}^3/\text{day}$

[답] ∴ 취수량 = 12,096m³/day

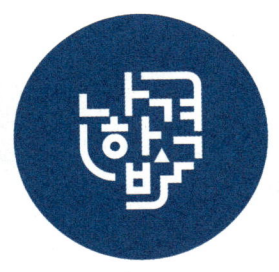

수질환경기사 실기 무료특강

무료특강 신청방법

1	2	3
나합격 카페 가입 cafe.naver.com/napass4	사진 촬영 하단 공란에 닉네임 기입	카페 게시물 작성 등업 후 영상 시청 가능

▲ 카페 바로가기

카페 닉네임

- 가입한 카페 닉네임과 동일하게 기입
- 지워지지 않는 펜으로 크게 기입
- 화이트 및 수정테이프 사용 금지
- 중복기입 및 중고도서는 등업 불가능

처음이신가요?

자세한 등업방법은 QR 코드 참조

모바일 등업방법

PC 등업방법

나합격 수질환경기사 실기 + 무료특강

2020년 8월 1일 초판 발행 | 2021년 3월 5일 2판 발행 | 2022년 3월 5일 3판 발행 | 2023년 2월 5일 4판 발행 | 2024년 3월 5일 5판 발행
2025년 3월 5일 6판 발행

지은이 김현우 | 발행인 오정자 | 발행처 삼원북스 | 팩스 02-6280-2650
등록 제2017-000048호 | 홈페이지 www.samwonbooks.com | ISBN 979-11-93858-57-8 13500 | 정가 35,000원
Copyright©samwonbooks.Co.,Ltd.

- 낙장 및 파손된 책은 구입한 서점에서 바꿔드립니다.
- 이 책에 실린 모든 내용, 디자인, 이미지, 편집 형태에 대한 저작권은 삼원북스와 저자에게 있습니다. 허락없이 복제 및 게재는 법에 저촉을 받습니다.